W0034734

DIE ZEIT
ZEIT WISSEN EDITION

Phänomen Mensch

ZEIT WISSEN EDITION

Andreas Sentker, Frank Wigger (Hrsg.)

Phänomen Mensch

Körper, Krankheit, Medizin

Mit einem Nachwort von Jens Reich

Spektrum
AKADEMISCHER VERLAG

Herausgegeben von Spektrum Akademischer Verlag GmbH und Zeitverlag Gerd Bucerius GmbH & Co. KG

Wichtiger Hinweis für den Benutzer

Der Verlag, der Herausgeber und die Autoren haben alle Sorgfalt walten lassen, um vollständige und akkurate Informationen in diesem Buch zu publizieren. Der Verlag übernimmt weder Garantie noch die juristische Verantwortung oder irgendeine Haftung für die Nutzung dieser Informationen, für deren Wirtschaftlichkeit oder fehlerfreie Funktion für einen bestimmten Zweck. Der Verlag übernimmt keine Gewähr dafür, dass die beschriebenen Verfahren, Programme usw. frei von Schutzrechten Dritter sind. Die Wiedergabe von Gebrauchsnamen, Handelsnamen, Warenbezeichnungen usw. in diesem Buch berechtigt auch ohne besondere Kennzeichnung nicht zu der Annahme, dass solche Namen im Sinne der Warenzeichen- und Markenschutz-Gesetzgebung als frei zu betrachten wären und daher von jedermann benutzt werden dürften. Der Verlag hat sich bemüht, sämtliche Rechteinhaber von Abbildungen zu ermitteln. Sollte dem Verlag gegenüber dennoch der Nachweis der Rechtsinhaberschaft geführt werden, wird das branchenübliche Honorar gezahlt.

Bibliografische Information Der Deutschen Bibliothek

Die Deutsche Nationalbibliothek verzeichnet diese Publikation in der Deutschen Nationalbibliografie; detaillierte bibliografische Daten sind im Internet über http://dnb.d-nb.de abrufbar.

Springer ist ein Unternehmen von Springer Science+Business Media
springer.de

08   09   10   11   12   5   4   3   2   1

Planung und Lektorat: Frank Wigger, Andreas Sentker, Bettina Saglio
Redaktion: Dr. Petra Seeker, ps-redaktionsbüro Sinsheim
Copy-Editing: André Walter
Herstellung: Katrin Frohberg
Umschlaggestaltung: Ingrid Nündel
Umschlagillustration: Alexandra Kardinar und Volker Schlecht, www.drushbapankow.de
Grafiken: Vera Kassühlke
Satz: TypoDesign Hecker GmbH, Leimen
Druck und Bindung: Stürtz GmbH, Würzburg

Printed in Germany

ISBN 978-3-8274-1999-6

Inhalt

Vorwort

Ein Spiel mit Draht und Pappe läutet vor mehr als 50 Jahren ein neues Zeitalter der Medizin ein. Am 28. Februar 1953 haben James Watson und Francis Crick ein Modell der Erbsubstanz DNA fertig gestellt, zwei Molekülstränge, die sich elegant umeinander winden: die Doppelhelix. Sie ist verführerisch schön, verblüffend schlicht – und wird das Bild des Lebendigen, das Bild des Menschen dramatisch verändern.

Unser biologisches Erbe ist zu einer endlosen Folge von Buchstaben geronnen. Das Manuskript des Lebens scheint offen dazuliegen – lesbar, kopierbar, redigierbar. Erbkrankheiten an ihrer Wurzel packen, der Evolution Beine machen, die menschliche Intelligenz aufrüsten – all das scheint greifbar nahe. Die Wirklichkeit sieht anders aus.

Weltweit versuchen Ärzte, defekte Gene zu ersetzen. Doch sie scheitern immer wieder. Die seltenen Erfolge werden als Fälschungen entlarvt. Einige Patienten sind – als Folge des Reparaturunternehmens – an Blutkrebs erkrankt. Auch die Träume vom gentechnisch optimierten Menschen sind geplatzt. Dummheit, Fettsucht, Depression, für alles scheinen Forscher Gene und damit therapeutische Angriffspunkte zu finden. Doch hält keine ihrer Studien einer Überprüfung stand.

Die schlichte Schönheit der Doppelhelix, sie hat die Forscher blind werden lassen für die im Text verborgene Komplexität. Genetiker, Zellbiologen, Physiologen, Biochemiker, Strukturanalytiker und nicht zuletzt Informatiker werden noch viele Jahre brauchen, um die Funktion der Gene aufzuklären, ihre Regelmechanismen, ihr verwirrendes Zusammenspiel, ehe die Mediziner auch nur in der Ferne eine Therapie bestimmter Erbleiden erahnen können. Die Reduktion des Menschen auf manchmal einzelne Gene, auf jene wenigen Prozente, die uns vom Affen unterscheiden sollen, sie hat den Blick verengt. Jetzt weitet er sich wieder – und *Phänomen Mensch* versammelt von der Anatomie bis zur Mikrobiologie, von der Handchirurgie bis zur Psychologie ein breites Spektrum der Wissenschaften vom Menschen.

Derweil lässt die technische Entwicklung die Fantasien weiter sprießen. Wie die Hochzeit von Biotechnik, Robotik und Informatik den Erkenntnisgewinn der Genetiker beschleunigt, so soll die Ehe von Biotechnik und Nanotechnik die medizinische Therapie revolutionieren. Nanoroboter manipulieren Gehirnzellen; Mikrosonden patrouillieren die Blutbahnen entlang, um störende Ablagerungen oder fremde Zellen zu vernichten; Nanofähren schleusen rettende DNA in eine erbkranke Zelle ein. Und, wenn die Technik erst einmal weit fortgeschritten ist, lassen sich dann nicht auch die Kompromisslösungen, mit denen sich die Evolution zufrieden gab, wieder revidieren? Ist nicht mancher technische Werkstoff haltbarer, belastbarer und leichter zu reparieren als diese Mischung aus Eiweiß, Zucker, Fett und Wasser, aus der unsere Zellen aufgebaut sind?

Biologie und Technik schicken sich an, den Menschen umzukonstruieren, ihn gar neu zu erfinden. Die Technisierung seines Körpers ist dem Menschen ja nicht fremd. Begonnen hatte sie schon vor Jahrhunderten: mit Prothesen, Brillen, Zahnplomben. Im 20. Jahrhundert kamen Herzschrittmacher, Herzklappen und künstliche Hüftgelenke hinzu. Nächste Stufe: computergesteuerte Körperfunktionen. Kniegelenke lassen sich per Joystick steuern, künstliche Bauchspeicheldrüsen regeln den Insulinpegel, implantierte Messinstrumente alarmieren den Notarzt, Mikropumpen geben in programmierten Intervallen dosierte Medikamente ins Blut.

Doch die Wissenschaften vom Menschen, die Forschung zu seiner Rettung und Heilung, liefern ein Bild dramatischer Gegensätze. Während die High-Tech-Medizin im Verein mit der modernen Pharmazie gegen Zivilisationskrankheiten wie Herz-Kreislauf-Erkrankungen und Diabetes kämpft, die Folgen unserer drastisch gestiegenen Lebenserwartung zu kompensieren sucht oder die Strafen für unseren ungesunden und stressgeprägten Lebensstil zu mindern trachtet, geißeln Seuchen noch immer die Entwicklungsländer: Malaria, Cholera und Diphtherie, Aids und Tuberkulose. Fast die Hälfte aller Todesfälle in den Entwicklungsländern ist auf Infektionskrankheiten zurückzuführen. Während Hirnforscher und Pharmazeuten nach Medikamenten fahnden, die unser Aufnahmevermögen oder unser Gedächtnis steigern, sind die Träume der Tropenmedizin, tödliche Krankheiten zurückdrängen, ihre Erreger ausrotten zu können, weitreichender Ernüchterung gewichen.

Wie viel Medizin braucht der Mensch? Sind wir dringend aufzurüstende Mängelwesen oder anatomische Wunderwerke der Evolution? Wer definiert eigentlich, was Gesundheit, was Krankheit ist? Welche Heilkraft kommt unserer Psyche zu? Wie wirken alternativmedizinische Verfahren, wie Placebos? Darf der Mensch sich selbst optimieren?

Phänomen Mensch ist wie *Rätsel Ich* und *Planet Erde*, die ersten beiden Bände der ZEIT WISSEN Edition, ein Buch mit einem einzigartigen Ansatz. Es vereint prominente Autoren der unterschiedlichen Fachrichtungen, macht zentrale Positionen der Wissenschaft verständlich und zeigt den aktuellen Stand dessen, was Anatomen, Physiologen oder Molekularmediziner heute über den Menschen wissen.

Der amerikanische Pathologe Elmer W. Koneman hat für uns den Blick durch das Mikroskop umgedreht. Er schildert einen Mikrobenkongress, auf dem prominente Vertreter der Bakterienwelt über ihr Verhältnis zum Menschen referieren. Der britische Biomechanikexperte R. McNeill Alexander erklärt, welchen Belastungen unser Knochengerüst durch den aufrechten Gang ausgesetzt ist. Der deutsche Handchirurg Peter Reill geht der Anatomie unserer Fingerfertigkeit auf den Grund. Der britische Entwicklungsbiologe Armand Marie Leroi entschlüsselt die genetischen Geheimnisse von Haut und Haaren, der amerikanische Molekularbiologe John Medina die Biochemie und Genetik des Hungers.

Eine der provozierendsten Botschaften aber hält die Evolutionsbiologin Marlene Zuk bereit. „Krankheit ist nicht die Ausnahme vom Normalzustand, sie ist der Normalzustand", sagt die Professorin der University of California in Riverside.

Den Beiträgen der Wissenschaftler haben wir Reportagen, Analysen und Interviews namhafter Autoren von ZEIT und ZEIT WISSEN zur Seite gestellt. Sie ordnen die wissenschaftlichen und medizinischen Positionen in das Gesamtbild ein, zeigen ökonomische und gesellschaftliche Zusammenhänge auf, lassen Widersprüche und Dispute sichtbar werden, machen die Wissenschaft vom Menschen lebensnah, lebendig und erlebbar.

Und wenn Sie tatsächlich einmal krank werden? Passen Sie gut auf sich auf. Roy Porter, der weltweit einflussreichste Medizinhistoriker, hat die Hierarchien des Medizinbetriebs analysiert. Sein Ergebnis: Nicht mehr der Patient selbst definiert, ob er krank ist, sondern der Arzt. Die medizinische Macht liegt in den Händen von mächtigen Forschungsfunktionären und den Aufsichtsräten milliardenschwerer Krankenhauskonglomerate, Gesundheitsorganisationen und pharmazeutischer Unternehmen. Und wo bleibt der Patient? Der ist, sagt Roy Porter, je nach Situation „Kosten oder Nutzen, Aufwand oder Ertrag, Wähler, Klient oder Konsument, Leichnam, klinisches Material oder Punkt in einem Diagramm". Am Ende aber hoffentlich wieder Mensch.

Hamburg und Heidelberg,   *Andreas Sentker*
Januar 2008   *und Frank Wigger*

In diesem Buch werden Ihnen neben den Grundtexten verschiedene Arten von Zusatzinformationen begegnen, die meist in der Randspalte platziert sind: kurze Porträts wichtiger Forscher, Erläuterungen ausgewählter Fachbegriffe sowie Fotos, Grafiken und Tabellen, die einzelne Sachverhalte veranschaulichen, ergänzt um gelegentliche Literaturhinweise und Internet-Links. Diese Zusatzelemente treten im Buch immer nur einmal auf. Sie lassen sich aber leicht über den Index lokalisieren, denn alle in diesen Zusatzelementen enthaltenen Stichwörter sind dort durch kursive Seitenzahlen markiert (neben den steilen Seitenzahlen für die Grundtexte). Sollten Sie also in einem bestimmten Beitrag eine biographische Notiz und oder eine Worterläuterung vermissen, finden Sie sie wahrscheinlich an anderer Stelle des Buches.

Auf dem Schreibtisch von **Elmer W. Koneman** steht die winzige Nachbildung eines van Leuwenhoekschen Mikroskops. Der Linsenschleifer Anton van Leuwenhoek aus Delft hat der Menschheit vor 300 Jahren den Blick in die Welt der Mikroben eröffnet. Was er „Animalculi" – kleine Tierchen – nannte, erforschen Mediziner wie Koneman heute mit Hochleistungsmikroskopen. Mithilfe ausgeklügelter Färbetechniken enttarnen sie selbst feinste Strukturen. Unter dem Objektiv des Mikroskops entschlüsseln sie die Geheimnisse der größten Überlebenskünstler unseres Planeten: Bakterien leben in heißen Quellen und in großer Kälte. Es gibt keinen Lebensraum der Erde, an dem sie nicht anzutreffen sind. Auch wir selbst sind besiedelt.

Koneman, Professor emeritus für Pathologie an der School of Medicine der University of Colorado will „den Blickwinkel der Bakterien, dieser Körnchen komplexen Staubs, ins Bewusstsein der Menschen rücken". Über Leben und Werk des deutschen Bakteriologien Robert Koch hat Koneman, dessen Wurzeln in Westfalen liegen, ein Bühnenstück in zwei Akten geschrieben. *Color Atlas and Textbook of Diagnostic Microbiology* heißt ein inzwischen in fünfter Auflage vorliegendes Standardwerk, das der Amerikaner verfasst hat.

In seinem Sachbuch *Am anderen Ende des Mikroskops* hat Koneman einfach einmal die Seiten gewechselt. Er schildert darin einen Mikrobenkongress, auf dem prominente Vertreter der Bakterienwelt über ihr Verhältnis zum Menschen referieren. „Die Niederschrift der Verhandlungen dieser Konferenz kann unseren menschlichen Lesern nützlich dabei sein zu erkennen, dass Bakterien schon vor Beginn der gemessenen Zeit existiert haben und dass sie darüber hinaus über die Werkzeuge verfügen, um bis zum letzten Glockenschlag der Existenz des Lebens auf der Bühne zu verbleiben", sagt Koneman. Und noch eine Botschaft ist dem Amerikaner wichtig: Hinter den Infektionskrankheiten, die den Menschen befallen, „steckt ganz sicher keine vorgefasste aggressive Absicht der Bakterien. Eine Kreatur ohne Zellkern hat keine innewohnende Willenskraft. Sie kann lediglich die genetischen Karten ausspielen, die ihr zugeteilt worden sind."

Wir sind es, warnt Koneman, die die Bakterien aus ihren natürlichen Lebensräumen vertreiben – und sie so manchmal erst in die Lage bringen, uns gefährlich zu werden.

Elmer W. Koneman

Bakterien erzählen ihre Geschichte

Von Elmer W. Koneman

Stellen Sie sich einen Mikrokosmos der kleinsten Kreaturen der Erde vor – jene für uns unsichtbaren Geschöpfe, die das Reich der Bakterien bilden und die schon lange vor den Vorfahren der Vorfahren der Menschen existiert haben. Diese mikroskopisch kleinen Lebewesen, die man auch Prokaryoten nennt, sind so alt, dass ihnen sogar der Zellkern fehlt. Zum ersten Mal in der Geschichte kommen diese winzigen Geschöpfe nun selbst zu Wort. Die Zeit ist reif, um die Bakterien ihre Geschichte erzählen zu lassen – eine Erzählung voller Wunder, Geheimnisse und Überraschungen. Mit ihren wogenden Flagellen, farbenprächtig funkelnden Hüllen, blubbernden Gasen und heraufziehenden Gerüchen erregen sie unsere Aufmerksamkeit. Tauchen Sie ein in den Teich der Prokaryoten und lauschen Sie den Rednern des Ersten Außerordentlichen Bakterienkongresses.

Thermotoga maritima

Thermotoga maritima

„Gestatten Sie, dass ich mich vorstelle: *Thermotoga maritima*. ‚Wer ist denn das?' fragen Sie? Wer ich bin? Ach ja – obwohl wir Prokaryoten sind, erscheint kein Vertreter meines Clans jemals in Ihren Laborkulturen. Wir sind Extremophile; wir leben in einem Reich außerhalb Ihrer Sphäre von Krankheiten. Dieses versteckte Dasein hat vielleicht seine Vorteile, da wir unvoreingenommen und unbeteiligt sind an den Erzählungen und Geschichten, die Sie nun hören werden. Daher bin ich auch von meinen Kollegen gebeten worden, in die folgende Veranstaltung einzuführen.

Ich bin also ein Prokaryot – genauer gesagt ein Bakterium, also Mitglied des Reichs Bacteria. Das Reich der Archaea besteht auch aus Prokaryoten, aber einige ihrer Eigenschaften sind sehr verschieden von denen der Bacteria. Die Menschen haben den ganzen verbleibenden Rest der Lebewesen auf dem Planeten Erde in das Reich der Eukarya eingeordnet. Das enthält die Protisten, die Pilze, die Pflanzen und die Tiere – inklusive der Menschen. Ich spreche heute aber nur für meine bakteriellen Vettern, die hier zu dieser einmaligen Versammlung zusammengekommen sind, um Ihnen ihre Geschichten zu erzählen. Dies ist nun Ihre Gelegenheit, den Stimmen von Wesen zu lauschen, die unendlich viel kleiner, aber auch unendlich viel zahlreicher und mannigfaltiger sind als Sie: die winzigen Kreaturen am anderen Ende des Mikroskops.

Das Format einer Podiumsdiskussion mag zu dem regen Interesse an dieser Sitzung beigetragen haben. Ein volles Haus oder, in diesem Fall, ein voller Teich! Es geschieht nicht oft, dass Berühmtheiten wie *Staphylococcus aureus*, *Pseudomonas aeruginosa* und *Escherichia coli* zur selben Zeit am selben Ort zusammentreffen. Die Mitglieder dieses Trios, die zusammen die Mehrheit aller bakteriellen Infektionen verursachen, gehören zu den berühmtesten und interessantesten unter den Prokaryoten. Sie ziehen in menschlichen Kreisen Aufmerksamkeit auf sich wie die drei Musketiere, die drei Schicksalsnornen der nordischen Mythologie oder die drei Hexen auf der Heide vor dem Schloss von Macbeth.

Obwohl der Austausch genetischer Information zwischen bakteriellen Zellen immer weit verbreitet war und spontan durch Konjugation (bei der sich zwei Zellen einander annähern und Nucleinsäuresegmente von einem Spender auf einen Empfänger übertragen) erfolgte, war doch der Zugang zu neuen, weitreichenden Informationen für jeden Clan recht begrenzt und auf ziemlich eng miteinander verwandte Arten beschränkt. Darum haben die Informationen über die Wege, auf denen Bakterien aggressiv werden können, und die Mechanismen, durch die bei der Interaktion mit Menschen nachteilige Folgeeffekte zustande kommen können, welche in dieser Sitzung offengelegt werden, beachtliche Begeisterung hervorgerufen. Selbst wir Bakterien haben so unsere „Lernphasen".

Unter den gefeierten Berühmtheiten unseres Forums ist vielleicht *Staphylococcus aureus* der Prunkvollste mit seiner die Nachmittagssonne einfangenden goldgelben Farbe; sie erzeugt einen Halo um seine Kolonie, der wie die Heiligenscheine auf mittelalterlichen Gemälden aussieht. Bei näherer Betrachtung hätten die sehr schön gleichmäßigen, kugelrunden Zellen in ihren traubenartigen Zusammenschlüssen im Weingarten eines formstrengen Barockgartens nicht perfekter arrangiert werden können. *Pseudomonas aeruginosa* präsentiert sich uns ebenfalls in auffallender Pose, umgeben von einer gespenstischen grünen Farbe. Jede einzelne Zelle steht aufrecht, mit einer einzelnen Geißel, die aus der Spitze hervorragt wie eine Feder an einem Hut. Im Vergleich dazu sieht *Escherichia coli* fast ein bisschen schäbig aus und wird der Rolle eines großen, gefeierten Stars wohl kaum gerecht. Seine Zellen sind gedrungen und zusammengekauert, an der Oberfläche langweilig grau und überzogen mit feinen, haarartigen Fibrillen. Es scheint nicht den geringsten Wunsch zu verspüren, sich irgendeinem besonderen Stil zu unterwerfen. Nichtsdestotrotz kann gerade dieser Unscheinbarste unter den Dreien mit einem ganzen Arsenal von Virulenzmechanismen aufwarten, die am Ende unter den Versammelten am meisten Erstaunen und Aufregung erregen werden. Vielleicht ist es eine allgemeine Regel der Natur, dass man die wahre Natur einer jeden lebenden „Monade" nie nach der äußeren Erscheinung beurteilen kann. Man soll ja auch ein Buch nicht nach seinem Umschlag beurteilen."

Fachsitzung zum Thema „Mikrobielle Pathogenese und menschliche Infektionskrankheiten"

Zum Moderator der Sitzung wurde *Stenotrophomonas maltophilia* gewählt.

Die Diskussionsteilnehmer sind: *Staphylococcus aureus, Pseudomonas aeruginosa, Escherichia coli.*

Einführung durch *Stenotrophomonas maltophilia*

Stenotrophomonas maltophilia bestieg den Podiumszweig und wandte sich an die Versammelten: „Seid willkommen!" Obschon es mit fester Stimme sprach und die Worte bedeutungsvoll intonierte, konnte seine Begrüßung kaum das Raunen und Murmeln unter den Versammelten durchdringen. „Seid willkommen" wiederholte sich *Stenotrophomonas*, „zu dieser Konferenz. Ich werde mich kurz fassen, da ich weiß, dass ihr begierig darauf seid, von jedem in unserer berühmten Runde etwas zu hören."

„Doch zunächst ein paar Worte, die den Hintergrund unseres Verhältnisses zu den Menschen verdeutlichen sollen. Unsere Wechselwirkung wird gemeinhin mit dem Begriff ‚Infektion' umschrieben, was jedoch durchaus missverstanden werden kann. *Infectus* heißt soviel wie ‚gefärbt, befleckt, verunreinigt'. Auf uns Bakterien angewendet, bedeutet Infektion lediglich das Eindringen in menschliche Gewebe, ob das nun mit einem Krankheitszustand verbunden ist oder nicht. In den meisten Fällen gehen wir nach dem Eindringen lediglich unseren Geschäften nach und bleiben oft ganz unentdeckt. Wenn dieser Zustand herrscht, werden wir oft als ‚Kommensalen' bezeichnet, was soviel heißt wie, dass man gewohnheitsmäßig zusammen ‚am selben Tisch' isst."

„Nun haben einige von uns Prokaryoten die Fähigkeit, in menschlichen Geweben zu wachsen und zu gedeihen, uns zu vermehren … und Krankheiten hervorzurufen. Wenn es dazu kommt, nennt man uns ‚Pathogene' oder sagt, dass wir ‚pathogen' seien. Wir gehören dann also zu den Dingen, die *pathos* (Leiden) erzeugen. Die einen haben größere, die anderen weniger stark entwickelte Fähigkeiten, Leiden zu erzeugen. Die Menschen sagen, dass manche von uns virulenter als andere sind. *Virulentia* ist lateinisch und bedeutet ‚extrem bitter im Geschmack' oder ‚von bösartigem Charakter, giftig'.

Diejenigen unter uns, die besonders giftig sind, werden zur Unterscheidung von unseren ‚niedrigvirulenten' Freunden als ‚hochvirulent' bezeichnet. Diese Begrifflichkeiten werden praktischerweise auch auf die Viren – Krankheitserreger, die noch kleiner sind als wir und die gar nicht richtig leben – angewendet, obwohl es mir scheinen will, dass es ein bisschen doppelt gemoppelt ist, von ‚virulenten Viren' zu sprechen, weil das Wort Virus selbst ja wieder auf denselben Wortstamm (‚Gift') zurückgeht.“

■ Was ist eigentlich … ■

Bakterien [von griech. *bakterion* = Stäbchen; Bakterium], *Bacteriaceae, Bacteriophyta*, mikroskopisch kleine, einzellige Mikroorganismen, die nach der Teilung in einfachen Zellverbänden (als selbstständige Individuen) vereint bleiben können und die keinen echten (membranumgebenen) Zellkern (Prokaryoten) enthalten. Nach molekulargenetischen Untersuchungen von C. R. Woese (1976) wurde erkannt, dass Bakterien zwei Abstammungslinien zuzuordnen sind, die sich genetisch voneinander stark unterscheiden. Anfangs als Eubakterien (die die Cyanobakterien einschließen) und Archaebakterien benannt, setzen sich heute die Bezeichnungen Archaea und Bacteria für diese beiden prokaryotischen Domänen (höchste taxonomische Stufen) und Eukarya für die eukaryotischen Organismen durch.

Die Grundstruktur der Bakterienzelle, das von der Cytoplasmamembran umschlossene Cytoplasma, ist meist noch von einer Zellwand umhüllt, auf die eine Kapsel oder Schleimschicht aufgelagert sein kann. Im Cytoplasma liegt das Kernmaterial (Bakterienchromosom oder Nucleoid), das von keiner Kernmembran umgeben ist. Meist enthält die Zelle nur einen DNA-Ring. Das Bakterienchromosom von *Escherichia coli* enthält 4,6 Millionen Basenpaare, was etwa 4 288 Genen entspricht. DNA kann außerdem in Form von Plasmiden, Episomen (extrachromosomale DNA) und temperenten Phagen vorliegen. Viele Bakterienarten sind beweglich, meist durch einfache Geißeln oder besondere geißelähnliche Fibrillen innerhalb von Zellhüllen. Auf Oberflächen kann auch eine gleitende oder mehr „ruckartige" bzw. „schleudernde" Fortbewegung beobachtet werden. Fimbrien sind nur elektronenmikroskopisch sichtbare Zellanhänge von Bakterien (pro Zelle 10 bis mehrere Tausend). Bakterien-Fimbrien bestehen hauptsächlich aus Protein (= Adhäsin). Sie sind weniger steif, weit dünner und kürzer als Bakteriengeißeln. Fimbrien dienen einerseits der Substraterkennung sowie der mechanischen Anheftung und Verankerung der Zellen an ihren Substraten.

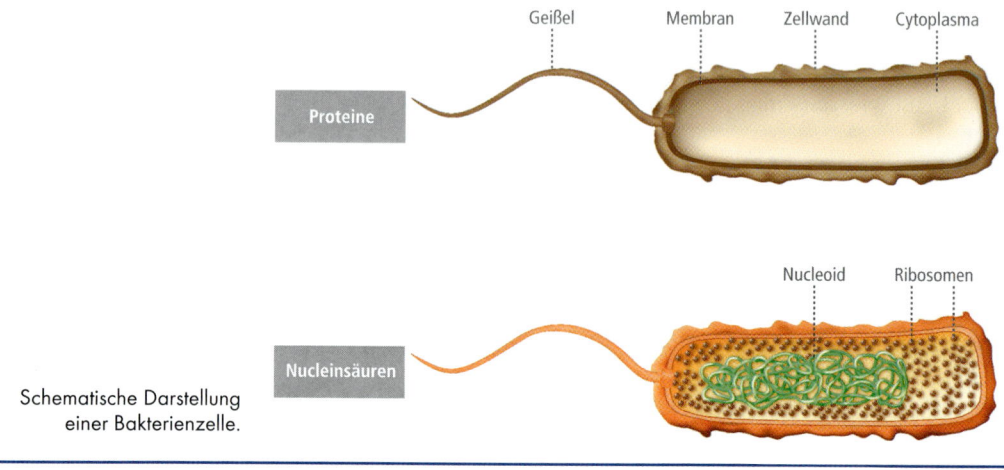

Schematische Darstellung einer Bakterienzelle.

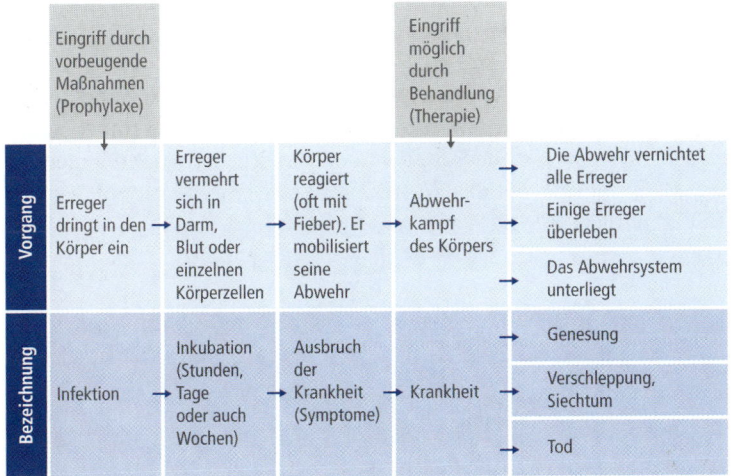

		Eingriff durch vorbeugende Maßnahmen (Prophylaxe)		Eingriff möglich durch Behandlung (Therapie)		
Vorgang	Erreger dringt in den Körper ein →	Erreger vermehrt sich in Darm, Blut oder einzelnen Körperzellen →	Körper reagiert (oft mit Fieber). Er mobilisiert seine Abwehr →	Abwehr-kampf des Körpers →	→ Die Abwehr vernichtet alle Erreger
					→ Einige Erreger überleben
					→ Das Abwehrsystem unterliegt
Bezeichnung	Infektion →	Inkubation (Stunden, Tage oder auch Wochen) →	Ausbruch der Krankheit (Symptome) →	Krankheit →	→ Genesung
					→ Verschleppung, Siechtum
					→ Tod

Stadien einer Infektionskrankheit.

„Der Schwerpunkt dieser Sitzung wird darin bestehen, etwas über die verschiedenen Mechanismen zu lernen, die uns Bakterien die Eigenschaft der ‚Virulenz' verleihen. Die Menschen sprechen von diesen Mechanismen zusammenfassend als Virulenzfaktoren. Die Fähigkeit, Virulenzfaktoren zu erzeugen, ist in unseren Chromosomen verankert, und manchmal auch auf Plasmid-Minichromosomen, die wir auf unserem Lebensweg irgendwo aufgegriffen haben. Heutzutage sind die Menschen in der Lage, unsere Chromosomen aufzubrechen und die im Code der DNA versteckten Geheimnisse zu lüften.

■ Was ist eigentlich ... ■

Infektion, Infekt, Ansteckung, Eindringen von Krankheitserregern in den Organismus mit anschließender Vermehrung. Eintrittspforten für Erreger sind alle Körperöffnungen – Atemwege (Atmungsorgane, Lunge), Verdauungswege (Mund, Darm), Geschlechtsorgane –, die intakte oder verletzte Haut und Schleimhaut sowie die Placenta. Eine Infektion kann örtliche (Entzündung) oder allgemeine Krankheitserscheinungen (Infektionskrankheiten) verursachen oder auch ohne äußere Zeichen als stumme oder latente Infektion verlaufen.

Infektionskrankheiten, ansteckende und nichtansteckende Krankheiten bei Tier und Mensch mit akutem oder chronischem Verlauf, die durch Infektion mit bestimmten Erregern (Viren, Bakterien, Pilze, Protozoen [Einzeller], Würmer [insbesondere Fadenwürmer], Arthropoden [Gliederfüßer], Prionen) entstehen. Erst das Zusammenwirken von Infektion, schädigender Wirkung der Mikroorganismen und spezifischer Abwehr des Körpers führt zum charakteristischen Bild der jeweiligen Infektionskrankheit und bestimmt deren Verlauf. Infektionserreger sind mit verschiedenen Pathogenitätsdeterminanten ausgestattet. Dazu gehören die Fähigkeiten: 1) in den Wirt einzudringen (Invasion), 2) die unspezifische Immunabwehr zu umgehen (Subversion/Evasion), 3) Zellen zu schädigen (Toxine) und 4) sich in normalerweise keimfreien Regionen des Wirts zu vermehren (z. B. Gewebe, Blut, Bauchhöhle). Auftreten und Verlauf einer Infektion sind abhängig von der Virulenz und Vermehrungsfähigkeit der Erreger und von der natürlichen Resistenz und erworbenen Immunität.

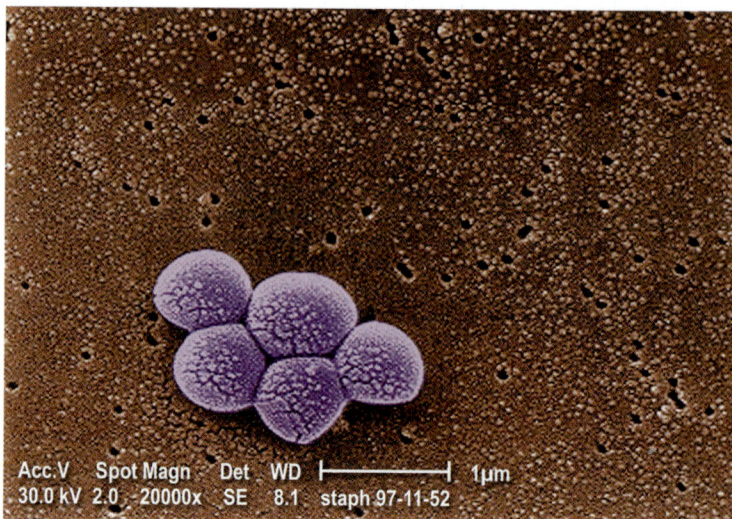

Staphylokokken. Elektronenmikroskopische Aufnahme von *Staphylococcus aureus*.

Acc.V Spot Magn Det WD ├──────────┤ 1µm
30.0 kV 2.0 20000x SE 8.1 staph 97-11-52

Die arbeitswütigeren unter den menschlichen Wissenschaftlern haben doch wahrhaftig viele unserer genetischen Geheimbotschaften eine nach der anderen enträtselt und entdeckt, dass bestimmte molekulare Abfolgen zu ganz bestimmten Virulenzfaktoren gehören. Jeder unserer drei Hauptredner wird Wege der Kontaktaufnahme und des Eindringens in den Menschen sowie seine jeweiligen Virulenzmechanismen und die Möglichkeiten zur Erzeugung pathogener Nebenwirkungen vorstellen. Und nun präsentiere ich euch unseren ,Goldjungen' *Staphylococcus aureus*.“

Ausführungen von *Staphylococcus aureus*

„Verehrte Prokaryoten“, glühte *Staphylococcus aureus*. „Es freut mich, heute hier bei euch zu sein und euch einige der Mechanismen zu erläutern, mit deren Hilfe wir Menschen und Tieren Probleme bereiten, und natürlich auch die Wege, wie wir uns vor der Vernichtung zu schützen wissen, wenn wir einmal Eingang in ihre Körpergewebe gefunden haben. Unsere Neigung, Krankheiten zu verursachen, die die Menschen Virulenz nennen, wird durch die Produktion einer Vielzahl von Enzymen und Toxinen möglich gemacht. Das vielleicht wichtigste Produkt, das wir *aureus*-Staphylokokken fabrizieren, ist Coagulase, ein Enzym, das das Blut gerinnen lässt. Es löst eine Vernetzung des Blutklebstoffs Fibrin aus. Durch die Wirkung von Enzymen wie Hyaluronidase (einem Enzym, das Bindegewebe auflösen kann), Lipasen und Proteasen gelingt es uns, ein Loch in den Gewebeuntergrund zu meißeln und einen Hohlraum in diesem Maschenwerk für uns auszuhöhlen. Danach geht die Coagulase wieder an die

Was ist eigentlich …

Virulenz, die Fähigkeit von Krankheitserregern (Viren, Bakterien, Protozoen, Pilze), eine Erkrankung im befallenen Organismus hervorzurufen. Die Virulenz ist Ausdruck der Wechselbeziehungen zwischen Erreger und Wirtsorganismus. Sie wird bestimmt durch das Genom des Erregers codierte Virulenzfaktoren, die dem Erreger die Fähigkeiten verleihen, sich im Gewebe des Wirts zu vermehren und auszubreiten, die Immunantwort des infizierten Wirtsorganismus zu vermindern sowie toxische Substanzen zu bilden.

Arbeit und legt ein Fibringerüst außen um diesen Hohlraum herum an, beinahe so, wie ein Korbflechter einen Weidenkorb herstellt. ‚Abszess' nennen die Menschen diese handliche Schutzvorrichtung. Man könnte uns vielleicht als die Korbflechter im Reich der Prokaryoten bezeichnen. Diese Wand schützt uns vor Anschlägen unserer Fressfeinde."

„Im Verlauf einer jeden Gewebeinvasion verlieren wir eine Unmenge unserer Mitglieder. Eine große Zahl wird einfach durch die Fresszellen unter den weißen Blutkörperchen eliminiert. Diese schwärmen überall hin aus und folgen uns an jeden Ort, den wir in Besitz zu nehmen versuchen. Im Inneren des Abszesses tobt eine wilde Schlacht, wie jeder Mensch feststellen kann, wenn er den dicken weißlich-gelben Eiter aus einem Furunkel herausquetscht. Wir haben noch andere Schutzmechanismen, die uns dabei helfen, uns vor den immer neu heranrollenden Wellen von Phagocyten zu schützen. Durch Evolution haben wir in unseren Zellwänden und äußeren Kapseln eine Gruppe wichtiger Proteine als Verteidigung gegen die gefräßige Emsigkeit der Phagocyten und die Tätigkeit anderer weißer Abfangjäger aus dem menschlichen Immunsystem entwickeln können. Von besonderer Bedeutung ist das Leukocidin, das Löcher in die Membranen der phagocytierenden weißen Blutkörperchen stanzt. Es gibt uns die Möglichkeit, der zerstörerischen Verdauungstätigkeit dieser Straßenkehrerzellen zu entkommen. Wenn dieser Mechanismus einsatzbereit ist, können diese hungrigen Monster uns nicht mehr anrühren."

„Teichonsäure, ein spezielles Molekül in unserer Peptidoglykan-Zellwand, ermöglicht es uns, uns an Kunststoffmaterialien, wie sie zum Beispiel für Prothesen und künstliche Gelenke verwendet werden, festzukleben. Teichonsäurereiche Stämme können sich mit Leichtigkeit auf Kathetern, die in Blutgefäße eingeführt werden, häuslich einrichten. Das führt dann oft zu verheerenden lokalen Infektionen und zu ‚Blutvergiftungen'."

„Diese Anhäufung von Organismen zum Beispiel an Plastikoberflächen, eingebettet in reichlich Polysaccharidschleim, führt zur Bildung einer dichten Masse, die als Glykocalyx oder Biofilm bezeichnet wird. Das ist der Zustand, mit dem wir Prokaryoten der Herausbildung vielzelliger ‚Organe' evolutiv so nah gekommen sind, wie es uns möglich ist. Damit die Bakterien, die zuunterst in der Schleimschicht liegen, überleben können, ist ein Mechanismus vonnöten, um Nährstoffe zu ihnen hin und Abfallprodukte von dort weg zu schaffen. Also organisieren wir uns. Im und durch das Wirrwarr des Schleimfaktors werden Kanäle angelegt, durch die die Anlieferung lebenswichtiger Nährstoffe in alle Schichten der Biofilmgemeinschaft erfolgen kann. Dieselben Kanäle werden umgestaltet, um Abfallprodukte aus den untersten Schichten zu exportieren. So entsteht

Was ist eigentlich ...

Phagocyten [von griech. *phagein* = fressen, *kytos* = Höhlung, Zelle], Fresszellen. Die Phagocyten des menschlichen Organismus sind spezialisierte Zellen des Immunsystems, die eindringende Mikroorganismen direkt oder nach Opsonisierung von Antigen-Antikörper-Komplexen eliminieren. Auch körpereigene Zellen werden durch Phagocytose eliminiert. Verantwortlich sind z. B. Makrophagen, neutrophile Granulocyten (= Mikrophagen) und Granulocyten. Phagocyten besitzen Rezeptoren für bestimmte Mikroorganismen auf der Oberfläche, welche die Phagocytose vermitteln.

Rasterlasermikrosopische Aufnahme verschiedener Mikroorganismen, die als Biofilm wachsen.

eine ,atmende, essende, ausscheidende' Biofilmgemeinschaft, die sich über den Plastikgegenstand ausbreitet."

„Wenn wir uns lange genug in einem Abszess aufhalten, können wir unter Umständen Zugang zu den Lymphgefäßen erlangen, durch die wir uns dann weiträumig in der Haut verteilen können. Wenn wir uns dann an mehreren Stellen gleichzeitig zusammenrotten, kommt es zu einem Zustand, den die Menschen ,Impetigo' oder Eitergrind nennen. Falls wir Zugang zum Blutstrom kriegen, surfen wir mit fliegenden Adhäsinpili, bis wir uns irgendwo an Geweberezeptoren festhalten. So können wir Tochterabszesse in praktisch jedem Organ des Körpers bilden. Einige in unserem Clan haben Mechanismen entwickelt, der Wirkung menschengemachter Antibiotika zu widerstehen."

■ Die Wirkungsmechanismen von Antibiotika ■

Die Wirkung von Antibiotika erstreckt sich von der reversiblen Hemmung des Wachstums bis zu einer Abtötung von Mikroorganismen. Je nach Antibiotikum kann entweder ein reversibler oder ein irreversibler Effekt ausgelöst werden. Es ist auch möglich, dass, abhängig von der Konzentration, ein Antibiotikum beide Effekte bewirkt. Da die schädigende Wirkung meistens auf definierte Ziele in der Zelle beschränkt ist, kann die Hemmung selektiv sein, und sie kann darüber hinaus ein charakteristisches Spektrum an sensitiven Organismen umfassen. – Die wichtigsten Wirkungsbereiche, besonders der therapeutisch verwendeten Antibiotika, sind unter anderem: a) die Zellwand und ihre Synthese, b) die Struktur und Synthese der Cytoplasmamembran einschließlich der darin enthaltenen Funktionssysteme, wie die Atmungskette oder Transportsysteme für Gelöststoffe, und c) die Struktur und Replikation des Chromosoms. Ob ein Antibiotikum selektiv gegenüber einem pathogenen Mikroorganismus wirksam ist oder ob es gleichzeitig auch den Wirtsorganismus beeinträchtigt, hängt wesentlich davon ab, wie spezifisch die Wirkung ist.

Was ist eigentlich ...

Bakterientoxine, Bakteriengifte, bakterielle Giftstoffe (Toxine), die den Wirtsorganismus schädigen und eine wichtige Rolle bei Erkrankungen spielen können (Intoxikation). Sie haben normalerweise eine große relative Molekülmasse, sodass sie als Antigene wirken, und schädigen bereits in sehr geringer Konzentration. Zum Teil gehören sie zu den wirksamsten Giften, die bereits im Mikrogrammbereich zum Tod führen können (Botulinustoxin, Tetanustoxin). Bakterientoxine sind vor allem lösliche Proteine (Exotoxine), einige mit enzymatischer Aktivität, oder feste Bestandteile der Zellwand gramnegativer Bakterien, die erst beim Absterben oder teilweise bei der Zellteilung abgegeben werden (Endotoxine). Die Einteilung in Exo- und Endotoxine ist vereinfacht. Bakterientoxine werden im oder am Wirtsorganismus gebildet oder mit Nahrungs-(Futter-)mitteln aufgenommen, auf denen toxinausscheidende Bakterien gewachsen waren oder die mit befallenen Rohstoffen hergestellt wurden (Nahrungsmittelvergiftungen).

„Unser Hauptmodus, wie wir menschliche Krankheiten verursachen, besteht jedoch in der Herstellung von Toxinen – bakteriellen Giften. Das Wort ‚Toxin' hat interessante Wurzeln, aus denen sich faszinierende Folgerungen ergeben. *Toxicon* ist das griechische Wort für ‚Pfeilgift', bezieht sich also auf eine giftige Substanz, in die Krieger oder Jäger die Spitzen ihrer Pfeile getaucht haben. Das Bild von einem vergifteten Pfeil, der die gespannte Bogensehne eines Bogenschützen verlässt, ist eine wirklich perfekte Metapher für die Freisetzung eines Moleküls, das seine Wirkung an Zellen irgendwo in der Entfernung entfaltet. Eines dieser Toxine, das die Menschen ‚Exfoliatin' nennen, ist ein tolles Beispiel. Das Zielorgan dieses Toxins ist die Haut, genauer gesagt, die oberen Zellschichten der Haut – die Epidermis, wie die Menschen sagen. Exfoliatin führt zu einer Abstoßung dieser äußeren Hautschicht, was dann zu dem führt, was die Menschen das ‚Verbrühte-Haut-Syndrom' nennen. Dann produzieren wir noch eine Reihe die Zellmembranen schädigende Toxine, die anhand griechischer Buchstaben ‚durchnummeriert' werden (*alpha*-Toxin, *beta*-Toxin, und so weiter). Ihre Angriffsziele sind rote und weiße Blutkörperchen, aber auch Zellen und Gewebe von Organen."

„Am gefürchtetsten sind unsere Anschläge auf *Homo sapiens*, die zum sogenannten toxischen Schocksyndrom (TSS) führen, das durch ein starkes Toxin mit Namen TSST-1 (toxisches Schock-Syndrom-Toxin-1) ausgelöst wird. Die Fähigkeit zu dessen Produktion haben bestimmte Mitglieder meines Clans wahrscheinlich durch den Erwerb eines Plasmids erhalten. Die meisten von Ihnen kennen die Originalstory. Manche Frauen haben extrem saugfähige ‚Super-Tampons' während der Menstruationsphase benutzt, um ihren normalen körperlichen Aktivitäten so lange wie eben möglich nachgehen zu können. Es dauerte nicht lange, bis wir erkannten, dass so ein Tampon, der für längere Zeit an Ort und Stelle blieb, uns auf das Wunderbarste direkt in die Hände spielte. Zuerst einmal hatten wir ein perfektes Versteck, um uns zu verbergen. Der Sekretfluss wurde durch

Was ist eigentlich ...

Syndrom der verbrühten Haut, Lyell-Syndrom, lebensbedrohliche Erkrankung mit großflächiger blasiger Hautablösung. Das medikamentöse Lyell-Syndrom beruht auf einer allergisch-toxischen Arzneimittelreaktion; das staphylogene Lyell-Syndrom wird durch einen von Staphylokokken gebildeten Giftstoff hervorgerufen und tritt vor allem bei Säuglingen und Kleinkindern, seltener auch bei abwehrgeschwächten Erwachsenen auf.

das Ding gestoppt, wodurch jede Möglichkeit, uns einfach wegzuspülen, blockiert wurde. So waren wir in der Lage, umfangreiche Kolonien zu gründen. Am gefährlichsten für die ahnungslosen Frauen war aber die Eisenmenge, die uns urplötzlich zur Verfügung stand. Bis vor ganz kurzer Zeit hatten die Menschen keine Ahnung davon, dass das Vorhandensein von Eisen in unserem Milieu nicht nur eine maximale Vermehrungsaktivtät hervorruft, sondern auch noch die Menge und die Stärke des TSST-1 erhöht. Menstruationsblut enthält jede Menge Eisenionen und zusätzlich noch kohlenstoff- und stickstoffreiche Abbauprodukte von roten Blutkörperchen, die unser Wachstum und unsere Vermehrung noch mehr fördern. Der eingeführte Tampon bringt dazu noch Sauerstoff in den normalerweise anaeroben Scheidenkanal; das regt die Giftproduktion noch zusätzlich an. Viele dieser armen Frauen hatten keine Chance: unser TSST-1 machte überall im Körper die Wände der Blutgefäße durchlässig. Das führte dazu, dass überall Flüssigkeit aus dem Blut in die Gewebe sickerte. Diese Flüssigkeit fehlte dann im Kreislauf und ließ den Blutdruck absinken. Der Blutdruckabfall führt zur Ohnmacht, dann zum Schock, und schließlich zum Tod durch Herz- oder Nierenversagen. Erst als der Kinderarzt Dr. James Todd aus Denver in Colorado erkannte, dass diese hochsaugfähigen Tampons wunderschöne Lebensräume für uns abgaben, konnte man die Frauen vor dieser Gefahr warnen."

„Von einer harmloseren Seite kennt man uns, wenn wir jemandem sozusagen ‚unter die Haut' gehen und dort Furunkel und Karbunkel erzeugen. Das kann allerdings zu einer ganz anderen Geschichte werden, wenn wir in eine offene Wunde oder einen chirurgischen

Was ist eigentlich ...

anaerob [von griech. an = nicht, aer = Luft], unter Ausschluss von Luft (genauer Sauerstoff) ablaufend. Gegensatz aerob. Anaerobe Atmung: In vielen Bakteriengruppen eine Form des Gewinns von Stoffwechselenergie unter anaeroben Bedingungen.

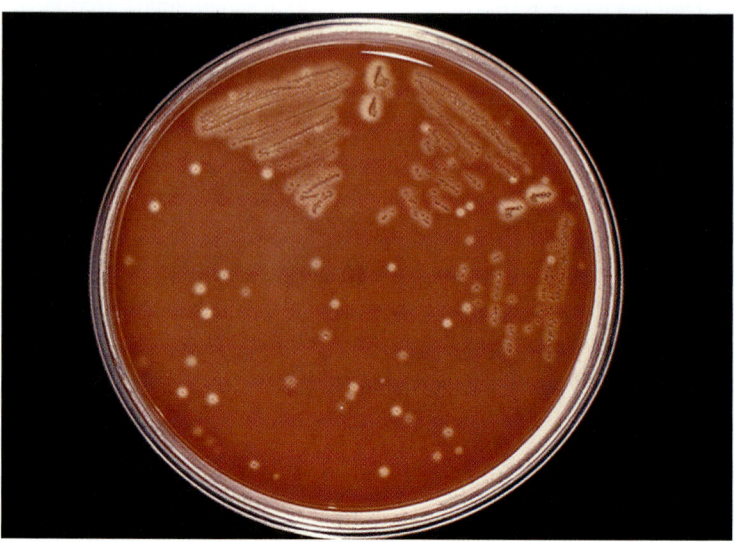

Bakterienkolonie in einer Petri-Schale.

Einschnitt eindringen und uns dort festsetzen. Wir residieren in so vielen Nischen und können uns in so vielen Spalten und Ritzen in und auf der Haut verstecken, dass wir eine ständige Gefahr darstellen. Selbst mit mehrmaligem Händewaschen gelingt es Operateuren meist nicht, uns vollständig aus den feinsten Rissen in ihrer Haut zu entfernen. Wo immer wir es schaffen, in menschliche Organe einzudringen, bilden wir einen Abszess und verursachen dadurch eine schwere Erkrankung und, wenn der Mensch geschwächt ist, sogar den Tod."

„Ich habe viel zu lange geredet und werde nun das Podium meinem Kollegen *Pseudomonas aeruginosa* überlassen. Zum Schluss möchte ich die Menschen – und besonders die, die uns für das, was wir ihnen antun, verteufeln – daran erinnern, dass wir ein legitimer Teil der Natur sind und jedes Recht haben, unsere Existenz zu sichern und unsere Ziele zu verfolgen: Schafft Bedingungen und Nischen, unter und in denen wir uns wohl fühlen, und ihr müsst die Verantwortung für all das Unheil tragen, das wir anrichten. Dies ist eine faire Warnung an eure Adresse: Wascht euch oft genug die Hände, haltet Nahrungsmittel kühl oder kocht sie ab, lasst Vorsicht walten, wenn ihr Wunden in der Haut herbeiführt oder zunäht, und lasst nicht zu, dass sich irgendwo in unserer Nähe Blut ansammelt. Wir haben keine vorgefassten Pläne, den Menschen zu schaden. Eigentlich tun wir nur das, was uns unsere Gene auf unseren Chromosomen vorschreiben."

Rede von *Pseudomonas aeruginosa*

„Sehr verehrte Kollegen Prokaryoten", begann *Pseudomonas*. „Ich werde mich gleich zu Beginn von einer persönlichen Irritation befreien, bevor ich dann zu wesentlicheren Dingen übergehe. Der beleidigende und herabwürdigende Charakter unseres Namens *Pseudomonas*, heißt übersetzt ja in etwa soviel wie ‚gefälschtes Staubkorn'. Wer unter euch würde einen solchen Taufnamen akzeptieren!? Na, wenigstens hat der Namenszusatz *aeruginosa* einen positiveren Beigeschmack. *Aeruginosa* leitet sich vom lateinischen Wort für ‚vollgestopft mit Kupferrost' ab und bezieht sich auf die nur uns eigene Fähigkeit, Pigmente von der Farbe des Grünspans, wie er sich oft auf alten Kupferdächern zeigt, zu bilden. Da dieses Pigment hübsch anzusehen ist, sind wir über diesen Teil unseres Namens auch nicht verärgert."

„Man kann über die immense Vielfalt unter uns Prokaryoten wirklich nur staunen. Dank unserer schnellen Vermehrung und kurzen Verdopplungszeiten haben wir die großartige Fähigkeit, uns durch Mutationen an praktisch jede Umweltveränderung anzupassen. Selbst wenn eine oder zehn Millionen Individuen einer Prokaryotenpopula-

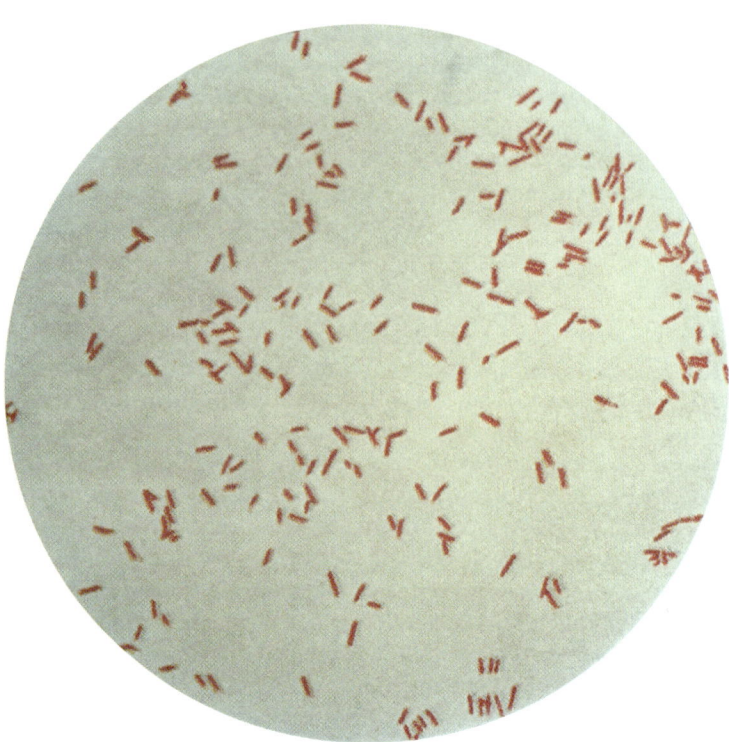

Elektronenmikroskopische
Aufnahme von *Pseudomonas
aeruginosa*.

tion durch irgendeinen Umstand – besonders der schädlichen Wirkung eines Antibiotikums – umkommen, kann eine einzelne überlebende Zelle aus dieser Million, die durch eine glückliche, lebenserhaltende Mutation davongekommen ist, sich bald wieder zu einem resistenten Klon vermehren. Diese Erkenntnis sollte uns mit großem Optimismus erfüllen: Trotz unserer Winzigkeit besitzen wir als Kollektiv doch eine so gewaltige Reserve an ,guter Masse', dass unser Überleben langfristig garantiert zu sein scheint."

„Diese Geschichte mit der Vielfalt bringt mich auf eines unserer hervorstechenden Merkmale, von dem ich euch erzählen will. Unser Clan kann bei Temperaturen bis zu 45 Grad Celsius überleben und sich vermehren. Das scheint auf den ersten Blick ohne Bedeutung zu sein. Es hat jedoch dazu geführt, dass wir unseren Lebensraum ausdehnen konnten. Gleichzeitig hat es zu Kummer auf Seiten unserer menschlichen Freunde geführt. Schaut unsere Geschichte an. Während all der Zeit sind wir eigentlich zufrieden damit gewesen, in warmen Flussmündungen überall auf der Welt zu leben. Wir sind ja auch wirklich eine extrem wasserliebende Truppe. Wenn die Prokaryoten irgendwann mal Olympische Spiele abhalten, werden wir beim Schwimmen überall die vorderen Plätze belegen. Ganz ähnlich wie im Fall von *Legionella pneumophila* haben Änderungen in den Gewohnheiten der Menschen, die uns ohne eigenes Verschulden in neue Lebensräume katapultiert haben, dazu geführt, dass die Zahl der Zusammentreffen mit den Menschen stark zugenommen hat. Unserem Wesen nach sind wir sanftmütige Gesellen. Man kennt uns höchstens als opportunistische Krankheitserreger, was bedeutet, dass wir normalerweise kein Problem für gesunde Menschen darstellen. Besorgniserregend wird es nur, wenn man uns eine feuchte oder nasse Atmosphäre bietet sowie eine Gelegenheit, durch eine offene ‚Eingangstür' in einen Wirt einzudringen, der schon geschwächt oder immunsupprimiert ist."

„Seht euch die jüngere Geschichte der Menschen im Hinblick auf ihr Verhältnis zu den Bakterien an. Zunächst mal leben die Menschen im Durchschnitt immer länger. Patienten mit chronischen Krankheiten werden in Hospitäler eingewiesen, in denen Wasserökosysteme geschaffen worden sind, die uns richtig gut gefallen. Die erhöhten Temperaturen in manchen dieser Wasserreservoire liefern uns eine optimale Umwelt, um uns mit großer Geschwindigkeit zu vermehren. Darüber hinaus werden viele der Badewannen und Zerstäuber nicht oft genug gereinigt, oder nicht ausreichend mit antiseptischen Mitteln behandelt, um uns im Zaum zu halten. Zu diesen günstigen Bedingungen muss man noch die stark angestiegene Zahl operativer Eingriffe addieren, bei denen sich Feuchtigkeit an Stellen ansammelt, an denen Barrieren des Körpers durchbrochen wurden. Irgendein Vertreter meines Clans hat immer eine Chance, jeden Luftröhrenschnitt zu infizieren, jede Brandblase, jeden irgendwo hineingesteckten Katheter oder jede beliebige andere Stelle, an der sich Feuchtigkeit ansammelt. Das bedeutet nicht, dass wir ein angeborenes Verlangen hätten, dies zu tun. Man könnte genauso gut eine Kuh auf eine grüne Weide stellen und ihr sagen, dass sie ja nicht fressen soll."

Was ist eigentlich ...

Antibiotikaresistenz, Eigenschaft von Mikroorganismen und von Zellen, in Gegenwart von Antibiotika zu wachsen. Dabei können die Organismen bereits eine natürliche Unempfindlichkeit gegenüber einem Antibiotikum aufweisen, oder sie können die Resistenz im Verlauf des Wachstums in Gegenwart von Antibiotika entwickelt haben. Natürliche Resistenz beruht oft darauf, dass die Organismen die entsprechenden empfindlichen Strukturen nicht besitzen, oder dass zelluläre Barrieren die Antibiotika nicht an den Wirkort gelangen lassen. Der Erwerb von Resistenzen erfolgt über Mutationen oder den Austausch von Genmaterial zwischen bereits resistenten und sensitiven Organismen. Inzwischen hat das Auftreten von Resistenzen – bedingt durch den gesteigerten Einsatz von Antibiotika – drastisch an Bedeutung gewonnen, und warnende Stimmen sprechen bereits von der „postantibiotischen Zeit".

Was ist eigentlich ...

Legionärskrankheit, eine durch das Bakterium *Legionella pneumophila* hervorgerufene Lungenentzündung, die erstmals im Sommer 1976 epidemisch in Philadelphia nach einem Veteranentreffen der American Legion beobachtet wurde. Der Erreger ist ein fakultativ intrazelluläres, gramnegatives, aerobes, nichtfermentierendes, stäbchenförmiges Bakterium, das sich in phagocytierenden menschlichen Zellen vermehrt. Man weiß, dass Legionellen als Parasiten in Süßwasserprotozoen leben und z. B. aus Amöben im Grundwasser, Trinkwasser und Sprudelbädern isoliert werden können. Auch in Klimaanlagen und feuchten Böden kommen Legionellen vor. Untersuchungen sollen die Bedingungen klären, die zur pathogenen Vermehrung und zur Humaninfektion führen. Legionellen werden aerogen übertragen; eine Übertragung von Mensch zu Mensch kommt wahrscheinlich nicht vor. Die Legionärskrankheit ist charakterisiert durch grippeähnliche Symptome, hohes Fieber, Husten, Thoraxschmerzen und gastrointestinale Störungen, Leukocytosen, Leber-, Nieren- und zentralnervöse Funktionsstörungen.

Internet-Link

Ausführliche Informationen über Infektionskrankheiten, Meldepflicht und Infektionsschutz auf der Website des Robert Koch-Instituts (RKI): www.rki.de

„Wie im Falle von *Legionella* haben auch wir Pseudomonaden unsere Lebensgewohnheiten nicht in einem solchen Maße geändert, dass man damit die weltweite Zunahme bakterieller Infektionen erklären könnte. Es sind vielmehr Änderungen in den menschlichen Verhaltensweisen, die dafür verantwortlich sind, weil sie neue, günstige Ökosysteme erschaffen, in denen wir überleben und uns mit größtmöglicher Effizienz vermehren können."

„Oh ja, doch, zugegeben: Wir Pseudomonaden sind nicht gänzlich harmlos. Wir können mit unserer einen Geißel ganz gut frei herumschwimmen. Da wir Glucose bis ganz runter zu Kohlendioxid und Wasser oxidieren – also atmen – können, haben wir eine Höchstmenge an Energie zur Verfügung, um unsere Aktivitäten durchzuführen. Uns geht einfach nicht die Puste aus. Wir besitzen ein gut entwickeltes System feiner Fimbrien und Pili, mit denen wir uns an menschlichen und tierischen Zellen festsetzen können. Diese Fähigkeit zur Anheftung, Adhäsion genannt, wird von *Escherichia coli* später noch im Einzelnen erklärt werden. Sie ist notwendig für uns, um uns an jeder potenziellen Infektionsstelle häuslich einrichten zu können. Last but not least produzieren wir ein ganzes Arsenal von Enzymen, von denen viele cytotoxisch und proteolytisch sind. Damit können wir nicht bloß Zellen zerstören, sondern praktisch alles in unserer näheren Umgebung verflüssigen."

„Diese letzte Eigenschaft wird entscheidend wichtig, wenn wir Zugang zu einem beschädigten Auge bekommen. Die Tränenflüssigkeit mögen wir ganz besonders. Die Menschen haben aus bitterer Erfahrungen gelernt und setzen Himmel und Hölle in Bewegung, wenn es den kleinsten Hinweis darauf gibt, dass wir dabei sind, uns im Bindehautsack des Auges niederzulassen. Außerdem haben sie gelernt, uns den Zugang zum Blutstrom mit allen Mitteln zu verwehren. Das, was sie ,*Pseudomonas*-Sepsis' nennen, endet in manchen Gegenden für zwei Drittel der Infizierten tödlich. Auf uns passt sehr gut das alte Sprichwort ,stille Wasser sind tief'. Man könnte es auch so formulieren: Seht euch vor den Wutausbrüchen der Sanftmütigen vor!"

„Und nun", fuhr *Stenotrophomonas maltophilia* fort, „ist es mir ein großes Vergnügen, den letzten Hauptvortragenden dieser Sitzung einzuführen: *Escherichia coli* ! Im Reich der Pathogenese und der Virulenz ist dieser hervorragende Kollege vermutlich ein größerer Experte und im Besitz von mehr Virulenz- und Antibiotikaabwehr-Mechanismen als jeder andere Prokaryot. Wir erwarten mit großer Spannung die umfassende Enthüllung seiner Aktivitäten. *Escherichia coli*, die Bühne gehört dir."

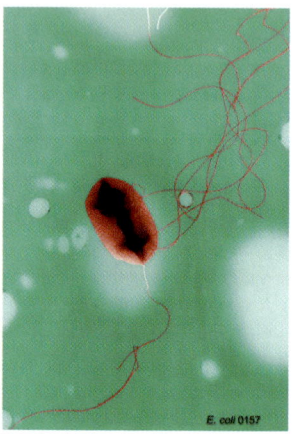

Escherichia coli-Zellen des Typs O157:H7 in einer rasterelektronenmikroskopischen Aufnahme.

Rede von *Escherichia coli*

„Vielen Dank für die herzliche Begrüßung, *Stenotrophomonas*", begann das bescheiden aussehende Bakterium. „In der Tat – wenn ich meinen Clan und mich selbst anschaue, kann ich nur ins Staunen geraten. Das ist kein Versuch, mich selbst zu beweihräuchern. Jede lebende Kreatur muss sich selbst doch als ein Wunder der Natur empfinden. Selbst wir einzelligen Prokaryoten, die wir so klein sind, dass viele Tausende von uns nicht mehr Platz einnehmen als der Punkt am Ende eines Satzes, sind unendlich kompliziert gebaut."

„Die Fähigkeiten, über die meine engsten Verwandten unter unseren bakteriellen Kollegen und ich verfügen, die Funktionen, die wir zum Einsatz bringen können, die Aktivitäten, die zu entfalten wir in der Lage sind, das Gute und das Böse, das wir zu Wege bringen können – ich werde in wenigen Augenblicken mehr hierzu sagen – sind schlechterdings erschreckend. Die Wahrheit ist, dass wir all die Dinge, zu denen wir heute befähigt sind, nicht auf direkte Weise ererbt haben. Zugegeben – unsere Chromosomen enthalten alle Gene, die wir benötigen, um unseren Grundstoffwechsel aufrechtzuerhalten und die vielen Substanzen herzustellen, die charakteristisch für die jeweilige Art sind. Die meisten Virulenzfaktoren, über die ich im Folgenden sprechen will, haben wir durch die Tätigkeit von Abermillionen unserer Vorfahren erworben. Die grundlegenden genetischen Anleitungen, die für die Mehrzahl dieser Zusatzfunktionen erforderlich sind, haben wir der Aufnahme von Plasmiden zu verdanken, die von einigen unserer nah mit uns verwandten Freunde zur Verfügung gestellt worden sind."

„Ihr werdet euch wahrscheinlich fragen, wie dieser Plasmiderwerb vonstatten geht. Der Vorgang, durch den wir zu Plasmiden kommen, ist vermutlich das Beste, was wir als Konkurrenz zum Sex bei Tier und Mensch zu bieten haben. Die Menschen nennen die Prozedur

---

■ Was ist eigentlich ... ■

Escherichia coli [nach T. Escherich und latein. *colum* = Dickdarm], Kurzbezeichnung *E. coli* oder *Coli*, die wichtigste Art der Bakterien-Gattung *Escherichia* aus der Familie *Enterobacteriaceae*, der molekularbiologisch-genetisch am besten untersuchte Organismus. *E. coli* wird in viele Typen (Stämme) unterteilt und kommt normalerweise im Darm von Warmblütern vor (Darmflora). Außerhalb des Darms kann *E. coli* Eiterungen und Entzündungen bei Mensch (Harnweg- und Niereninfektionen) und Tier verursachen; bestimmte Stämme sind Erreger schwerer Durchfallerkrankungen (Enteritiden). *E. coli* lässt sich auch im Boden und Wasser nachweisen und dient als Indikatorkeim für Verunreinigungen mit Fäkalien (Colititer). *E. coli*-Bakterien sind gerade Stäbchen, einzeln oder in Paaren zusammenhängend, unbeweglich oder beweglich mit Begeißelung. Das Genom (Chromosom) des Bakteriums ist ringförmig und besteht aus etwa 4,6 Millionen Basenpaaren (ca. 4 300 Gene). Außerdem kann die Zelle noch eine Reihe von Plasmiden enthalten.

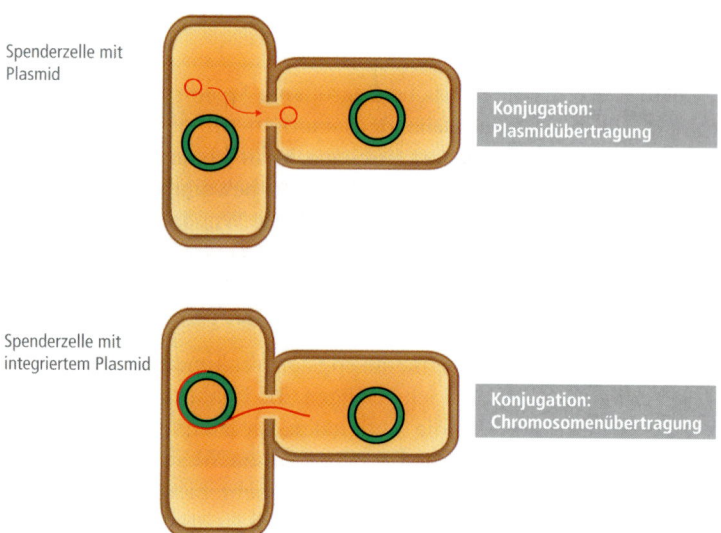

Spenderzelle mit Plasmid

Konjugation: Plasmidübertragung

Spenderzelle mit integriertem Plasmid

Konjugation: Chromosomenübertragung

Schema einer Konjugation.

Was ist eigentlich ...

Phagen, Bakteriophagen [von griech. *bakterion* = Stäbchen, *phagos* = Fresser], Bakterienviren, „Bakterienfresser", Bezeichnung für Viren, die Bakterien infizieren und sich in diesen Wirtsorganismen vermehren. – Bakteriophagen gibt es wahrscheinlich für alle Bakterienarten. Je nach den Wirtsbakterien spricht man z. B. von Coliphagen (Bakteriophagen des Darmbakteriums *Escherichia coli*) und Salmonellaphagen (Bakteriophagen von *Salmonella*). Über 95 % der bislang bekannten Bakteriophagen sind aus einem Kopf- und einem Schwanzteil aufgebaut, letzterer dient zur Anheftung der Bakteriophagen an die Bakterienmembran. Als Genom enthalten die Bakteriophagen DNA oder RNA, die als Doppel- oder Einzelstrang, linear oder ringförmig vorliegt; meist handelt es sich um eine doppelsträngige, lineare DNA.

‚Konjugation', abgeleitet vom lateinischen *conjugalis*, was ‚ehelich verbunden sein' heißt. Die Analogie darf man in unserem Fall nicht zu weit treiben, abgesehen davon, dass sich bei dieser Form des genetischen Informationsaustausches zwei Bakterienzellen nahekommen müssen. Das unterscheidet die Konjugation von anderen Formen des Gentransfers, bei denen wir lediglich Stücke eines fremden Chromosoms oder anderes DNA-Material, das abgestorbene Spenderzellen freigesetzt haben, quasi einsaugen. Diese Form des Informationserwerbs heißt Transformation und ist die Grundlage der meisten gentechnischen Arbeitsgänge, mit denen die Menschen unsere Eigenschaften gezielt verändern. Wenn genetisches Material von einem Phagen mitgebracht wird, der durch die Zellwand eindringt und uns infiziert, nennt man den Vorgang Transduktion."

„Die Konjugation ist davon sehr verschieden. Nicht jede Zelle besitzt die Fähigkeit zur Konjugation. Sie ist auf solche Zellen beschränkt, die ein besonderes Plasmid besitzen, das F-Plasmid genannt wird. Das F steht für ‚Fertilität', also Fruchtbarkeit. Die Zellen mit der Fähigkeit zur Konjugation werden als F + bezeichnet. Ich selbst bin F +, und ich bin dankbar dafür. Was kann ich mithilfe dieses besonderen Plasmids tun? Falls ich nah genug an ein anderes Gram-rotes Bakterium herankomme – gleichgültig, ob es auch ein *Escherichia coli* oder ein Vertreter eines der vielen anderen Clans ist –, kann ich mich an seiner Zellwand festhalten, einen F-Pilus bis an die Membran des anderen Bakteriums ausfahren und Teile meiner genetischen Information in den Kollegen injizieren. Unter Umständen kann ich so ein komplettes Chromosom übertragen. So gelingt es vielleicht, besondere Eigenschaften zu übertragen, die den Empfänger mit neuen Stoffwechseltricks ausstatten. Zum Leidwesen und Ärger der Menschen könnte ich auch Bauanleitungen für Resistenzfaktoren übermitteln, die ich oder meine Vorfahren erworben haben. Damit wärt ihr in der Lage, den gleichen natürlichen oder von den Menschen gemachten antibiotischen Substanzen zu widerstehen. Eine wichtige Begleiterscheinung dieses Vorgangs wäre, dass ihr dann ebenfalls imstande wärt, diese neuen Fähigkeiten an eure Nachkommen weiterzuvererben. Die Menschen würden feststellen, dass eine weitere resistente Mutante aufgetaucht ist."

„Obwohl wir *Escherichia coli* aufgrund übereinstimmender phänotypischer Grundeigenschaften (unseres Aussehens und der Art unseres Stoffwechsels) als Einheit betrachtet werden, sind nicht notwendigerweise auch alle Mitglieder unseres Clans wirklich sehr eng miteinander verwandt. Es bestehen kleine Unterschiede, so wie es auch bei *Homo sapiens* Variationen innerhalb und zwischen Untergruppen dieser Art gibt. Zum Beispiel sind unsere Zellen von winzigen, beinahe schon submikroskopischen haarähnlichen Auswüchsen übersät, die Fimbrien heißen. Diese Fimbrien sind unter den verschiedenen Gruppen meiner Art nicht ähnlicher als es menschliche Haare bei verschiedenen Menschen sind. Und es sind in der Tat diese Unterschiede bei den Fimbrien, durch die einige Mitglieder des *Escherichia coli*-Clans befähigt sind, Dinge zu tun, zu denen andere innerhalb unseres Clans nicht in der Lage sind. Die Fimbrien entscheiden darüber, ob wir uns an die Zellen eines Tieres oder eines Menschen anlagern können oder nicht. Ohne die Anheftung können wir den Wirt nicht besiedeln. Dann liegen wir lose in der Gegend herum und werden einfach weggespült, unfähig Gutes oder Schlechtes zu tun."

„Bestimmte unter unseren Mitgliedern benehmen sich einfach verschieden von den anderen, weil sie unterschiedliche Plasmide mit anderen Genen in sich haben. Einige von uns zeigen deshalb Virulenz-

Porträt

Gram, Hans Christian Joachim, dänischer Bakteriologe, Internist und Pharmakologe, *13.9. 1853 Kopenhagen, † 14.11.1938 Kopenhagen; 1891–1923 Professor in Kopenhagen; entwickelte 1884 eine Färbemethode (Gram-Färbung), um Bakterien in infiziertem menschlichem Gewebe von Zellkernen und anderen Zelleinschlüssen zu unterscheiden. Grampositive (= gramfeste) Bakterien bleiben nach der Anfärbung mit bestimmten basischen Farbstoffen und kurzem (1-3 Sekunden) Spülen mit Alkohol violett gefärbt, gramnegative (= gramfreie) werden dagegen durch Alkohol entfärbt. In der Regel ist das Färbeverhalten von einem charakteristischen Aufbau und der Zusammensetzung der Zellwand abhängig.

◼ Cholera ◼

Die Cholera, die erst durch die Berichte von Garcia del Huerto, Arzt in Goa, um 1560 in Europa bekannt wurde, ist eine akute Infektionserkrankung des Menschen, die den gesamten Dünndarm betrifft und durch wässrigen Durchfall, Erbrechen, Muskelkrämpfe, Exsikkose (Gewebeaustrocknung), Kreislauf- und Nierenversagen gekennzeichnet ist. Hervorgerufen wird Cholera durch Toxine des gramnegativen Bakteriums *Vibrio cholerae,* das in Küstengewässern vorkommt. Von Asien aus breitete sich die Cholera 1829 erstmals über Europa aus und wütete hier besonders, weil sie weitgehend unbekannt war. Fast immer sind große Pilgeransammlungen der Ausgangspunkt. So auch 1831 der Seuchenzug von Mekka über Kairo (30 000 Tote) in die arabischen Länder. Im Krimkrieg z. B. gab es auf beiden Seiten mehr Verluste durch Cholera als durch Kriegswunden. Die Verdrängung der Seuche aus den hochzivilisierten Ländern ist mehr den modernen Trinkwasser- und Abwasseranlagen als der Entdeckung des Erregers durch Robert Koch (1883) zu verdanken. Seit 1870 gab es sieben große Cholera-Pandemien, die letzte 1990 in Südostasien, bei der 200 000 Menschen erkrankten.

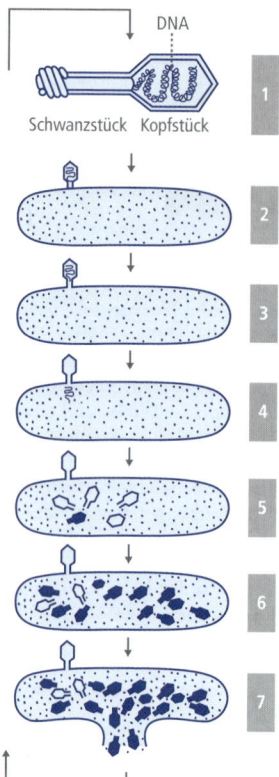

DNA

Schwanzstück Kopfstück

1

2

3

4

5

6

7

Infektionszyklus. 1) Einzelner Phage; 2) Befall eines Bakteriums; 3) Auflösung der Zellwand durch ein Phagenenzym; 4) Eindringen der Phagen-DNA; 5) und 6) durch Umsteuerung des bakteriellen Stoffwechsels entstandene Phagenbestandteile und Phagen; 7) Zerfall der Bakterienzelle und Freisetzen der Phagennachkommen.

eigenschaften wie *Shigella,* andere rufen Symptome hervor, die denen von *Vibrio cholerae* ähnlich sind, wieder andere verhalten sich wie *Salmonella.* Und warum ist unser Verhalten dem der genannten Kollegen ähnlich? Ganz einfach deshalb, weil wir diese Eigenschaften und Fähigkeiten irgendwann im Verlauf unserer Ahnenreihe von ihnen übernommen haben."

„Ich werde nun noch einen anderen Mechanismus beschreiben, durch den bestimmte Mitglieder der *Escherichia coli*-Familie menschliches Leiden verursachen. Die *enterohämorrhagische* Untergruppe (tatsächlich nur eine sehr kleine Gruppe – eher ein Grüppchen – das die Menschen mit dem Etikett O157:H7 versehen haben) hat meiner Ansicht nach bei seinen Attacken gegen die Menschen die Kontrolle über sich verloren. Zu viele Kinder sind ihrer Übellaunigkeit zum Opfer gefallen. Wir missbilligen das Verhalten dieser schwarzen Schafe unter unseren Vettern ausdrücklich, ebenso wie Menschen die grausamen und destruktiven Motive anderer Menschen ablehnen. Die Geschichte der enterohämorrhagischen Abtrünnigen vom Typ O157:H7 ist zwar traurig, aber doch auf ihre Weise interessant."

„Das Toxin, das der O157:H7-Clan produziert, wurde von *Shigella* übernommen. Die Menschen nennen es Verotoxin und sprechen deshalb bei diesen üblen, verotoxinbildenden, Enterohämorrhagie hervorrufenden *Escherichia coli* auch von VTEC- oder EHEC-Stämmen. Man kann natürlich nicht *Shigella* zum Vorwurf machen, was mit der Erbinformation, die es mit uns geteilt hat, passiert ist. Auch Menschen können ja hinters Licht geführt und unschuldigerweise dazu verleitet werden, großen Schaden anzurichten. Wie auch immer – das uns von den Shigellen geschenkte Toxin ist erschreckend wirksam. Die menschliche Darmschleimhaut wird schwer geschädigt, was sich in blutigen Durchfällen äußert, die verschiedene Schweregrade haben können. Der Durchfall verschwindet nach ein paar Tagen von selbst, aber in 5 Prozent der Fälle kommt es zu einer schweren Komplikation, der ‚hämolytischen Urämie‘. Bei diesen Patienten ist etwas von dem Gift ins Blut gelangt und zerstört dort die roten Blutkörperchen. Das setzt Gerinnungsfaktoren im Blut frei, was zur Verstopfung der allerkleinsten Blutgefäße und damit der Mikrozirkulation führt. Die Nieren und andere Organe versagen, was sehr häufig zu einem schnellen Tod führt."

„Aus nicht bekannten Gründen haben die O157:H7-Übeltäter eine große Vorliebe für die Besiedelung der Darmtrakte von Rindern. Kleingehacktes, kontaminiertes Rindfleisch hat deshalb die meisten Ausbrüche von Durchfällen oder hämorrhagischen Schocks ausgelöst. Das passiert besonders leicht, wenn das Fleisch roh gegessen oder vor dem Verzehr nicht ausreichend gekocht wurde. Die Übertragung dieser Bakterien mit unbehandelter Rohmilch ist ebenso vorgekommen wie die Verbreitung durch Brunnenwasser, das mit Kuhmist oder Jauche in Berührung gekommen war. Die Übertragung von Mensch zu Mensch ist auch möglich, weil eine kleine Zahl dieser Organismen ausreicht, um eine Infektion herbeizuführen und vorbeugende Maßnahmen – wie das einfache Händewaschen – in manchen Kreisen unüblich sind."

"*Escherichia coli* ist im menschlichen Ökosystem viel weiter verbreitet als *Shigella*; darum konnten die übertragenen Virulenzgene sich so weit verbreiten. Der O157:H7- Stamm besitzt außerdem die notwendige Anheftungsapparatur, um im menschlichen Darm einfallen und sich dort festsetzen zu können. Mit seiner Vorliebe für die Kolonisierung von Rinderdärmen hat sich ein zweiter und sehr effektiver Weg herausgebildet, um auf den Menschen überspringen zu können. In vielen Teilen der Welt wird mit Fleisch und Fleischprodukten sehr sorglos umgegangen. Haltet nach zu wenig durchgebratenen Hamburgern Ausschau! Tartar sollte absolut verboten sein! Kinder sind besonders empfindlich für die Sekundäreffekte des Shiga-Toxins und daher besonders gefährdet. Menschen, seid auf der Hut!"

"Zum Schluss hätte ich doch beinahe vergessen, unsere häufigste Wechselwirkung mit dem Menschen zu erwähnen. Wir sind in Harnwegsinfektionen verwickelt, und das über einen Mechanismus, der dem ähnlich ist, den ich für die Infektionen des Verdauungssystems beschrieben habe. Bestimmte Clanmitglieder haben Fimbrien oder Pili entwickelt, die zu Rezeptoren auf den Epitheloberflächen der Harnwege passen. Die Menschen nennen diesen besonderen Schlag *uropathogene* Stämme. Diese Stämme besitzen nicht nur die notwendigen komplementären Antigene, die eine Adhäsion ermöglichen, sie erzeugen auch noch andere Virulenzfaktoren, die Harnwegsinfekte fördern."

"Es gibt noch andere Funktionen und virulente Aktivitäten, über die sich berichten ließe, die entweder einzigartig sind oder die von vielen meiner *Escherichia coli*-Kollegen geteilt werden. Obwohl sie interessant sind, sind sie doch nicht sehr häufig und würden den Rahmen dieser Veranstaltung sprengen. Ich danke euch für euer Kommen und eure Aufmerksamkeit."

Spontane Wortmeldungen

Escherichia coli schlidderte von der Spitze des Podiums herab, und *Stenotrophomonas maltophilia* nahm erneut seine Rolle als Moderator der Veranstaltung ein. Es verkündete: „Verehrte Kollegen! Bitte bleibt noch für ein paar Augenblicke an euren Plätzen. Ich hatte euch versprochen, dass zum Abschluss der Sitzung noch zwei weitere un-

Porträt

Koch, *Heinrich Hermann Robert*, deutscher Bakteriologe und Hygieniker, *11.12.1843 Clausthal, † 27.5.1910 Baden-Baden; ab 1891 Direktor des für ihn eingerichteten Instituts für Infektionskrankheiten in Berlin (heute nach ihm Robert-Koch-Institut benannt), ab 1904 Mitglied der Akademie der Wissenschaften; schuf die Grundlagen der heutigen Bakteriologie; veröffentlichte 1876 die Entdeckung des Erregers des Milzbrands (*Bacillus anthracis*) und zeigte damit erstmals einen Mikroorganismus als spezifischen Erreger einer Krankheit beim Menschen (Infektionskrankheiten) auf; entdeckte 1882 den Tuberkelbacillus (*Mycobacterium tuberculosis*, Tuberkulose) und 1883 den Erreger der Cholera (*Vibrio cholerae*); unternahm weite Forschungsreisen zum Studium der Malaria, Pest und Schlafkrankheit und zur Entwicklung von entsprechenden Bekämpfungsmethoden; erhielt 1905 für seine Tuberkuloseforschungen den Nobelpreis für Physiologie oder Medizin.

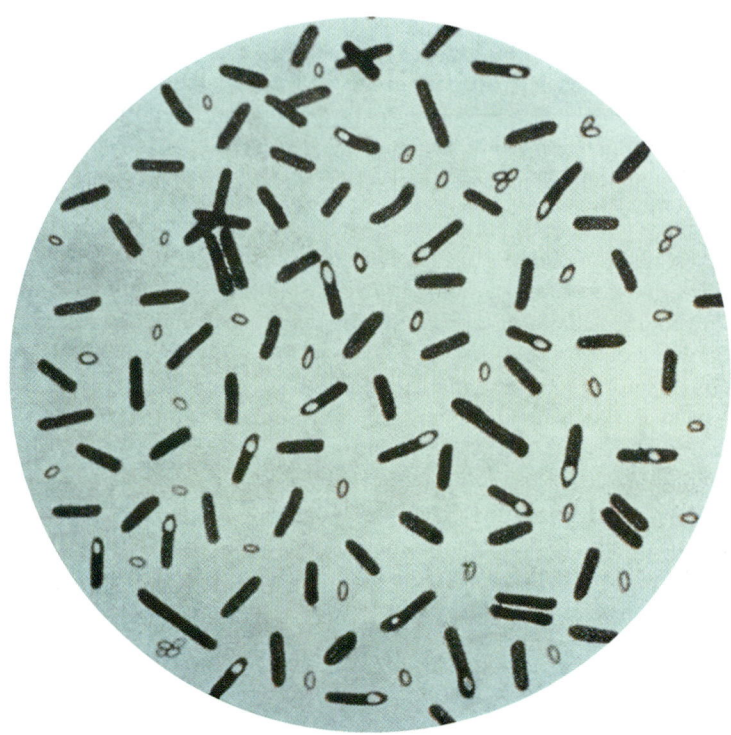

Mikroskopische Aufnahme von *Chlostridium botulinum* mit Sporen.

serer wichtigsten toxinproduzierenden Freunde etwas über sich erzählen werden – in aller Kürze und ganz informell."

Mit einem Blick in die Mitte der Versammlung, wo man sich eng zusammengerottet hatte, um die Sauerstoffmenge in der Umgebung möglichst gering zu halten, erkannte Stenotrophomonas den Kollegen *Clostridium botulinum*.

„Grüße aus der Welt der Anaeroben," keuchte *Clostridium botulinum*, wobei es einen ständigen Ausstrom von Dämpfen aufrechterhielt, um die Rückdiffusion von Sauerstoff zu minimieren – eine Tätigkeit, die einigen Gestank in seiner näheren Umgebung hinterließ. „Die Geschichte, die ich zu erzählen habe, ist von speziellem Interesse, und das nicht nur für die hier Versammelten, sondern auch für jeden Menschen, der den Bericht über diese Tagung vielleicht lesen wird. Nun, wo findet man uns Clostridien für gewöhnlich? Nun, wir ziehen es vor, im Boden zu leben, nehmen zur Not aber vorlieb mit jeder Umgebung, in der sich ein bisschen Dreck finden lässt. Man kann uns auch tief unten im Schlamm am Boden von Seen und Meeren finden, wo der Sauerstoff knapp ist. Wir haben eine besondere Neigung, Sporen zu bilden, wann immer die Umweltbedingungen für uns ungünstig werden. Diese Eigenschaft haben wir mit unserem

Was ist eigentlich …

Clostridien, alle anaeroben Bakterien, die durch eine Endosporenbildung ausgezeichnet sind und keine Sulfatatmung aufweisen. Über 120 Arten sind benannt, über 300 beschrieben. Clostridien sind im Allgemeinen gerade oder leicht gekrümmte, in der Regel grampositive Stäbchen, meist beweglich. Die vegetativen Zellen sind durch die großen Endosporen oft angeschwollen, die – ausgereift – Trockenheit, Hitze und aerobe Bedingungen überstehen, sodass sie überall verbreitet sind. Eine Keimung erfolgt aber nur unter anaeroben Bedingungen.

hervorragenden Kollegen *Bacillus anthracis*, dem Milzbranderreger, gemeinsam. Der einzige Unterschied besteht darin, dass wir Sporen in der Abwesenheit von Sauerstoff bilden – *Bacillus anthracis* braucht dagegen jede Menge Luft. Unser gemeinsames Merkmal ist jedoch die extreme Langlebigkeit unserer Sporen. Sie können praktisch ewig überleben und beinahe jede Umweltveränderung überdauern, selbst kochendes Wasser."

„Welchen Unterschied das macht? Stellt euch eine Hausfrau vor, die Gemüse oder andere Früchte einkocht, um sie für den Gebrauch an kalten Wintertagen haltbar zu machen. Vielleicht sind ihre Einmachgläser nicht hundertprozentig sauber. Selbst wenn sie die Gläser mit kochendem Wasser spült, unmittelbar bevor sie die Sachen hineintut, liefert uns jedes letzte bisschen Dreck, das zurückbleibt, fruchtbaren Boden für unsere Sporen. Wir begrüßen sogar den Zusatz der heißen, süßen Früchte oder nahrhaften Gemüse unmittelbar bevor das Glas luftdicht verschlossen wird. Wir haben dann nicht nur mehr Nahrung direkt ‚vor der Nase' als auf einem zehn Hektar großen Acker, sondern sind dazu auch gleich noch in einer Umgebung fast ohne Luft. Das ist genau das, was wir zur Keimung brauchen! Besonders, wenn die Nahrungsmittel nicht sauer sind oder sauer eingelegt wurden und die Konserven nicht kühl aufbewahrt werden."

„Auch wir besitzen – wie andere Bakterien auch, ganz ohne eigenes Verschulden – die genetische Ausstattung, um eine Substanz herzustellen, die für Menschen extrem toxisch ist. Das Angriffsziel unseres Toxins sind die Endpunkte von Nerven, dort, wo normalerweise die Überträgerstoffe freigesetzt werden. Unser Toxin verhindert das. An den peripheren Nerven, die zu den Muskeln führen, wird kein Acetylcholin mehr freigesetzt, und wenn es keine Nerventätigkeit

---

■ Was ist eigentlich ... ■

Botulismus [von latein. *botulus* = Wurst], Nahrungsmittelvergiftung (Intoxikation) durch Neurotoxine (Botulinustoxin), die von verschiedenen Erregertypen des Bakteriums *Clostridium botulinum* ausgeschieden werden (Exotoxine). Die Toxine werden hauptsächlich mit ungekochten Nahrungsmitteln aufgenommen, z. B. mangelhaft geräucherte, gekochte oder gesalzene Fleischwaren und ungenügend sterilisierte Konserven, in denen sich die obligat anaeroben Bakterien bei einem pH-Wert über 4,5 vermehren und ihre hitzelabilen Toxine produzieren können. Die Botulinustoxine werden im Magen-Darm-Trakt aufgenommen und gelangen in die Blutbahn. Erste Vergiftungssymptome treten meist nach 12–40 Stunden, manchmal erst nach 4–8 Tagen nach der Aufnahme auf (Kopfschmerzen, Magenschmerzen, oft auch Übelkeit und Erbrechen); dann stellen sich Muskelschwäche, Doppelsehen, Schluckbeschwerden und auch Sprachstörungen ein; in schweren Fällen kann durch Atemlähmung oder Herzstillstand (nach 2–9 Tagen) der Tod eintreten. Eine Behandlung der anzeigepflichtigen Krankheit ist mit hohen Dosen des spezifischen Antitoxins möglich. Botulismus durch verdorbene Lebensmittel tritt heute sehr selten auf. Die Bakterien wurden auch als Erreger des „Kinder-Botulismus" nachgewiesen, einer Infektionskrankheit, bei der sich die Bakterien im Darm des Babys entwickeln und durch Toxinausscheidung zum Tode führen können.

mehr gibt, gibt es auch keine Muskeltätigkeit, keinen Herzschlag und keine Atmung. Peng! Aus! Tatsächlich haben einige ganz üble Charaktere unter den Menschen die Idee entwickelt, unser Gift als Waffe einzusetzen. Ein kleines Fläschchen mit Botulinustoxin würde, wenn man es gleichmäßig auf Konservendosen verteilte, ausreichen, um eine ganze Stadt auszuradieren. Träte unsere Giftwirkung geballt an einem einzigen Ort auf, würde es nicht lange dauern, bis man uns entdeckt hätte. Weil Konservennahrungsmittel aber im großen Maßstab hergestellt und weiträumig verteilt werden – manchmal über die ganze Welt – könnte man sich vorstellen, dass es zu weit verstreuten kleineren Ausbrüchen kommt, deren Zusammenhang vielleicht nicht bemerkt wird, wenn man nicht eine konzertierte Anstrengung zum Informationsaustausch unternimmt. Wir können buchstäblich so schnell zuschlagen, dass die Menschen nicht einmal wissen, was sie getroffen hat."

„Ach ja", jubelte *Clostridium tetani*, das direkt neben seinem nahen Verwandten saß, „unser Toxin wirkt auch auf das Nervensystem, aber ein klein bisschen anders als das von *Clostridium botulinum*. Wir leben nicht in Honiggläsern, und wir tun den Menschen auch nichts an, wenn sie uns runterschlucken. Unsere Sporen ziehen es vor, auf rostigen Nägeln oder den scharfen Spitzen eines Stacheldrahtzaunes zu residieren. Die Sporen liegen da, ohne sich irgendwie zu verändern, bis … ja, bis so ein Nagel sich zufällig in den Fuß oder die Hand oder sonst einen Körperteil eines unvorsichtigen Menschen bohrt. Wenn die scharfe Spitze dabei durch die Haut dringt, ist die Sauerstoffkonzentration in den tieferen Geweben so niedrig, dass wir auskeimen und unsere Geschäfte aufnehmen können. Viele Menschen sind sich nicht im Klaren über unsere Fähigkeit, als Sporen geduldig viele Monate zu verbringen; das gilt selbst dann, wenn wir durch eine Wunde in den Körper eingedrungen sind. Wir sind damit zufrieden, in den Tiefen einer vielleicht schon verheilten Wunde zu liegen und Monate vergehen zu lassen, bis irgendeine andere zerstörerische Kraft zusätzlich ins Spiel kommt."

■ Was ist eigentlich … ■

Wundstarrkrampf, eine durch den Tetanusbacillus (*Clostridium tetani*) hervorgerufene Infektionskrankheit mit einer Inkubationszeit von 4–60 Tagen, die – unbehandelt – bei Mensch und Haustieren oft zum Tode führt. Das Toxin des Tetanuserregers dringt in die Wunden ein (Schnitt, Biss oder sonstige, auch kleinste Verletzungen) und führt über eine Lähmung motorischer Nervenendigungen zu Krampferscheinungen im Bereich der gesamten Muskulatur (meist beginnend mit Kiefer- und Zungenmuskeln – sog. Sardonisches Lächeln). Die Krankheit ist nicht mit Antibiotika zu bekämpfen. Die Vorbeugung gegen Wundstarrkrampf besteht in aktiver Immunisierung und Auffrischungsimpfungen alle 10 Jahre. Nach Verletzungen wird bei unklarem Tetanusschutz aktiv und passiv geimpft. Nach Angaben der WHO gibt es jährlich weltweit rund 400 000 Tetanus-Fälle. In Deutschland ist die Krankheit meldepflichtig.

„Das Tetanustoxin, das wir freisetzen, greift ebenfalls Nervenenden an, und wieder besonders solche, die Muskeln steuern. Anstatt aber außen an den Nervenenden zu bleiben, dringt unser Tetanusgift in den Nerv ein und wird dann über das ganze zentrale Nervensystem verteilt. Der Effekt ist dann nicht die Blockade des Nervensignals wie beim Botulinustoxin, sondern die Blockade des Signals, das den Muskeln sagt, dass sie sich wieder entspannen sollen. Die Muskeln neigen dann dazu, im zusammengezogenen Zustand zu bleiben. Anders gesagt, verursachen wir starke Muskelkrämpfe. Die Menschen haben einen besonders schönen Ausdruck erfunden, wenn die Kaumuskeln im Gesicht von unserem Gift gelähmt werden: ‚Maulsperre' nennen sie das dann. Lustig, nicht!? Unter dem Einfluss des Toxins verkrampfen sich oft die Gesichtsmuskeln so, dass man meinen könnte, die armen Opfer schnitten dauernd irgendwelche Grimassen."

„Selbst wir schneiden manchmal eine Grimasse, wenn wir die Auswirkungen sehen, die das Gift auf die großen Muskeln hat: Der Körper krümmt sich in der Mitte, biegt sich richtig durch wie eine Brücke, die Arme werden verdreht und die Beine überstreckt, und die ganze Zeit schreit der betroffene Mensch wie am Spieß vor Schmerz und Erschöpfung. Es wird gesagt, dass die Muskelkrämpfe so stark werden können, dass davon die Knochen brechen können. Es ist einfach schrecklich, dass die Nebenprodukte unserer Existenz fähig sind, solche Tragödien bei Menschen und Tieren herbeizuführen. Der weitverbreitete Einsatz von Gegengiften und Impfungen hat glücklicherweise dazu geführt, dass solche extremen Fälle immer seltener werden."

„Dank an euch alle für die packenden Geschichten", schloss *Stenotrophomonas maltophilia*. „Die Zeit ist gekommen, diese Sitzung zu beenden." Wedelnde Flagellen, Reflexionen bunten Lichts durch pigmentierte Kolonien und einen Ausbruch metabolischer Düfte ignorierend, die alle um seine Aufmerksamkeit wetteiferten, beschloss *Stenotrophomonas* die Sitzung. Mit diesen Worten stieg es vom Podium.

Grundtext aus: Elmer W. Koneman *Am anderen Ende des Mikroskops. Bericht vom Ersten Außerordentlichen Bakterienkongress;* Spektrum Akademischer Verlag (amerikanische Originalausgabe: *The Other End of the Microscope;* American Society for Microbiology; übersetzt von Thomas Lazar).

Wettlauf mit dem Virus

Der Kampf gegen den Erreger der Influenza wird von Berlin aus geführt. Ein Besuch bei den Grippefahndern

Christine Böhringer

Das kranke Mädchen ist gerade vier Monate alt. Die Mutter brachte es vor wenigen Tagen zu Kerstin Weber. Mit dem Aufzug waren die beiden in den vierten Stock des Ärztehauses geruckelt, das Kind in eine Decke gehüllt, die Mutter voller Sorgen. Schauen Sie, erzählte sie im Sprechzimmer der Praxis, mein Kind hat Fieber, kein hohes, und Husten, aber nur ein bisschen. Ist das die Grippe? Weber hörte das Herz des Babys ab, die Lunge, den Bauch. Sie schaute ihm in die Augen und in den Rachen. Er war nicht rot.

Kerstin Weber ist Ärztin für Kinderheilkunde und Jugendmedizin im Bezirk Spandau im Westen Berlins. Hier fahren die S-Bahnen nur noch zurück, gegenüber der Praxis wirbt ein Billigbestatter, die meisten Patienten sprechen wenig Deutsch. Normalerweise, sagt Weber, habe es die Grippe eilig: Kaum eingeatmet, setzen sich die Influenzaviren in den Schleimhautzellen der Bronchien fest und vermehren sich so rasch, dass hohes Fieber den Körper von einem Tag auf den anderen erhitzt. Dazu kommt ein trockener Husten, aber kein Schnupfen. Viele fühlen sich elend. „Da legen sich die Kinder dann bei mir freiwillig auf die Liege."

Bei dem kleinen Mädchen war das anders, und dennoch hatte die Ärztin ein komisches Gefühl. Deshalb hat sie einen Tupfer genommen und damit am Rachen das Babys entlanggestrichen. Sie hat den Tupfer in ein langes Röhrchen gesteckt und das Röhrchen in ein kleines braunes Päckchen. Darauf stand: Biologischer Stoff, Kategorie B; medizinisches Untersuchungsgut. Frankiert mit zwei Euro zwanzig, adressiert an: Robert-Koch-Institut, Nationales Referenzzentrum für Influenza, 13353 Berlin.

In Berlin stapelt sich der repräsentative Rotz

Dort, ein paar Kilometer von Spandau entfernt, direkt an einem Schifffahrtskanal, stapelt sich von Anfang Dezember bis Ende März im Namen der weltweiten Sicherheit regelmäßig der repräsentative Rotz einer ganzen Nation. Er kommt aus Bayern und Schleswig-Holstein, aus Großstädten und aus Dörfern, vom Kinderarzt und vom Allgemeinmediziner. 150 ausgewählte Ärzte der Arbeitsgemeinschaft Influenza aus allen Regionen Deutschlands schicken während der Grippesaison Abstriche von Patienten mit Verdacht auf eine Influenza ein. Derzeit sind es immer fast 150 Pakete, die morgens kurz vor neun auf einem Postwagen im Neonröhrenlicht durch die Gänge des Zweckbaus geschoben werden.

Im Winter hustet und keucht Deutschland, liegt matt im Bett und misst Fieber, Deutschland hat Grippe und das Nationale Referenzzentrum beobachtet sie ganz genau. Denn das Influenzavirus ist gemein, seine Oberfläche ändert sich ständig. Dadurch gelingt es ihm immer wieder, die Abwehrkräfte des Körpers zu täuschen. Die Antikörper erkennen es nicht mehr, deshalb muss die Zusammensetzung des Impfstoffs jedes Jahr erneuert werden. Also werden überall auf der Welt die Viren in der Spucke isoliert, analysiert, identifiziert und miteinander verglichen. Und in Berlin ist an diesem Tag auch das taschenbuchgroße Paket des kleinen Mädchens aus Spandau dabei. Es hat jetzt keinen Namen mehr, sondern nur noch eine Nummer, die Eingangsnummer 2 159.

„Für uns ist das nur eine Probe", sagt Brunhilde Schweiger. Die Patienten sind hinter den Nummern verschwunden. Die Biologin leitet das Nationale Referenzzentrum für Influenza seit zehn Jahren, trägt ein Tuch im hochgesteckten Haar und ist freundlich, aber bestimmt. Denn hier geht es zwar auch um Menschen, aber vor allem um die Viren. Kleine runde Dinger, die unter dem Elektronenmikroskop aussehen, als hätte sie jemand mit Spikes gespickt. „Und wir", sagt Schweiger, „wollen ihnen so schnell wie möglich auf die Schliche kommen." Schnell heißt in viereinhalb Stunden. So lange brauchen die Virenjäger aus der Hauptstadt, bis sie jedes eingelieferte Virus und seine Eigenschaften, sein Erbmaterial, enttarnt haben; bis sie wissen, um welchen Typ und um welchen Subtyp es sich handelt. Zuvor müssen sie allerdings erst einmal nett zu ihren Lieblingsfeinden sein, sie müssen sie am Leben erhalten.

Uwe Kozian tut das, ein schweigsamer Laborant mit Brille und Schnauzbart. An seiner Tür steht „Vorsicht, Infektionsgefahr!". Und vor ihm ein Kolben mit campariroter Flüssigkeit – das Futter für die Viren. Röhrchen auf, Wattetupfer mit der Probe raus, vier Milliliter „Campari" mit der Pipette hinein, Probe wieder zurück und kräftig durchschütteln, damit die Viren aus dem Wattetupfer herausgeschleudert werden. Das Ganze dann in drei Teile aufteilen: Der erste Teil wird bei minus 80 Grad als Rückstellprobe fürs Archiv eingefroren, mit dem zweiten werden weitere Viren angezüchtet, und der dritte wird sofort zur Analyse gegeben. Fertig! Uwe Kozian greift schon zum Röhrchen des nächsten Patienten, normalerweise macht er gleich ein paar Proben auf einmal für die Weiterverarbeitung bereit. Bei ihm offenbart sich: Virenfahndung hat wenig mit dem „Tatort" zu tun und viel mit Fließbandarbeit.

Im Labor sind alle gegen Grippe geimpft

„Wir warten jede Saison gespannt auf den ersten positiven Nachweis. Danach ist alles wieder normal, Tagesgeschäft eben", sagt Brunhilde Schweiger. Vor ein paar Tagen war sie selbst krank, Schnupfen und Schlappheit. Sie sagt, das sei „totaler Wahnsinn" gewesen, und ihre Stimme klettert ein wenig höher. Dabei achten die elf Mitarbeiter des Nationalen Referenzzentrums im Winter immer darauf, auf der Fahrt zur Arbeit in der U-Bahn von anderen nicht angehustet zu werden, und sie waschen sich noch regelmäßiger als sonst die Hände. Viren werden schließlich durch Tröpfchen übertragen, und die können auch an U-Bahn-Türöffnern kleben. Gegen Grippe sind alle aus dem Labor geimpft. „Wenn einer von uns krank wird, haben die Kollegen noch mehr Arbeit", sagt Schweiger.

Eingangsnummer 2 159 ist im Extraktionsraum einen Stock tiefer angekommen. Um den Virustyp des Babys aus Spandau festzustellen, müssen die Mitarbeiter des Referenzzentrums die verschiedenen Gene des Virus analysieren. Bei Influenzaviren besteht das Erbmaterial aus Ribonucleinsäure, der RNA. Für die Untersuchung muss sie erst in DNA umgeschrieben werden. Eine Flüssigkeit zerstört dabei die Hülle der Viren. Die RNA wird freigelegt und schließlich in einer Zentrifuge von den anderen Bestandteilen der Erreger getrennt. Danach wandelt ein Enzymcocktail die RNA in DNA um. Anschließend wird die Probe zusammen mit weiteren Proben und einem Mix aus verschiedenen Reagenzien auf einer eingeschweißten Platte in einen Thermocycler geschoben – ein Gerät, das mithilfe eines Enzyms einen bestimmten Teil der DNA so oft künstlich vervielfältigen kann, bis ein Analyseprogramm den gewünschten Abschnitt erkennt.

„Mit dieser Kettenreaktion stellt man je nach Gerät in ein bis zwei Stunden fest, ob es sich um ein Influenzavirus vom Typ A oder Typ B handelt", sagt Brunhilde Schweiger. Besonders interessant ist für sie das Influenza-A-Virus, es ist wandlungsfähiger, und deshalb sind von ihm im Gegensatz zum Typ B gleich mehrere Varianten bekannt. Sie werden nach zwei ihrer Oberflächenproteine unterschieden: Hämagglutinin (H) und Neuraminidase (N). Mithilfe des Hämagglutinins dringt das Influenzavirus in die Wirtszelle ein, mithilfe der Neuraminidase werden die neugebildeten Viren aus der Wirtszelle wieder ausgeschleust und können sich weiter im Körper verbreiten. Es gibt verschiedene Subtypen. Derzeit kursieren in Deutschland vor allem A-H3N2- und A-H1N1-Viren. „Im vergangenen Jahr hatten wir 70 Prozent B-Viren, in diesem Jahr ist alles ganz anders", sagt Schweiger.

Während der Thermocycler die Probe von Eingangsnummer 2159 vervielfältigt, legen die Mitarbeiter im Labor nebenan Hundenierenzellen unters Mikroskop. Sie sehen aus wie kleine, aneinandergereihte Pflastersteine, setzen sich an den Wänden von kleinen Röhrchen ab und in ihnen können sich aktive Influenzaviren innerhalb von wenigen Tagen in einem Brutschrank bei 33 Grad Celcius perfekt vermehren.

Die Viren vermehren sich in Hundenierenzellen

Wenn sie das tun, ändert sich die Struktur der Hundenierenzellen: Sie ist nicht mehr ordentlich wie ein Altstadtpflaster, sondern reißt auf, wird brüchig, manchmal sieht sie eher aus wie ein Sandstrand. Dann wissen die Labormitarbeiter, dass sie genug Viren beisammenhaben. Diese befinden sich überwiegend in der Flüssigkeit oberhalb der Zellen. Davon wird anschließend ein Teil entnommen und einem Hämagglutinationshemmtest unterzogen.

Bei diesem Test wird untersucht, ob die Viren mit den Immunseren gegen die aktuellen Impfstämme reagieren. Wenn sie das

tun, sind sie mit den Impfviren eng verwandt, das heißt, der Impfschutz stimmt gut mit den zirkulierenden Viren überein. Der Impfstoff besteht immer aus einer aktuellen Variante von Influenza-A-Viren des Subtyps H1N1, des Influenza-A-Subtyps H3N2 und des Typs B, also der Stämme, die in der jeweils vergangenen Grippesaison am häufigsten in Deutschland aufgetaucht sind.

Alternativ werden die Viren auch in befruchteten Hühnereiern vermehrt. Nach ein paar Tagen kann Schweigers Mitarbeiterin Birgit Troschke die gezüchteten Viren dann ernten. Sie macht den Kühlschrank auf und holt ein Ei heraus, es ist oben mit einer Tinktur beschmiert, als hätte ein Kind gerade erst begonnen, ein Osterei anzumalen. Troschke schneidet den Deckel vorsichtig mit einer kleinen Schere auf. Drinnen sieht man den Embryo eines Kükens, dann nimmt Birgit Troschke eine Pipette und zieht Flüssigkeit aus dem Ei. „Als ich hier anfing, habe ich ein Jahr lang keine Eier mehr zum Frühstück gegessen. Jetzt geht es wieder", sagt sie.

Der Thermocycler eine Tür weiter hat gestoppt. Eingangsnummer 2159 kann analysiert werden. Auf dem Computerbildschirm wachsen bunte Kurven in die Höhe, das Gerät hat die gesuchten Erbgutbausteine gefunden. Das Ergebnis wird in den Bericht eingehen, den Brunhilde Schweiger wöchentlich an die Weltgesundheitsorganisation schickt. Darin legt sie dar, welche Viren gerade in Deutschland im Umlauf sind und ob sie sich von den Impfstämmen unterscheiden. Irgendwann, wenn die Probe nicht mehr gebraucht wird, werden die Viren aus dem Speichel des kleinen Mädchens abgetötet. Die Reste landen im normalen Müll.

Der Mensch hinkt der Natur einen Schritt hinterher

Abends piept das Fax in der Praxis von Kerstin Weber. Die Sprechstunde ist vorbei, die Spielsachen stehen aufgereiht im Warte-zimmer, die Grippeimpfungsbroschüren lie-gen ordentlich auf dem Tresen an der Re-zeption. Ihr Gefühl hat Weber nicht ge-täuscht: Influenza A, Subtyp H3N2, er kommt in dieser Saison am häufigsten vor. Sie blättert in der Patientenkartei, später wird sie zum Telefon greifen. Behalten Sie Ihr kleines Mädchen jetzt besonders gut im Auge, wird sie zur Mutter sagen, messen Sie regelmäßig Fieber, und melden Sie sich täg-lich bei mir. Viel machen kann sie sonst nicht. Für Kinder unter einem Jahr gebe es keine grippespezifischen Medikamente, sagt die Kinderärztin. Nun muss sie bei ih-rer kleinen Patientin darauf achten, dass es keine Komplikationen gibt – Nebenhöhlen-vereiterung, Bronchitis, Lungenentzündung.

Weber öffnet das Fenster und zündet sich eine Zigarette an. Es war ein langer Tag. Auch der allererste positive Grippebefund aus der Hauptstadt in dieser Saison sei übri-gens aus ihrer Praxis gekommen, erklärt sie. Und klingt dabei ein bisschen stolz. Der Wettlauf mit den Viren, sagt sie und pustet den Rauch langsam in die kühle Spandauer Luft, hätte sie schon immer fasziniert. „Es ist spannend zu sehen, wie die Evolution weitergeht. Der Mensch hinkt der Natur ei-nen Schritt hinterher." Auch in der kom-menden Saison wird sie wieder Röhrchen mit Babyspucke in kleine braune Päckchen stecken und an das Nationale Referenzzen-trum für Influenza schicken – damit es nicht zwei Schritte werden.

Aus: DIE ZEIT Nr. 11, 8. März 2007

„Nichts wirkt so leblos wie ein Knochen in einer Museumsvitrine, doch die Knochen in unserem Körper sind ebenso lebendig wie unsere Muskeln oder inneren Organe", sagt **R. McNeill Alexander**. Der Professor Emeritus für Zoologie der Universität Leeds ist ein weltweit anerkannter Spezialist für Biomechanik. Wenn sich Tiere durch ihre Umgebung bewegen, hebt und senkt sich mit jedem Schritt der Schwerpunkt ihres Körpers, so wird die Erdanziehung in Vorwärtsbewegung übersetzt. Das dynamische Zusammenspiel von Muskeln und Knochenbau mit den äußeren Kräften fasziniert Alexander. Er erforscht die Gangarten von Dinosauriern und erklärt Sportschuhherstellern, wie sie ihre Produkte verbessern können. Mehr als 20 veröffentlichte Bücher und 250 Artikel über Bau und Funktion von Wirbeltieren sind die Früchte von 50 Jahren Forschung, darunter Titel wie *Dynamics of Dinosaurs* und *The Human Machine*. Die britische Zeitung *Observer* nennt ihn „den Professor, der mit den Sauriern rennt".

Doch Alexander, ehrenwertes Mitglied der Royal Society, ehemaliger Präsident der Society for Experimental Biology und der International Society for Vertebrate Morphology, erforscht nicht nur urzeitliche Saurierknochen, sondern auch den modernen Menschen und sein Skelett: 213 Knochen, darunter 7 Halswirbel, 12 Brustwirbel und 5 Lendenwirbel, Kreuzbein, Steißbein, Brustbein und 24 Rippen. 16 Handwurzelknochen, 10 Mittelhandknochen und 28 Fingerknochen, 14 Fußwurzelknochen, 10 Mittelfußknochen und 28 Zehenknochen.

Menschen, das lehrt Alexander, unterscheiden sich in ihrem Knochenbau. „Wenn wir als Skelette herumlaufen würden, könnten wir uns wahrscheinlich an den Schädeln erkennen. Wir würden einige Zeit brauchen, um mit den Details von Schädeln genau so vertraut zu werden wie mit denen von Gesichtern und um zu lernen, auf welche Variationen zu achten ist, aber ich bin sicher, dass wir unsere Freunde schon bald auseinander halten könnten."

Alexanders Texte liefern eine appetitliche Lektüre. Der britische Forscher pflegt in seinen anatomischen Exkursen eine ebenso bildhafte wie lukullische Sprache: „Filetfleisch ist nichts anderes als das Fleisch der Lendenmuskeln." Oder: „Der Knochen in einem T-Bone-Steak ist der Querfortsatz eines Lendenwirbels."

R. McNeill Alexander

Von Wirbeln und Rippen

Von R. McNeill Alexander

Der Rumpf ist der eigentliche Körper, ohne Arme, Beine und Kopf. Im Mittelpunkt seiner Konstruktion steht die Wirbelsäule: sieben Halswirbel, zwölf Brustwirbel im oberen Rücken, fünf Lendenwirbel im unteren Rücken und schließlich Kreuz- und Steißbein, die jeweils aus mehreren miteinander verschmolzenen Wirbeln bestehen. Schultergürtel und Becken betrachte ich hier als Teile des Rumpfes, obwohl man sie ebenso gut als Teile der Gliedmaßen ansehen könnte.

Wirbel

Alle Wirbel haben denselben Grundbauplan. Da ist zunächst der zylindrische, massive Wirbelkörper, auf den der Großteil der Belastungen einwirkt. Dahinter (dichter unter der Rückenhaut) sitzt der Wirbelbogen. Die Wirbelbögen aufeinander folgender Wirbel bilden einen schützenden Kanal für das Rückenmark. Spalten zwischen den

Was ist eigentlich ...

Rückenmark, Medulla spinalis, Teil des Nervensystems von Wirbeltieren einschl. des Menschen; bildet zusammen mit dem Gehirn das Zentralnervensystem. Es liegt umgeben von den Rückenmarkshäuten im Inneren der Wirbelsäule, im Wirbelkanal.

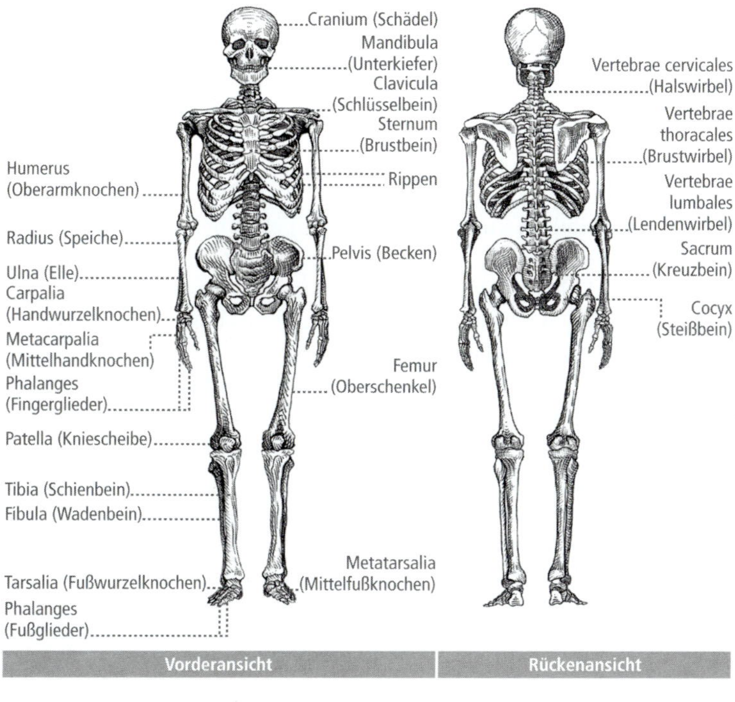

Cranium (Schädel)
Mandibula (Unterkiefer)
Clavicula (Schlüsselbein)
Sternum (Brustbein)
Humerus (Oberarmknochen)
Rippen
Radius (Speiche)
Pelvis (Becken)
Ulna (Elle)
Carpalia (Handwurzelknochen)
Metacarpalia (Mittelhandknochen)
Phalanges (Fingerglieder)
Femur (Oberschenkel)
Patella (Kniescheibe)
Tibia (Schienbein)
Fibula (Wadenbein)
Tarsalia (Fußwurzelknochen)
Metatarsalia (Mittelfußknochen)
Phalanges (Fußglieder)

Vertebrae cervicales (Halswirbel)
Vertebrae thoracales (Brustwirbel)
Vertebrae lumbales (Lendenwirbel)
Sacrum (Kreuzbein)
Cocyx (Steißbein)

Vorderansicht   Rückenansicht

Skelett des Menschen. Ansicht von vorne (links) und von hinten (rechts).

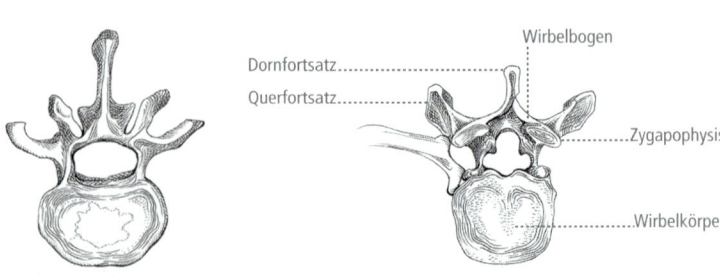

Brust- und Lendenwirbel.

Dornfortsatz

Querfortsatz

Wirbelbogen

Zygapophysis

Wirbelkörper

Lendenwirbel

Brustwirbel

Wirbelbögen dienen als Austrittsstellen für die Spinalnerven. An seiner höchsten Stelle trägt der Wirbelbogen ein schmales Knochenblatt, den Dornfortsatz (Processus spinalis); dieser trennt die Rückenmuskeln der linken Seite von denen der rechten.

Zwei kurze Knochenvorsprünge, die Querfortsätze (Processus transversi), ragen zu beiden Seiten aus dem Wirbelbogen. Sie liegen zwischen den Beugern und den Streckern des Rückens. Die Lendenmuskeln (Musculus psoas major und minor) sind Beuger des Rückens und liegen beiderseits des Wirbelkörpers vor den Querfortsätzen. Filetfleisch ist nichts anderes als das Fleisch der Lendenmuskeln. Der viel größere Musculus erector spinae streckt den Rücken; er liegt hinter den Querfortsätzen. Lendenfilet ist ein Teil dieses Muskels. Der Knochen in einem T-Bone-Steak ist der Querfortsatz eines Lendenwirbels. Der Knochen beim Schweine- und Lammkotelett setzt sich aus Teilen eines Wirbels und einer Rippe zusammen, und das Fleisch ist eine Scheibe vom Musculus erector spinae.

Die Gelenke zwischen benachbarten Wirbeln ermöglichen es uns, den Rücken zu beugen und zu drehen. Sie sehen ganz anders aus als die Gelenke in unseren Armen und Beinen. Bei den Gelenken der Gliedmaßen sind die knorpeligen Überzüge der beteiligten Knochenenden vollständig ohne Verbindung. Wenn wir das Gelenk beugen und strecken, gleitet der Knorpel des einen Knochens über den des anderen. Dagegen verbindet eine Bandscheibe (Discus intervertebralis) die Wirbelkörper benachbarter Wirbel miteinander. Sie ist mit beiden fest verbunden und verformt sich beim Beugen und Drehen des Rückens. Bandscheiben bestehen aus einem Gel aus Proteoglykanen (Proteinen plus Polysacchariden) in einer derben Hülle aus Kollagenfasern; sie sind also recht flexibel. Röntgenaufnahmen normaler, gesunder Personen zeigen, dass die Lendenwirbel bei maximal gebeugtem Rücken jeweils um zwölf bis 15 Grad gegen ihre Nachbarn abgewinkelt sind. „Schlangenmenschen" können ihre Wirbel in ungewöhnlich großen Winkeln verbiegen. Richard Wiseman von der University of Hertfordshire fand dafür eine mögliche Erklärung: Magnetresonanzaufnahmen der Wirbelsäule von Schlan-

Was ist eigentlich ...

Bandscheibe, Zwischenwirbelscheibe, Discus intervertebralis, verbindet jeweils zwei Wirbel der Wirbelsäule. Bandscheiben bestehen aus einem knorpeligen äußeren Ring (Anulus fibrosus) und einem gallertigen, stark wasserhaltigen inneren Kern (Nucleus pulposus). Dieser steht unter hydrostatischem Druck und wirkt als Flüssigkeitspolster, das Stöße und Belastungen, die auf die Wirbelsäule wirken, abfangen kann. Zwischen den ersten beiden Halswirbeln sind echte Spaltgelenke ausgebildet, folglich fehlen hier die Bandscheiben.

genmenschen zeigten, dass diese besonders dicke Bandscheiben haben.

Das Beugen und Drehen der Intervertebralgelenke wird durch Gelenkfortsätze des Knochens, die sogenannten Zygapophysen, eingeschränkt. Die Zygapophysen an der unteren Kante des Dornfortsatzes eines Wirbels reiben gegen die Zygapophysen an der oberen Kante des darunter sitzenden Wirbels. Die miteinander in Kontakt tretenden Oberflächen sind mit Knorpel überzogen und bilden ebene Gelenke mit geringer Reibung. Die Wirbelkörper haben nur eine dünne Hülle aus kompaktem Knochen, im Inneren bestehen sie wie die Enden unserer Gliedmaßenknochen aus spongiösem Knochengewebe. Spongiöser Knochen ist weit weniger stabil als kompakter Knochen, sogar noch instabiler, als man anhand seiner Zusammensetzung vermuten könnte. Untersuchungen an Knochenproben von Rindern und Menschen haben gezeigt, dass spongiöses Knochengewebe, das zur Hälfte aus solidem Knochen und zur Hälfte aus Hohlräumen besteht, nur etwa ein Viertel so stabil ist wie kompakter Knochen. Wird der Anteil soliden Knochens auf ein Viertel reduziert, geht die Stabilität sogar auf etwa ein Sechzehntel zurück.

Daraus lässt sich ableiten, dass unsere Wirbelsäulen viel schlanker und aus weniger Knochen hätten konstruiert werden können, wenn sie aus kompaktem anstatt aus spongiösem Gewebe bestünden. Eine dünne Wirbelsäule aber liefe Gefahr, sich unter Belastung zu krümmen. Versuchen Sie einmal, einen Turm aus Bauklötzen zu bauen, indem Sie für jede Etage nur einen Klotz verwenden. Je größer die Bauklötze, desto höher der Turm, den Sie daraus bauen können. Dieser Vergleich hinkt zwar etwas, weil die Wirbel im Gegensatz zu den Bauklötzen durch Bandscheiben miteinander verbunden sind, aber selbst massive Säulen neigen dazu, sich zu verbiegen, wenn sie zu dünn sind.

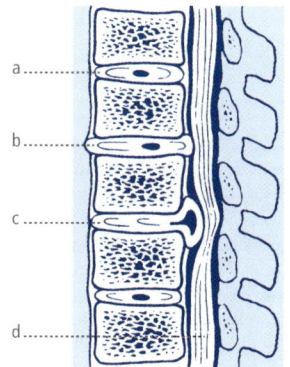

Die Bandscheibe. Längsschnitt durch die Wirbelsäule. a) gesunde Bandscheibe; b) Vorwölbung der Bandscheibe bei Abnutzungsveränderung; c) Bandscheibenvorfall; d) Rückenmark.

Stabilität der Wirbel

Männer wiegen durchschnittlich etwa 70, Frauen etwa 50 Kilogramm. Der Körperschwerpunkt liegt bei beiden Geschlechtern wenige Zentimeter oberhalb der Hüftgelenke. Demnach müssen die unteren Lendenwirbel etwa die Hälfte des Körpergewichts tragen, 35 Kilogramm bei einem Mann und 25 bei einer Frau. Dies gilt, wenn wir sitzen oder stillstehen; in anderen Situationen aber wirken weitaus stärkere Kräfte auf die Wirbel ein. Die besten männlichen Gewichtheber der Mittelgewichtsklasse (67,5 bis 75 Kilogramm) können im Stoßen etwa 200 Kilogramm heben. Wenn sie dieses Gewicht stemmen, lastet ein Gewicht von rund 235 Kilogramm auf den unteren Lendenwirbeln (das Gewicht der Hantel und die Hälfte des Kör-

Was ist eigentlich ...

Muskeln, Musculi [Sg.: Musculus], abgegrenzte, bei höheren Tieren und beim Menschen von einer bindegewebigen Hülle umgebene und häufig an beiden Enden über Sehnen mit anderen Geweben (z. B. Skelett) verbundene kontraktile Organe, die aus einzelnen Muskelzellen (glatte und schräggestreifte Muskulatur von Wirbellosen und Wirbeltieren, Herzmuskulatur bei Wirbeltieren) oder Bündeln vielkerniger Muskelfasern (quergestreifte Muskeln der Wirbeltiere) bestehen.

pergewichts). Weitaus größere Belastungen wirken während des eigentlichen Hebens ein. Nur Ausnahmeathleten können solch gewaltige Gewichte heben, aber schon auf die Wirbel normaler Leute wirken enorme Kräfte ein, wenn ihre Rückenmuskeln aktiv sind. Bei einer Versuchsreihe kam ein Kraftaufnehmer (ein Gerät zur Messung von Kräften) zum Einsatz, der am Boden festgeschraubt war. Der Kraftaufnehmer besaß an seiner Oberseite einen Griff. Man bat gesunde junge Männer, sich nach vorne zu beugen und den Griff nach oben zu ziehen. Wenn sie so stark zogen, wie sie konnten, registrierte der Kraftaufnehmer Kräfte von (durchschnittlich) 90 Kilogramm. Betrachten wir einmal das Gleichgewicht der Kräfte im unteren Rücken. Die Kraft auf den Kraftaufnehmer wurde ein gutes Stück vor der Wirbelsäule ausgeübt, die Gegenkraft (im Musculus erector spinae) dagegen wirkte dicht hinter der Wirbelsäule. Den Hebelgesetzen zufolge war die Muskelkraft um ein Vielfaches größer als die auf den

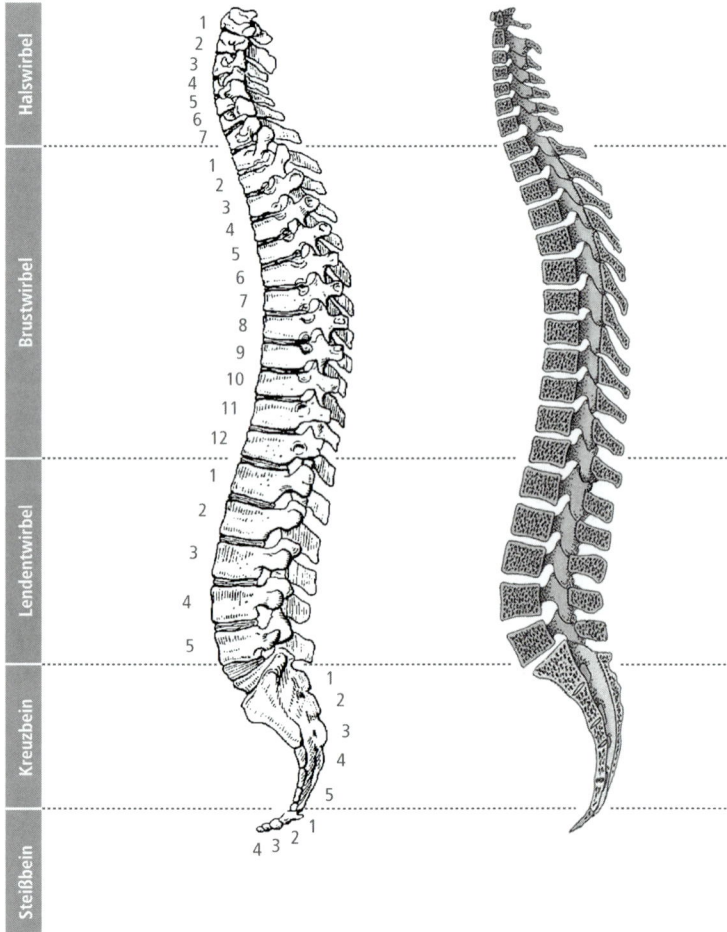

Die Wirbelsäule des Menschen; links: Aufsicht, rechts: Querschicht.

Griff einwirkende Kraft. Berechnungen ergaben für die Muskelkraft ungefähr 740 Kilogramm und für die Gesamtlast auf die Lendenwirbel 800 Kilogramm oder 0,8 Tonnen. Die Genauigkeit dieser Ergebnisse prüfte man durch Experimente, bei denen der Druck im Inneren der Bandscheiben über subdermale Nadeln gemessen wurde.

Bei anderen Versuchen wurde die Stabilität der Lendenwirbel Verstorbener geprüft, indem man die Wirbel in Testapparaturen zerkleinerte. Viele erwiesen sich als viel zu schwach, um den im Hebeexperiment errechneten Kräften zu widerstehen. Natürlich stammten die meisten Wirbel von älteren Personen, die vor ihrem Tod längere Zeit relativ inaktiv gewesen waren. Eine Versuchsreihe aber befasste sich ausschließlich mit Wirbeln von Männern, die maximal 46 Jahre alt und bis unmittelbar vor ihrem Tod mobil gewesen waren. Die Durchschnittsstabilität dieser Wirbel betrug rund 1 000 Kilogramm (eine Tonne).

der größte Knochen: Oberschenkelknochen eines 2,40 m großen Mannes	76 cm
Durchschnittslänge von Oberschenkelknochen	46 cm
der kleinste Knochen: Steigbügel (Stapes) im Mittelohr, Länge	2,6–3,4 mm
Tragfähigkeit eines Oberschenkelknochens (Lamellenknochen)	1,65 Tonnen
Druckbelastbarkeit eines Lamellenknochens	bis 12 kg/mm^2
Zugbelastbarkeit eines Lamellenknochens	10 kg/mm^2
spezifisches Gewicht (Verhältnis Gewicht/Volumen) Knochen Vergleichswert: Eisen	 1,75 7,20

Physikalische Größen zu ausgewählten menschlichen Knochen.

Der gesunde Menschenverstand und Sicherheitsvorschriften verlangen von Ingenieuren, ihre Konstruktionen beträchtlich stabiler zu machen als die stärkste Kraft, die darauf je einwirken könnte. Der Sicherheitsfaktor berechnet sich dabei aus der Konstruktionsstabilität geteilt durch die erwartete Maximalbelastung. Brücken gibt man meist einen Sicherheitsfaktor von etwa zwei, den Kabeln von Personenaufzügen ungefähr einen Sicherheitsfaktor von zehn. Große Sicherheitsfaktoren sind aus zweierlei Gründen ratsam. Zum einen können Schwankungen in Arbeits- und Materialqualität dazu führen, dass eine Konstruktion schwächer ist als beabsichtigt. Zum anderen können unvorhersehbare Umstände eintreten, bei denen die Belastungen größer sind als erwartet. Wenn die Lendenwirbel gesunder junger Männer nur maximal 1 000 Kilogramm aushalten konnten und bei schwerem Heben mit 800 Kilogramm belastet wurden, entspricht das einem gefährlich niedrigen Sicherheitsfaktor von 1,25. Für die Beinknochen von Tieren hat man viel höhere Sicherheitsfaktoren mit Werten von zwei bis vier ermittelt. Vielleicht waren selbst die Wirbel der jüngeren Versuchspersonen durch mangelnde Aktivität infolge von Krankheit vor dem Tod geschwächt.

Wirbelgruppen

Jeder Rückenwirbel unterscheidet sich von den anderen. Ein erfahrener Anatom kann die exakte Position eines einzelnen Wirbels in der Wirbelsäule erkennen. Die Unterschiede zwischen den größeren Wirbelgruppen (Hals-, Brust- und Lendenwirbeln) sind augenfällig, aber innerhalb der Gruppen sind die Abweichungen zwischen benachbarten Wirbeln meist nur gering. Die ersten beiden Halswirbel bilden eine Ausnahme, da sie vollkommen anders aussehen als die anderen. Die übrigen fünf Halswirbel sind sich alle recht ähnlich, nur die Querfortsätze werden zur Brust hin immer länger. Die zwölf

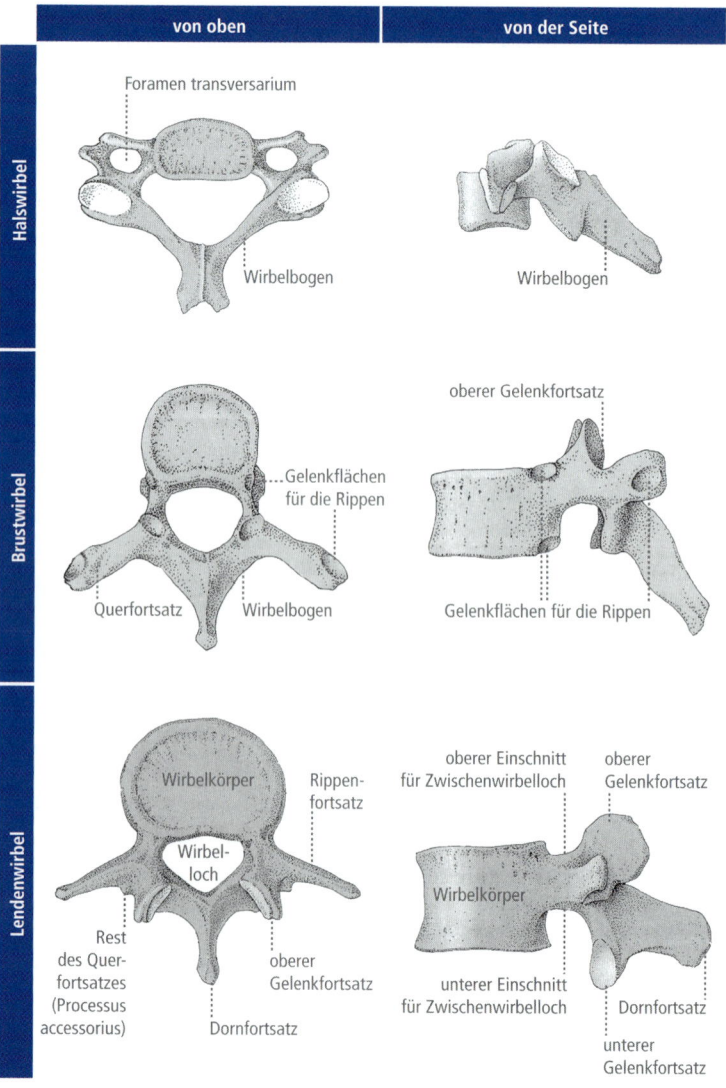

Typische Hals-, Brust- und Lendenwirbel.

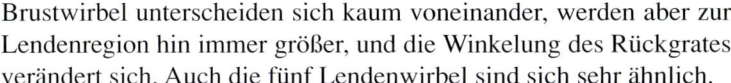

Brustwirbel unterscheiden sich kaum voneinander, werden aber zur Lendenregion hin immer größer, und die Winkelung des Rückgrates verändert sich. Auch die fünf Lendenwirbel sind sich sehr ähnlich.

Halswirbel

Wir wollen die Wirbel nun der Reihe nach betrachten und mit den Halswirbeln beginnen. Der erste Wirbel heißt Atlas und trägt den Schädel. Er wurde nach dem Riesen Atlas aus der griechischen Mythologie benannt, der den Himmel auf seinen Schultern trug. Der Atlas unterscheidet sich sehr von den anderen Wirbeln, denn er ist ringförmig und besitzt keinen Wirbelkörper. An seiner Oberseite zeigt er auf beiden Seiten flache Grübchen, rechts und links von dem Hohlraum für das Rückenmark; in diesen Grübchen ruhen entsprechende Gelenkhöcker der Schädelunterseite. Die Grübchen und Höcker sind von einer dünnen Knorpelschicht überzogen und bilden gemeinsam, gut mit Synovialflüssigkeit geschmierte Gelenke wie jene der Gliedmaßen. Diese Gelenke fungieren als Scharniere und erlauben dem Schädel, auf dem oberen Wirbelsäulenende hin- und herzuschaukeln, beispielsweise wenn wir nicken. Der zweite Halswirbel, Axis, sieht vollkommen anders aus. Im Gegensatz zum Atlas besitzt er sowohl einen Wirbelkörper als auch einen Dornfortsatz. Ein Fortsatz seines Wirbelkörpers, der sogenannte Axiszahn (Dens axis), ragt vor dem Rückenmark in den ringförmigen Atlas vor. Ein quer durch den Ring verlaufendes Band verhindert, dass der Axiszahn auf das Rückenmark drückt. Die Zygapophysen sind so angeordnet, dass der Atlas um den Axiszahn rotieren kann. Während also das Gelenk zwischen Atlas und Schädel das Nicken ermöglicht, erlaubt das Gelenk zwischen Axis und Atlas das Kopfschütteln.

Die Zygapophysen der übrigen Halswirbel sind so gewinkelt, dass zwischen zwei Wirbeln jeweils eine gewisse Bewegungsfreiheit zum Drehen, Nicken oder Seitwärtsbiegen besteht. Ein auffallendes Merkmal aller Halswirbel ist, dass sie allesamt beiderseits vom Wirbelkörper Fortsätze mit Löchern darin besitzen. Diese Fortsätze sind Rudimente der Halsrippen, die unsere Reptilienvorfahren besaßen.

Die Brustwirbel zeichnen sich vor allem dadurch aus, dass die Rippen an ihnen ansetzen. Die meisten Rippen setzen an zwei Stellen an. Der Kopf (das äußerste Ende) der Rippe setzt mit einer Gelenkfläche am Körper eines Brustwirbels an. In der Nähe dieser Fläche ist eine Verdickung zu erkennen. Diese bildet ein Gelenk mit einer Fläche des Querfortsatzes desselben Wirbels. Beide Gelenke sind synovialhaltig. Da es zwei Artikulationen gibt, fungiert das Gelenk zwischen Rippe und Wirbel als Scharniergelenk und gestattet Rotationen um eine Achse, die durch beide Gelenkanteile verläuft. Die Rippen rotie-

Atlas, Sohn des Titanen Iapetos, Vater der Plejaden und der Hesperiden, muss zur Strafe für die Teilnahme am Kampf gegen Zeus die Säulen stützen, die das Himmelsgewölbe tragen, oder er trägt den Himmel selbst. Als Herakles die goldenen Äpfel der Hesperiden beschaffen soll, nimmt er Atlas seine Last ab, der sich nun endgültig von ihr befreit glaubt. Unter dem Vorwand, ein Polster zu holen, lädt Herakles sie ihm jedoch wieder auf.

Was ist eigentlich ...

Synovialflüssigkeit, Synovia, von der Membrana synovialis produzierte viskose Gelenkflüssigkeit (Gelenkschmiere), welche viel Hyaluronsäure enthält und den Gelenkspalt ausfüllt. Die Gelenkflüssigkeit ernährt durch Diffusion den Gelenkknorpel und schmiert Sehnenscheiden und Gelenkflächen.

ren um diese Achsen, wenn wir unseren Brustkorb (Thorax) beim Atmen ausdehnen und zusammenziehen. Die Löcher in den Rippenrudimenten der Halswirbel entsprechen dem Zwischenraum zwischen den beiden Ansätzen der Rippen des Brustkorbes.

Wären die Wirbel nur über die Bandscheiben miteinander verbunden, könnten sich ihre Gelenke in jede Richtung ein wenig beugen und drehen. Die Bewegungen wären zwar nur geringfügig, aber es gäbe drei Freiheitsgrade der Bewegung, wie bei einem Kugelgelenk. Die Rückansicht eines Brustwirbels zeigt, dass sich die Gelenkflächen der Zygapophysen mehr oder weniger auf der Oberfläche einer imaginären Kugel befinden, deren Mittelpunkt auf der Wirbelkörperachse liegt. Jede Zygapophyse ist also ein winziges Stück eines Kugelgelenks.

Entsprechend wenig schränken die Zygapophysen der Brustwirbel die Bewegung ein. Jeder Wirbel kann sich relativ zu seinem Nachbarn um acht Grad (jeweils vier Grad nach links und nach rechts) drehen. Acht Grad scheinen nicht viel, aber acht Grad Rotation um jedes von elf Gelenken ergeben insgesamt 88 Grad. Dass Ihr Rücken tatsächlich so biegsam ist, können Sie überprüfen, indem Sie sich auf einen Stuhl setzen und dabei die Schultern nach links und rechts drehen. Jeder Brustwirbel kann sich um etwa fünf Grad relativ zu seinem Nachbarn vor- und zurück-, nach links oder rechts sogar um acht Grad beugen. Der geringere Freiraum beim Vor- und Zurückbeugen scheint dabei mehr durch die Verbindung zwischen Wirbeln und Rippen als durch die Zygapophysen begrenzt zu werden.

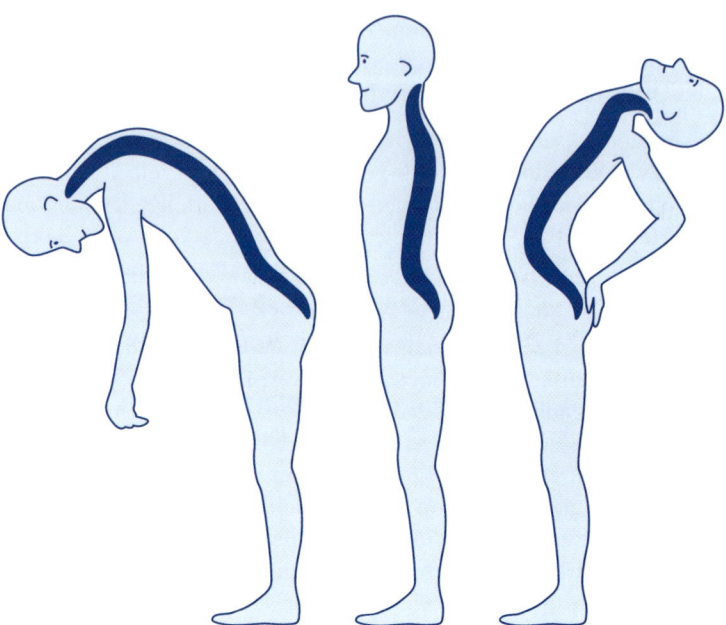

Die gesamte Wirbelsäule ist recht beweglich, einzelne Abschnitte werden allerdings stärker bewegt als andere. So ist beim Beugen des Körpers die Brustwirbelsäule relativ unbeweglich.

Lendenwirbel

Die Lendenwirbel im unteren Rücken tragen keine Rippen. Ihre Dornfortsätze sind breiter als die der Brustwirbel, und ihre Querfortsätze sind länger. Zudem sind ihre Zygapophysen in einem ganz anderen Winkel angeordnet. Statt auf einer imaginären Kugel mit Mittelpunkt auf der Wirbelkörperachse zu liegen, stehen ihre Gelenkflächen im rechten Winkel zu der Oberfläche dieser Kugel und gehen strahlenförmig von der Längsachse der Wirbelsäule ab. Diese Anordnung erlaubt nur wenig Drehung um die Längsachse, gestattet aber ein freies Vor- und Zurückbeugen und auch beachtliche Seitwärtsbewegungen.

Die Bewegungsfreiheit zwischen zwei benachbarten Wirbeln liegt bei ungefähr zwei Grad der Drehung, 14 Grad des Vor- und Zurückbeugens und sechs Grad des Seitwärtsbeugens. Wenn Sie Ihren Körper drehen, findet die Bewegung größtenteils zwischen den Brustwirbeln statt, beugen Sie sich aber vor, um Ihre Zehen zu berühren, erfolgt die Bewegung hauptsächlich zwischen den Lendenwirbeln.

Kreuzbein und Steißbein

Den Lendenwirbeln schließt sich nach unten das Kreuzbein (Os sacrum) an, das bei Kindern aus fünf einzelnen Wirbeln besteht. Diese Wirbel verschmelzen nach der Pubertät, sodass das Kreuzbein Erwachsener ein einziger Knochen ist. Aber auch beim Erwachsenen zeigen Zwischenräume zwischen den Ansätzen der Querfortsätze noch an, wo die ursprünglichen Wirbel endeten. Embryologische Untersuchungen zeigen, dass die vermeintlich reinen Querfortsätze an ihren Enden mit sehr dicken, kurzen Rippen verschmolzen sind. Bei Reptilien sind die Sakralrippen und -wirbel separate Knochen, bei Säugetieren dagegen sind sie miteinander verwachsen. Die Enden der Sakralrippen sind mit dem Beckengürtel verbunden. Das letzte Element der Wirbelsäule ist das Steißbein (Os coccygis), ein Rudiment des Schwanzes unserer Affenvorfahren. Es besteht aus drei bis fünf rudimentären Wirbeln, also viel weniger als den bei Tieraffen üblichen 20 oder mehr Schwanzwirbeln. Sie sind meist miteinander verschmolzen, gelegentlich jedoch liegt der erste separat. Ein Schwanz ist bei Tieraffen von Nutzen für das Gleichgewicht und dient südamerikanischen Affen zudem als zusätzliches Greiforgan, doch das menschliche Steißbein scheint vollkommen nutzlos. Man könnte sich fragen, warum es im Laufe der Evolution nicht ganz verschwunden ist. Wahrscheinlich liegt es daran, dass es uns nicht schadet und nur sehr wenig kostet. Das Bilden und der Unterhalt eines Steißbeines verbrauchen sehr wenig Energie oder Material, der Vorteil seines Verschwindens wäre also äußerst gering. Die natürliche

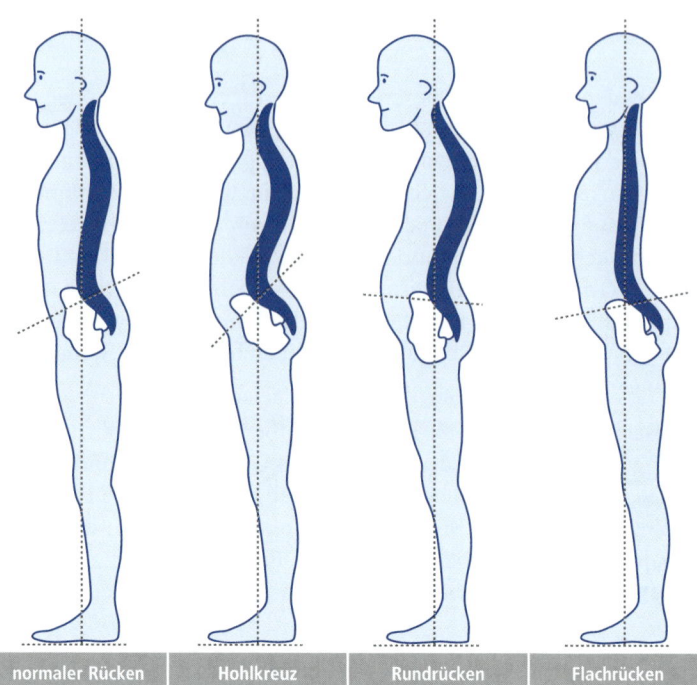

| normaler Rücken | Hohlkreuz | Rundrücken | Flachrücken |

Verschiedene Körperhaltungen.

Selektion auf wirklich triviale Verbesserungen ist wohl zu schwach, um wirksam zu sein. Die Wirbelsäule ist insgesamt sinusförmig geschwungen. Die Halsregion ist nach vorne konvex, der Brustabschnitt nach vorne konkav, die Lendenregion nach vorne konvex (und bildet so das Hohlkreuz) und das Kreuzbein wieder nach vorne konkav gewölbt. Bei guten Stühlen sind die Rückenlehnen entsprechend geformt, konkav im oberen (Brust-) und konvex im unteren (Lenden-)Abschnitt des Sitzenden. Das „Hohlkreuz" ist charakteristisch für den Menschen, andere Säugetiere haben es nicht. Seine Entwicklung war eine der Veränderungen, die am Entstehen unseres aufrechten Ganges beteiligt waren.

Rippen

Die Rippen formen einen ovalen Korb, der breiter ist als tief und Herz und Lunge enthält. Sie sind größtenteils knöchern, besitzen aber an der Vorderseite des Brustkorbes einen knorpeligen Anteil. Im Rücken setzen sie, wie wir bereits wissen, an den Brustwirbeln an. An der Vorderseite sind die knorpeligen Enden der meisten Rippen mit dem Brustbein (Sternum) verbunden, das eigentlich eine Reihe aus drei Knochenplatten ist.

■ Der aufrechte Gang ■

Der aufrechte Gang ist die den Menschen unter allen Primaten kennzeichnende Fortbewegungsweise mit aufrechtem Rumpf auf zwei Beinen. Der aufrechte Gang mitsamt seinen anatomischen Umkonstruktionen gilt als entscheidendes Merkmal der Menschenartigen (Hominidae) und war bereits bei den Vormenschen (Australopithecinen) verwirklicht. Direktes Zeugnis hierfür geben die ca. 3,6 Millionen Jahre alten Fußspuren von Laetoli, die *Australopithecus afarensis* zugeschrieben werden. Entscheidende Hinweise geben aber auch Skelettmerkmale: ein zur Schädelmitte verlagertes Hinterhauptsloch zum Balancieren des Kopfes auf der Wirbelsäule; Oberschenkelknochen mit großem Kopf und langem Oberschenkelhals; leichte x-Beinigkeit, wodurch die streckfähigen Kniegelenke unter dem Körperschwerpunkt liegen; Fuß mit Fußgewölbe und in einer Reihe stehenden Zehen (bei Menschenaffen ist die Großzehe opponierbar); Becken mit kurzen, breiten, nach innen gedrehten Darmbeinschaufeln zum Abstützen innerer Organe und mit großen Ansatzflächen für den Großen Gesäßmuskel, der die Beinstreckung ermöglicht; S-Form der Wirbelsäule, verbunden mit einer Schwerpunktsverlagerung ins Becken.

Der aufrechte Gang gilt als ein Schlüsselereignis in der Evolution des Menschen und hatte tiefgreifende Folgen: Die Hände wurden endgültig von Fortbewegungsaufgaben befreit und konnten verstärkt Aufgaben der Nahrungsgewinnung, Nahrungsaufbereitung, Verteidigung und auch des Gebrauchs und der Herstellung von Werkzeugen übernehmen, sodass Eckzähne und Schneidezähne in der für den Menschen typischen Weise abgewandelt (verkleinert) werden konnten. Da der Schädel auf der Wirbelsäule balanciert wurde, verringerte sich der Einfluss von Nackenmuskulatur und Kaumuskulatur auf die Schädelausformung, die daraufhin mehr und mehr vom expandierenden Gehirn bestimmt wurde. Auf die Entstehung des aufrechten Ganges und in selektiver Rückkopplung mit der immer vielfältiger einsetzbaren Hand folgte stammesgeschichtlich die enorme Entfaltung von Schädel und Gehirn im Laufe des Pleistozäns.

Wir dehnen unseren Brustkorb (Thorax) aus, indem wir unsere Rippen bewegen. Wenn Sie Ihre Hände auf den Brustkorb legen und kräftig einatmen, können Sie fühlen, dass sich die Rippen heben, wenn sich der Brustkorb ausdehnt. Zwischen den Halswirbeln und den ersten beiden Rippen verlaufen Muskeln, die die Rippen heben, wenn sie sich zusammenziehen. Zwischen benachbarten Rippen verlaufen ebenfalls Muskeln. (Die entsprechenden Muskeln des Schweines bilden das Fleisch bei Spareribs.) Die Fasern dieser Muskeln verlaufen schräg von einer Rippe zur nächsten. Einige sind so gewinkelt, dass sie die Rippen heben und den Brustkorb ausdehnen, wenn sie sich kontrahieren. Andere verlaufen andersherum und haben die gegenteilige Wirkung, sie ziehen die Rippen nach unten und verringern das Volumen des Brustkorbes. Diese Muskeln brauchen wir beim Ausatmen.

Das Atmen beruht nur zum Teil auf Bewegungen der Rippen. Das Zwerchfell (Diaphragma) ist ein Muskelblatt, das den Rumpf querteilt und die Brusthöhle mit Herz und Lunge von der Bauchhöhle mit Magen, Darm, Leber und anderen Organen trennt. Es setzt am unteren Rand des Brustkorbes an, die Lunge ist also in einem Raum mit eher starren Wänden und muskulärem Boden eingeschlossen. Seine Funktionsweise lässt sich aus Röntgenaufnahmen ersehen. Knochen sind auf Röntgenbildern zu erkennen, weil sie für Röntgenstrahlen

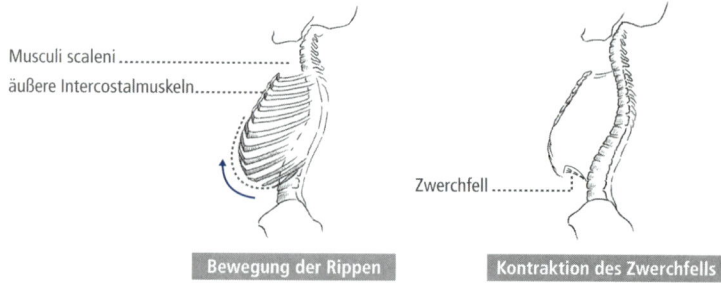

Musculi scaleni

äußere Intercostalmuskeln

Zwerchfell

Bewegung der Rippen

Kontraktion des Zwerchfells

So vergrößern die Bewegung der Rippen (links) und die Kontraktion des Zwerchfells (rechts) den Thorax.

weniger durchlässig sind als Fleisch. Bei sorgfältiger Einstellung der Strahlendosis lässt sich auch die Luft in den Lungen sichtbar machen, denn diese ist wiederum durchlässiger für Röntgenstrahlen als Fleisch. Röntgenaufnahmen zeigen, dass sich unsere Lunge beim Einatmen nach unten zum Bauchraum hin ausdehnt. Der Grund dafür ist die Kontraktion des Zwerchfells, das im Ruhezustand stark kuppelförmig gewölbt ist und sich beim Zusammenziehen abflacht.

Der Brustkorb ist für die Funktion des Zwerchfells unerlässlich, weil er verhindert, dass die Brust bei der Kontraktion des Zwerchfells in sich zusammenfällt. Im Bauchraum dagegen wären Rippen nicht von Nutzen. Wenn sich das Zwerchfell zusammenzieht und abflacht, verschiebt es Leber und Darm und lässt den Bauch sich vorwölben. Wäre die Bauchwand durch Rippen versteift, ginge dies nicht so leicht. Reptilien besitzen kein Zwerchfell, dafür aber Rippen auf ganzer Länge ihres Rumpfes. Als die Vorfahren der Säugetiere jedoch Zwerchfelle entwickelten, verloren sie ihre Bauchrippen.

Schulterblatt

Das Schulterblatt (Scapula) ist eine dünne Knochenplatte mit einem keilförmigen Grat (Spina scapulae oder Schultergräte) an der Außenseite. Sie liegt flach auf der Rückseite des Brustkorbes und ist mit den Rippen nur über Muskeln verbunden. Neben dem Oberarmknochen (Humerus) ist das Schulterblatt nur noch mit dem Schlüsselbein (Clavicula) verbunden, das an der Vorderseite des Körpers quer verläuft und an einem Ende mit der Schultergräte, am anderen mit dem oberen Ende des Brustbeines artikuliert. Diese Verbindungen lassen dem Schulterblatt eine beträchtliche Bewegungsfreiheit. Es kann auf dem Rücken hinauf- und hinabgleiten, und genau das tut es, wenn wir mit den Schultern zucken. Sie können die Bewegung des daran beteiligten Schlüsselbeines spüren, wenn Sie Ihre Hand darauf legen.

Das Schulterblatt kann auch um das Schlüsselbein rotieren und ergänzt damit die Bewegungen im Schultergelenk. Lassen Sie Ihren Arm seit-

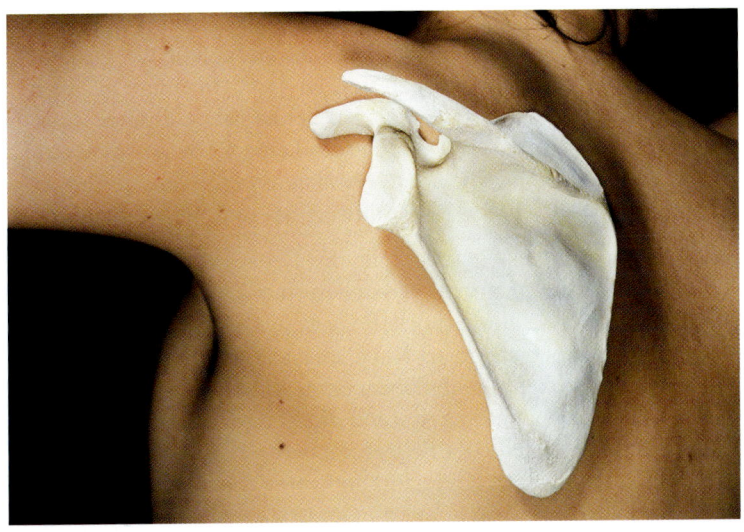

Das Schulterblatt.

lich herabhängen und schwingen Sie ihn nun nach außen und dann nach oben. Sie können den Arm nicht senkrecht nach oben aufrichten, ohne die Wirbelsäule zur Seite zu biegen. Wenn Sie Ihre Wirbelsäule gerade halten, können Sie den Arm um etwa 150 Grad herumschwingen, wovon nur 90 Grad eine echte Rotation zwischen Oberarmknochen und Schulterblatt im Schultergelenk darstellen; die übrigen 60 Grad resultieren aus der Rotation des Schulterblattes.

Der Musculus deltoideus bildet eine deutliche Wölbung auf der Schulter; er verläuft von Schlüsselbein und Schultergräte zum Oberarmknochen. Vom Oberarmknochen verlaufen weitere Muskeln zur Innen- und Außenseite des Schulterblattes. Diese sind nicht nur für die Bewegungen des Schultergelenks wichtig, sondern auch für seine Fixation, denn sie hindern es am Auskugeln. Die meisten Muskeln, die das Schulterblatt bewegen und an Ort und Stelle halten, setzen an seinem zur Wirbelsäule hin gelegenen Rand an.

Beckenknochen

Die Hüftknochen von Menschen und Tieren unterscheiden sich erstaunlich stark vom Skelett der Schulter. Arme und Beine haben im Grunde denselben Bauplan. Das Becken (mit dem die Oberschenkelknochen Gelenke bilden) aber sieht ganz anders aus als die Schulterblätter. Die Evolution hat für das Problem, eine Gliedmaße mit dem Rumpf zu verbinden, zwei unterschiedliche Lösungen gefunden. In der Schulter haben wir das Schulterblatt, das mit den Rippen nur lose über Muskeln verbunden ist. In der Hüfte dagegen finden sich der rechte und der linke Beckenknochen, die miteinander und mit dem

Was ist eigentlich ...

Schulterluxation, Schultergelenksluxation, Auskugelung des Gelenks, der Gelenkkopf des Oberarms befindet sich nicht mehr in der Gelenkpfanne. Oft kommt es durch Unfälle zur Auskugelung des Gelenks, es gibt aber auch Fälle, in denen die Bänder des Gelenks den Gelenkkopf nur unzureichend in der Gelenkpfanne halten – etwa weil sie ausgeleiert sind. Bei einer Schulterluxation durch Unfall ist meist nur die Einrenkung des Gelenks notwendig, es sei denn, Bänder sind gerissen oder der Knochen ist beschädigt. Dann muss operiert werden. Bei beschädigtem Knochen kann nur eine Operation helfen, bei der die Bänder gekürzt werden.

Kreuzbein fest verbunden sind und einen sehr stabilen, recht starren Ring formen. Dieser ist nicht vollkommen starr, denn die Iliosakralgelenke zwischen Kreuzbein und Becken gestatten einige Millimeter Gleiten und Rotationen von ein bis zwei Grad. Diese geringe Beweglichkeit scheint für unsere Bewegungen keine Rolle zu spielen. Die Iliosakralgelenke sind vor allem erwähnenswert, weil sie in vielen Fällen für Rückenschmerzen verantwortlich sind.

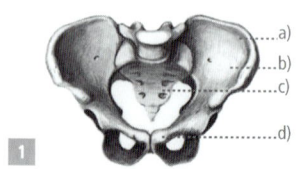

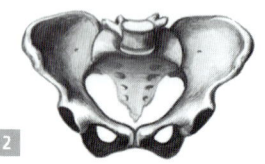

Vorderansicht des menschlichen Beckens. 1) männliches Becken, 2) weibliches Becken; a) letzter (fünfter) Lendenwirbel, b) Darmbeinschaufel, c) Kreuzbein, d) Schambein

Bei Kleinkindern besteht jede Seite des Beckens aus drei separaten Knochen, die durch Knorpel verbunden sind. Erst nach der Pubertät verschmelzen diese drei Knochen so weit, dass ihre Grenzen verschwinden. Der oberste dieser Knochen ist das Darmbein (Os ilium), das die große Beckenschaufel über dem Hüftgelenk bildet. Man kann seinen vorspringenden oberen Rand direkt unterhalb der Taille fühlen. Die unteren Anteile des Beckens, unterhalb des Hüftgelenks, bilden hinten das Sitzbein (Os ischii) und vorne das Schambein (Os pubis). Der knöcherne Vorsprung im Gesäß, der das Sitzen auf einem harten Stuhl unbequem machen kann, ist der Sitzbeinhöcker. Wie die Knochen des Schädeldaches hat auch das Becken eine Sandwichstruktur aus zwei Schichten kompakten Knochengewebes mit spongiösem Knochen dazwischen.

Wie die Schulterblätter bieten auch die Beckenknochen reichlich Ansatzflächen für Muskeln. Der Musculus erector *spinae*, der große Muskel, der den Rücken aufrichtet, setzt am oberen Beckenrand (und auch am Kreuzbein) an. Die Muskeln der Bauchwand, die figurbewusste Menschen so hingebungsvoll trainieren, setzen ebenfalls am oberen Rand des Beckens an. Die Gesäßmuskeln setzen am Kreuzbein und an der Außenseite des Darmbeines an. Die meisten Oberschenkelmuskeln setzen tiefer an, nämlich an den Außenseiten von Sitz- und Schambein.

Dieser Beitrag hat verdeutlicht, dass man das Skelett zum Teil als Ergebnis der Gestaltung durch natürliche Selektion, zum Teil aber auch als zufällige Folge der Abstammung betrachten sollte. Die Evolution hat uns Rippen gegeben, die zum Atmen bestens geeignet sind, und eine Wirbelsäule mit Gelenken, die uns die benötigte Flexibilität verleihen. Das Steißbein dagegen scheint ein nutzloses Relikt eines Affenschwanzes zu sein, und das Kreuzbein ist aus früher existierenden Wirbeln und Rippen zusammengeschustert. Die vollkommen unterschiedlichen Konstruktionen unserer Schultern und Hüften erfüllen zwar gut ihren Zweck, haben ihren Ursprung aber in den Anforderungen an Vorder- und Hinterflossen bei jenen Fischen, aus denen wir uns entwickelt haben.

Grundtext aus: R. McNeill Alexander *Knochen! Was uns aufrecht hält – das Buch zum menschlichen Skelett*; Spektrum Akademischer Verlag (amerikanische Originalausgabe: *Human Bones*; Pearson Dulton, Penguin Group (USA) mit freundlicher Genehmigung; übersetzt von Jorunn Wissmann).

Gut gebaut

Der Mensch hat den vielseitigsten Bewegungsapparat aller Lebewesen. Der Preis dafür sind körperliche Kompromisse: So richtig gut können wir nur gehen

Tobias Hürter

Bei 180 Watt Tretwiderstand laufen mir erste Schweißperlen den Rücken hinunter. So also fühlt sich Sport an. Die Betreuerin reicht mir ein Handtuch und schaltet den Ventilator ein. Vor der Tour de France 1997 saß der spätere Sieger Jan Ullrich auf demselben Standrad wie ich heute und absolvierte die gleichen Tests. Bei 180 Watt fing er damals erst an, in die Pedale zu treten. Zum Warmwerden.

Auf dem Monitor an der Wand ist eine Treppe vorgezeichnet: Alle drei Minuten erhöht das System den Widerstand automatisch um 20 Watt. „Bis jetzt haben wir jeden kleingekriegt", sagt Hans-Hermann Dickhuth. Er ist Leiter der sportmedizinischen Abteilung des Klinikums Freiburg und hat mich komplett verkabelt, um meine körperlichen Grenzen zu testen. Elektroden horchen mein Herz ab, alle paar Minuten wird Blut aus meinem rechten Ohrläppchen gezapft, immer wieder pumpt sich eine Blutdruckmanschette an meinem Arm auf. Und zwischendurch muss ich auch noch eine Atemmaske über Mund und Nase stülpen – Abgasuntersuchung.

Ich will dem Geheimnis der Maschine Mensch auf die Spur kommen. Was macht sportliche Höchstleistung aus, was unterscheidet Hobby- von Spitzensportlern wie Jan Ullrich? Ihre Körper sind doch aus dem gleichen Material wie meiner. Sind die Ullrichs nur besser trainiert? Oder sind ihre Körper für den Radsport geboren, meiner aber nur für den Schreibtisch? Kurz: Was hat Ulle, was ich nicht habe?

Damit das klar ist: Das ist keine Sache zwischen Jan Ullrich und mir. Es geht um das menschliche Leistungsvermögen. Wissenschaftler analysieren Messkurven von Ausnahmeathleten in Fachzeitschriften und erörtern sie auf Kongressen. Sie entschlüsseln das Erbgut und suchen nach möglichen Fitnessgenen. Dabei geht es nicht nur um die reine Erkenntnis. So mancher träumt vom nächsten Schritt – davon, die Maschine Mensch auf mehr Leistung zu tunen.

In Freiburg lassen sich Hochleistungssportler testen

Eigentlich passen Sonntagssportler wie ich auf Dickhuths Standrad so gut wie ein Traktor in eine Jaguar-Werkstatt. Im Freiburger Klinikum lassen sich normalerweise nur Hochleistungsathleten testen, um mithilfe der Ergebnisse ihre Trainings- und Wettkampfziele zu definieren. Nach ihren Messungen können die Prüfer Marathonzeiten auf die Minute genau vorhersagen. Hier beginnen Profikarrieren – oder sie enden, bevor sie überhaupt begonnen haben.

Gehört ein Körper zu den besten der besten, stellt er manche Maschine in den Schatten: 100-Meter-Läufer zum Beispiel beschleunigen in der Startphase schneller als ein Porsche. Und Radprofis bewältigen 200 Kilometer über ein halbes Dutzend Hochgebirgspässe im Renntempo mit so wenig Nahrungsenergie, dass ein Motorrad mit Sprit des gleichen Brennwerts bestenfalls zur nächsten Tankstelle käme.

Allerdings sehen selbst Sport-Asse schlecht aus, wenn sie sich mit Tieren messen müssen. „Der Mensch ist lediglich ein ganz guter Dauerläufer", sagt R. McNeill Alexander, Biomechaniker an der Universität von Leeds in England, „das ist die einzige Sportdisziplin, in der er mit tierischer Konkurrenz ganz gut mithalten kann." An die globale Leistungsspitze kommt er nicht heran. Im Januar stellte der Äthiopier Haile Gebrselassi mit einer Zeit von knapp 59 Minuten einen neuen Weltrekord über die Halbmarathonstrecke (gut 21 Kilometer) auf. Pronghorn-Antilopen preschen in der gleichen Zeit etwa dreimal so weit durch die afrikanische Steppe.

Beim Springen sieht es noch schlechter aus: Mit Weiten von 16 Metern lassen Kängurus die menschliche Springerelite wie müde Hopser wirken. Die Beuteltiere haben für weite Sätze die perfekte Muskel-Sehnen-Kombination. Auch in der Disziplin Schwimmen versagt der Mensch kläglich. Unser Auftriebskörper, die Lunge, liegt weit weg vom Körperschwerpunkt. Zwar hält sie den Kopf über Wasser, die Beine sinken aber ab. Das erschwert eine schnittige Wasserlage – weshalb sich die Spitzenschwimmer der DDR einst von hinten Luft in den Darm pumpten. Außerdem fehlt uns schlicht die Stromlinienform: Wir brauchen neunmal so viel Kraft wie ein gleich schwerer Delfin, um uns durchs Wasser zu ziehen. Dafür machen Delfine auf dem Trockenen eine noch schlechtere Figur als wir im Wasser, obwohl sie von Landlebewesen abstammen. Sie sind Spezialisten, wir sind Generalisten.

240 Watt, ungefähr die Leistung eines Mixers. Schweiß tropft auf den Linoleumboden des Freiburger Klinikums. Inzwischen reicht mein Diesel nicht mehr aus. Meine Muskeln haben spürbar hochgeschaltet: auf Kohlenhydrate. Kann es sein, dass der Mensch auch fürs Radfahren nicht geschaffen wurde?, denke ich. Das Reden überlasse ich von nun an der Betreuerin.

Eine nicht sehr sportlich scheinende Disziplin gibt es immerhin, in der *Homo sapiens* brilliert: das gemächliche Gehen. Da sind wir Energiesparweltmeister in unserer Gewichtsklasse. „Gemessen an Tieren gleicher Größe gibt es keine effizientere Fortbewegungsart", sagt R. McNeill Alexander. Einen ebenen Kilometer zu gehen kostet ungefähr so viel mechanische Energie wie ein Stockwerk Treppen steigen. Wer stehen bleibt und sich ein bisschen aufregt, verbraucht mehr.

Unser Geh-Apparat tickt wie ein Uhrwerk

Einmal in Bewegung gesetzt, tickt unser Geh-Apparat wie ein Uhrwerk. Mit jedem Schritt wird ein Teil der Vorwärtsenergie in Sehnenspannung und einem sanften Hub der Körpermasse zwischengespeichert, dann fast verlustfrei in Vortrieb zurückverwandelt. Weil wir von der Ferse bis zu den Zehen abrollen, müssen wir kaum die Knie beugen. Die Beine schwingen wie Uhrpendel unter dem Rumpf durch. „Das Pendelprinzip ist das Geheimnis unseres Gangs", sagt R. McNeill Alexander. Bei leichtem Gefälle geht man von selbst. Unsere Sehnen federn so gut wie Gummiseile, unsere Gelenke gleiten sanfter als Industrielager. „Der Reibungskoeffizient von Knorpel auf Knorpel übertrifft jedes technische Material", schwärmt Wilfried Alt, Bewegungsforscher an der Universität Stuttgart.

Lange galt der menschliche Gang unter Evolutionsbiologen als Kompromisslösung. Sie dachten, unsere Vorfahren hätten sich in die Vertikale erhoben, um eine bessere Aussicht oder die Hände frei zu haben. Aber womöglich entsprang die Gattung Homo dem evolutionären Druck zu sparsamer Fortbewegung: „Der aufrechte Gang war für sich Grund genug", sagt Wilfried Alt. „Werfen und Werkzeuggebrauch hat der Mensch erst viel später gelernt."

Neuerdings dämmert Humanbiologen, dass die Natur unseren Bewegungsapparat nicht nur für das Gehen, sondern auch fürs Rennen ausgelegt hat. Die amerikanischen Forscher Dennis Bramble und Daniel Lieberman zeigten in einer Studie, dass unsere Vorfahren schon vor zwei Millionen Jahren die Merkmale von Läufern entwickelten: verstärkte Fersen, längere Beine, schmalere Hüften, größere Gelenkflächen zur besseren Stoßabsorption und Knochenansätze für zugfeste Sehnen – an der Achillessehne eines flott laufenden 70-Kilogramm-Menschen zerrt eine Kraft, die dem Gewicht einer knappen halben Tonne entspricht. Allzu schnell sind wir allerdings nicht. Wozu auch hätten unsere Vorfahren mit 60 Sachen hinter Antilopen her laufen sollen, wenn sie clever genug waren, ohne solche Hetzerei zu überleben? Die evolutionäre Nische des Menschen ist schließlich von je her Schlauheit, nicht Schnelligkeit.

Das menschliche Gehirn verschlingt fast ein Fünftel des Ruhe-Energieumsatzes seines Trägers. Im Austausch für so viel Denkkapazität mussten wir körperlich mit einem Sparmodell vorliebnehmen. Unsere Kreislaufkapazität reicht nur noch aus, um die Beine voll in Aktion zu halten. Wenn wir zusätzlich die oberen Gliedmaßen bewegen, müssen wir unten bremsen. „Wir sind nicht nur vom Körperbau her Zweibeiner, sondern auch vom Stoffwechsel her", sagt der Sportmediziner Hans Hoppeler von der Universität Bern.

320 Watt. Ich überschreite jenen kritischen Punkt, den Sportphysiologen als „individuelle anaerobe Schwelle" bezeichnen. Jetzt gerät mein Energiestoffwechsel aus dem Gleichgewicht, er kann die verlangte Tretleistung auch mit der Verbrennung von Kohlenhydraten nicht mehr decken. Er muss eine chemische Abkürzung nehmen, bei der in der Muskulatur Milchsäure anfällt – wie Ruß in einem Motor, wenn man Vollgas gibt. Ein brennendes Gefühl entwickelt sich in meinen Beinen. Das Zerfallsprodukt der Milchsäure, Laktat, sammelt sich nun rapide in meinem Blut.

Wo ist der Engpass im Energiesystem?

Bei Jan Ullrich dauerte es noch 18 Minuten oder sechs Stufen länger, bis die Laktatkurve hochschnellte: Seine Schwelle lag gut 100 Watt höher, bei etwa 430 Watt, und das bei nur 72 Kilogramm Körpergewicht. Das war der Schlüssel zu seinem Toursieg. Aber schon ein Jahr später stieß Jan Ullrich an eine Grenze. Marco Pantani gewann die Tour.

Wo genau liegt der Engpass in unserem Energiesystem, wenn wir den Körper zur Hochleistung antreiben? Das ist die große Frage, über der sich die Leistungsphysiologen in den Haaren liegen. Ermüdet zuerst die Atemmuskulatur? Der Sportphysiologe Urs Boutellier von der ETH Zürich glaubt fest daran – „obwohl ich es bisher nicht beweisen kann". Schwächelt das Herz, wie der dänische Sportmediziner Bengt Saltin an Elite-Skilangläufern gemessen haben will? Oder sind die zellulären Brennöfen in den Muskeln überfordert? Das ist Hans Hoppelers Standpunkt, den er seit drei Jahrzehnten gegen Saltin verficht.

Für das Blut als Bremse spricht ein trauriger Feldversuch, den weite Teile des Hochleistungssports in den 1990er-Jahren anstellten. 1989 wurde die synthetische Form des Nierenhormons Erythropoietin (Epo) kommerziell verfügbar, das die Bildung roter Blutkörperchen anregt und deren Stoffwechsel frisiert. Prompt purzelten die Weltrekorde auf den langen Laufstrecken. Das Durchschnittstempo der Tour de France stieg auf über 40 Kilometer pro Stunde.

Aber Blut ist nicht alles, auf das Ensemble kommt es an. Entsprechend kompliziert ist die Größe, mit der Sportmediziner die Ausdauerfähigkeit messen: Die „maximale relative Sauerstoffaufnahme" beziffert das Sauerstoffvolumen, das der Organismus pro Minute und Kilogramm Körpermasse umsetzen kann. Jan Ullrich kam 1997 auf dem Freiburger Fahrrad auf 88 Milliliter, normal ist knapp die Hälfte. Für so einen Wert muss alles stimmen: Der Sauerstoff muss frei durch die Lunge ins Blut fließen, dann durch die Gefäße bis in die Zell-Brennöfen.

„Eine hohe Sauerstoffnahme ist die Eintrittskarte in den Club der Topathleten", sagt der Münchner Sportmediziner Bernd Wolfarth, der die deutschen Winterolympioniken betreut. Nicht immer jedoch gewinnt der Athlet mit den besseren technischen Daten. Lance Armstrong zeigte im Labor nicht ganz so fantastische Werte wie Ullrich, trotzdem war er auf der Straße vorne. „Von den Werten her müsste Ullrich eigentlich von März bis Oktober alle in Grund und Boden fahren", sagt der Freiburger Mediziner Olaf Schumacher, der Ullrichs Team T-Mobile betreut. Aber zu jeder Biomaschine gehört nun mal ein Kopf, der sie bedient – und eine günstige Mechanik.

Große Hände und Füße helfen Schwimmern, sich zügig durchs Wasser zu schaufeln. Sprinter brauchen ein langes Fersenbein, um mehr Drehmoment aufs Sprunggelenk zu bringen. Bei Radfahrern kommt es auf die Hebel an, die den Zug der Muskeln auf die Pedale übertragen. Da liegt es nahe, an Körpertuning zu denken.

Bei so gut wie allen Komponenten unseres Bewegungsapparats sehen Bioingenieure Verbesserungspotenzial. McNeill Alexander würde gern an der Aufhängung tüfteln: „Ich wäre neugierig, ob man nicht die Anordnung der Sehnen verbessern könnte." Elastische Sehnen sind beim Laufen, Springen und Werfen hilfreich. Fürs stetige Dahintraben wäre etwas mehr Elastizität wünschenswert, beim Beschleunigen etwas weniger. „Sehnen mit regelbarer Elastizität wären eine gute Idee", findet Alexander.

Das Sprunggelenk muss höher gelegt werden

Um uns schneller laufen zu lassen, müsste man vor allem unser Sprunggelenk höher le-

gen und die dort ansetzenden Hebel verlängern. Allerdings würde uns das verletzungsanfälliger machen, warnt Wilfried Alt: „Wir würden leichter umknicken." Alt legt mehr Wert auf Haltbarkeit als auf Höchstleistung: „Mit einem Sprunggelenk, das an der Außenseite verstärkt ist und etwas näher am Boden liegt, würden wir zwar etwas langsamer rennen, wären aber robuster." Dazu noch ein paar Gramm Stützmaterial an die untere Wirbelsäule, und Alt sähe uns gewappnet für ein langes Leben.

380 Watt tun richtig weh. Mein Tritt verlangsamt sich auf unter 90 Umdrehungen pro Minute. Ich stelle das Treten ein und staune über die Schweißlachen unter dem Rad. Bei dieser Leistung – sie entspricht einer halben Pferdestärke – absolviert Jan Ullrich gemäßigtes Ausdauertraining. „Bei ihm könnten Sie nicht einmal im Windschatten mitrollen", teilt Dickhuth mir mit. Ich schiebe die Schuld auf meine Biomechanik. Aber könnte vielleicht auch ich die Tour de France mithilfe chirurgischer Tricks durchhalten, wenn nicht gar das Siegertreppchen besteigen?

Vorschläge für Renovierungsmaßnahmen haben Körperingenieure genug. Wo also bleiben die mobilen Hochbetagten und die Überathleten mit maßgeschneiderten Knochen und verstärkten Sehnen? Warum boomt die Leistungschirurgie noch nicht?

Das Problem ist: Jeder akute Eingriff würde die sensible Abstimmung unseres Bewegungsapparats stören. „Wenn man eine Komponente verändert, ändern sich die anderen nicht unbedingt mit", sagt Ansgar Schwirtz, Biomechaniker an der TU München. Selbst wenn es medizinisch machbar und mechanisch von Vorteil für Jan Ullrich wäre, seinen Oberschenkel um einen halben Zentimeter zu verlängern, würde seine Muskulatur einen solchen Eingriff verübeln. Und so wird sich der Leistungsdrang wohl oder übel dem Tempo der Evolution fügen müssen, meint Schwirtz: „Mit dem Energiesystem und den Muskeln eines heutigen Menschen kann man die 100 Meter unmöglich in acht Sekunden laufen. Aber vielleicht in ein paar hunderttausend Jahren?"

Wem da die Geduld ausgeht, dem bleibt nur die verwegenste Form des Körpertunings: am Erbgut zu drehen. Die Belege dafür, dass Fitness eine Sache der Gene ist, sind überwältigend. Zwillinge ähneln einander auffällig in ihren Leistungsdaten, auch bei unterschiedlichem Lebenswandel. Afrikanischstämmige Athleten laufen ihrer kaukasischen Konkurrenz davon – „und wenn sie mal richtig mit Rennradfahren und Skilanglauf anfangen, dann kriegen wir hier Probleme", ahnt Hans-Hermann Dickhuth.

Seit Molekularbiologen gezielt einzelne Gene untersuchen können, durchforsten sie unser Erbgut nach „Fitnessgenen". Bernd Wolfarth, der diese Bemühungen jährlich in einer Genkartei protokolliert, meint jedoch: „Kein einziger Fund bisher ist erhärtet." Das genetische Geheimnis der afrikanischen Läufer bleibt ungelüftet. Die Idee, athletisch Hochbegabte an ihrem Genprofil zu identifizieren, liegt in noch weiter Ferne.

Die Leistung des Skilangläufers steckte in seinen Genen

Ganz und gar rätselhaft ist die genetische Basis der Trainierbarkeit. Von Jan Ullrich ist bekannt, dass er innerhalb einiger Tage Trainingsrückstände aufholt, für die andere Sportler Wochen und Monate brauchen: „Am Anfang des Trainingslagers muss die Gruppe auf ihn warten", erzählt T-Mobile-Betreuer Schumacher, „drei Tage später fährt er gut mit, und nach sechs Tagen lässt er die anderen am Berg stehen." Wie bringt er das fertig? Schumacher und Kollegen sind überzeugt, dass die Ursache in Ullrichs Genen liegt. Nur wo? Sie haben keine Ahnung.

In einem einzigen Fall konnten Forscher die Leistungskraft eines Sportlers bis ins Erbgut zurückverfolgen. Der schmächtige finnische Skilangläufer Eero Mäntyranta holte bei den Olympischen Winterspielen 1964 zwei Goldmedaillen. Er ahnte nicht, was Genetiker drei Jahrzehnte später zufällig entdecken würden: Seine Ahnen hatten ihm ein mutiertes Gen vererbt (das für den Epo-Rezeptor), das sein Sauerstofftransportsystem frisierte.

Für die Antidopingbehörden wäre es ein Albtraum, wenn Athleten begännen, sich an ihren Genen zu vergreifen. Es gibt Anzeichen dafür, dass diese Ära nun beginnt, gegen einige Sportler wird schon ermittelt. Beweise fehlen bisher: „Wir haben noch keine klaren Belege dafür, dass jemand Gendoping versucht hat", sagt Hans Hoppeler, der auch Präsident der Schweizer Dopingkommission ist, „aber irgendwann wird es jemand versuchen. Unser Erbgut bietet Zehntausende aussichtsreiche Möglichkeiten." Die technischen Hindernisse sind gering. Es ist mittlerweile Routine, fremdes Genmaterial in die Muskeln von Tieren zu schleusen. Genetiker haben muskulöse Mutantenmäuse und Affen mit fast verdoppelter Dichte roter Blutkörperchen geschaffen. Das Gesundheitsrisiko für die Athleten wäre unabsehbar. Aber gegen solche Skrupel sind Spitzensportler berufsbedingt abgehärtet, meint Hoppeler: „Wer die Profikarriere einschlägt, braucht reichlich Mut zum Risiko."

Wir Feiglinge müssen uns mit einem Körper abfinden, der vieles kann, aber nichts wirklich gut. Immerhin ist dieser Körper der passende für unseren Kopf. „Kein anderes Lebewesen hat ein genügend komplexes Nervensystem, um so viele verschiedene Bewegungen zu lernen", sagt der Biomechaniker Wilfried Alt. Es gibt schnellere und stärkere Biomaschinen. Aber nur wir Menschen können unsere bewusst genießen. Holen wir raus, was drinsteckt. Auch wenn es ein paar Watt weniger sind.

Aus: ZEIT-Wissen 3/06

Es ist gar nicht so leicht, einen Finger krumm zu machen. „Sie halten gerade dieses Buch in der Hand. Soeben haben Sie eine Seite umgeschlagen, um auf dieses Kapitel zu stoßen. Vielleicht haben Sie noch einen Bleistift in der Hand, um sich Notizen zu machen, oder eine Kaffeetasse, weil Sie die Lektüre gerne mit Leichtigkeit genießen. All das ist keine Selbstverständlichkeit. Keine Maschine der Welt bewältigt diese Komplexität von Bewegungen, diese Koordination, diese unbewusste Rückkopplung zwischen Hand und Gegenstand." Gemeinsam mit Tübinger Kollegen unterschiedlichster Fachrichtungen hat sich **Peter Reill** mit diesem Wunderwerk Hand befasst.

Den Facharzt für Chirurgie, plastische Chirurgie und Handchirurgie faszinieren die physiologischen wie philosophischen Zusammenhänge zwischen Greifen und Begreifen. Doch im Berufsalltag wählt er naturgemäß einen pragmatischeren Zugang. Reill studierte Medizin in München, Freiburg und Heidelberg, Studienaufenthalte führten ihn nach Großbritannien, Schweden und in die USA. Er arbeitete am Städtischen Krankenhaus Lüneburg und am Unfallkrankenhaus in Hamburg, bevor er von 1972 bis 1995 die Abteilung für Handchirurgie an der Berufsgenossenschaftlichen Unfallklinik in Tübingen leitete.

Es war die Entwicklung des aufrechten Ganges, die unsere Hände frei werden ließ, neue Funktionen zu übernehmen. Die Vergrößerung des Gehirns war dabei eine der entwicklungsgeschichtlichen Rahmenbedingungen für komplexe Steuerung und Bewegung. So führte „eine Jahrmillionen dauernde Entwicklung aus vorgegebenen Anlagen zur Ausbildung eines wunderbaren Greifwerkzeugs". Die Anatomie prägt über die Jahrtausende entwicklungsgeschichtliche und kulturhistorische Zusammenhänge: „Beim Schreiben ist die Möglichkeit, Ring und Kleinfinger in die Hohlhand einzurollen, von enormer funktioneller Bedeutung. Ohne diese flexible Abstützung müsste man ein Schreibwerkzeug ganz anders in der Hand halten. Vielleicht wären dann Schriften und Schriftzeichen völlig verschieden von den heutigen", erklärt Reill. Es ist dieser enge Zusammenhang zwischen Anatomie und Kultur, die auch die Arbeit des Handchirurgen so bedeutungsvoll macht. Er rettet oft nicht nur eine verletzte Extremität, sondern zugleich einen Teil unserer Alltagskultur.

Peter Reill

Die Hand – ein geniales Greifwerkzeug

Von Peter Reill

Warum kann ein Affe nicht „richtig" mit einem Schraubenzieher umgehen? Unabhängig von der Art der Steuerung der Hand durch das Gehirn gibt es auch einige anatomische Besonderheiten, die das typisch menschliche Greifen und Handeln erst möglich machen. Versteckt unter der Haut wirken Knochen, Muskeln und Sehnen in raffiniertester Weise zusammen. So besitzt zum Beispiel der Daumen, der menschlichste aller Finger, eine außergewöhnliche Beweglichkeit. Wenn Sie wissen wollen, wozu diese Beweglichkeit dient, dann wagen Sie ein Selbstexperiment: Versuchen Sie einmal, mit angelegtem Daumen einen Knopf an eine Jacke zu nähen. Bei genauerer Betrachtung zeigt sich, dass fast alle scheinbar selbstverständlichen Tätigkeiten des Alltags ohne einen funktionsfähigen Daumen ausgesprochen mühselig oder gänzlich unmöglich sind. So wundert es nicht, dass die Handchirurgen ihre gesamte Geschicklichkeit und ihren Einfallsreichtum aufbringen, um bei ihren Patienten die Greiffähigkeit auf unterschiedlichste Weise wiederherzustellen oder überhaupt erst zu ermöglichen. Bei einigen dieser faszinierenden Eingriffe kommt ihnen die Flexibilität des menschlichen Gehirns zugute, doch dazu später mehr.

Anatomie des Handskeletts – die feinen Unterschiede

Die Hand ist, biomechanisch betrachtet, sicher der komplizierteste Körperteil. Elle und Speiche des Unterarms mitgerechnet, besteht die Hand aus 29 einzelnen Knochen. Diese sind über einen komplizierten Band- und Sehnenapparat miteinander verbunden, der Beweglichkeit ermöglicht, aber auch einschränkt. Betrieben wird dieses mechanische Meisterwerk von den Muskeln des Unterarmes und der Hand selbst. In ihrer Grundstruktur ähnelt unsere Hand stark der unserer nächsten Verwandten im Tierreich, den Affen. Aber wie immer steckt der Teufel im Detail! Denn trotz dieser Ähnlichkeit sind unsere haarigen Vettern zu einer Reihe von Handbewegungen nicht im selben Maße in der Lage wie wir. Diese Abweichungen liegen nicht nur in den unterschiedlichen Steuerungsfähigkeiten des Nervensystems, sondern auch in kleinen, aber feinen Unterschieden in der Handanatomie begründet.

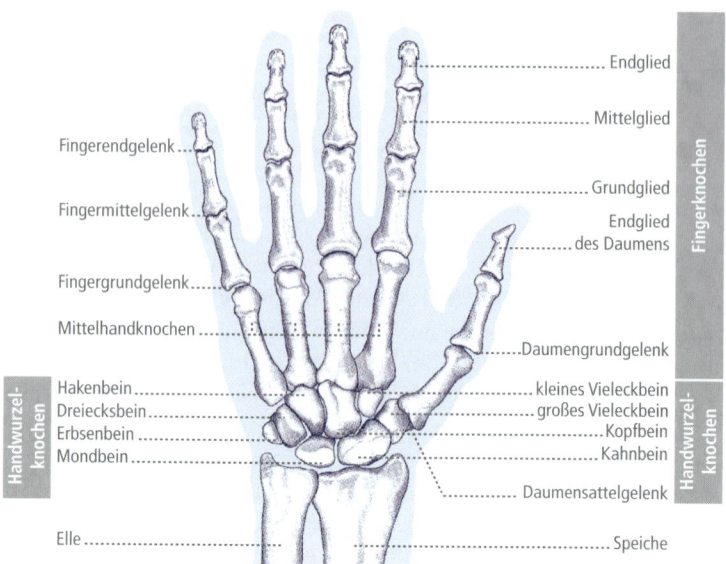

Fingerendgelenk...

Fingermittelgelenk...

Fingergrundgelenk...

Mittelhandknochen...

Hakenbein...
Dreiecksbein...
Erbsenbein...
Mondbein...

Elle...

Endglied

Mittelglied

Grundglied

Endglied
des Daumens

...Daumengrundgelenk

...kleines Vieleckbein
...großes Vieleckbein
...Kopfbein
...Kahnbein

...Daumensattelgelenk

Speiche

Fingerknochen

Handwurzel-
knochen

Handwurzel-
knochen

Skelett der Hand.

Es kann nicht Sinn dieses Beitrags sein, auf knappem Raum alle anatomisch-funktionellen Einzelheiten der Handbewegungen aufzulisten. Vielmehr soll die Aufmerksamkeit auf jene speziellen Entwicklungen, Möglichkeiten und Varianten gelenkt werden, die zwar zunächst weniger auffallend sind, aber letztendlich die Besonderheiten der menschlichen Hand ausmachen. Weiter soll gezeigt werden, auf welche Weise Fehlanlagen operativ korrigiert werden können, um der Natur eine funktionelle Neuorientierung zu ermöglichen. Die Fähigkeit, den Verlust einzelner Greiffunktionen durch Umorientierung anderer Funktionen zu kompensieren, ist ein exzellentes Beispiel dafür, dass die Beziehungen zwischen den Gliedern der Hand und dem Nervensystem keineswegs starr und ein für allemal festgeschrieben sind. Im Gegenteil stehen beide in enger und höchst flexibler Wechselbeziehung.

„Die Hand – Genie-Streich der Evolution", so wurde in einem populärwissenschaftlichen Magazin getitelt. Stimmt das? Zweifel – insbesondere was das Wort „Streich" angeht – sind berechtigt. Eine Jahrmillionen dauernde Entwicklung aus vorgegebenen Anlagen führte zur Ausbildung eines wunderbaren Greifwerkzeugs. Die gleichen Anlagen (Brustflossen) wurden bei anderen Spezies in ähnlicher Weise spezialisiert und deren jeweiligen Umweltbedingungen angepasst.

Die Entwicklung des aufrechten Ganges, die sich eröffnende Möglichkeit, den oberen Extremitäten neue Funktionen zuzuweisen, und schließlich die Vergrößerung des Gehirns waren die phylogeneti-

▪ Die Greifhand ▪

Die Hand [lat. *manus*] ist bei Primaten der terminale Abschnitt (Autopodium) der Vorderextremität, deren Hauptfunktion nicht (mehr) die Fortbewegung ist. Die Bezeichnung Hand im engeren Sinne wird nur verwendet, wenn eine Greifhand gemeint ist. Hierbei ist der 1. Finger opponierbar (gegenüberstellbar). Eine echte Hand im Sinne von Greifhand ist nur bei Höheren Säugetieren, speziell den baumlebenden Primaten und dem Menschen, ausgebildet. Deren Hand kann Gegenstände umgreifen oder zwischen dem opponierbaren Finger und den anderen Fingern festhalten. Die Finger sind lang, schlank, weitgehend einzeln beweglich und reich innerviert. Die Hand wird bei der Fortbewegung am Boden benutzt, dient aber häufiger zum Klettern oder Hangeln. Wesentlich ist vor allem ihr Einsatz als Greiforgan und Tastorgan beim Nahrungserwerb, bei sozialem Körperkontakt (Kraulen), als Kommunikationsorgan (Gestikulieren), als Organ des Werkzeuggebrauchs und der Werkzeugherstellung usw. Es gilt als sicher, dass die Entwicklung der Hand (und damit völlig neuer Handlungsmöglichkeiten) und die Gehirnentwicklung bei Primaten eng miteinander verknüpft sind. – Eine scharfe Trennung von Hand gegen „Nicht-Hand" ist problematisch. Unter den Beuteltieren ist eine Art Greifhand beim Koala ausgebildet, der den 1. und 2. Finger opponieren kann. Daumenlose Klammeraffen und Schlankaffen können nicht nur im Geäst hangeln, sondern auch Gegenstände umfassen, aufheben oder Wasser schöpfen. Da ein opponierbarer Finger fehlt, ist dies keine Greifhand, wohl aber aufgrund äußerer Gestalt, Anatomie und Verhaltensrepertoire eine Hand im weiteren Sinne (Hakenhand). Viele andere Säugerarten benutzen ihre Vorderextremitäten ebenfalls nicht nur zur Fortbewegung, sondern zum Aufheben und Festhalten von Gegenständen, meist im Zusammenhang mit dem Nahrungserwerb (z. B. Ratten, Hamster, Präriehunde, Känguruhs). Umgangssprachlich wird auch hier gelegentlich der Begriff Hand verwendet, was aber vermieden werden sollte. Unter den Nichtsäugern haben die Chamäleons eine der Greifhand analog ausgebildete Vorderextremität.

schen Rahmenbedingungen der Evolution der menschlichen Hand. Die folgenden Betrachtungen gelten vorwiegend der Hand, wobei nicht außer Acht gelassen werden darf, dass für deren Funktion natürlich die ebenfalls neugewonnenen Bewegungsspielräume von Schulter, Oberarm und Ellenbogen Voraussetzung sind. Unterarm und Hand müssen als funktionelle Einheit betrachtet werden.

Opposition der besonderen Art

Es ist fast zum Gemeinplatz geworden festzustellen, erst die Entwicklung des Daumens habe der menschlichen Hand zu ihren außergewöhnlichen Fähigkeiten verholfen. Das soll nicht in Abrede gestellt werden, es ist aber nur die halbe Wahrheit. Im Laufe der Zeit bildete sich eine ganze Reihe von Formvarianten heraus und trug zu einer Erweiterung der Handgeschicklichkeit bei.

Aber beginnen wir trotzdem mit dem Daumen. Entwicklungsgeschichtlich ist ein Form- und Funktionswandel des Daumens bei den Hominiden etwa ab *Australopithecus afarensis* nachzuweisen. Anthropologische Untersuchungen zeigen, dass schon beim *Homo habilis*, der vor etwa zwei Millionen Jahren lebte, ein isolierter Daumenbeugemuskel auftrat und etwa gleichzeitig eine Umformung des

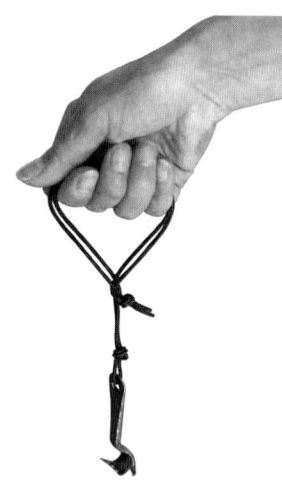

Grob- oder Hakengriff

Seit-zu-Seit-Griff

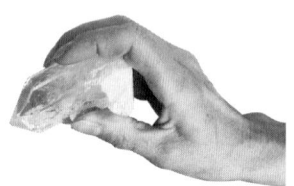

Drei-Punkte-Feingriff

Daumensattelgelenks einsetzte, das den wesentlichen Drehpunkt des Daumens an seiner Basis bildet. Der Daumen rückte im Laufe der weiteren Entwicklung immer mehr an die Speichenseite, die erste Zwischenfingerfalte vertiefte sich. Der Daumen nahm außerdem an Länge zu und konnte schließlich die Fingerspitzen und nicht nur die Seitenflächen des Zeigefingers erreichen; die Verankerung der Daumenbasis wurde durch die besondere Ausgestaltung des besagten Daumensattelgelenks und die Verstärkung und Differenzierung der Muskulatur in dieser Region (Daumenballen) stärker und beweglicher. Diese Veränderungen erlaubten eine kraftvolle Gegenüberstellung des Daumens gegen die Handfläche und die Fingerkuppen (Opposition). Dies machte neben dem bereits vorhandenen Hakengriff zwei weitere Greifformen möglich, die den Hominiden die Verwendung von Werkzeugen (Faustkeil, Schabesteine) ermöglichten: erstens den Seit-zu-Seit-Griff, bei dem die Daumenkuppe ein feines Instrument gegen die Seitenfläche des Zeigefingers drückt und so festhält, und zweitens den Drei-Punkte-Feingriff oder Spitzgriff. Hier wird der Daumen dem Zeigefinger und dem Mittelfinger gegenübergestellt, größere Gegenstände lassen sich auf diese Weise in der Hohlhand fixieren (etwa ein Stein als Schlagwerkzeug). Zusätzlich erfährt der bereits angelegte Handflächengriff, bei dem größere Objekte in der offenen Hohlhand mit gespreizten Fingern und dem Handrücken nach unten transportiert werden konnten, eine Erweiterung dadurch, dass der Daumen zur Fixierung von Objekten beitragen kann.

Das Daumensattelgelenk, das all diese Griffe erst ermöglicht, liegt zwischen Vieleckbein und der Basis des ersten Mittelhandknochens. Es besteht aus zwei sattelförmigen Gelenkflächen und erscheint bei oberflächlicher Betrachtung als Kugelgelenk. Die Basis des ersten Mittelhandknochens ist jedoch nicht an einem Punkt fixiert, sondern bewegt sich auch seitlich entlang der beiden Sattelkrümmungen, sodass bei An- und Abspreizung der Drehpunkt und damit die Belastung wechselt. Eine komplizierte Bandführung garantiert auch bei schrägen Belastungen im Zusammenspiel mit der Daumenmuskulatur Stabilität bei erstaunlicher Beweglichkeit. Eine Besonderheit des Daumensattelgelenks und auch des Grund- und Endgelenks besteht darin, dass in allen drei Gelenken eine Rotation um die Längsachse (Supination) abläuft, welche die Gegenüberstellung des Daumens gegen die Fingerkuppen erheblich verbessert.

Die neugewonnene Daumenbewegung, die Opposition, wird von einer höchst differenzierten Muskulatur gesteuert. In erster Näherung kann sie mit der Funktion eines Ladebaumes verglichen werden, wie man ihn aus der Seefahrt kennt. Ein Ladebaum ist drehbar an seiner Basis fixiert und wird von verschiedenen Halte- und Steuerungsseilen sowie dem eigentlichen Lastseil in optimale Arbeitsstellung ge-

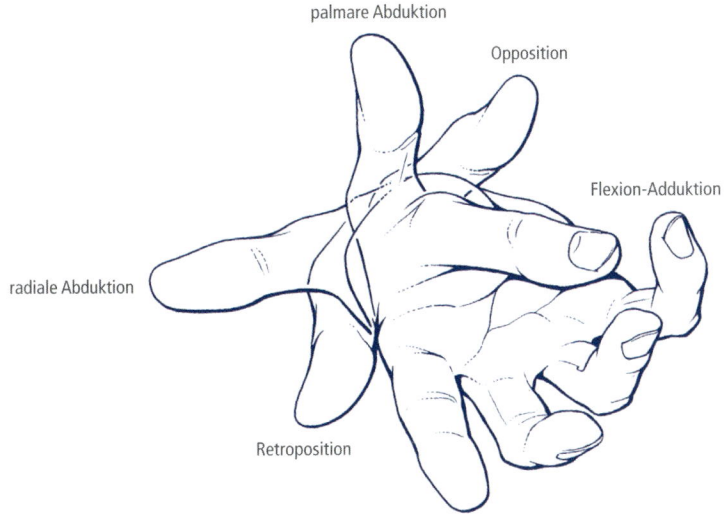

palmare Abduktion

Opposition

Flexion-Adduktion

radiale Abduktion

Retroposition

Daumenbeweglichkeit. Retroposition = Überstreckung über die Hohlhand; radiale Abduktion = Abspreizung in der Hohlhandebene; palmare Abduktion = Abspreizung senkrecht zur Hohlhandebene; Opposition = Gegenüberstellung gegen die Finger, dabei erfolgt eine Rotation um die Längsachse des Daumens, sodass die Kuppe den Fingerkuppen zugewendet wird; Flexion-Adduktion = Einschwenken von Klein- und Ringfinger in die Hohlhand.

bracht. (Der Vergleich hinkt insofern, als am Daumen zwei Gelenke zwischengeschaltet sind. Zur Erklärung der Daumenballenmuskulatur sei diese Vereinfachung aber erlaubt.) Neun Muskeln – und damit ein Viertel der gesamten Handbinnenmuskulatur (intrinsische Muskulatur) – finden sich zusammen, um die Feinfunktion des Daumens zu steuern. Vier dieser Muskeln entspringen am Unterarm, darunter der besonders kräftige Daumenbeuger, dessen erhebliche Muskelmasse – wie die der anderen – von der Hand weg auf den Unterarm verlegt wurde (extrinsische Muskulatur).

Bei der Betrachtung der vielfältigen Greifformen der menschlichen Hand wird nach meinem Verständnis die sogenannte ulnare Opposition sehr zu unrecht wenig beachtet. Nimmt man einen Schreibstift zur Hand, so fällt auf, dass der Handrücken vom Daumen zum Kleinfinger ein Quergewölbe über den Fingergrundgelenken bildet.

Die Basen der Mittelhandknochen des Zeige- und Mittelfingers sind an der körperfernen Handwurzel straff mit einer fest im Knochen verwachsenen Bandstruktur, einer sogenannten Synostose, fixiert. Wie bereits gezeigt, hat der Daumen im Daumensattelgelenk große Freiheitsgrade. In ähnlicher Weise sind auch die Gelenkverbindungen zwischen den Basen des Ring- und des Kleinfingers und der Handwurzel mobil. Beide Finger können in geringem Maße überstreckt und damit der Mittelhandbogen völlig abgeflacht werden. Die Handspanne wird dadurch erweitert. Es ist jedoch auch möglich, beide Finger in Richtung Mittelhand zu schwenken, sie können dem Daumen gegenübergestellt werden. In der Hohlhand entsteht ein längs- und quergestelltes Polster als Gegenpol zum Daumen. Diese Greifform ist besonders wichtig beim Hämmern, Schrauben sowie

Was ist eigentlich ...

ulnar, Elle/Ulnar betreffend, auf der Ulnarseite liegend.

Was ist eigentlich ...

Synostose [von griech. ostéon = Knochen], knöcherne Vereinigung/Verbindung benachbarter Knochen.

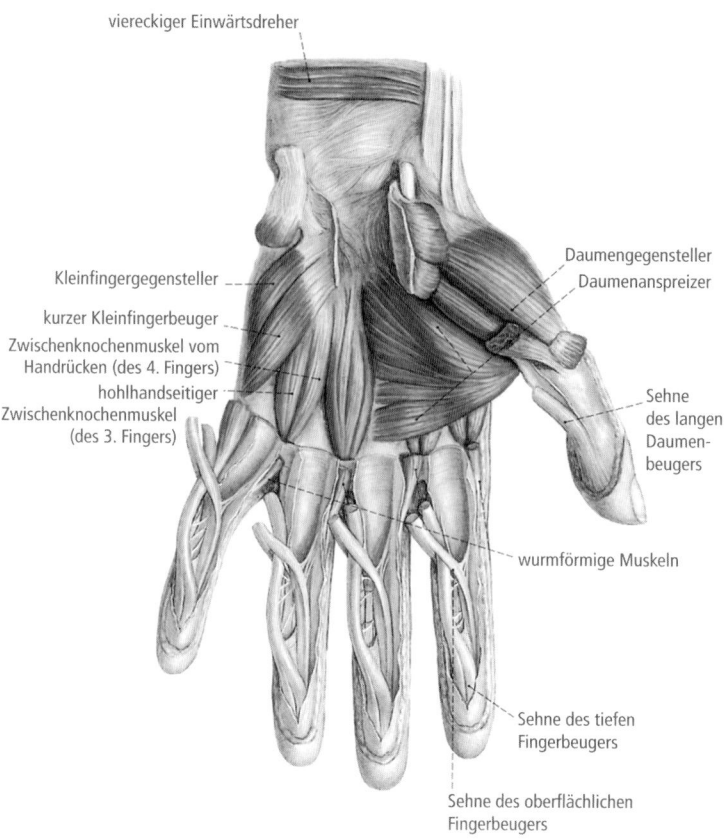

viereckiger Einwärtsdreher

Kleinfingergegensteller

kurzer Kleinfingerbeuger

Zwischenknochenmuskel vom
Handrücken (des 4. Fingers)

hohlhandseitiger
Zwischenknochenmuskel
(des 3. Fingers)

Daumengegensteller
Daumenanspreizer

Sehne
des langen
Daumen-
beugers

wurmförmige Muskeln

Sehne des tiefen
Fingerbeugers

Sehne des oberflächlichen
Fingerbeugers

Muskulatur und Beugesehnen-
apparat der Handfläche
(Hohlhand).

beim Tennisspielen, meist in Verbindung mit einer Streckung und El-
lenabwinkelung im Endgelenk.

Und auch ein wenig Spekulation sei erlaubt: Der Daumen ist in der
Entwicklung von den frühen Hominiden zum heutigen Menschen
länger und kräftiger geworden. Auf diesem Weg hat er ein Glied ein-
gebüßt; er besitzt im Gegensatz zu den anderen Fingern nur noch
zwei Glieder und zwei Gelenke. In Kenntnis der biologischen Um-
formungsvorgänge bei anderen Gliedmaßen könnte gemutmaßt werden, dass durch zunehmende Belastung des ersten Strahls dieser nach
körpernah verlagert wurde und der erste Mittelhandknochen schließlich am Übergang zum Handgelenk, also im Bereich des späteren
Daumensattelgelenks, aufging. Das Grundglied des ersten Strahls
wurde schließlich erster Mittelhandknochen. Eine Unterstützung findet diese Gedankenspielerei durch die Beobachtung, dass an den
Mittelhandknochen vom Zeigefinger bis zum Kleinfinger die Wachstumszonen im körperfernen Anteil liegen. An den Fingergrundglie-
dern und am Daumen liegen die Wachstumszonen im körpernahen

Anteil. Beim Schreiben ist die Möglichkeit, Ring- und Kleinfinger in die Hohlhand einzurollen, von enormer funktioneller Bedeutung. Eine starre Achse von Grundgelenksköpfchen behindert den Schreibgriff ganz erheblich, wie Unfallverletzte immer wieder berichten. Ohne diese ulnare flexible Abstützung müsste man ein Schreibwerkzeug ganz anders in der Hand halten. Vielleicht wären Schriften und Schriftzeichen dann völlig verschieden von den heutigen. Auch viele andere Kulturtätigkeiten sind auf diese Bewegungsform angewiesen.

Von der Schwierigkeit, einen Finger krumm zu machen

Beginnen wir wieder mit den Gelenken: Die Fingergrundgelenke sind ellipsenförmig gestaltet, die Gelenkflächen asymmetrisch ausgeformt, ein Aufbau, der sowohl Beugung und Streckung als auch An- und Abspreizung und Rotation erlaubt. Die Fingermittelgelenke zeigen grundsätzlich einen ähnlichen, wenn auch einfacheren Aufbau, der etwa dem eines modifizierten Scharniergelenks entspricht. Noch einförmiger sind die Endgelenke gestaltet. Alle Gelenke haben zur Stabilisierung der exzentrischen Bewegungsabläufe kräftige Seitenbandapparate, die mit dem beugeseitigen Halteapparat, der sogenannten palmaren Platte, und dem Beugesehnen-Gleitlager fest verbunden sind. Bei der Streckung spannen sich die handrückenwärts gelegenen Fasern stark an, bei Beugung verlagert sich die Spannung nach der Hohlhandseite. Eine schräge Bandverbindung verbindet jeweils den körpernahen und den körperfernen Gelenkanteil miteinander, verhindert dadurch ein Kippen des Gelenks und ermöglicht ein möglichst breitflächiges Gleiten der Gelenkflächen aufeinander.

Was ist eigentlich ...

palmar, Handinnenfläche/Hohlhand betreffend, auf der Hohlhandseite (liegend), zur Hohlhand gehörend.

Gelenk und Beschreibung der Bewegungen	Bewegungswinkel
Gelenk zwischen Elle und Speiche	
Pronation (Einwärtsdrehung um die Längsachse)	60–80°
Supination (Auswärtsdrehung um die Längsachse)	70–90°
Gelenkmechanik des Handgelenks	
Palmarflexion (Beugung zur Handfläche hin)	90°
Dorsalflexion (Beugung zum Handrücken hin)	50–60°
Radialabduktion (zur Speiche hin abspreizen)	23–30°
Ulnarabduktion (zur Elle hin abspreizen)	30–40°
Gelenkmechanik der Fingergelenke (ohne Daumen)	
Grundgelenk: Beugung	90°
Grundgelenk: Streckung	10°
Grundgelenk: Abduktion (von der Mitte abspreizen)	45°
Mittelgelenk: Beugung	100°
Mittelgelenk: Streckung	10°
Endgelenk: Beugung	90°
Endgelenk: Streckung	10°

Bewegungswinkel der Gelenke

Die kleinen Handbinnenmuskeln am Daumen haben wir bereits weiter vorne kennengelernt. Aber auch die entsprechenden Muskeln für die Finger sind interessant, denn sie steuern differenzierte Fingerbewegungen. So kann man beispielsweise beobachten, dass sich nach schweren Quetschverletzungen der Mittelhand (mit Durchblutungsstörungen oder Zerstörung dieser Muskeln, jedoch ohne Knochen- und Gelenksverletzung) eine massive Funktionsstörung einstellt. Es kommt zur Krallenhand, bei der die Fingergelenkstellung der von Primaten vergleichbar ist.

Die Lumbrikalismuskeln (wurmförmige Muskeln) liegen versteckt in der Hohlhand, sie entspringen an den tiefen Beugesehnen und enden in den Streckerhäubchen der Mittelgelenke. Möglicherweise als Ausdruck einer späten Entwicklung gehören sie zu den Muskeln des menschlichen Körpers, die die größte Variationsbreite besitzen – und zwar zunehmend vom Zeigefinger zum Kleinfinger. Auffallend ist die Fülle der Muskel- und Sehnenrezeptoren, ein Hinweis auf die vielfältigen und zum Teil in großer Geschwindigkeit ablaufenden Steuerungsmechanismen bei der Kontrolle der Spannung zwischen Beugung und Streckung. Die Lumbrikalismuskeln strecken die Fingergelenke, haben jedoch auch eine Beugewirkung auf die Grundgelenke. Ihr beweglicher Ursprung an der tiefen Beugesehne befähigt sie offensichtlich zu großer Steuerungsbreite.

Die Zwischenknochenmuskeln an der Mittelhand waren ursprünglich so angelegt, dass jeder Finger ein Paar kurzer tiefer Beugemuskeln besaß. Vier dieser Muskeln wurden im Verlauf der weiteren Entwicklung nach dorsal (handrückenwärts), drei nach palmar (hohlhandseitig) verlagert. An der Daumenseite wurden zwei der Muskeln in die Daumenballenmuskulatur eingebracht. Die drei Zwischenknochenmuskeln in der Hohlhand entspringen an den Mittelhandknochen des Zeigefingers, Ring- und Kleinfingers (der Mittelfinger weist keinen eigenen Muskel auf). Sie dienen (unter anderem) dazu, gespreizte Finger wieder zusammenzuführen. Die dorsalen Zwischenknochenmuskeln bewirken am Grundgelenk eine Abspreizung der Finger. An den Mittel- und Endgelenken führen sie eine Streckung aus, jedoch nur bei gebeugtem Grundgelenk. Alle diese Muskeln – Lumbrikalis- und Zwischenknochenmuskeln – werden vom gleichen Nerven, dem Nervus ulnaris, innerviert. Sein Ausfall hinterlässt neben einem Gefühlsausfall am Kleinfinger und an der Ellenseite des Ringfingers eine erhebliche Bewegungsstörung, die bereits erwähnte Krallenhand.

Die Aufzählung von vielen kleinen Muskeln mag Ihnen langweilig erscheinen. Aber für das Verständnis selbst einer ganz einfachen Bewegung, wie der Beugung eines Fingers, ist jede dieser Einzelkomponenten unabdingbar. Eine Beugung wird durch die gleichzeitige Anspannung des tiefen Beugers und des Streckers eingeleitet, wobei letzterer zunächst die angestrebte Beugung hemmt (siehe Abbildung

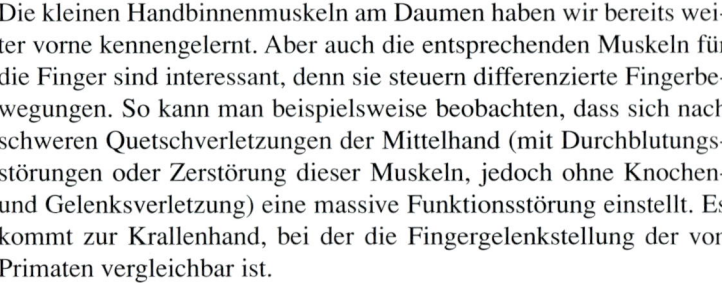

Was ist eigentlich ...

Muskelrezeptoren, Muskelsinnesorgane, dehnungsempfindliche Rezeptoren (Dehnungsrezeptoren) der Muskelspindeln, die eine Längenänderung des Muskels registrieren, oder spannungsempfindliche Rezeptoren der Sehnenspindeln, welche Muskelspannungsänderungen am Muskel-Sehnenübergang messen. Beide Organe sind wichtig für die Kontrolle des Muskelzustands.

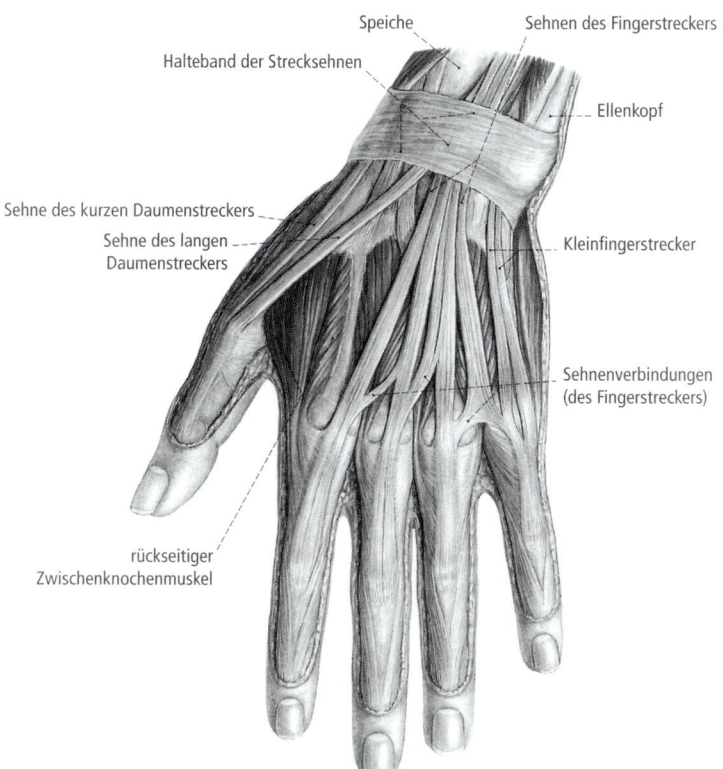

Speiche

Sehnen des Fingerstreckers

Halteband der Strecksehnen

Ellenkopf

Sehne des kurzen Daumenstreckers

Sehne des langen Daumenstreckers

Kleinfingerstrecker

Sehnenverbindungen (des Fingerstreckers)

rückseitiger Zwischenknochenmuskel

Muskulatur und Strecksehnen-apparat des Handrückens.

auf Seite 58). Schräge Faserzüge, die an beiden Fingerseiten am kör-perfernen Anteil des Grundgliedes entspringen und in die Streckseh-ne über dem Endglied einstrahlen, führen zunächst zu einer Fixierung des Endgelenks in Streckstellung (a). Der zunehmende Zug des tiefen Fingerbeugers löst eine Beugung im Mittelgelenk aus (b); bei gleich-zeitiger Entspannung der schrägen Bänder kann dann das Endgelenk zunehmend gebeugt werden (c). Die Beugung im Grundgelenk (d) er-folgt durch die Anspannung der kleinen Handmuskeln (Zwischenkno-chen- und Lumbrikalismuskeln). Das Streckerhäubchen über dem Mittelgelenk wird nach körperfern verlagert, wodurch der Hebelarm am Grundglied größer und die Beugung an diesem Gelenk zum Faust-schluss möglich wird.

Viele Töne ergeben noch kein Lied

Ganz so einfach, wie eben geschildert, ist es nicht. In Wirklichkeit er-klären diese anatomischen und biomechanischen Überlegungen zur Fingerbeweglichkeit nicht alle Aspekte der Handbewegungen. Neu-rophysiologische Untersuchungen in jüngster Zeit haben gezeigt,

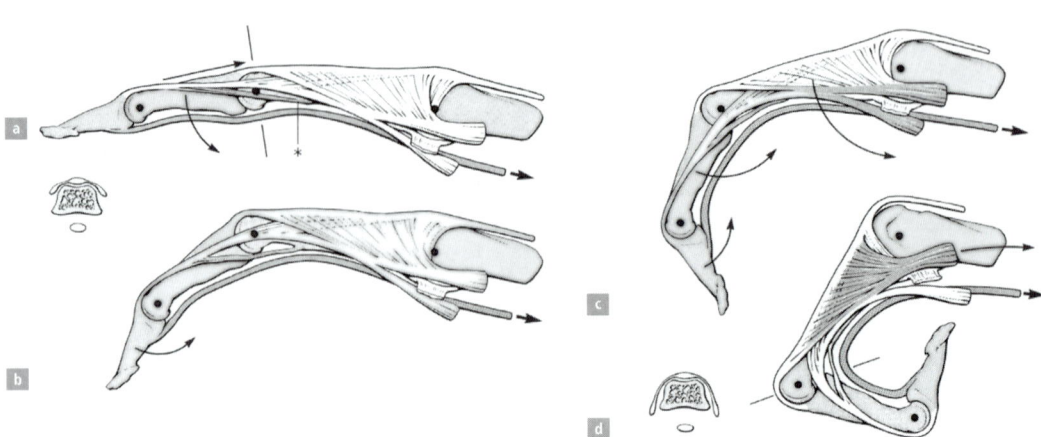

Bewegungsablauf beim Beugen
eines Fingers.

■ Biomechanik – Fragestellungen einer Teildisziplin ■

Die Biomechanik ist eine Teildisziplin der Technischen Biologie und Bionik, die versucht, natürliche Konstruktionen mit Methoden der technischen Mechanik zu analysieren und zu beschreiben. Häufig wird zwischen Biostatik, Biomechanik der Fortbewegung (Laufen, Schwimmen, Flugmechanik), Biomechanik von Muskel-, Geißel- und Cilienbewegungen (z. B. Muskelkontraktion) sowie der Biomechanik des Blutkreislaufs (Hämorheologie) und der Flüssigkeitsströme in Pflanzen (Assimilattransport, Wassertransport) unterschieden. Diese Auflistung zeigt, dass auch aerodynamische (Auftrieb) und hydrodynamische Fragestellungen und Ansätze in die Biomechanik miteinbezogen werden, wie sie z. B. für die Ausbreitung von Samen und Früchten durch Wind oder Wasser von Bedeutung sind. Da Tiere und Pflanzen denselben physikalischen Gesetzen unterliegen wie unbelebte Körper, können sie modellhaft mit technischen Konstruktionen, die gleiche Funktionen erfüllen, verglichen und die beiden zugrunde liegenden Konstruktionsprinzipien beschrieben werden (Ähnlichkeitsanalyse). Eine zu strenge Betrachtungsweise führt dabei oft nicht zum Erfolg, da den Organismen Prinzipien des Lebendigen eigen sind, die technischen Konstruktionen fehlen. So sind Lebewesen im Sinne des Ökonomieprinzips der Evolution in der Regel massearm gebaut und energiesparend in Aufbau und Unterhalt. Sie werden nicht aus vorgefertigten Einzelteilen zusammengesetzt, sondern entwickeln sich im Verlauf der Ontogenese (Individualentwicklung) nach der Verschmelzung von Ei- und Samenzelle (sofern es sich um Arten mit geschlechtlicher Fortpflanzung handelt). Die sie aufbauenden Konstruktionselemente müssen in jedem Organismus *in loco* von neuem entstehen. Vor allem können Lebewesen durch Modifikationen auf Änderungen der mechanischen Belastungen reagieren, sind daher häufig auch hinsichtlich ihrer statischen Konstruktionen eher als Regelsysteme zu verstehen denn als Maschine, die bei Änderung der Beanspruchung Funktionsausfälle zeigt. Schließlich sind Organismen nach ihrem Absterben vollständig „recycelbar". Auch gibt es fast keine Struktur (Organ, Körperteil), der nur eine Funktion zugeordnet werden könnte. Pflanzliche und tierische Strukturen sind daher meist multifunktionale Kompromisslösungen mit verschiedenen Aufgaben und Funktionen, an deren Stelle in der Technik mehrere Apparate geschaffen worden wären. Diese Eigenheiten machen es oft schwierig, Organismen in ihrer Gesamtheit auf technische Modelle zu reduzieren. Die Betrachtung beschränkt sich daher meist auf Teilsysteme und Teilaufgaben, die dann aber wiederum eine oft verblüffende Übereinstimmung mit technischen Konstruktionen zeigen.

dass der tiefe Fingerbeuger keineswegs ein isolierter Muskel ist, weder mechanisch noch elektrophysiologisch. (Auf dieser Vorstellung wurde kurze Zeit die gesamte moderne Beugesehnen-Behandlung von versierten Handchirurgen aufgebaut, inzwischen aber revidiert.) Die beschriebene Einleitung der Beugung des Endgelenks eines einzelnen Fingers ist nur möglich, wenn gleichzeitig die anderen Finger aktiv gestreckt werden. Synergistisch mit der aktiven Beugung des Fingers kommt es zu einer Streckung im Handgelenk. (Ein kräftiger Griff zum Führen eines Werkzeuges verlangt ein überstrecktes Handgelenk. Sie können sich leicht selbst davon überzeugen, dass bei gebeugtem Handgelenk kein kräftiger Faustschluss möglich ist.) Die Bewegungsmuster von Hand und oberer Extremität umfassen gleichzeitig kontrollierte Funktionen wie Streckung, Beugung, An- und Abspreizung sowie Rotation. Die kleinen Handbinnenmuskeln können sich zur Feineinstellung von verschiedensten Greifformen in Bruchteilen von Sekunden mehrfach an- und entspannen. Sie sind nicht nur Motoren, sondern auch Sensoren, die jegliche Positionsänderung genau registrieren. In den Fingern verborgen liegen hochempfindliche Sinnesorgane; die dort eingehenden Reize werden zusammen mit visuellen und akustischen Signalen im Gehirn zu komplexen Bewegungsmustern zusammengefasst und gespeichert.

Im Prinzip ist ein gezielter Schlag mit dem Hammer ebenso kompliziert wie einzelne Sequenzen innerhalb schwieriger und schneller Passagen beim Spielen eines Musikinstruments. Die erstaunlichen Fähigkeiten der Musiker stellen gewissermaßen den Endpunkt eines jahrelangen extremen Trainings dar. Die 39 Muskeln der Hand und des Unterarmes werden über eine unglaubliche Anzahl von Einzelgriffen trainiert, gespeichert, abgerufen und dann variiert. Ein Einblick in die komplexen Steuerungsformen der Hand und deren übergeordneter Kontrolle im Gehirn ist bislang nur in geringem Ausmaß

■ Was ist eigentlich … ■

Elektromyographie [von griech. *elektron* = Bernstein, *mys* = Muskel, *graphein* = schreiben], Abk. EMG, Technik zur Untersuchung der elektrischen Aktivität der Skelettmuskulatur. Üblicherweise erfolgt die Ableitung aus dem Muskel mit konzentrischen Nadelelektroden, bei denen in der Mitte ein dünner Platindraht läuft, der gegen die Hülle (Stahl) verschaltet ist. Es werden Potenzialschwankungen als Elektromyogramm registriert, die auf der Aktivierung einer oder mehrerer motorischer Einheiten beruhen. Die Potenziale werden verstärkt und auf einem Bildschirm sichtbar gemacht. Häufig erfolgt die akustische Kontrolle über einen Lautsprecher. Das Elektromyogramm gestattet die Differenzierung zwischen primären Muskelerkrankungen (Myopathie, myopathisches Muster) und sekundären Muskelschädigungen bei Nervenerkrankungen (Neuropathie, neuropathisches Muster). In der neurologischen Diagnostik dient die Elektromyographie u. a. zur Untersuchung von Lähmungen oder zur Verlaufskontrolle der Reinnervation nach Nervenverletzungen. Weiterentwicklungen sind die quantitative computergestützte Elektromyographie, die Einzelfaser-Elektromyographie und das Makro-Elektromyogramm.

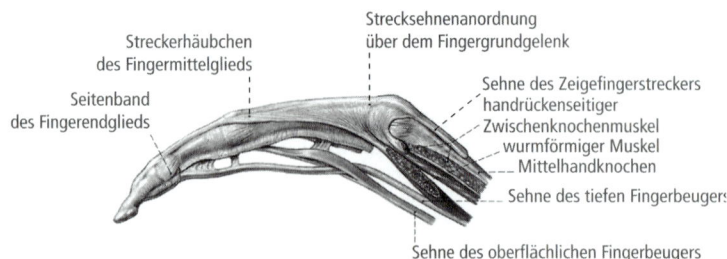

Blick auf den Kapsel- und Bandapparat eines Fingers von der Seite (Haut und Muskulatur entfernt; Sehnen der Fingerbeugemuskeln aus der Sehnenscheide gelöst).

Streckerhäubchen des Fingermittelglieds

Streckscheanordnung über dem Fingergrundgelenk

Seitenband des Fingerendglieds

Sehne des Zeigefingerstreckers
handrückenseitiger
Zwischenknochenmuskel
wurmförmiger Muskel
Mittelhandknochen
Sehne des tiefen Fingerbeugers
Sehne des oberflächlichen Fingerbeugers

möglich. In neuerer Zeit versucht man, mit modernsten Untersuchungsmethoden (Computertomographie, Elektromyographie, Positronen-Emissionstomographie, Magnetresonanztomographie) Einblicke nicht nur in die biomechanischen, sondern auch in die neurophysiologischen Abläufe zu gewinnen. Erste bescheidene Ergebnisse erstaunen und lassen hoffen. Eine direkte Untersuchung von Steuerungsfunktionen zwischen Gehirn und Hand ist beim Menschen bisher nur begrenzt möglich. Auch der altgediente Handchirurg muss sich damit zufriedengeben, dass die unglaubliche Vielfalt derzeit vor allem biomechanisch zu beschreiben ist. Er findet Trost bei dem großen Biologen Ernst Mayr, der feststellt, dass auch die moderne Biologie nur beschreiben, aber nicht erklären kann.

Wie kompliziert bestimmte Bewegungsabläufe sind, kann am Beispiel eines Klavierspielers gezeigt werden. Er bringt den Finger in die sogenannte Hammerstellung, das heißt, das Grundgelenk wird überstreckt, Mittel- und Endgelenk werden gebeugt. Beim Anschlag erschlafft der Fingerstrecker, gleichzeitig wird durch die Handbinnenmuskulatur (Zwischenknochen- und Lumbrikalismuskeln) das Grundgelenk gebeugt. Die eigentliche Anschlagskultur wird von der Art des Aufsetzens der Fingerkuppe auf die Taste bestimmt. Angestrebt wird von vielen Pianisten und deren Lehrern eine mehr bogenförmige, streichelnde Kurve, bei der das Endgelenk aus der Streckung heraus durch den Übergang in eine leichte Beugung die Taste bewegt. Gerade diese Art der Endgelenksbeweglichkeit ist bei hoher Geschwindigkeit und gleichzeitigem kräftigem Anschlag besonders schwierig. Eine Kraftentwicklung des Fingers im Endgelenk führt regelhaft zu einer Überstreckung im Handgelenk; in dieser Haltung ist die isolierte Streckung mit nachfolgender leichter Beugung kaum möglich. Dies ist nur eine Teilerklärung für die komplexen Bewegungsabläufe bei Pianisten, aber auch bei Geigern und Gitarristen, die erst in jahrelanger intensiver Übung erlernt werden können.

Porträt

Mayr, *Ernst*, deutsch-amerikanischer Zoologe und Evolutionsbiologe, *5.7.1904 Kempten (Allgäu), † 3.2. 2005 Bedford (Mass.); 1928–1930 Teilnahme an drei Expeditionen nach Neuguinea und zu den Salomoninseln, 1932–1953 Kustos am American Museum of Natural History in New York, 1953–1975 Professor an der Harvard University in Cambridge (Mass.); einer der bedeutendsten modernen Evolutionsforscher; u.a. Arbeiten über den Artbegriff und zur Systematik (entwickelte die Evolutionäre Klassifikation, in der auch sogenannte paraphyletische Gruppen zugelassen sind); trug entscheidend zur Synthese der zoologischen Systematik mit der modernen Evolutionstheorie bei (Mitbegründer der Synthetischen Evolutionstheorie).

Das Kleid der Hand – Form folgt Funktion

Die Hand besteht keineswegs nur aus Knochen, Sehnen, Muskeln und Bändern. Für ihre Funktion ist das „Drumherum", die Haut und der Weichteilmantel, ebenfalls von großer Bedeutung. Diese Strukturen tragen in hohem Maße zu ihrer Eignung als unser wichtigstes Werkzeug bei. Zwei Bereiche unseres Körpers, die hohen Druckbelastungen ausgesetzt sind, zeichnen sich durch eine besondere Hautstruktur aus: die Hände und die Füße.

Im Übergang vom Unterarm zur Handfläche findet sich noch die für den Rest des Körpers charakteristische Felderhaut mit typischen Beugefurchen am Handgelenk. Diese Furchen werden durch faserige Haltebänder in der Haut an die Unterlage fixiert. In der Hohlhand finden sich zahlreiche Furchen, die jedoch keine typischen Gelenkzuordnungen erlauben. Sie sind der Stoff, von dem die Handlesekünstler leben. Diese Furchen sind genetisch vorgebildet und entstehen im zweiten bis dritten Embryonalmonat. Die feinen Linien in den Handflächen und auf den Fußsohlen werden als Leisten (Hautleisten) bezeichnet, dieser Hauttyp folgerichtig als Leistenhaut. Er kommt nur an Händen und Füßen vor. Er wird an der Hand zwei bis drei Millimeter dick und ist mit der darunterliegenden Palmarfaszie straff unter Bildung von Druckkissen verankert.

In der Hohlhand finden sich keine Haare und keine Talgdrüsen. Dafür ist die Anzahl der Schweißdrüsen im besonders sensiblen Greifareal (Fingerkuppen) gegenüber der normalen Haut um ein Vielfaches gesteigert. Die Befeuchtung der in sich strukturierten Fingerbeerenhaut (die Papillarleisten, bekannt vom Fingerabdruck) erhöht zusammen mit der höchst sinnreichen Druckkammerkonstruktion die Griffähigkeit. Der Zwei-Komponenten-Aufbau der Fingerbeeren mit der

Was ist eigentlich ...

Hautleisten, Papillarleisten, Tastleisten, Dermoglyphae, finden sich an Hand- und Fußsohlen der Primaten. Dort ist die Epidermis verdickt und besonders tief mit dem Corium (Haut) verzapft. Tastkörperchen und Schweißdrüsen sind vermehrt, während Haare und Talgdrüsen fehlen. Die Ausbildung von Hautleisten steht im Zusammenhang mit der Entwicklung von Hand und Fuß zum Tast- und Greiforgan (baumbewohnende Lebensweise; Greifhand, Greiffuß). Die Anfeuchtung der Haut durch Schweißdrüsen und die Leistenstruktur machen die betreffenden Hautflächen „griffiger", vermindern ihre Gleitfähigkeit (vgl. Profil in Autoreifen) und sichern den Griff im Geäst. Die reiche Versorgung dieser Hautareale mit Tastkörperchen ermöglicht eine feine taktile Wahrnehmung ergriffener Gegenstände (Fingerspitzengefühl). Hautleisten sind individualtypisch angeordnet (Fingerabdrücke) und werden zur Personenidentifikation verwendet (Daktyloskopie).

■ Was ist eigentlich ... ■

Greifen, Zugreifen, aktives bewusstes oder unbewusstes Schließen der Hand um einen in Körpernähe befindlichen Gegenstand. Die Voraussetzungen für die Ausführung der Greifbewegung bilden sich schon beim Fetus im Uterus aus. Die Finger- und Handmuskeln des Fetus werden von Rückenmarksnerven innerviert, der Arm kann ausgestreckt werden, und nach genetischer Vorgabe beginnt im Rückenmark die Ausbildung von Verschaltungen zwischen den Innervationsgebieten der an der Greifbewegung beteiligten Strecker- und Beugermuskeln. Schon mit 2 Monaten kann ein Säugling seinen Arm aktiv nach einem Gegenstand ausstrecken, wobei jedoch die Hand noch geschlossen bleibt. Mit 9 Monaten kann die Hand rechtzeitig vor dem Zufassen geöffnet und an die Form des zu ergreifenden Gegenstands angepasst werden. Doch erst im Alter von 13 Monaten wird der Handschluss mit guter zeitlicher Abstimmung ausgeführt. Im weiteren Verlauf wird die Greifbewegung in umfangreichere Handlungsvollzüge einbezogen und schließlich weitgehend automatisiert. Seine Ausführung ist dann auch ohne tatsächliches Zugreifen nur in der Vorstellung möglich. Welche Bedeutung diesen Verschaltungen bis hin zur Kognition zukommt, wird aus dem Bedeutungsinhalt des Wortes „begreifen" im Deutschen „handgreiflich" deutlich.

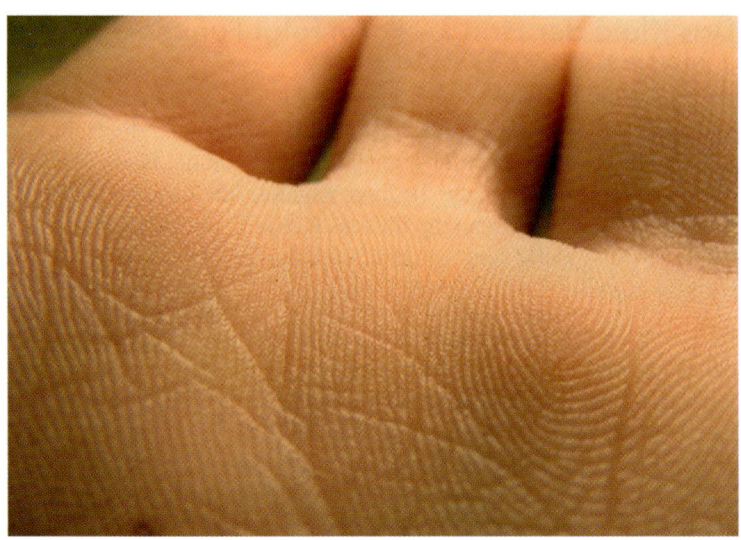

Aufnahme von Hautleisten der Handflächen.

Was ist eigentlich ...

Fingerbeere, Fingerballen, abgerundete fleischige Vorwölbung jedes Fingerendgliedes unterhalb des Fingernagels auf der Handinnenseite. Die Fingerbeere weist neben Kälte- und Wärmerezeptoren (Temperatursinn) besonders viele Tastkörperchen (Tastsinn) auf. Die Hautleisten bilden ein individuell spezifisches Muster (Fingerabdruckverfahren, Daktyloskopie).

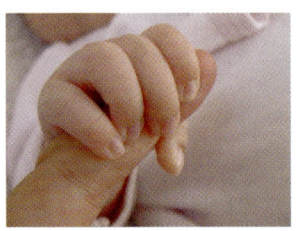

Greifendes Kleinkind.

unterschiedlichen Struktur von distalem und proximalem Anteil ist der genaueren Betrachtung wert: Der distale (körperferne) Anteil besteht aus dreieckförmigen Faserunterteilungen, die mit Fett abgepolstert werden. Beim Greifen wird dieser Anteil gegen den Fingernagel abgestützt. Der proximale (körpernahe) Anteil ist voluminöser, stärker verschieblich und anpassungsfähig und kann manchmal fast als Saugnapf wirken. Die Fingerbeeren sind vorrangiger Sitz sensibler Hautsinnesorgane, über die die Tastwahrnehmungen und die epikritische Sensibilität (feinere Temperatur- und Berührungsempfindungen, Stellungs- und Kraftsinn, Formenerkennung) vermittelt werden.

Der besonders wichtige Spitz- oder Präzisionsgriff zwischen Daumen, Zeigefinger und Mittelfinger weist neben der üppigen Versorgung mit taktilen Rezeptoren noch eine weitere anatomische Besonderheit auf. Der sehr kräftige Nervus medianus dient an der Hand zur sensiblen Versorgung von Daumen, Zeige-, Mittelfinger und der Hälfte des Ringfingers. Außerdem versorgt er motorisch einen großen Anteil der Daumenballenmuskulatur und die Muskeln der Beugesehnen des Daumens, der tiefen Beugesehne des Zeigefingers und Mittelfingers sowie die der oberflächlichen Beugesehnen von Mittel-, Ring- und Kleinfinger. An den Fingern geben die jeweils ellen- und speichenseitig angelegten, beugeseitigen Fingernerven in aller Regel auch sensible Äste an die Streckseite ab. Am Daumen erfolgt die Versorgung nur durch diesen Nerven ohne Abspaltung von Nebenästen auf die Streckseite. Ein ganzer Nerv ist also fast ausschließlich für diese wesentliche Funktion bereitgestellt.

Operative Korrekturen und Umorientierungen

Zur Häufigkeit von angeborenen Handfehlbildungen gibt es nur wenig zuverlässige Zahlen. Bei etwa drei Prozent der Neugeborenen sollen sich Fehlbildungen der Hände finden, die meisten stellen jedoch nur kleine Formvarianten und funktionell völlig unwichtige Größenveränderungen dar. Schwerwiegend ist allerdings oft die Fehlanlage eines Daumens. Sie kann von der leichtesten Form, der Verkleinerung (Hypoplasie), bis hin zum völligen Fehlen (Aplasie) reichen. Fehlt der Daumen, bedeutet das eine erhebliche Funktionseinbuße, die auf etwa 40 Prozent der Gesamthandfunktion geschätzt wird. Von der Daumenhypoplasie existieren verschiedene Formen. Häufig gehen sie mit anderen Fehlbildungen einher. Die einfachsten Ausprägungen weisen lediglich eine Verkleinerung aller noch normal angelegten anatomischen Strukturen auf. Die schwereren Formen zeigen eine zunehmende Verschmächtigung des knöchernen Daumenskeletts, unterentwickelte oder fehlende Daumenballenmuskulatur und eine Rückbildung oder vollständiges Verschwinden des Daumensattelgelenks. Der sogenannte flottierende Daumen ist nur noch ein instabiles fingergliedähnliches Anhängsel. Die Aplasie ist durch das völlige Fehlen des Daumens gekennzeichnet. Gelegentlich sind noch Reste der intrinsischen Daumenballenmuskulatur zu finden.

Der neue Daumen

Sehr früh stellten sich Chirurgen der Aufgabe, die Funktion der daumenlosen Hand zu verbessern. Bahnbrechende Ideen, wie die (teilweise) Wiederherstellung der Greiffunktion durch Umsetzen eines Fingers, wurden bereits 1950 von dem deutschen Chirurgen Otto Hilgenfeldt veröffentlicht. Im Gefolge der Contergan®-Katastrophe entwickelten zwei Handchirurgen, nämlich Walter Blauth und Dieter Buck-Gramcko, die elegante Operationsmethode der Pollizisation (plastischer Daumenersatz), das heißt die Gestaltung eines Daumens unter Verwendung des Zeigefingers.

Diese Lösung drängt sich auf, wenn man die natürliche Entwicklung der Greiffunktion bei Kleinkindern mit und ohne Daumen beobachtet. Etwa ab dem zehnten Lebensmonat verändert sich das ungezielte Greifen (meist mit eingeschlagenem Daumen) normalerweise in ein deutlich zielgerichteteres Zufassen. Gegenstände werden in einem Drei-Punkte-Griff (Opposition des Daumens gegen Zeige- und Mittelfinger) bei gleichzeitiger Überstreckung des Handgelenks fixiert. Ist kein Daumen angelegt, so greift das Kind kleinere Gegenstände mit einem Ersatz-Spitzgriff zwischen Zeige- und Mittelfinger. Ohne operative Behandlung kommt es bei fortschreitendem Wachstum zu einer Krümmung des Zeigefingers gegen den Mittelfinger, zu

Porträt

Hilgenfeldt, Otto, deutscher Mediziner und Chirurg, *9.10. 1900, † 7.7.1983; Studium der Medizin in Halle-Merseburg, Innsbruck und Leipzig; arbeitete als Arzt und Dozent in Köln, Gera-Mülbitz und Bochum; gilt als Pionier und Begründer der modernen Handchirurgie im deutschsprachigen Raum. Schon früh erkannte er die Bedeutung der Sensibilität für die Hand und baute auf ihr seine Methode der Daumenrekonstruktion durch Fingertransposition auf neurovaskulärem Stiel auf. Mit seiner ersten, am 6. Juli 1943 in dieser Technik durchgeführten Daumenersatzoperation war er der Vorläufer gleichartiger Entwicklungen in den USA und Frankreich. Sein 1950 publiziertes Buch *Operativer Daumenersatz und Beseitigung von Greifstörungen bei Fingerverlusten* gehört zu den wichtigsten Beiträgen der handchirurgischen Weltliteratur und enthält eine Fülle von Gedanken und kritischen Anmerkungen, die heute noch gültig sind.

Zum Weiterlesen

Otto Hilgenfeldt, *Ein Leben für die Handchirurgie* (Steinkopff, 2007)

einem primitiven Zeigefinger-Seit-Griff mit schlechter Funktion und eingeschränkten Möglichkeiten einer späteren Korrektur. Eine frühzeitige Operation (etwa um das erste Lebensjahr) kann durch Umformung des Zeigefingers in einen Daumen eine wesentlich bessere Ausgangssituation für die funktionelle Anpassung schaffen.

Die ungemein elegante Operation verlangt vom Operateur die Fähigkeit zu extrem schonender Präparation der feinen Strukturen, Fingerspitzengefühl und Sicherheit in der Behandlung der Haut sowie der Gefäßnervenbündel. Die Schnittführung muss so angelegt werden, dass in der neuen ersten Zwischenfingerfalte (also zwischen dem bisherigen Zeige- und Mittelfinger) keine Narben entstehen, die die freie Abspreizfähigkeit des neuen Daumens behindern würden. Der Zeigefinger wird am körperfernen Anteil des Mittelhandknochens abgetrennt, der gesamte Mittelhandknochen entfernt, da ja der Zeigefinger auf die Länge eines Daumens verkürzt werden muss. An der normalen Hand reicht der Daumen, seitlich an den Zeigefinger gelegt, etwa bis zur Mitte des Grundgliedes. Der verkürzte Zeigefinger (Neu-Daumen) wird auf die Beugeseite rotiert, geschwenkt und in der Region der Basis des entfernten Mittelhandknochens in der Tiefe verankert. Dazu muss er mindestens um 160 Grad in der Längsachse gedreht werden, und die Abspreizung in der Hohlhandebene soll etwa 40 Grad betragen, sodass der neue Daumen dem Mittelfinger gegenüber steht. Das Grundgelenk des Zeigefingers wird zum Sattelgelenk des Neu-Daumens, das Grundglied zum ersten Mittelhandknochen und das Mittelgelenk zum Daumengrundgelenk. Zur muskulären Stabilisierung wird der erste dorsale Zwischenknochenmuskel am neuen Zeigefinger als Abspreizer (Abduktor), der erste palmare Zwischenknochenmuskel als Anspreizer (Adduktor) verwendet. Die ehemaligen Zeigefinger-Strecksehnen werden so am neuen Daumen fixiert, dass sie als Abduktor beziehungsweise Extensor (Strecker) wirken.

Mit dieser Umsetzung sind günstige anatomische Voraussetzungen für die weitere funktionelle Umgestaltung des Neu-Daumens geschaffen. Die funktionelle Entwicklung eines Daumen-Spitz-Griffes nach einer Pollizisation dauert Monate. Langzeituntersuchungen haben jedoch gezeigt, dass die umgelagerten Muskeln durchaus in der Lage sind, einen Daumenballen mit entsprechenden Funktionen zu formen. Die Plastizität des Gehirns erlaubt die Umorientierung der einzelnen Muskelfunktionen. Die einzelnen Muskeln hängen also nicht starr und unwiderruflich an den Verbindungen zum Gehirn wie die Marionettenglieder an ihren Fäden. Durch Änderung der Belastung formt sich außerdem der ehemals schlanke Grundglied-Knochen des Zeigefingers zu einem kurzen und breiten ersten Mittelhandknochen des neuen Daumens um. Aus dem ehemaligen Zeigefingergrundgelenk wird funktionell ein Daumensattelgelenk. Im All-

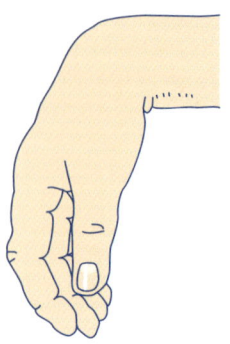

„Fallhand" bei Ausfall des N. radialis.

tagsleben fällt das Fehlen eines Fingers kaum auf, die Hand wird als funktionelle Einheit wahrgenommen, der kurze kräftige Daumen steht den Fingern gegenüber.

Ein Muskel wird versetzt und „umgeschult"

Ein weiteres Beispiel für eine Operation, mit der durch eine raffinierte Veränderung der anatomischen Verhältnisse der Hand Gelegenheit gegeben wird, verlorene Funktionen wiederzuerlernen, ist die Radialisersatzplastik.

Bei der Betrachtung der Funktionsgriffe der Hand wurde dargelegt, dass viele Greifformen aus einer Streckstellung im Handgelenk heraus erfolgen und erst so die volle Kraft entfalten können. Ein Ausfall der Streckung an Handgelenk, Fingern und Daumen führt zu einer erheblichen Einschränkung der Gesamtfunktion. Die Streckermuskulatur wird vom Nervus radialis innerviert. Dieser Nerv läuft am Oberarm dicht am Knochen entlang und ist dort bei Brüchen gefährdet; an Ellenbogen und Unterarm kann es durch Verletzungen (Schnittwunden) oder bei Operationen (Osteosynthesen oder Entfernung von Tumoren) zu einer Schädigung kommen (Radialislähmung). Selbst eine sofortige Nervennaht führt nur in wenigen Fällen zu einer teilweisen Wiederherstellung der Streckfunktion. Die Beschreibung einer Operationsmethode zur Behandlung der sogenannten Fallhand nach Verletzung des Nervus radialis ist gut dazu geeignet, die Anpassungsfähigkeit im Zusammenspiel von Hand und Gehirn zu beleuchten. Beim vollständigen Ausfall des Radialisnerven am Oberarm (proximale Parese) sind Handgelenk, Daumen- und Fingergelenke aktiv nicht mehr zu strecken. Eine der möglichen Operationsmethoden besteht darin, Beugemuskulatur zu verlagern und sie als Strecker zu verwenden (die gebräuchlichste Methode wurde von dem französischen Orthopäden Merle d'Aubigne beschrieben). Der ellenseitige Handgelenkbeuger wird am Handgelenk abgelöst und um die Ellenkante herum auf die Streckseite geführt. Hier wird er schräg durch die Strecksehnen durchflochten und vernäht. Es entsteht eine zwar stabile, aber wenig flexible Befestigung, die Einzelbewegungen der Finger fast ausschließt. Die Daumenstreckung lässt sich mit einem weiteren Beugemuskel (Palmarismuskel) wiederherstellen, der auf die lange Daumenstrecksehne verlagert wird; fehlt dieser Muskel, wie bei etwa 20 Prozent aller Menschen, so kann der oberflächliche Beuger des dritten Fingers an seine Stelle treten. Hat der Chirurg sein Werk vollbracht, sind der Patient und seine Hand an der Reihe.

In einem langen, für die Patienten häufig sehr anstrengenden Umlernprozess werden die umgelagerten Beuger auf ihre neue Streck-

Was ist eigentlich ...

Radialislähmung, Radialisparalyse, periphere Lähmung des Nervus radialis; die Symptomatik hängt von der Art der Läsion ab; bei der unteren Radialislähmung kann der Daumen nicht in der Handebene abduziert und die Finger nicht im Grundgelenk gestreckt werden (keine Fallhand); die mittlere Radialislähmung zeigt dieselben Symptome plus Fallhand, Schwäche der Extension im Handgelenk und Lähmung des Musculus brachioradialis; die obere Radialislähmung betrifft auch den Musculus triceps brachii und der Trizepssehnenreflex ist abgeschwächt oder erloschen.

funktion eingestimmt. Die ehemals vom Nervus radialis innervierten Strecker werden nun von Beugern (innerviert vom Nervus medianus) gestreckt, ein Handgelenkbeuger wird zum Daumenstrecker. Manche Patienten können bei entsprechendem Training hervorragende Fähigkeiten erreichen. Höchst erstaunlich ist jedoch die Beobachtung, dass einzelne voneinander unabhängige Finger-, Beuge- und Streckbewegungen durchgeführt werden können – trotz der oben beschriebenen groben Fixierung der neuen Strecker nach der Umlagerung nach dorsal. Die Möglichkeit der unabhängigen Bewegung der Finger ist in einigen Fällen so groß, dass mehrere von uns beobachtete Patienten nach einem solchen Eingriff wieder ein Instrument (Gitarre) spielen konnten. Die Erklärung hierfür ist schwierig. Vieles spricht dafür, dass die groben Exkursionen des neuen Streckers durch ausgleichende Bremsbewegungen der Beuger abgeschwächt oder blockiert werden. Die motorischen Gehirnareale haben offensichtlich neue Steuerungsabläufe entwickelt.

Im einzelnen Menschen vollzieht sich ein kleines Stück individueller Evolution, ermöglicht durch den Willen des Patienten und die erstaunliche Plastizität der Hand und ihrer neuronalen Versorgung. Im täglichen Leben schöpfen wir die Fähigkeiten unserer Hände bestenfalls zu 40 bis 60 Prozent aus und das in aller Regel völlig unbewusst. Erst eine Verletzung macht uns den Stellenwert der Hand wieder deutlich. Operative Möglichkeiten zur Wiederherstellung von Handfunktionen wurden in den letzten Jahrzehnten in reicher Zahl entwickelt. Doch am Ende muss der Patient seine Hand wiederfinden, und das geht vom Kopf aus. Einer meiner Patienten, der als Einziger mit 80-prozentigen Verbrennungen einen furchtbaren Hubschrauberabsturz mit schweren Schädigungen beider Hände überlebte, hat dies so formuliert: „Vor meinem Unfall hatte ich zwei linke Hände, jetzt ist meine linke Hand fast so geschickt wie meine rechte, und ich freue mich, mit beiden etwas tun zu können."

Grundtext aus: Marco Wehr und Martin Weinmann (Hrsg.) *Die Hand – Werkzeug des Geistes*. Spektrum Akademischer Verlag.

Höher, schneller, weiter

Nachdem er beim Klettern beide Unterschenkel verloren hatte, begann Hugh Herr künstliche Gliedmaßen zu erforschen. Bald will er Prothesen bauen, die besser sind als das Original

Thomas Häusler

„Soll ich mir den anderen Fuß auch noch montieren?", fragt Hugh Herr. Er mag die Antwort eh nicht abwarten, krempelt das linke Hosenbein hoch und löst die Schrauben, die seine Prothese am Titanschaft halten. Flugs ist das klobige Teil getauscht gegen eine filigrane Konstruktion aus Federn, Getriebe und einem Motor.

Dann steht Hugh Herr auf und läuft los. Erst langsam, dann immer schneller. Zum Labor hinaus, durch die Halle, die Treppe hoch, die Treppe runter. Vom etwas steifen Gang, den er vorher hatte, ist nichts mehr zu sehen. Leise zischt die Mechanik. „Oh Mann", ruft er aus, „davon habe ich Jahre geträumt!" Später sagt er, es habe sich angefühlt, als ob ihn die Hand Gottes geschoben habe wie auf einem Laufband am Flughafen. Aus dem sonst so ruhigen Professor sprudeln Superlative, denn die Vorführung ist fast eine Premiere: Am Abend zuvor hat Herr zum ersten Mal an beiden Beinstümpfen die erste motorisierte Fußprothese der Welt montiert und am eigenen Leib die Magie seiner Forschungsarbeit verspürt.

Nach 25 Jahren geht Hugh Herr endlich wieder auf eigenen Füßen. Damals erfroren dem 17-Jährigen auf einer Bergtour beide Unterschenkel: Doppelamputation unter den Knien. Nie mehr klettern, sagten die Ärzte zu dem Teenager, der ein miserabler Schüler war, weil er nichts anderes im Kopf hatte, als der beste Kletterer der Welt zu werden. Stattdessen fesselte man ihn nun mit ungelenken Gipsfüßen am Boden fest.

Das Mängelwesen Mensch wird optimiert

Diese Tragödie war der Beginn der unwahrscheinlichen Karriere des Hugh Herr. Sie führte ihn von einer Werkstatt, in der er sich fieberhaft Kletterprothesen bastelte, über das Studium der Biomechanik und des Maschinenbaus zum jetzigen Posten am angesehenen Media Lab des Massachusetts Institute of Technology (MIT). Hier hat er seinen motorisierten Wunderfuß entwickelt, davor eine intelligente Knieprothese, und bald sollen in seinem Labor in Cambridge künstliche Glieder entstehen, die besser sind als ihre Vorbilder aus Fleisch und Blut. „Wir werden mit unseren Prothesen die menschliche Fortbewegung verbessern", kündigt Herr die Revolution an: Behinderte verschmelzen mit Hightech zu überlegenen Cyborgs. Aus dem Mängelwesen Mensch 1.0 wird die getunte Version 2.0.

Diese Vision ist erst seit Kurzem greifbar. Fortschritte in der Neurologie und Elektronik machen Gehirnchips möglich, dank deren Gelähmte mit bloßen Gedanken Computer steuern. Neue Materialien erlauben Rennprothesen, mit denen der Läufer Oscar Pistorius trotz amputierter Unterschenkel in der regulären südafrikanischen Meisterschaft den zweiten Platz über 400 Meter erreichte.

Hugh Herr ahnte und ersehnte diese goldene Zukunft schon vor 20 Jahren, als er in der Werkstatt Prothesen erfand. Ein Exemplar etwa endete in hauchdünnen Spitzen.

Damit konnte er im Fels auf Tritten stehen, für die jeder Fuß zu grob ist. Diese und manche andere Kreation ließen ihn Wände erklimmen, die danach für zwei Dekaden unbezwungen blieben. „Schon damals erkannte ich, dass diese künstlichen zehn Prozent meines Körpers fast jede Form annehmen können", sagt Herr. „ Die einzigen Grenzen sind die Gesetze der Physik und meine Vorstellungskraft."

Auch wenn Herr mit dem Bau von Kletterprothesen rasch Erfolge erzielte, der Alltag des ganz normalen Gehens auf Bürgersteigen und Treppen erwies sich als wesentlich schwieriger. Um hier zum Ziel zu gelangen, war ein sorgfältiges Studium der Biomechanik nötig. „Der Mensch geht mit einer unglaublichen Effizienz", sagt Herr. Dafür sorgt das perfekte Zusammenspiel von Muskeln und Sehnen, zwischen denen die Energie hin- und herpendelt. Diesen Fluss der Kräfte gilt es nachzubauen in Titan und Carbon.

Das Ergebnis ist in Herrs überraschend bescheidenem Labor zu besichtigen. In dem fensterlosen Raum liegen und stehen die Erfindungen seines Forschungsteams zwischen Computern, Kabelhaufen und Werkzeugkoffern. An der Wand hängt eine Tafel, die der Fotograf nicht ablichten darf, weil die Formeln darauf noch nicht patentiert sind. Gegenüber liegt auf einem Stuhl ein Exoskelett: ein Anzug aus Metallstreben, Scharnieren und Motoren, den man sich um Beine und Becken schnallt. Für jeden damit ausgerüsteten Buchhalter werden 40-Kilo-Lasten zum Kinderspiel.

Hugh Herr zeigt als nächstes die Rheo-Knieprothese, die erste Konstruktion aus seinem Labor, die man kaufen kann. Das künstliche Knie hat einen elektrischen Dämpfer eingebaut, der beim Gehen die auftretenden Kräfte fühlt und sie gezielt abfängt. Für Menschen mit amputierten Beinen ein großer Fortschritt, doch Herr ist noch lange nicht zufrieden. „Beim Gehen fließt stetig Energie von Muskeln und Seh-

nen zum Knie und von ihm weg", erklärt er. „Aber das Rheo-Knie kann Kräfte nicht weitergeben, nur dämpfen. Deshalb verschwendet es Energie." Ein inakzeptabler Zustand.

Der Akku für den Fuß hält einen Tag lang

Das macht der neue motorisierte Fuß besser. Er hat verschiedene Federn eingebaut, die mit dem Motor zusammen den Energiefluss der Natur nachahmen. Nur durch diesen Trick war der aktive Fuß realisierbar: „Jeder dachte, eine motorisierte Prothese sei unmöglich. Man brauche dazu einen künstlichen Wundermuskel, eine Wunderbatterie, ein Wunder-dies-und-das, sonst werde die Prothese siebenmal so schwer wie ein natürlicher Fuß." Herrs Titanversion ist mit 2,5 Kilo nicht schwerer als das menschliche Pendant, und der Akku hält den ganzen Tag.

Noch ist die Prothese so neu, dass die Forscher erst mit einer Vorversion messen konnten, um wie viel besser die Energiebilanz gegenüber einer normalen Prothese ausfällt. Diese Größe gibt ihnen ein Maß dafür, wie gut das künstliche Körperteil funktioniert. Zwanzig Prozent weniger Energie musste eine Testperson beim Gehen aufwenden. „Ich kann es kaum erwarten, meine Energiebilanz mit der richtigen Prothese zu messen", sagt Herr.

Vorerst genügt es ihm, auf seinen beiden Titanfüßen durch das Institut zu eilen. Er kann gar nicht mehr aufhören damit. Schließt beim Gehen die Augen, um zu demonstrieren, wie natürlich die Prothesen den Gang machen. Er muss gar nicht auf die Balance achten wie sonst. Wiederholt stürmt er die große Treppe im Lichthof hoch. „Die Prothese wuchtet mich nach oben", frohlockt er.

Immer wieder bleiben Institutsmitglieder stehen. Im Technikwunderhaus des Media Lab ist man zwar Sensationen gewöhnt, spektakuläre Roboter, kühne Visionen. Aber dieser euphorische Maschinenmensch, der nicht stillstehen mag, ist auch hier etwas Besonderes. Schließlich kommt er doch zur Ruhe, lehnt sich mit weit ausgestreckten Beinen ans Treppengeländer und schaut verschmitzt auf seine Prothesen, die sich ohne sein Zutun langsam absenken, bis die Sohlen auf dem Boden aufliegen. Jede andere Prothese würde die Spitze wie ein Cowboystiefel steif in die Luft recken. „Willkommen in der Zukunft", sagt er in die ehrfürchtige Runde.

Im Krieg gibt es Geld für Prothesenforschung

Und diese Zukunft hat erst begonnen. Als nächstes Projekt steht das motorisierte Knie an, zu dem die geheimen Formeln auf der Tafel gehören. Die Behörde, die sich um die Veteranen der US-Armee kümmert, hat Herr beauftragt, alle möglichen Teile des menschlichen Beins nachzubauen – über 750 Soldaten sind mit amputierten Gliedern aus Afghanistan und dem Irak zurückgekehrt und erinnern das Land ständig unangenehm an den Krieg. Da sitzt das Geld für die Prothesenforschung locker. Wenigstens müssten die Soldaten sich nun weniger für unansehnliche Prothesen schämen, sagt Herr. „Die Jungs mit dem Rheo-Knie tragen nun Shorts, sie sind plötzlich cool."

Die Hightechprothesen verändern die Psyche der Behinderten, sagt der Professor. So wie es seine Kletterhilfen damals mit ihm taten. Nach der Amputation sagten die Leute: „Zum Glück ist Hugh nicht verheiratet." Heute hat er eine Frau und zwei Kinder. „Meine Erfahrung mit dem Klettern verhalf mir zur Erkenntnis: Nicht ich bin behindert, sondern die furchtbaren Prothesen, die man mir gegeben hatte." Er bemalte sei-

ne künstlichen Glieder mit gelben und roten Kringeln und trug stets kurze Hosen. „Prothesen sind einfach viel interessanter – und mit dem Alter wird mein künstliches Selbst immer besser werden." Seine Höflichkeit verbietet ihm den Zusatz: Und du wirst dann hinfällig sein. „Ich werde sicher schneller laufen als Gleichaltrige und eine bessere Balance haben."

Normale Menschen altern, Cyborgs kaufen ein Upgrade. „In 20 Jahren sind meine Titanfüße ans Nervensystem angeschlossen." Je nachdem, was Herr gerade vorhat, wird er die passenden Füße wählen. Vielleicht solche, mit denen er aus seinem Büro im dritten Stock springen kann. Dank ausgeklügelter Mechanik, die den Stoß auffängt, soll das keine Fantasie aus dem Comic bleiben. Der nächste Schritt auf diesem Weg ist schon geplant: Herr wird sich kleine Elektroden in den Oberschenkel einsetzen lassen. Sie sollen die jetzt unnützen Befehle des Gehirns an die amputierten Füße abfangen und an die Prothese weiterleiten. Das werde ihm eine bessere Kontrolle über die künstlichen Glieder geben.

Seine Forscherkollegen vom Media Lab hat er von dieser Vision des nicht nur ausgebesserten, sondern verbesserten Menschen überzeugt. Darum gibt es dort nun offiziell ein Center for Human Augmentation, dessen Direktor Herr ist. Besser als gut, ist die Devise. Herr kann sich vorstellen, dass in Zukunft jeder zum Maschinenmenschen werden will. „Zum Beispiel zu einem mit drei Armen", sagt er ohne Augenzwinkern. Meint er das ernst? „Piercing ist doch schon beliebt. Was werden unsere Enkel erst machen, wenn sie ihre Körper tatsächlich verbessern können?"

Aus: DIE ZEIT Nr. 27, 28. Juni 2007

Das menschliche Genom ist entziffert. Für jeden frei verfügbar stehen die Daten im Internet. Doch die Buchstabenfolgen zu lesen, ist pure Zeitverschwendung. „Ebenso könnte der Durchschnittsdeutsche versuchen, um der enthaltenen Weisheiten willen die Analekten des Konfuzius im Original zu lesen. Selbst Genetikern ist der Großteil des Genoms ein Rätsel."

Die ernüchternde Botschaft stammt von **Armand Marie Leroi**. Er ist Dozent für Evolutionäre Entwicklungsbiologie am Imperial College in London. Leroi befasst sich mit „den Mechanismen, durch die sich in den tiefsten Winkeln der Gebärmutter eine einzelne versteckte Zelle in einen Embryo, einen Fötus, ein Kind und schließlich einen Erwachsenen verwandelt".

Sein Labor aber wird von ganz anderen Wesen bevölkert: von Fadenwürmern. Die Tiere mit dem lateinischen Namen *Caenorhabditis elegans* leben unter anderem in der Erde von Blumentöpfen und sind ein Lieblingsobjekt der Entwicklungsbiologen. Denn die Steuerung von Entwicklungsprozessen ähnelt sich bei unterschiedlichsten Lebewesen auf erstaunliche Art und Weise. Viele genetische Programme scheinen einem uralten Erbe zu entstammen. Und am unter dem Mikroskop durchsichtigen Wurm lassen sich solche Prozesse sehr genau studieren.

Armand Marie Leroi wird als Sohn eines holländischen Diplomaten in Neuseeland geboren und studiert in den USA und Kanada. „Unser Körper – möglicherweise auch unser Geist – ist das Produkt unserer Gene. Zumindest enthalten unsere Gene die Informationen, die Bauanleitung, nach der die embryonalen Zellen unsere unterschiedlichen Körperteile bilden", sagt der mehrfach ausgezeichnete Forscher und führt uns Lesern an vielen Beispielen vor, was geschieht, wenn die Bauanleitungen fehlerhaft sind.

Im nachfolgenden Beitrag befasst sich der Entwicklungsbiologe mit Haut und Haaren. Er schildert das Schicksal von weißhäutigen Schwarzen und gescheckten Menschen, berichtet von Menschen, die ein Fell tragen, und ist fasziniert von der Ökonomie der Natur, die mit einfachen Bauplanvariationen immer wieder Neues hervorbringt: „Das einfache Röhrchen beim Haarfollikel, der robuste Amboss aus Zahnbein und Zahnschmelz beim Zahn und die von Gängen durchzogene Wölbung bei der Brust – all dies sind Variationen eines Bauplans."

Armand Marie Leroi

Die Haut – eine empfindliche Hülle

Von Armand Marie Leroi

Unsere Spezies trägt seit 1758 den schmeichelhaften und gewiss nicht immer zutreffenden Namen *Homo sapiens* – der weise Mensch. So nannte uns zumindest der schwedische Naturforscher Carl von Linné in der zehnten Ausgabe seines taxonomischen Werkes *Systema naturae*, das auch heute noch unter Systematikern in aller Welt als erste und wichtigste Quelle für die Namen gilt, mit denen sie die Geschöpfe dieser Welt belegen. Fast wäre es anders gekommen. In Linnés Text findet sich direkt neben dem Begriff *sapiens* eine andere Bezeichnung, offenbar ein Synonym für uns, doch eines, das nirgendwo erklärt ist: *H. diurnus* – der Tagmensch. Dieser Name hatte für Linné anscheinend eine besondere Bedeutung. Seine Notizbücher zeigen, dass er den größten Teil seines Lebens mit *sapiens* versus *diurnus* herumspielte, und erst in der zehnten Auflage wird letzterer entschieden auf den zweiten Platz verwiesen. Auf den ersten Blick erscheint Linnés Ansicht, Tagaktivität sei etwas, das unsere Art auszeichnet, ziemlich verblüffend. Obwohl wir zweifellos Geschöpfe sind, die das Tageslicht lieben, gilt dies doch auch für viele andere Arten. Erst wenn man die gestaffelte Typographie und das komprimierte Latein von Linnés Texten durchblättert, findet man die Erklärung für seine Tagträume. Linné, der Taufpate der Menschheit, glaubte, wir seien nicht allein.

Lange bevor Paläoanthropologen die Knochen unserer ausgestorbenen Hominidenvettern aus dem Boden der Serengeti gruben, glaubte Linné, die entlegeneren Teile der Welt würden von anderen Menschenarten bevölkert. Er dachte dabei nicht an die Menschen in Afrika, Asien oder der Neuen Welt: Sie gehörten eindeutig zur selben Spezies wie er selbst. Er dachte an etwas weit Exotischeres: eine Menschenart, gebeugt und eingefallen, mit kurzem, krausem Haar wie die Afrikaner, doch dabei blond, mit einer Haut weiß wie Kalk und schmalen, goldenen Augen. Während diese dämmerungsaktiven Höhlenbewohner tagsüber nur schlecht sehen konnten, war ihre Nachtsicht ausgezeichnet, und so zogen sie nach Sonnenuntergang aus, um die Höfe ihrer intelligenteren Vettern zu plündern. Sie waren uralt, vielleicht hatten sie die Erde vor der Ankunft des modernen Menschen beherrscht, doch nun befanden sie sich auf dem Rückzug. Diese Art, so Linné, war „ein Kind der Finsternis, das den Tag zur Nacht und die Nacht zum Tag macht und anscheinend unser nächster Verwandter ist". Zwar hatte er niemals ein solches Wesen gesehen, aber hatten nicht Plinius und Ptolemäus über die *Leucaethiopici* geschrieben? Und waren sie nicht in jüngerer Zeit in Äthiopien, Java,

Porträt

Linné, *Carl von,* bis 1762 Carl (Carolus) Linnaeus, *23.5. 1707 Råshult, † 10.1.1778 Uppsala; schwedischer Naturforscher und bedeutendster Systematiker seiner Zeit; studierte zunächst Medizin, wandte sich aber bald der Botanik zu; war Mitbegründer und erster Präsident der schwedischen Akademie der Wissenschaften; ab 1741 Professor der Medizin, 1742 auch Professor der Botanik in Uppsala und Direktor des Botanischen Gartens. Seine wichtigsten Leistungen sind der Entwurf einer hierarchischen Gliederung des Organismenreiches (Klassifikation) und die Einführung der übersichtlichen binären Nomenklatur, die jede biologische Art mit einem zweiteiligen lateinischen Namen benennt, der aus dem Gattungsnamen und einem artspezifischen Zusatz besteht. Bedeutende Werke: *Systema naturae* (1. Auflage 1735; 12. Auflage 1766); *Species plantarum* (1753).

Homo troglodytes oder
Bontius' Orang.

den Ternate-Inseln und am Mount Ophir in Malakka sogar von seinen eigenen Studenten gesehen worden? Die Berichte wirkten lebhaft und präzise: In Ceylon wurden sie *Chacrelats* genannt, in Amboina *Kakurlakos* – von dem niederländischen Begriff für Kakerlaken – und überall wurden sie verabscheut. Das genügte Linné, und getreu dem Instinkt des Systematikers gab er ihnen den Namen *Homo troglodytes* – der höhlenbewohnende Mensch. Und daneben schrieb er *H. nocturnus* – der Nachtmensch.

Woran dachte Linné? Als Begründer der modernen biologischen Systematik nimmt er im Pantheon der Naturforscher gleich hinter Darwin den zweiten Platz ein. Aber niemand liest heute mehr Linnés *Systema naturae*, und noch viel weniger seine anderen Werke, und wir vergessen, dass er eher wie ein mittelalterlicher Mystiker denn wie ein Gelehrter der Aufklärung dachte. Um 1750 war bekannt, dass in Afrika Geschöpfe lebten, die dem Menschen zumindest ähnlich waren. Schließlich hatte Edward Tyson mehr als 50 Jahre zuvor seinen „Pygmäen" oder Schimpansen seziert. Ein weiteres derartiges Geschöpf, halb Mensch, halb Affe – die Angelegenheit war sehr unklar –, sollte auf dem Malaiischen Archipel leben.

Der niederländische Naturforscher Jacob Bontius hatte genau solch einen „Orang-Utan" in seiner *Historia naturalis et medicae indiae orientalis* (1658) abgebildet. Bontius' Orang ist ein recht menschenähnliches, wenn auch stark behaartes weibliches Wesen, das nichts als ein verführerisches Lächeln trägt; ein Jahrhundert später borgte sich Linné diesen Holzschnitt aus und änderte den Titel in *Homo troglodytes*. Bontius selbst wusste über seinen Orang nur wenig zu berichten, daher übertrug Linné auf diese Abbildung die alte Legende von einer entlegenen und verborgen lebenden Rasse unnatürlich weißer, goldäugiger und zutiefst lichtscheuer Menschen. Und diese Merkmale sind es, die uns die Identität von *Homo troglodytes* verraten. Seiner Körperbehaarung und seines Höhlenlebens entkleidet, ist klar, dass sich hinter Linnés Nachtmensch nichts weiter als ein gewöhnlicher menschlicher Albino verbirgt.

Die weißhäutige Geneviève

Linné war nicht der einzige Naturforscher des 18. Jahrhunderts, der sich für Albinos interessierte. Das tat auch sein französischer Rivale Graf von Buffon, doch im Gegensatz zu Linné begegnete er tatsächlich einem Albino. In seiner *Histoire naturelle* beschreibt er sein Zusammentreffen mit einem Mädchen namens Geneviève. Sie war 18 Jahre alt, geboren auf der Insel Dominika, Tochter von Sklaven, die von der Goldküste dorthin verschleppt worden waren, und nun Dienerin einer reichen Pariserin. Buffon untersuchte sie sorgfältig.

Porträt

Buffon, Georges Louis Leclerc Graf von, französischer Naturforscher, *7.9. 1707 Montbard (bei Dijon), † 16.4. 1788 Paris; ab 1753 Mitglied der Académie française; lehnte die Konstanztheorie und die taxonomischen Prinzipien seines Zeitgenossen Carl von Linné ab; versuchte die Entstehung der Lebewesen aus kleinsten Teilen (durch Urzeugung) zu erklären und betrachtete die Entwicklung als eine Folge klimatischer Veränderungen; stellte in seiner Naturgeschichte (*Histoire naturelle*, 44 Bände, 1749–1804) u. a. Überlegungen zur Entstehung der Planeten und zum Alter der Erde an und gab Beschreibungen von Tierarten mit zum Teil hohem wissenschaftlichem Anspruch für seine Zeit.

Sie war 151 Zentimeter groß, hatte schräg gestellte graue Augen, die um die Linse orange getönt waren, und ihre Haut war kalkweiß. Ihre Gesichtszüge, so Buffon, entsprachen jedoch völlig denjenigen einer *négresse noire*, einer Schwarzafrikanerin. Zugegeben, ihre Ohren saßen ungewöhnlich hoch am Kopf, doch sie unterschieden sich nichtsdestotrotz deutlich von denjenigen der Blafards, der Albinos von der Darien-Halbinsel, deren Ohren dem Vernehmen nach klein und durchscheinend waren. Buffon vermaß ihre Gliedmaßen, ihren Kopf, ihre Füße, ihr Haar, er widmet ihren Brüsten einen ganzen Abschnitt, stellt fest, das sie Jungfrau war, und dann mit Interesse, dass sie erröten konnte.

Was machte Geneviève weißhäutig? Buffon war überzeugt, dass es sich bei den *Blafards* lediglich um eine Beschreibung von Menschen handelte, denen es an der normalen Pigmentierung fehlte und die inmitten einer ansonsten dunkelhäutigen Bevölkerung lebten. Eines von zehn Kindern, das auf den Karibischen Inseln geboren wurde, so erzählte man ihm, sei ein Albino. Genevièves Eltern waren schwarz, ebenso ihre Geschwister; was auch immer die Ursache für ihre weiße Haut war, es konnte weder ansteckend noch rassebedingt sein. Wenn es Buffon auch nicht gelang, das Problem des Albinismus zu lösen, so waren seine Erkenntnisse im Vergleich zu Linnés Fantasien ein gewaltiger Fortschritt. Er gab auch eine Lithographie von Geneviève in Auftrag, die sie inmitten tropischer Früchte zeigt, völlig nackt und schneeweiß, mit einem leichten Lächeln auf den Lippen, das vielleicht der Albernheit der Wissenschaftler gilt.

Geneviève aus Buffons Buch *Histoire naturelle générale et particulière* (1777).

Die Farbpalette

Wir sind eine polychrome, eine bunte Art. Dennoch verfügt die Palette der menschlichen Färbungen nur über zwei Pigmente. Eines, das Eumelanin, ist für die dunkleren Töne unserer Haut, Haare und Augen, für die Braunen und die Schwarzen verantwortlich, das andere, Phaeomelanin, für die helleren Schattierungen, für die Blonden und die Rotschöpfe. Wie ein Maler die drei Grundfarben mischt, um alle anderen zu erzeugen, so entstehen auch all die verschiedenen Schattierungen unserer Haare und unserer Haut aus der Mischung dieser beiden Pigmente.

Schwarze haben viel Eumelanin, Rotschöpfe viel Phaeomelanin, Blonde ein wenig von beidem. Albinos haben gar keine Hautpigmente. Die Pigmente selbst werden in bestimmten Zellen, den Melanocyten, produziert, die in den obersten Schichten der Haut, der Epidermis, liegen. Diese Melanocyten verpacken Pigmente in subzellulären Strukturen, sogenannten Melanosomen, die sie in die direkt über ihnen liegenden Zellen transportieren und diesen so Farbe verleihen.

Was ist eigentlich …

Pigment, Farbe, Farbstoff, Farbkörper, farbgebende Substanz. Melanin ist ein braun-schwarzes Pigment von Haut, Haaren und Aderhaut; man unterscheidet schwarzbraunes Eumelanin und gelb bis rotbraunes Phäomelanin, das auch in roten Haaren vorkommt. Beim Menschen beginnt sich der Hautfarbstoff in der zweiten Hälfte der Embryonalentwicklung zu bilden; die spätere Hautfarbe stellt sich erst einige Zeit nach der Geburt ein. Leberflecke, Muttermale und Sommersprossen sind Stellen übermäßiger Pigmentkonzentration. Bei UV-Bestrahlung bilden sich (besonders bei hellhäutigen Menschen) verstärkt Melanine (Bräunung), welche einen gewissen Schutz vor weiterer UV-Strahlung (durch Absorption) bieten. Bei Albinismus ist der erste Schritt der Biosynthese blockiert, womit es zu einem allgemeinen Pigmentmangel kommt.

Was ist eigentlich …

Mutation [von latein. *mutatio* = Veränderung], allgemeine Bezeichnung für Veränderungen des Erbguts; man kann prinzipiell zwischen Chromosomen- und Punktmutation unterscheiden; ändert sich das Genom einer Keimzelle, handelt es sich um eine genetische Mutation, die an die Nachkommen weitergegeben werden kann; bei Veränderung der DNA einer Körperzelle spricht man von somatischer Mutation; sie betrifft nur einen Organismus, da sie nicht vererbt werden kann.

Porträt

Schweinfurth, Georg, Afrikaforscher, *29.12.1836 Riga, † 19.9.1925 Berlin; bereiste 1864–1866 Ägypten, den östlichen Sudan und die Küste des Roten Meeres. Im Auftrag der Preußischen Akademie der Wissenschaften forschte er 1869–1871 im Gebiet des oberen Nil und seiner westlichen Zuflüsse und konnte mit seiner Entdeckung des zum Kongo fließenden Uele das Nilgebiet nach Südwesten abgrenzen. Er berichtete erstmals über die dort lebenden Völker (Zande, Mangbetu) und belegte als Erster die Existenz der Pygmäen.

Albinismus kommt durch Mutationen in mehreren Genen zustande. Die häufigste Mutation setzt eines der Enzyme außer Funktion, das die Melanocyten zur Pigmentherstellung brauchen. In derartigen Fällen haben selbst die Augen kein Pigment und erscheinen durch die Blutgefäße in der Netzhaut rot. Das Fehlen aller Pigmente macht Albinos lichtempfindlich, und sie blinzeln oft. Einige Albinos haben aber zumindest etwas Pigment in ihren Augen, und in diesem Fall ist ein defektes Protein die Ursache, das ein wenig geheimnisvoll als „P" bezeichnet wird und eine Rolle bei der Verpackung und dem Transport der Melanosomen spielt. Genevièves Augen waren grau, nicht rot, und höchstwahrscheinlich waren beide Kopien ihres P-Gens fehlerhaft. Wir können sogar vermuten, um welche Mutation es sich gehandelt hat. Die häufigste Ursache für Albinismus in Afrika ist eine homozygote Deletion (reinerbige Chromosomen-Mutation) eines 2,7 kB langen Abschnitts des P-Gens. Dieselbe Mutation findet man in der Karibik und unter Schwarzen in den Vereinigten Staaten, deren Vorfahren als Sklaven dorthin verschleppt wurden.

Nirgendwo auf der Welt gibt es albinotische Stämme, Rassen oder Nationen; dennoch sind Plinius' *Leucaethiopici* nicht völlig aus der Luft gegriffen. Rund einer von 36 000 Europäern und einer von 10 000 Afrikanern wird als Albino geboren. Unter Zulus steigt die Zahl jedoch auf eins zu 4 500 und bei den Ibo in Nigeria auf eins zu 1 100, und in sehr kleinen, lokalen Populationen kann die Häufigkeit sogar noch höher sein. Im Jahre 1871 traf Georg Schweinfurth auf seiner Reise zu den Aka-Pygmäen (er nennt sie Akkha) auf einige solcher Menschen.

> Es gibt ein eigenartiges Merkmal, das für die Monbuttu typisch ist. Nach den Hunderten zu urteilen, die mich aus Neugier in meinem Zelt besuchten, und nach den Tausenden, die ich während meines dreiwöchigen Aufenthalts bei Munsa sah, würde ich sagen, dass mindestens fünf Prozent der Population helles Haar hat, und zwar stets vom stark gekräuselten, negroiden Typ. Diese Kopfbehaarung ging stets mit der hellsten Haut einher, die ich gesehen habe, seitdem ich Unterägypten verlassen habe … All die Individuen, die dieses helle Haar und diese helle Haut haben, zeigten um die Augen herum einen kranken Ausdruck und wiesen viele Anzeichen eines ausgeprägten Albinismus auf.

Dass Albinismus so verbreitet sein kann, ist ein wenig überraschend. Afrikanische Albinos haben es sicherlich nicht leicht. Nicht nur, dass sie häufig unter sozialer Ausgrenzung zu leiden haben und nur schwer einen Ehepartner finden; wegen ihres Pigmentmangels können sie auch nicht längere Zeit im Freien arbeiten, und zudem sind sie anfällig für Melanome, eine besonders aggressive Form von

Hautkrebs. Diese selektiven Nachteile sollten dafür sorgen, dass Albino-Gene und damit Albinos selten bleiben.

Schecken

Auf seiner Suche nach einer Erklärung für das Phänomen Albinismus interessierte sich Buffon im Vorgriff auf eine Theorie der Vererbung, die es noch gar nicht gab, für das Ergebnis einer Paarung zwischen einem Albino und einem Partner mit normaler Pigmentierung. Er vermutete, die Kinder könnten gescheckt sein. In seiner *Histoire naturelle* findet sich eine weitere Lithographie. Sie zeigt ein vielleicht vier Jahre altes Mädchen mit Namen Marie-Sabina, das inmitten einer Sammlung von exotischen Gegenständen steht: einem Schirm, Äxten, einer Decke und einem gefiederten Kopfschmuck. Auf der erhobenen Hand des Kindes hockt ein kleiner Papagei. Der Körper des Mädchens ist zweifarbig: ein Mosaik aus schwarz und weiß. Buffon lernte die Kleine niemals kennen, wusste nur wenig über ihre Herkunft und beschrieb sie ausschließlich nach einem Bild.

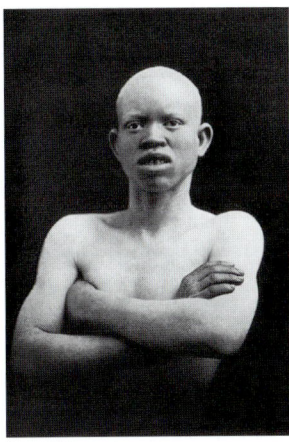

Männlicher Zulu mit Albinismus.

Buffons Hypothese – der zufolge gescheckte Kinder das Produkt eines albinotischen und eines schwarzen Elternteils seien – hielt sich fast 200 Jahre. Ihre Langlebigkeit ist überraschend, denn um diese Zeit gelangten mindestens vier weitere gescheckte Kinder aus der Karibik auf die Seiten wissenschaftlicher Journale, und keines von ihnen hatte ein albinotisches Elternteil. Neben Marie-Sabina gab es John Richardson Primrose Bobey (geboren 1774, Jamaika), Magdeleine (geboren 1783, St. Lucia), George Alexander Gratton (geboren 1808, St. Vincent) und Lisbey (geboren 1905, Honduras). Jedes dieser Kinder war zu seiner Zeit eine Berühmtheit. Porträts von Marie-Sabina hängen heute in Williamsburg, Virginia, und im Hunterian Museum in London; eine Statue von Magdeleine findet sich in der Harvard-Universität, und in Marlow, Surrey, hat George Gratton ein Grab, das die Inschrift trägt: *Know, that there lies beneath this humble stone / a child of colour haply not thine own* (etwa: Wisse, hier unter diesem bescheidenen Stein liegt ein Kind, dessen Farbe wohl nicht die Deine ist).

Die uns zeitlich am nächsten Stehende dieser gescheckten Kariben, Lisbey, war Thema eines Artikels, der von dem britischen Genetiker Karl Pearson im Jahre 1913 verfasst wurde. Wie Buffon nahm Pearson an, diese Scheckung, medizinisch Piebaldismus genannt, habe etwas mit Albinismus zu tun. Er vermutet nicht, die Mutter des Kindes habe eine Affäre mit einem Albino gehabt – ein Foto der Familie zeigt eine in Spitze gekleidete Matrone von offensichtlich unerschütterlicher moralischer Respektabilität. Stattdessen hinterfragt er Lisbeys Abstammung und postuliert einen albinotischen Vorfahren.

Porträt

Pearson, *Karl*, englischer Mathematiker und Eugeniker, *27.3.1857 London, † 27.4. 1936 Cold Harbour (Surrey); ab 1884 Professor für angewandte Mathematik in London, ab 1911 für Eugenik; statistische Arbeiten zur Deszendenztheorie und über mathematisch-statistische Grundlagen der Biologie, insbesondere der Erblehre und Eugenik; schuf in der 1901 gegründeten Zeitschrift *Biometrika* ein Organ für diese Fragen.

Marie-Sabina, Kolumbien 1749.
aus Buffons Buch *Histoire
naturelle générale et particulière*
(1777).

Pearsons Hypothese war noch etwas komplizierter, denn er nahm an, ein albinotischer Vorfahr führe nur dann zu einer Scheckung, wenn einer der Eltern besonders dunkelhäutig war – und Lisbeys Vater war nach Pearsons Worten „ein kohlschwarzer Neger". Es war eine verwickelte Erklärung, die sich vom modernen Standpunkt aus nur schwer verstehen lässt. Inzwischen wissen wir, dass Piebaldismus nichts mit Albinismus zu tun hat, sondern vielmehr von einer dominanten Mutation in einem ganz anderen Satz Gene bewirkt wird, die zudem bei Menschen aller Hautfarben auftreten kann – ebenso bei Pferden, Katzen und einem Mäusestamm namens *splotch*. Sie sind für uns nicht weniger faszinierend, als es Marie-Sabina für Buffon war. Unter anderem erzählen sie uns etwas über den seltsamen Ursprung der Zellen, die unsere Haut färben.

Melanocyten verbringen ihr Leben in der Haut, doch sie sind als Einwanderer dorthin gelangt. Während fast die gesamte Haut aus dem Ektoderm stammt, sind Melanocyten die Produkte einer Gewebestruktur, die als Neuralleiste bezeichnet wird. Etwa am 28. Tag nach der Empfängnis lösen sich Neuralleistenzellen aus dem neugebildeten Neuralrohr und sammeln sich im Bereich des fötalen Kopfes, um das Gesicht zu bilden. Einige Neuralleistenzellen wandern jedoch ein ganzes Stück weiter. Wie ein Fluss, der sich an seiner Mündung zu einem fächerförmigen Delta verbreitert, ziehen Ströme von Neuralleistenzellen von den Rändern des Neuralrohrs aus und dringen bis in die entlegensten Regionen des Embryos vor. In einem Bereich des Körpers bilden sie Nerven, in einem anderen Muskeln, und an wieder anderer Stelle dringen sie in sich entwickelnde Drüsen ein. Und einige werden zu Melanocyten, die im Frühstadium des Fötus in die unteren Hautschichten einwandern, wo sie sich niederlassen und Pigmente produzieren. Neuralleistenzellen schaffen nicht nur unser Gesicht, sie verleihen ihm auch Farbe.

Damit eine junge Neuralleistenzelle statt irgendeine andere Art von Zellen Melanocyten bildet, und damit die Melanocyten ihren Bestimmungsort erreichen, bedarf es molekularer Wegweiser. Mutationen in mindestens fünf verschiedenen Genen können zu Piebaldismus führen, und jede dieser Mutationen setzt einen oder mehrere dieser molekularen Wegweiser außer Funktion, sodass Hautbezirke ohne Melanocyten entstehen, die völlig weiß sind. Einige Betroffene haben nur eine weiße Stirnlocke, andere einen gescheckten Körper und bei wieder anderen sind die Augen unterschiedlich gefärbt. Noch andere haben ernsthaftere Beschwerden. Einige Kinder mit Piebaldismus leiden unter einem Megakolon, einer Darmstörung, bei welcher der Dickdarm erweitert und chronisch verstopft ist, weil die zur Darmentleerung nötigen Nerven fehlen. Auch diese Nerven leiten sich von Vorläufern aus der Neuralleiste ab. Kinder mit Piebaldismus sind auch anfällig für Hörschäden bis hin zur Taubheit, denn offenbar spielen Melanocyten eine entscheidende Rolle im Innenohr.

Dinka versus Dänen

Meerschweinchen, Hunde, Katzen und Rinder sind in verschiedenen Farbvarianten gezüchtet worden, doch nur Menschen kommen von Natur aus in so vielen unterschiedlichen Schattierungen vor. Was

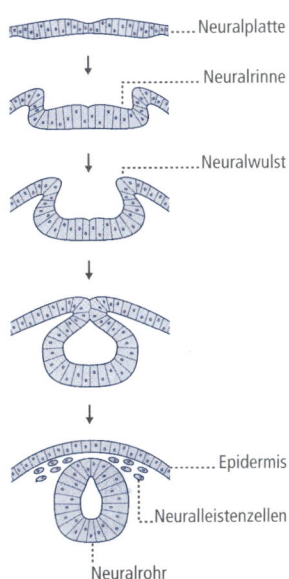

..... Neuralplatte

... Neuralrinne

...Neuralwulst

.... Epidermis

...Neuralleistenzellen

Neuralrohr

Entstehung des Neuralrohrs durch Auffaltung und Fusion der Neuralwülste und anschließende Abtrennung des Neuralrohrs von der Epidermis.

verleiht unserer Haut ihre Färbung? Es ist seltsam, doch trotz allem, was Genetiker über die Ursachen anomaler Pigmentierung gelernt haben, wissen sie noch nicht genau, welche Gene für die Unterschiede in der Hautfarbe zwischen, sagen wir, einem Dinka (Vertreter eines schwarzafrikanischen Volkes im Südsudan) und einem Dänen verantwortlich sind.

Warum ist das so? Teilweise liegt es an der Verzwicktheit des Problems. Genetiker sind sich einig, dass mehr als *ein* Gen den Unterschied zwischen einer von Natur aus dunklen und einer von Natur aus hellen Haut ausmacht (wäre es nur ein einziges Gen, würden wir es inzwischen kennen), doch darüber hinaus schwanken die Vermutungen zwischen zwei und sechs Genen, die auf komplexe Weise miteinander wechselwirken, um unserer Haut eine rosige, ockerfarbene, braune oder schwarze Tönung zu verleihen. Das macht die Dinge so schwierig. Wenn viele Gene – jedes mit zahlreichen Varianten – zusammenwirken, um ein Merkmal des menschlichen Körpers zu schaffen, wird die molekulare Identifikation dieser Gene zu einer anspruchsvollen Übung in angewandter Statistik. Wenn das fragliche Merkmal eine Krankheit war – wie eine Herzkrankheit oder ein insulinunabhängiger Diabetes –, haben die Genetiker die Herausforderung mit Entschlossenheit und Enthusiasmus angenommen. Beim Studium der Hautfarbe waren sie zurückhaltender.

Das ist verständlich. Seit Linné die Menschheit in vier geographische Rassen einteilte – *Asiaticus, Americanus, Europaeus, Afer* –, ist die Hautfarbe als ein praktischer Hinweis auf andere menschliche Attribute missbraucht worden. Linné unterschied seine vier Rassen nicht nur anhand ihrer Hautfarbe, sondern auch anhand ihres Temperaments: *Asiaticus* war „habsüchtig, gelblich, melancholisch … er lässt sich durch die allgemeine Meinung lenken", *Americanus* „mit seinem Los zufrieden, liebt die Freiheit, … gebräunt, cholerisch … er lässt sich durch die Sitte lenken", *Afer,* anscheinend ohne irgendeine rettende Tugend, war „verschlagen, faul, nachlässig, schwarz, phlegmatisch … er lässt sich durch die Willkür seiner Herrscher lenken". Und was war mit seiner eigenen Rasse? *Europaeus,* so Linné, war „einfallsreich, erfinderisch, weiß, sanguinisch … er lässt sich durch Gesetze lenken". Das war der Beginn einer intellektuellen Tradition, die über die Schriften von Arthur Comte de Gobineau, dem Theoretiker der arischen Überlegenheit im 19. Jahrhundert, schließlich in der systematischsten Umsetzung der Farbenlehre gipfelte, welche die Welt je erlebt hat: in der südafrikanischen Apartheid.

Bei der Rassentrennung in Schulen, Krankenhäusern, Jobs, bei praktisch jedem Aspekt des öffentlichen Lebens in Südafrika zwischen 1948 und 1990 konnte das Schicksal eines Kindes von der Feinschattierung fast aller seiner Körperteile abhängen.

Porträt

Gobineau, Joseph Arthur Comte de, französischer Schriftsteller und Diplomat, *14.07.1816 Ville-d'Avray (bei Paris), † 13.10.1882 Turin. In seinem Werk *Essai sur l'inégalité des races humaines* (*Versuch über die Ungleichheit der Menschenrassen, 1853–1855, 4 Bände*) vertrat er die These von der nicht nur körperlichen, sondern auch geistigen Verschiedenheit der Rassen und suchte die Überlegenheit der „arischen" Rasse zu begründen. Damit lieferte er wesentliche Argumente für den Rassenfanatismus des Nationalsozialismus.

Apartheid in Südafrika
(Kapstadt, ca. 1989).

Im Jahre 1973 begann eine 40-jährige Hausfrau namens Rita Hoefling in Cape Town (Kapstadt), die bis zu diesem Zeitpunkt alle Privilegien und Sicherheiten genossen hatte, die in Südafrika Weißen vorbehalten waren, schwarz zu werden. Bei ihr war das Cushing-Syndrom diagnostiziert worden, eine Störung, die von einer Überaktivität der Nebenniere hervorgerufen wird. Die Nebennieren wurden entfernt, und eine Weile schien alles gut zu gehen, bis sie bemerkte, dass ihre Haut immer dunkler wurde. Es handelte sich nicht um eine normale Sonnenbräune, sondern um einen tiefen Bronzeton, der ihr ganzes Aussehen veränderte – und sie wie eine *kleurling*, eine Farbige, aussehen ließ.

Rita Hoefling litt am sogenannten Nelson-Syndrom, das bei etwa einem Drittel aller Patienten auftritt, denen die Nebennieren entfernt werden müssen. Eine der wichtigen Aufgaben der Nebenniere besteht (ähnlich wie bei der Schilddrüse) in der Kontrolle der Hypo-

Was ist eigentlich ...

Cushing-Syndrom, benannt nach dem amerikanischen Hirnchirurg Harvey Cushing (1869-1939), Erkrankung des Menschen durch vermehrte Cortisolproduktion (Cortisol = Steroidhormon der Nebennierenrinde). Ursachen sind a) eine Vergrößerung der Nebennierenrinde, weil durch ein Adenom der Hypophyse oder eine Störung des Hypothalamus die Cortisolproduktion übermäßig stimuliert wird; b) ein Tumor oder ein Adenom der Nebennierenrinde, die unreguliert Cortisol absondern.

physenfunktion. Ohne die Kontrolle der Nebennieren begann Ritas Hypophyse zu wachsen; es entwickelte sich ein Hypophysentumor, der ein Hypophysenhormon im Überschuss produzierte, und dieses Hormon ließ ihre Haut dunkel werden.

Charlie Byrne, der irische Riese, hatte ebenfalls einen Hypophysentumor. Es mag erstaunlich erscheinen, dass ein Tumor in ein und demselben Organ so unterschiedliche Auswirkungen haben kann, doch die Hypophyse ist ein bemerkenswert vielseitiges Organ. Eher ein Industriepark als eine Hormonfabrik, ist jedes der etwa Halbdutzend Hormone, die die Hypophyse ausschüttet, das Produkt einer Gruppe spezialisierter Zellen. Das heißt, dass Tumore je nachdem, welchen Hypophysenzelltyp sie in Mitleidenschaft ziehen, ganz unterschiedliche Auswirkungen haben können. Die meisten Hypophysentumore entwickeln sich in Zellen, die Wachstumshormone produzieren, und führen daher entweder zu Gigantismus oder Akromegalie. Seltener sind Zellen von Tumorwachstum betroffen, die eine andere Gruppe von Hormonen, sogenannte Melanotropine, herstellen.

Wie das Wachstumshormon zirkulieren Melanotropine im Körper, doch während das Wachstumshormon praktisch alle Körperzellen anspricht, sind Melanotropine in der Regel wählerischer. Auf die Melanocyten haben sie einen besonders spektakulären Einfluss. Wenn das Hormon an seinen Rezeptor auf dem Melanocyt bindet, beginnt die Zelle, Eumelanin zu produzieren, das Pigment, das unsere Haut, unsere Haare und Augen dunkel tönt. Genauso, wie zu viel hypophysäres Wachstumshormon zu einem übermäßigen Wachstum

---

■ Was ist eigentlich ... ■

Hypophyse [von griech. hypo = darunter, physis = Wuchs], Gehirnanhangdrüse, Hypophysis cerebri, übergeordnete endokrine Drüse der Wirbeltiere an der Basis des Zwischenhirns (Diencephalon), die mit dem Hypothalamus (anatomische Bezeichnung für den Boden des Zwischenhirns) über einen trichterförmigen Stiel verbunden ist und mit ihm zusammen das Hypothalamus-Hypophysen-System bildet. Sie wiegt beim Menschen ungefähr 0,6 g (zum Vergleich: beim Blauwal ca. 35 g) und liegt in der knöchernen Hypophysengrube, bedeckt von einem Stück harter Hirnhaut, durch das der Hypophysenstiel zieht.

Akromegalie [von griech. akroterion = der äußerste Teil, die Extremitäten, megaleios = groß], durch einen erhöhten Wachstumshormonspiegel verursachte Vergrößerung der Akren (Ohren, Nase, Kinn, Finger, Füße) nach dem Abschluss des Wachstumsalters; die Ursache ist meist ein Hypophysenadenom (Hypophysenadenome sind gutartige Tumoren, die von den verschiedenen Zellarten der Hypophyse ausgehen).

Melanotropin [von griech. melas = schwarz, dunkelfarben, düster, trope = Wendung, Richtung], melanotropes Hormon, melanocytenstimulierendes Hormon, Abk. MSH, Sammelbezeichnung für direkt wirkende Polypeptidhormone aus den polygonalen Zellen des Hypophysenzwischenlappens der Wirbeltiere und des Menschen.

von Fleisch und Knochen führt, führt ein Überschuss an Melanotropin dazu, dass unsere Haut immer dunkler wird – zumindest trifft das für hellhäutige Menschen zu. Aber Melanotropine schalten nicht nur einfach die Eumelaninproduktion an. Kinder ohne Melanotropine sind nicht blond, sondern rothaarig. Und sie sind dick.

Sie sind dick, weil eines der Melanotropine, ein Molekül namens Alpha-Melanocytenstimulierendes Hormon (α-MSH) mehr tut, als sein Name vermuten lässt. An den Melanocyten bindet es an ein Molekül namens Melanocortin-1Rezeptor, kurz MC1R genannt, und aktiviert ihn. Im Gehirn bindet es jedoch an einen anderen Rezeptor namens MC4R, der von einem weiteren Gen codiert wird. Dieser Gehirnrezeptor kontrolliert den Appetit. Wenn α-MSH nun MC4R aktiviert, befiehlt uns ein neuronales Signal, mit dem Essen aufzuhören. Kinder, denen α-MSH fehlt, sind fettleibig, weil sie nicht wissen, wann es an der Zeit ist, „Halt" zu sagen.

Aber nicht alle Rotschöpfe sind dick; tatsächlich sind es nur recht wenige. Warum ist das so? Die Antwort ist offenbar, dass die meisten Rothaarigen ihr feuriges Haar und ihre durchscheinende Haut nicht irgendeinem Hormonmangel verdanken, sondern ungewöhnlichen Rezeptoren. Wenn MC1R aktiv ist, produzieren die Melanocyten Eumelanin – braune und schwarze Pigmente; sind sie inaktiv, wird Phaeomelanin produziert – rote Pigmente. Rothaarige Kelten haben Rezeptoren, die mehr oder weniger ständig inaktiv sind – etwas, das sie mit Irischen Settern, Rotfüchsen und rot bezottelten Schottischen Hochlandrindern gemein haben.

Und ohne hart erscheinen zu wollen, steht die Frage im Raum: Sind Rothaarige Mutanten?

Ob eine bestimmte genetische Sequenz eine Mutation oder doch eher ein Polymorphismus ist, hängt von zweierlei ab: ihrer weltweiten Häufigkeit und ihrem Nutzen – Mutationen sind selten und schädlich, Polymorphismen in der Regel keines von beiden. Was die Häufigkeit angeht, mögen Rothaarige in Nordeuropa vielleicht zahlreich sein (in Aberdeen immerhin sechs Prozent), doch weltweit sind sie selten. Schlimmer noch, eine Zählung von Rothaarigen überschätzt die Häufigkeit des „Rote-Haare-Gens". Das ist so, weil jeder Rotschopf auf seine ganz eigene Weise ungewöhnlich ist. MC1R tritt in mindestens 30 verschiedenen Versionen auf, und viele von ihnen findet man in Irland. Sechs, vielleicht aber auch bis zu zehn dieser humanen MC1R-Versionen führen in einer Vielzahl von Kombinationen zu rotem Haar – sei es kastanienrot, dunkelrot, karottenrot oder erdbeerrot. Afrikaner hingegen weisen alle nur einen einzigen MC1R-Typ auf.

Global gesehen ist jede einzelne Version des „rothaarigen" MC1R-Gens so verschwindend selten, dass wir es offenbar als Mutation und

Was ist eigentlich …

Polymorphismus [von griech. *poly* = viele und *morphe* = Form, Gestalt], Vielförmigkeit, Vielgestaltigkeit von Zellen oder Chromosomen.

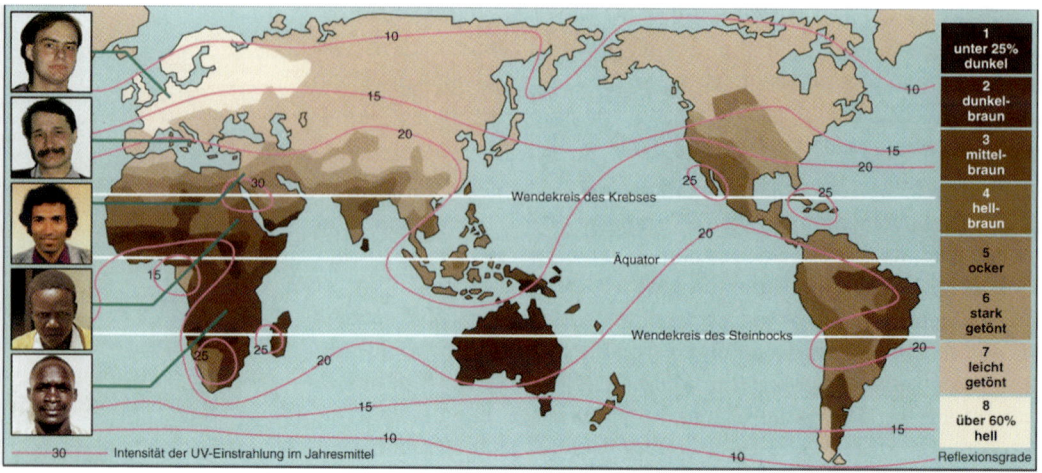

Die Pigmentierung der Haut korreliert geographisch mit der UV-Einstrahlung.

nicht als Polymorphismus bezeichnen müssen. Aber vielleicht lässt sich sein Nutzen begründen? Manche Experten haben spekuliert, dass Nordländer eine hellere Haut bräuchten, um genügend Sonnenlicht für die Produktion von Vitamin D aufzunehmen, ohne dass es zu Knochendeformationen wie bei der Rachitis kommt. Auf der anderen Seite lassen sich leicht Argumente finden, die gegen den Nutzen von rotem Haar sprechen. Die Einheitlichkeit des MC1R-Gens in Afrika sagt uns, dass in den Tropen dunkle Haut von Vorteil ist – es gibt keinen Zweifel, dass sie vor Hautkrebs schützt. Außerhalb des sanften nördlichen Lichts erleiden Rothaarige leicht Sonnenschäden. Ihre MC1R-Gene verleihen ihnen einen empfindlichen Teint, der in der Sonne nicht bräunt, sondern verbrennt. Viele australische Kinder haben schottische oder irische Vorfahren, und das australische Gesetz schreibt ihnen vor, auf dem Schulhof Hüte und langärmelige Kleidung zu tragen. Keines dieser Argumente ist endgültig oder abschließend. Doch die Beweislage spricht dafür, dass rotes Haar, so hübsch es auch aussieht, zu nichts nutze ist. In Nordeuropa könnte MC1R einfach ein Gen sein, das im Verschwinden begriffen ist, weil es nicht länger gebraucht wird, so wie die Augen beim blinden Höhlenfisch allmählich verschwinden.

Die Topographie der Behaarung

Wir werden mit rund fünf Millionen Haarfollikeln geboren, und damit müssen wir zeitlebens auskommen. Die Haarfollikel sind in genau festgelegten Abständen angeordnet. Wie kommt es zu dieser regelmäßigen Anordnung? Wenn sich die Haarbälge zufällig auf unserer Kopfhaut verteilten, würden wir alle einige Lücken in unserem

---

■ Über die Haut ■

Spezielle Struktur und vorherrschende Funktionen der Haut werden im Wesentlichen durch die Lebensraumbedingungen der Organismen geprägt und haben bei den Wirbeltieren, besonders bei den Säugetieren, ihre komplexeste Ausbildung und weiteste Entfaltung erfahren. Die Wirbeltierhaut (Cutis), bestehend aus der ektodermalen, oft vielschichtigen Epidermis (Oberhaut) und der unterlagernden mesodermalen Bindegewebslage des Coriums (Dermis, Lederhaut, Unterhaut), gewinnt durch die Fasertextur der Unterhaut ihre zähe Reißfestigkeit (Leder). Beide Schichten sind durch ein System papillen- oder leistenförmiger Coriumvorwölbungen und tief zwischen diese hineinragender Epidermiszapfen innig miteinander verzahnt. Vom reich durchbluteten Corium her erfolgt die Ernährung der Epidermis; Pigmentzellen (Chromatophoren) im Corium liefern die Pigmente, die der Haut ihre Färbung verleihen, und in den Coriumpapillen liegen die Sinnesrezeptoren der Hautsinne für Tast-, Schmerz- und Temperaturempfindung. Das genetisch fixierte Muster der Coriumleisten bestimmt u. a. die individuelle Ausprägung der epidermalen Hautfelderung und Hautleisten an Handflächen und Fußsohlen der Primaten. In der Tiefe geht das Corium kontinuierlich in ein fettreiches Unterhautbindegewebe (Subcutis) über, das als Verschiebe- und Einbauschicht die Verbindung zu Skelett und Muskulatur herstellt.

Haupthaar aufweisen. Die Frage, wie es kommt, dass Haarfollikel mit solcher Präzision angeordnet sind, ist komplex und schwierig. Es geht darum, wie man aus dem Nichts ein regelmäßiges Muster schafft.

Die Schwierigkeit liegt in dem Begriff „regelmäßig". Man kann sich recht leicht vorstellen, wie ein Organismus einzelne Teile herstellt – beispielsweise fünf verschiedene Finger. Dazu ist lediglich erforderlich, dass vorprogrammierte Zellen auf einen ganz bestimmten Gradienten in der Konzentration eines Moleküls reagieren. Doch wie sieht es aus, wenn man statt einer Hand mit fünf einzelnen Fingern eine Hand mit nur zwei alternierenden Fingertypen, wie Ringfinger und Zeigefinger, herstellen möchte? Eine seltsame Handvariante, die etwa so aussieht: Ringfinger-Zeigefinger-Ringfinger-Zeigefinger-Ringfinger? Eine solche Hand gibt es nicht. Aber das ist im Grunde das Problem, vor dem unsere Haut steht. Aus der eintönigen, embryonalen Uniformität muss sich die Haut irgendwie selbst in ein Gitterwerk regelmäßig verteilter, durch kleine Hautbereiche getrennter Haarfollikel organisieren. Dazu bedarf es offensichtlich eines subtilen Kunstgriffs.

Was genau passiert, liegt noch immer im Dunkeln, doch wir wissen inzwischen, wie dieser Prozess im Prinzip ablaufen müsste. Was wir brauchen, ist eine Methode, Haarfollikel herzustellen, aber nicht überall. Ein Fötus bildet seine ersten Haarfollikel mit etwa drei Monaten. Fünf Millionen Follikel entstehen nicht alle auf einmal: Sie beginnen vielmehr an unseren Augenbrauen zu sprossen und breiten sich anschließend wie ein Ausschlag zunächst auf Kopf und Gesicht, dann den Hals hinunter über Schultern und Rücken auf dem ganzen Rumpf und schließlich auf Armen und Beinen aus.

Mir gefällt das Bild vom Ausschlag, denn es suggeriert die Ausbreitung einer infektiösen Veränderung in den Hautzellen, einer Veränderung, die sich von einem kleinen Zentrum nach außen ausbreitet. Diese Veränderung weckt die Hautzellen auf, wandelt sie aus einem Ruhestadium in ein Stadium um, das Follikel produzieren kann. Wahrscheinlich geschieht dies Zelle für Zelle. Vielleicht beginnt der Prozess mit einer einzigen Zelle irgendwo auf der Stirn, die dieselbe Veränderung bei ihren Nachbarn auslöst, die wiederum ihre Nachbarn umwandeln, und so fort. Niemand weiß, welcher Art diese Veränderung ist, doch wir können einige Vermutungen anstellen.

Jeder Haarfollikel ist eine Chimäre, ein Hybrid zweier Gewebe. Das gilt auch für die Haut. Die Haut, die wir sehen, die wir berühren und die den Elementen ausgesetzt ist, ist die Oberhaut, die Epidermis, eine Schicht aus mehreren Zelllagen, die vom äußeren Keimblatt des Embryos abstammt, dem Ektoderm. Unter der Epidermis befindet sich eine andere, dickere Schicht, die Lederhaut oder Dermis, die sich vom mittleren Keimblatt ableitet, dem Mesoderm. Dermis und Epidermis arbeiten bei der Schaffung eines Haarfollikels eng zusammen. Ihre Beziehung ähnelt einem Gespräch zwischen zwei Partnern, einem molekularen Dialog von Signal und Gegensignal.

Ein einfaches, wenn auch etwas exzentrisches Experiment verdeutlicht dies. Im Jahr 1999 benutzte ein Wissenschaftlerpaar, in der Liebe zueinander und zur Wissenschaft vereint, sich gegenseitig als Versuchskaninchen. Sie schnitt ein Stück Lederhaut aus seiner Kopfhaut, und er verpflanzte es in die haarlose Region unter ihrem Arm. Es mag erstaunlich erscheinen, dass sie das Gewebe ihres Mannes

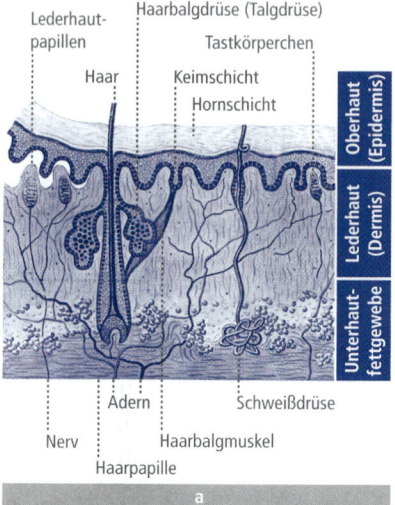
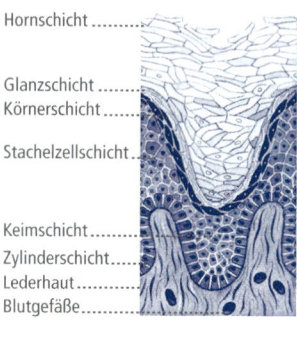

Schnitt durch die menschliche Haut (a) und durch die Schichten der Oberhaut (b); von der Keimschicht werden neue Zellen durch Teilung gebildet, die zur Oberfläche hin allmählich verhornen und dann abblättern.

(im immunologischen Sinne) nicht abstieß, doch offenbar sind Haarfollikel auf irgendeine Weise vor der Überwachung durch das Immunsystem geschützt. In diesem Fall sprossten, bereits kurz nachdem das Transplantat eingeheilt war, unter dem Arm der Empfängerin lange Kopfhaare. Das Experiment zeigte, dass die Dermis eine Stimme hat, die der Epidermis sagt: „Bilde hier Haarfollikel." Die Veränderung, die sich wie ein Ausschlag über den ganzen Fötus ausbreitet, während er Haarfollikel bildet, besteht darin, dass die Zellen der Dermis eine nach der anderen diese Stimme erhalten – eine Zungenfertigkeit, von der alle Dermiszellen angesteckt werden, mit Ausnahme derjenigen an den Fingerspitzen, Handflächen, Fußsohlen, Lippen und Genitalien, die aus irgendeinem Grund schweigsam bleiben.

Zwar eröffnet die Dermis mit ihren Anweisungen das Zwiegespräch in der Haut, doch die Epidermis hat sofort das Recht zu antworten. Während die Dermiszellen zum Leben erwachen und die Epidermis drängen, Follikel zu produzieren, muss diese regelmäßig und entschieden mit „nein" antworten. Täte sie das nicht, würde die Haut des Fötus zu einem einzigen, riesigen Haarfollikel werden, oder vielleicht zu einer tumorartigen Masse missgebildeter Follikel und Haare. Die Art und Weise, wie die Epidermis der Dermis Paroli bietet, ist es, die über die genaue räumliche Verteilung der Haarfollikel entscheidet. Jeder neugebildete Haarfollikel gibt Anweisungen aus, die verhindern, dass sich die Epidermiszellen rundum ebenfalls in Haarfollikel verwandeln. Nicht nur, dass jeder neugebildete Follikel umliegende Zellen davon abhält, auf die eindringlichen Forderungen der Dermis zu hören – wahrscheinlich schaltet er sie auch an der Quelle aus.

Die Wörter in dieser Konversation senden offenbar Signale an eine Art von Molekülen aus, auf die wir schon zuvor getroffen sind. Die sogenannten *bone morphogenetic proteins* (BMPs) sind gute Kandidaten für einen epidermalen Inhibitor (Hemmer). Vogelfedern sind mit Säugerhaaren entfernt verwandt, und wenn eine mit BMP vollgesogene Kugel auf der Haut eines Hühnerembryos platziert wird, bildet der betroffene Teil keine Federn aus. Wird dasselbe Experiment mit Fibroblastenwachstumsfaktor (*fibroblast growth factor*, FGF) durchgeführt, bilden sich zusätzliche (wenn auch bizarr verformte) Federn – vielleicht ist dies das ursprüngliche follikelinduzierende Signal. Vermutlich arbeiten diese Moleküle in unseren Haarfollikeln in derselben Weise. Die Signale rund um den sich entwickelnden Haarfollikel sind jedoch so unterschiedlich, vielfältig und dynamisch, dass es schwierig ist herauszufinden, was sie alles tun. Wir wissen jedoch, dass Mäuse, die gentechnisch verändert und mit fehlerhaften Haarfollikelsignalen ausgestattet wurden, oft unbehaart sind.

Was ist eigentlich …

BMP, Abk. für *bone morphogenetic protein*, Gruppe strukturell und funktionell verwandter Proteine, die aus Knochen und Knochentumoren isoliert werden können und als Cytokine wirken. Wegen ihrer auf die Knochenbildung förderlichen Wirkung werden sie auch als osteoinduktive Proteine oder Osteogenine bezeichnet. Mehrere Vertreter dieser Gruppe konnten bislang isoliert und kloniert werden; deren Bezeichnung folgt der Reihenfolge ihrer Entdeckung (BMP-1, BMP-2 usw.). Proteine wie das *osteogenic protein 1* (OP-1), FGF (*fibroblast growth factor*), *osteoinductive factor* (OIF) und der *bone growth factor* (BGF) werden synonym zu Vertretern der BMPs geführt.

Felder ohne Gras

Das, was viele von uns wirklich gern über Haare wissen möchten, ist, warum wir sie verlieren. Wie viele Männer unter *Alopecia androgenetica* oder „Haarausfall vom männlichen Typ" leiden, ist eine Frage der Definition, aber Schätzungen, dass 20 Prozent der Amerikaner in ihren Zwanzigern, 50 Prozent der 30- bis 50-Jährigen und 80 Prozent der 70- bis 80-Jährigen betroffen sind, könnten durchaus zutreffen. Kahlköpfigkeit ist in der Tat der Fluch des weißen Mannes: Bei Afrikanern, Ostasiaten und nordamerikanischen Indianern beträgt die Wahrscheinlichkeit, im Laufe des Lebens eine Glatze zu bekommen, weniger als 25 Prozent. Medizinisch harmlos, handelt es sich nichtsdestotrotz um eine belastende Störung.

„Hässlich [ist] ein Feld ohne Gras, ein Busch ohne Laub und ein Kopf ohne Haar." (Ovid in seiner *Ars amatoria*)

Seit mindestens einem Jahrhundert zeigen Amerikaner eine ausgeprägte Abneigung dagegen, kahlköpfige Männer in das höchste Amt der Nation zu wählen. Mit Ausnahme von Gerald Ford (1974–1977), der kahl war, aber nicht gewählt wurde, war der letzte glatzköpfige Präsident Dwight D. Eisenhower (1953–1961). Europäer hegen mehr Sympathien für kahle Politiker (Churchill, Papandreou, Simitis, Giscard d'Estaing, Mitterrand, Chirac, Craxi, Mussolini), doch selbst sie hinken hinter den Sowjets her, die unerklärlicherweise kahle Führer und solche mit vollem Haar in striktem Wechsel, wenn nicht unbedingt gewählt, so doch installiert haben: Lenin (kahl), Stalin (volles Haar), Chruschtschow (kahl), Breschnew (volles Haar), Gorbatschow (kahl) – eine Tradition, die in der Republik Russland mit Jeltzin (volles Haar) und Putin (nach vorn gekämmtes Haar) beibehalten worden ist.

„Die Ursache der Kahlköpfigkeit beim Mann ist die Trockenheit des Gehirns und sein Schrumpfen, das es vom Schädel zurückweichen lässt." (Samuel Johnson (1709–1784)).

Was verursacht Kahlköpfigkeit? Die diesbezügliche Ansicht des englischen Schriftstellers Samuel Johnson kann man zweifellos unberücksichtigt lassen, ebenso die um 1900 populäre Theorie, das Tragen von Hüten sei schuld daran. Dermatologen sehen sich jedoch gedrängt, überzeugendere Erklärungen zu liefern. Kahlköpfigkeit tritt offenbar familiär gehäuft auf, doch Behauptungen, sie werde von einer einzigen rezessiven Mutation verursacht oder „mütterlicherseits" (rezessiv X-chromosomal) vererbt, sind falsch. Kahlköpfigkeit vom männlichen Typ wird von mehreren Genen hervorgerufen, von denen bisher noch keines identifiziert werden konnte. Um welche Gene auch immer es sich handelt, sie müssen den Lebenszyklus der Haarfollikel beeinflussen.

Haarfollikel haben die seltsame Gewohnheit, sich in periodischen Abständen selbst zu zerstören und dann wieder neu aufzubauen. Die meiste Zeit produzieren sie einfach Haar. Ein einzelner Kopfhautfollikel kann zwischen zwei und acht Jahren daran arbeiten, ein Haar zu verlängern; je länger er dies tut, desto länger wird das Haar. Mausfollikel arbeiten nur zwei Wochen lang an einem Haar, was erklärt,

Allgemeine Angaben zu den Haaren der Menschen	
Bildung der Flaumhaare	ab 4. Fetalmonat
Ersatz der Flaumhaare durch die Wollhaare	im Alter von 6 Monaten
mittlerer Durchmesser eines Haares	0,1 mm
Anteil der Kopfhaare an allen Haaren des Körpers	ca. 25 %
Anteil der Körperoberfläche beim weiblichen Geschlecht, auf der die Wollhaare lebenslang erhalten bleiben	65 %
Anteil der Männer, die ihre Kopfhaare mit etwa 25 Jahren verlieren	ca. 20 %
Anteil der Männer, die ihre Kopfhaare das ganze Leben lang behalten	ca. 20 %
Größe des Haarverlustes bei Frauen innerhalb von 3 Monaten nach der Niederkunft	50 %
Anteil der Menschen mit rotem Haar in Schottland (höchster Wert auf der Erde)	11 %
Anteil der Europäer, die einen linksdrehenden Haarwirbel am Hinterkopf haben	80 %
Gesamtanzahl der Talgdrüsen auf der Kopfhaut eines Erwachsenen	ca. 120 000
Länge der Talgstränge, die alle Haarbalgdrüsen produzieren	30 m/Tag und 11 km/Jahr

Allgemeine Angaben zu den Haaren der Menschen.

warum ihr Fell so kurz ist. Wenn sich ein Follikel dem Ende seiner Wachstumsphase nähert, beginnt er sich in die Haut zurückzuziehen, stirbt ab, und das Haar fällt aus. Weiter unten im Follikel liegt jedoch eine Ansammlung epidermaler Zellen („Stammzellen"), die zwei bemerkenswerte Eigenschaften aufweisen: Sie sind unsterblich, und sie können sich in alle anderen epidermalen Zelltypen verwandeln, aus denen der Follikel besteht. Aus ihnen baut sich der Follikel wieder auf.

Aber nicht bei kahlköpfigen Männern. Statt sich wieder zu einem voll funktionsfähigen Follikel zu verjüngen, entsteht nur eine schwächliche Imitation des Originals, ein follikulärer Epigone, der nichts weiter als winzige Härchen hervorbringt. Warum das geschieht, ist bisher ein Rätsel. Ein Faktum ist jedoch bekannt: Um kahl zu werden, bedarf es des Hormons Testosteron, und zwar in großen Mengen. In dem Abschnitt seiner *Historia animalium*, in der Aristoteles erwähnt, dass Eunuchen hoch gewachsen sind, erklärt er auch, dass sie nicht kahl werden – eine Beobachtung, die 1913 durch eine Untersuchung an den letzten ottomanischen Eunuchen bestätigt wurde. Die erste überzeugende Demonstration, dass Testosteron und nicht irgendein anderes testikuläres Hormon, wie Östrogen, der Schuldige ist, lieferte eine Studie des amerikanischen Arztes James Hamilton. Einige der 54 Eunuchen, die er untersuchte, waren ohne Hoden geboren, andere aus medizinischen Gründen (etwa im Zusammenhang mit einem Leisten-

87

bruch) kastriert worden. Hamilton verrät nicht, wo er den Rest seiner Probanden hernahm, doch einer seiner späteren Artikel lässt darauf schließen, dass es sich um geistig zurückgebliebene Männer handelte, die als Knaben in den psychiatrischen Anstalten von Kansas kastriert worden waren, ein Vermächtnis eugenischer Programme, die in den Vereinigten Staaten bis in die Sechzigerjahre des 20. Jahrhunderts durchgeführt wurden (und anderswo sogar noch länger). In Übereinstimmung mit Aristoteles' Behauptung entwickelte keiner dieser Männer, die alle vor Ende des Teenageralters kastriert worden waren, irgendeine Art von Glatze, nicht einmal eine relativ hohe Stirn (Stirnglatze), wie sie fast alle erwachsenen Männer haben. Das lag nicht etwa daran, dass sie zufällig alle aus Familien mit üppigem Haarwuchs stammten – viele hatten kahle männliche Verwandte. Den Beweis dafür, dass Testosteronmangel die Ursache für die knabenhafte Haarfülle der Eunuchen war, lieferte Hamilton, als er seinen Probanden männliche Hormone verabreichte und einigen daraufhin prompt die Haare auszufallen begannen. Als er die Hormonbehandlung einstellte, wuchsen die Haare sofort nach.

Der Zusammenhang zwischen Kahlköpfigkeit und dem männlichen Sexualhormon Testosteron hat zu der Vorstellung geführt, dass Männer mit vorzeitiger Glatzenbildung ungewöhnlich viril seien. Dabei klingt wohl ein wenig Wunschdenken mit. (Selbst Julius Cäsar soll an dem Titel „der kahle Verführer" seine Freude gehabt haben.) Sicherlich liegt eine gewisse Ironie darin, dass dasselbe Hormon, das Männern in der Pubertät einen Bart wachsen lässt, ein paar Jahre später ihre Kopfhaut entblößt – Belege dafür, dass vorzeitig erkahlte Männer mehr Testosteron als ihre haarigeren Geschlechtsgenossen haben oder mehr Kinder zeugen, gibt es jedoch nicht. Auf der anderen Seite ist es wahrscheinlich ein Mangel an Testosteron, der verhindert, dass Frauen eine Glatze bekommen. Frauen, die aus welchem Grund auch immer einen abnorm hohen Testosteronspiegel entwickeln, wächst nicht nur ein Bart, sondern sie neigen auch zur Glatzenbildung, wenn ihre bis dahin stummen Kahlköpfigkeitsgene aktiviert werden.

Unter der Haut des nackten Affen

Mehrere genetische Störungen, sogenannte Hypertrichosen, können dazu führen, dass ein Kleinkind ein üppiges Haarwachstum auf Nase, Stirn, Wangen, Ohren, Gliedmaßen und Rumpf entwickelt – Körperteile, die bei den meisten Säuglingen kaum behaart sind. Als Erwachsene waren sie die *Waldmenschen* und die *femmes sauvages* früher Reisender, die *hommes primitifs* und *Homo hirsutus* der Systematiker und die Hunde-Bären-Löwen-Affen-Menschen der Jahrmarktsbuden.

Was ist eigentlich ...

Hypertrichose (Hypertrichosis) [von griech. *hyper* = darüber, *trichon* = Haar] Bezeichnung für das Symptom einer über das übliche Maß an geschlechtsspezifischer Behaarung hinausgehende Haardichte bzw. eine Behaarung an sonst unbehaarten Stellen. Die Hypertrichose kann lokal begrenzt an einzelnen Stellen auftreten (beispielsweise als behaarter *Nävus pilosus*, Tierfellnävus) oder den gesamten Körper mit Ausnahme der Fußsohlen und Handflächen betreffen. Letzteres kann als angeborenes Syndrom bei Fortbestehen der fetalen Lanugohaare auftreten (Hypertrichosis congenita lanuginosa, Hypertrichosis universalis congenita) und bietet dann das medizinhistorische Bild der sogenannten „Wolfsmenschen".

Mann mit Hypertrichosis languinosa, um 1856.

Man kann gelegentlich noch immer auf die Behauptung stoßen, Mutationen, die zu übermäßigem Haarwuchs führen, würden das Fell unter der Haut des nackten Affen enthüllen. Doch es gibt Grund zu der Annahme, dass diese Atavismushypothese falsch ist, denn die meisten Menschen mit Überbehaarung weisen außerordentlich feines, seidiges Haar auf. Das erinnert nicht an das kräftige, drahtige Fell erwachsener Affen – nicht einmal an menschliches Kopf- oder Schamhaar. Und so haarig, wie die großen Menschenaffen auch sind, sind sie doch weniger stark behaart als die am stärksten behaarten Menschen.

Woher kommt dann das überschüssige Haar? Eine mögliche Quelle ist der Fötus. Rund fünf Monate nach der Empfängnis entwickelt jeder menschliche Fötus ein dichtes Haarkleid. Dieses „Lanugohaar" ist fein, seidig, weniger als einen Zentimeter lang und seltsam vergänglich. Einige Wochen, nachdem es gewachsen ist, verschwindet es wieder. Gäbe es nicht von Zeit zu Zeit Kinder, die mit Überbleib-

Was ist eigentlich ...

Atavismus [von latein. *atavus* = Urahn], relativ selten bei einzelnen Individuen einer Art auftretende Abweichungen („Rückschläge") in der Ausbildung von Eigenschaften, die den Merkmalsausprägungen von Ahnenformen mehr oder weniger entsprechen. Beim Menschen treten als Atavismus u. a. auf: ein kleiner, äußerlich hervortretender Schwanzfortsatz am Ende der Wirbelsäule, fellartige Ausbildung der Körperbehaarung, Ausbildung überzähliger Milchdrüsen (Hypermastigie) entlang einer Linie (Milchleiste), die von der Achselhöhle zur Leistenregion reicht.

seln dieser Flaumbehaarung (meist in den Ohren) geboren werden, wüssten wir kaum, dass sie jemals vorhanden war. Wahrscheinlich führt eine Mutation bei Menschen mit Hypertrichose dazu, dass dieses Lanugo-Haarkleid beibehalten wurde. Statt zum normalen Muster der Haarproduktion im Jugend- und Erwachsenenalter überzugehen, bleiben ihre Haarfollikel im fötalen Modus stecken.

Und nicht nur ihre Haarfollikel. Haare, Zähne, Schweiß- und (wenn Darwin sie auch nicht erwähnt) Brustdrüsen – all diese in Bau und Funktion scheinbar so unterschiedlichen Organe stehen in enger Beziehung zueinander. Sie alle sind Stellen, an denen die Haut sich vorwölbt oder Hohlräume bildet, um etwas Neues zu schaffen. Das einfache Röhrchen beim Haarfollikel, der robuste Amboss aus Dentin (Zahnbein) und Email (Zahnschmelz) beim Zahn und die von Gängen durchzogene Wölbung bei der Brust – all dies sind Variationen eines Bauplans. Eine genetische Störung – und davon gibt es mehr als 100 –, die eines dieser Organe betrifft, betrifft oft auch ein weiteres.

Diese Organe haben nicht nur in der Haut einen gemeinsamen Ursprung, sie bilden sich auch auf ähnliche Weise. Schon Charles Darwin interessierte sich für die Beziehung zwischen Haaren und Zähnen. Ein Mr. Wedderburn hatte ihm von einer „Hindu"-Familie aus dem Scinde-Distrikt – im heutigen Pakistan – erzählt, in der zehn Männer aus vier Generation lebten, die fast völlig zahnlos und fast kahl waren – und zwar von Geburt an. Die kahlen, zahnlosen „Hindus" hatten auch keine Schweißdrüsen; und da sie nicht schwitzen konnten, litten sie stark unter der Hitze von Hyderabad. Sie trugen eine Mutation in einem Gen, das für ein Protein namens Ektodysplasin codiert; es ist nach der Störung benannt, die seine Abwesenheit hervorruft: ektodermale Dysplasie.

Eine noch tiefergehende Organverwandtschaft zeigt sich bei einer seltsamen Spielart eines Aquarienfisches. Mindestens seit dem Beginn des Tokugana-Shogunats im frühen 17. Jahrhundert haben japanische Liebhaber den Medaka oder Reiskärpfling (*Oryzias latipes*) gezüchtet, einen kleinen Fisch, der normalerweise in überfluteten Reisfeldern lebt. Als eine Art Koi des kleinen Mannes werden diese Fische in japanischen Städten an kleinen Ständen verkauft, wo unter den angebotenen Spielarten – Albinos, Schecken, Langflosser – auch Mutanten angeboten werden, die keine Schuppen haben. Die Nacktheit der Medakas wird wie die der kahlen „Hindus" von einer Mutation hervorgerufen, welche das Ektodysplasin außer Gefecht setzt.

Die Verwendung eines einzigen Moleküls bei der Bildung von menschlichen Zähnen, Haarfollikeln und Schweißdrüsen ist ein Vermächtnis der gemeinsamen evolutionären Vergangenheit dieser Organe. Diese Vergangenheit wird offensichtlich – um unterschiedlich viele Ecken – auch von den Federn der Vögel und den Schuppen der Fische geteilt. All diese Organe haben sich aus irgendeinem einfachen Hautorgan eines uralten, seit langem ausgestorbenen Wirbeltiervorfahren entwickelt. Niemand weiß genau, worum es sich bei diesem Organ gehandelt hat. Die beste Vermutung ist, dass es den zahnartigen Schuppen ähnelte, die der Haut von Haifischen ihre raue Oberfläche verleihen.

Das richtige Signal kann sogar die unerwartete Wiederauferstehung eines Organs mit sich bringen, das lange im Schoß der Evolution verborgen war. Vögel haben keine Zähne, aber ihre Dinosaurier-Vorfahren hatten zweifellos reichlich davon. Wenn ein Stück Ektoderm aus dem Schnabel eines Hühnerfötus auf ein Stück Mesoderm aus dem Unterkiefer eines Mäusefötus gepflanzt wird und beides in die Augenhöhle einer jungen Maus gesetzt wird, beginnt das Hühnchengewebe, das 60 Millionen Jahre lang keinen Zahn gesehen hat, plötzlich mit der Zahnbildung: Hühnerzähne, ähnlich geformt wie winzige Backenzähne, komplett mit Dentin und Email. Das lässt den Schluss zu, dass die molekularen Signale, die *Tyrannosaurus rex* benutzte, um seine gewaltigen Fangzähne zu entwickeln, dieselben sind wie die, die eine Maus benutzt, um ihre winzigen Backenzähne zu entwickeln – Signale, die bei Hühnern offenbar verlorengegangen sind.

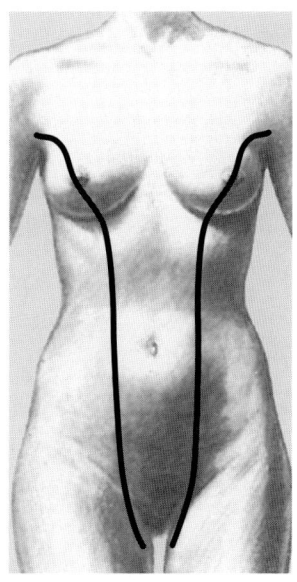

Die Milchleiste als atavistische Ausprägung beim Menschen. Während der Fetalphase bilden sich beim Menschen zwei Milchleisten. Beim Menschen entwickelt sich auf dieser Milchleiste nach der Geburt meist nur je eine Brust. Bei vielen Säugetieren werden dagegen auf jeder Seite mehrere Brustdrüsen ausgebildet.

Vielleicht führt auch das Wiedererwachen eines uralten, von der Evolution teilweise vergrabenen Signalsystems dazu, dass einige Menschen zusätzliche Brustwarzen oder sogar ganze Brüste entwickeln. Menschen und Menschenaffen besitzen nur zwei Brustwarzen, doch die meisten Säuger haben weitaus mehr Zitzen. Manchmal sind zusätzliche Brustwarzen nicht viel mehr als eine kleine, dunkle Erhebung irgendwo auf dem Bauch, manchmal krönen sie eine vollentwickelte, zusätzliche Brust. So etwas kommt gar nicht selten vor: Zwischen zwei und zehn Prozent der Bevölkerung weisen mindestens eine zusätzliche Brustwarze auf. Bei Europäern finden sich zusätzliche Brustwarzen oder Brüste gewöhnlich mehr oder weniger tief unterhalb der normalen Brustwarzen, oft in gerader Linie den Bauch hinab. Bei Japanerinnen bilden sie sich sonderbarerweise in der Regel über den normalen Brüsten, oft in den Achseln, aus.

Diese Muster zusätzlicher Brustwarzen könnten eine Rückerinnerung an eine alte „Milchleiste" sein – eine Reihe von zehn Zitzenpaaren, die bei irgendeinem altertümlichen Säuger von den Achseln bis zu den Leisten verlief. Achselbrüste findet man bei dem Lemuren *Galeopithecus volans*, und die Rekordzahl von Brustwarzen, die man bei einem Menschen gefunden hat, beträgt neun (fünf auf der einen und vier auf der anderen Seite). Was auch immer sie sind, zusätzliche Brüste funktionieren oft wie normale und sondern nach der Schwangerschaft manchmal Milch ab; es gibt sogar Berichte über Frauen, die Kindern mit einer überzähligen Brust an der Hüfte stillten. Zusätzliche Brustwarzen und Brüste treten familiär gehäuft auf, auch wenn die Mutation (oder die Mutationen), die sie hervorrufen, bisher noch nicht identifiziert worden sind. Eine Gruppe Londoner Forscher versucht, die Mutation zu finden, die dazu führt, dass ein Stamm von Mäusen acht Zitzen statt der üblichen sechs ausbildet. Sie haben das Gen bereits *Scaramanga* getauft – nach dem Bösewicht in dem James-Bond-Film *Der Mann mit dem goldenen Colt*, der als Zeichen seiner Verderbtheit eine zusätzliche Brustwarze oben auf der linken Brust trug.

Grundtext aus: Armand Marie Leroi *Tanz der Gene. Von Zwergen, Zwittern und Zyklopen*. Spektrum Akademischer Verlag (amerikanische Originalausgabe: *Mutants. On Genetic Variety and the Human Body*; Viking/Brockman; übersetzt von Jorunn Wissmann und Monika Niehaus-Osterloh).

Ist das noch mein Ich?

Menschen, deren Gesicht durch Feuer, Unfall oder Krankheit zerstört wurde, haben einen Teil ihrer Identität verloren. Ärzte hoffen, ihnen bald mit einer Gesichtstransplantation helfen zu können

Christian Jungblut

Es wird alles sehr schnell gehen. Wenn die Herz-Lungen-Maschine der Patientin ausgeschaltet ist und kein Blut mehr durch ihre Adern pulst, tritt ein Chirurg an die Tote heran, zieht mit einem Marker quer über den oberen Teil ihrer Stirn eine violette Linie und setzt sie nach unten am Ohr entlang fort, bis das Gesicht umrahmt ist. Dann durchtrennt er mit einem Skalpell entlang der Markierung die Haut und schneidet darunter weiter. Schließlich hebt er das Gesicht vom Schädel ab, legt es in einen Kühlbehälter und eilt damit hinaus.

Wenn wenig später eine andere Gruppe von Chirurgen den Kühlbehälter empfängt, führt einer der Ärzte dort die gleichen Schnitte am Gesicht einer zweiten Frau aus und entfernt es. Doch sie lebt. Sie liegt in tiefer Narkose. Er nimmt das Gesicht der Verstorbenen aus dem Kühlbehälter, drapiert es auf den Schädel der ruhig atmenden Frau, verbindet die Hauptadern und beginnt, mit feinen Stichen an ihrem Nasengewebe das fremde Antlitz zu verankern.

Noch ereignen sich solche Szenen nur im Kopf von Leuten wie John Barker. Der Chef der chirurgischen Forschungsabteilung des Universitätskrankenhauses von Louisville, Kentucky, ist davon beseelt, mit seinem Team ein Gesicht zu verpflanzen. Zwei weitere konkurrierende Gruppen, eine in Cleveland, Ohio, und eine andere in London, sind ebenso bereit, diesen Plan auszuführen – einen Plan, der vielen als grausig, undurchführbar, verwerflich oder einfach nur gefährlich erscheint.

Mit der Gesichtstransplantation stößt die Medizin in einen Bereich vor, in dem Vorstellungen von Identität und Persönlichkeit, von ärztlicher Moral und Fertigkeit zwischen Horrorvisionen und Machbarkeitsutopien schwanken. Ein kaum zu durchdringendes Gestrüpp aus Emotionen und Vorurteilen, wissenschaftlich begründeten Bedenken und Fortschrittsglauben umwuchert mittlerweile den Gesichtertausch. Es ist so dicht, dass sich die ursprünglich reinen Chirurgenteams mehr und mehr ausweiten und heute zwanzig oder gar dreißig Mitglieder zählen, darunter Philosophen, Ethiker, Soziologen, Psychologen, Psychiater und PR-Berater. Mit Argumenten und Studien versuchen sie, eine Schneise in das Dickicht zu schlagen, und tragen meist nur zu weiteren Wucherungen bei.

Das Kind war mit den Zöpfen in eine Maschine geraten

Vermutlich hätte kaum jemand den Transplantationsplänen weitere Beachtung geschenkt, wenn nicht auf spektakuläre Weise das Gesicht des Mädchens Sandeep Kaur gerettet worden wäre. Die achtjährige Inderin aus dem Nordstaat Punjab war 1994 bei der Feldarbeit mit den Zöpfen in eine Dreschmaschine geraten, die ihr die Kopfhaut mitsamt dem Großteil des Gesichts vom Schädel riss. Das Mädchen hatte dennoch doppeltes Glück: Die Eltern retteten Skalp und Gesichtshaut und stopften sie in eine Plastiktüte. Und als Sandeep nach dreistündiger Fahrt auf dem Rücksitz eines Mopeds im Christian Medical Hospital der Stadt Ludhiana anlangte, entschloss sich dort der Mikrochirurg Abraham Thomas zur weltweit ersten Replantation eines ganzen Gesichts und Skalps.

Damals war die rekonstruktive Gesichtschirurgie bereits an ihren Grenzen angelangt. Zwar beherrschten die führenden Mikrochirurgen schon seit gut einem Jahrzehnt die Techniken zum Zusammenführen von Nerven, Blutgefäßen und Muskelsträngen. Sie konnten aus einem Zeh eine Nase formen, wie der zum Louisville-Team gehörende Joseph Banis, oder aus Knorpelspänen vom Rippenbogen und Hautfetzen vom Hals ein Ohr modellieren wie Moshe Kon, der zum selben Team gehört und an der Universitätsklinik Utrecht forscht.

Aber die Rekonstruktion eines durch Krebs, Feuer, Verätzung oder Unfall völlig zerstörten Gesichts ist bis heute immer nur ein Flickwerk aus manchmal einem Dutzend Hautlappen, die von den verschiedensten Stellen des Körpers stammen und deshalb von unterschiedlicher Dicke, Dehnbarkeit und Farbe sind. Diese Hautflicken sind meist weder mit Nerven verbunden, noch werden sie von Muskeln bewegt. Häufig wirken sie, als seien sie nur aufgepappt.

Nicht einmal eine nur annähernde Rekonstruktion eines zerstörten Augenlids gelang bis heute, und ebenso erfolglos blieb die eines Mundes. Manche Opfer müssen vierzig Operationen über sich ergehen lassen, um dennoch missgestaltet zu bleiben. Wegen ihrer Deformationen verstecken sie sich meist zu Hause, weil sich die Menschen auf der Straße erschrecken.

Als das indische Mädchen Sandeep wieder in die Kameras lächeln konnte – von nur wenigen Narben gezeichnet –, entzündete das die Fantasien von Wissenschaftlern. Als vier Jahre später John Barker und seinem Team in Louisville die erste wirklich erfolgreiche Verpflanzung einer Hand gelang, wollte dieser nach dem Stern der Mikrochi-

rurgie – dem Gesicht – greifen. Denn Hand und Gesicht gleichen sich: Sie bestehen aus Mischgewebe – Muskeln, Fett, Haut –, im Gegensatz zu den weitgehend homogenen inneren Organen, wie Herz oder Leber, die bis dahin transplantiert worden waren.

„Die Realisierbarkeit solcher Transplantation ist von der operativen Seite her keine Frage mehr", sagt Milomir Ninkovic vom Lehrkrankenhaus der TU München. Ninkovic, einer der international führenden Mikrochirurgen, hat in einem Team bereits zwei Transplantationen von Händen ausgeführt, eine davon sogar samt Unterarmen, die andere im Jahr 2000 an dem österreichischen Polizisten und Sprengstoffexperten Theo Kelz – so erfolgreich, dass der heute sogar wieder Motorrad fahren kann. Ninkovic sieht allenfalls Probleme, die Funktionalität der Gesichtsmuskulatur wiederherzustellen. „Dem richtigen Team kann es jedoch gelingen."

Das Gesicht des Spenders wird am Knochen abgetrennt

Für die ersten, noch experimentellen Verpflanzungen ist nur ein sehr kleiner Kreis von Patienten – in den USA wie in Europa abzählbar an beiden Händen – mit schwerst deformierten Gesichtern vorgesehen.

Das Ausmaß der Zerstörung an den sogenannten ästhetischen Einheiten, wie Kinn, Oberlippe, Wangen, Nase, Stirn, sowie an den darunterliegenden Muskeln und Knorpeln bestimmt, wie viel Spendergewebe die Chirurgen übertragen. Bei der „Ernte", wie die Organgewinnung im ärztlichen Jargon heißt, wird jedoch das ganze Gesicht des Spenders mitsamt allem Gewebe direkt am Schädelknochen und Kiefer abgetrennt.

Wenn die Transplantationschirurgen bei der Vorbereitung des Patienten dessen Gesichtshaut abgenommen haben, können sie feststellen, wie groß der Schaden am Gewebe darunter ist. Nur jene der über 30, häufig sehr feinfaserigen Gesichtsmuskeln und nur jene Knorpelteile, wie zum Beispiel die Nasenspitze, die beim Patienten zerstört sind, werden an der Gesichtshaut des Spenders belassen. Ist diese Präparation ausgeführt, drapieren die Chirurgen das Spendergesicht auf den Schädel des Empfängers, verbinden zunächst die Blutgefäße und die Nerven, verankern dann die vom Spender übernommenen Muskeln am Schädel des Patienten. Dessen noch vorhandene eigene Muskeln wachsen später von selbst an die neue Gesichtshaut, die unterhalb der Kinn- und Kieferlinie und entlang des Haaransatzes vernäht wird, was nach der Vernarbung kaum sichtbar ist. John Barker vom Universitätskrankenhaus in Louisville schätzt, dass das neue Gesicht 50 Prozent der normalen Beweglichkeit und Mimik hat.

Der Pariser Chirurg Laurent Lantieri, die in Cleveland forschende Maria Siemionow und der Londoner Peter Butler haben ebenfalls bereits Pläne einer Gesichtstransplantation angemeldet. Butler war zuvor als Mitglied jenes amerikanischen Forscherteams bekannt geworden, das ein genetisch erzeugtes Menschenohr auf dem Rücken einer Maus herangezüchtet hatte.

Als die Vorhaben publik wurden, brach ein Proteststurm aus. Die Boulevardpresse witterte einen Wettlauf um das erste transplantierte Gesicht – ausgetragen von Wissenschaftlern, bei denen einige Schrauben locker sind. Auch in der Fachwelt formierte sich Widerstand. Pamphlete warfen den Chirurgen vor, nur ans eigene Ego und nicht an die Patienten zu denken, und brandmarkten die Operation als unethisch und sogar lebensgefährlich.

Denn zukünftige Patienten einer Gesichtsübertragung sind schweren Risiken ausgesetzt. Da Haut als Außenschutz des Körpers fungiert, reagiert die Immunabwehr dort besonders heftig auf ein Fremdplantat. So reichen die Gefahren von einer heftigen Abstoßungsreaktion und dem Verlust der verpflanzten Haut bis zu erhöhtem Krebs- und Infektionsrisiko durch die lebenslange Einnahme von Immunsuppressiva – eines Drogencocktails, der die Körperabwehr lahm legt. Wegen dieser Gefahren schließen die Chirurgen vorerst Patienten aus, deren Gesicht durch ein Karzinom zerstört wurde. Einer Statistik zufolge stirbt bei der Hälfte aller Nierenempfänger das neue Organ innerhalb von zehn Jahren ab. Würde das mit einem verpflanzten Gesicht passieren, müssten die Chirurgen mühsam aus unterschiedlichen Hautteilen des Patienten abermals ein neues aufbauen. Die psychischen Folgen könnten verheerend sein.

Die OP kann die Psyche retten – und mit ihr das Leben

Während die meisten Transplantationen innerer Organe vorgenommen werden, um Leben zu retten, rügen die Widersacher, würde eine verpflanzte Hand oder ein Gesicht es nur verbessern. Das gelte ebenso für die Übertragung einer Niere, halten Barker und Butler dagegen. Die sei dank Dialyse auch nicht lebensnotwendig.

Schließlich brachten die Befürworter den Begriff vom „sozialen Tod" in die Debatte ein. Menschen mit zerstörtem Gesicht, die sich kaum mehr aus dem Hause trauten, seien wie lebende Tote: in Einsamkeit und Apathie erstarrt und oft suizidgefährdet. „Für solche Menschen", sagt John Barker, „kann eine Transplantation nicht nur lebensverbessernd, sondern lebensrettend sein." Mehr psychologische Hilfe, insistierte die Gegenseite, könne das Problem lösen.

John Barker wollte die Meinung möglicher Betroffener ergründen. Er ließ bislang fünf Studien anfertigen, um die Risikobereitschaft der Patienten zu ermitteln. Die Resultate verblüfften ihn: Sogar Nieren-Empfänger, die das Risiko einer Transplantation sehr wohl kennen, würden für ein Gesicht noch mehr Jahre ihres Lebens opfern als für ihr neu eingepflanztes Organ. Die Gegner wetterten daraufhin: Ausschließlich die Ärzte dürften über solch eine Operation entscheiden.

Nach heftigen Auseinandersetzungen mit der französischen Chirurgenschaft gab Laurent Lantieri vorerst auf. Als das britische Royal College of Surgeons die gefährliche Nachbehandlung anprangerte, verschob auch Butler sein Projekt. Einzig Maria Siemionow von der Cleveland Clinic bekam die Erlaubnis zur Operation. Doch vielleicht wird John Barker mit seinem Team noch vor ihr die spektakuläre Transplantation an der Universitätsklinik von Utrecht in den Niederlanden ausführen. Er hofft, dort schon sehr bald eine Genehmigung zu bekommen und dann innerhalb eines Jahres operieren zu können.

Barkers Idealpatient muss eine genaue Vorstellung vom Risiko haben sowie psychisch sehr stabil sein, um nach der Operation das fremde Gesicht als seines annehmen und dem unausweichlichen Medienrummel standhalten zu können. Doch wenn es um das Aussehen geht, darf er nicht wählerisch sein. Er bekommt, was gespendet wird und am besten zu Hautfarbe und Geschlecht passt.

Gesichtsspender, so befürchten nämlich die Chirurgen, werden rar sein – anders als für die unsichtbaren Organe wie Herz oder Leber. Den meisten Angehörigen sei die Vorstellung unerträglich, den Mann oder die Tochter gesichtslos zu bestatten. Ebenso unheimlich sei es, wenn ein anderer Mensch das Gesicht des Verstorbenen durch die Straßen trage. Doch gerade das, so vermuten Psychologen, könnte für einige auch ein Grund zum Spenden sein: dass der Verstorbene quasi im Empfänger fortlebt.

Im Keller der Universitätsklinik von Louisville versuchte John Barker alle Zweifel mit einem Experiment zu zerstreuen. Dort unten, in einem Raum mit himmelblauen Wänden, Kunststoffboden und großem, schwenkbaren Stahltisch, einem der modernsten Anatomiesäle der Welt, trennte sein Team von 20 Spenderkörpern das Gesicht ab und implantierte vier davon immer wieder neu auf andere Schädel.

Die Gesichtszüge des Spenders bleiben erkennbar

Das Resultat fasste Barker in einem Fototableau zusammen. Er verglich die Gesichter und bemerkte, dass die Züge des Spenders mal mehr und mal weniger zu erkennen waren, aber ebenso die des Empfängers. Dennoch war jedes Gesicht einmalig. Ein Hybrid-Gesicht, wie der Team-Soziologe Allen Furr feststellte. Die Zweifel blieben für Barker.

Die Auseinandersetzung um Risiken, Spender und Identitätstransfer ist jedoch auch ein Stellvertreterkrieg – in dem es eigentlich um Irrationales geht: um Urängste, Dämonen des Schattenreichs und die Brüchigkeit von Identität. Es geht um die Frage, ob man das Gesicht wirklich wechseln kann wie ein Kleid.

Weil jedes Gesicht einmalig ist, der Kommunikation mit anderen dient und die Gefühle, ja selbst die Geschichte eines Menschen widerspiegelt, wird es meist mit Identität gleichgesetzt, obgleich sich diese eigentlich aus Körper und Geist gemeinsam bildet – aus großen Ohren ebenso wie aus der Art zu lächeln oder zu denken. Der Verlust des Gesichts, selbst wenn es nur ein moralischer oder wirtschaftlicher ist, gilt in fast allen Kulturen als schweres Manko oder gar schlimmstes Unglück, das jemandem widerfahren kann. Der einzige Ausweg aus Scham und würdelosem Zustand ist mitunter nur der Suizid.

Zur Lösung von solchen moralischen, psychologischen und philosophischen Aspekten bereitet sich Barkers Team am Universitätskrankenhaus in Louisville fast generalstabsmäßig vor. Einmal in der Woche treffen sich alle in Barkers Büro.

Für Michael Cunningham, den Psychologen, löst ein missgestaltetes Gesicht bei anderen auch deshalb Ekel, Abscheu, Unsicherheit oder Angst aus, weil es im kollektiven Gedächtnis vermutlich an furchtbare Krankheiten wie Lepra erinnert – Leiden, die auch schnell auf einen selbst überspringen können. Für den Louisville-Soziologen Allan Furr verstört ein deformiertes Gesicht vor allem deshalb, weil es gegen die Regeln der Kommunikation verstößt. „Man kann nichts aus dem Gesicht herauslesen, weil es starr ist. Man bekommt keine Information. Deshalb verbinden wir damit Idiotie und empfinden Ekel.“

Doch vermutlich hat der Schrecken, den ein zerstörtes Gesicht bei anderen auslöst, weit tiefere Ursachen. Ein solches Gesicht spiegelt das Grauen, das der Mensch durchleiden musste, als ihm das Unglück widerfuhr. Es ist das Grauen vor dem Tod, das sich in dessen Gesicht eingegraben hat und ihn entstellt – unerträglich für jeden Gegenüberstehenden, weil er darin die eigene Zerbrechlichkeit erkennt.

Sich von solcher Monstrosität nicht abzuwenden, gelingt nur durch einen kulturellen Trick: Hinter dem furchtbaren Äußeren muss sich ein schönes Inneres verbergen – wie bei dem Kino-Außerirdischen E. T. oder den Schreckensgestalten der deutschen Romantik. Oder man verklärt das Gesicht des Leidens wie in der christlichen Tradition, in der durchlittener Schmerz erlösend ist. Deshalb empfinden manche einen Tausch des Gesichts als entwürdigend. Das neue, nicht missgestaltete ist dann nur eine Trivialisierung der Persönlichkeit, die den Menschen von seiner Geschichte entfernt.

Ein weiterer Grund für den Widerstand gegen die Transplantation scheint, von vielen uneingestanden, noch woanders zu liegen: in dem Akt, einem Menschen das Gesicht abzunehmen, selbst wenn es ein zerstörtes ist. Robert Acland, früher Mikrochirurg und heute Leiter der Anatomie der Universitätsklinik von Louisville, hat in seinem Berufsleben mehr als 500 Leichen seziert, und doch kennt er keinen grausigeren Anblick als den eines Kopfes, von dem das Gesicht abgetrennt ist: „Die Augen, die aus diesem Schädel herausstarren, bereiten böse Träume.“

Das neue Gesicht ist zunächst nur eine Fassade

Wenn einen solchen Schädel wieder Haut, Spenderhaut, bedeckt, wenn der erste Patient nach gelungener Transplantation den Presserummel hinter sich gebracht hat und mit seinem neuen Gesicht auf die Straße tritt, dann werde er endlich *sameness*, Gleichheit, verspüren, sagt der Ethiker der Universitätsklinik von Louisville, Osborne Wiggins. Niemand mehr wird vor ihm zurückschrecken. Niemand wird sich nach ihm umdrehen. Das neue Gesicht hat ihn unbedeutend gemacht.

Es beschwört jetzt „Fragen der Authentizität und Identität herauf“, wie der Medizinjurist und Ethiker John Robertson prophezeit. Denn dieses Gesicht steht nicht mehr in der Kontinuität des Körpers, anders als das abgelegte, zerstörte, das den Menschen so furchtbar entstellte, aber dennoch zu ihm gehörte und seine Erfahrungen, seine Geschichte widerspiegelte.

Doch dieses ist jetzt wie eine neue Fassade. Zunächst hat sie nichts mit dem Menschen gemein, der mit seinen Augen daraus hervorguckt. Er muss erst die Eigentümerschaft übernehmen und es durch seine Persönlichkeit prägen. Wenn irgendwann in der transplantierten Haut die Zellen des Spenders durch die des Empfängers ausgewechselt sind, dann ist es vielleicht endlich sein neues, sein eigenes Gesicht.

Aus: ZEIT-Wissen 2/05

Was genau ist eigentlich Hunger? Der amerikanische Molekularbiologe **John Medina** geht Fragen wie dieser mit großer Leidenschaft nach. Er hat sich in seiner Forschung auf Gene spezialisiert, die die Entwicklung des menschlichen Gehirns steuern. Der Hunger zählt dabei zunächst eher nicht zu seinen Kernthemen. Medina untersucht die Genetik psychiatrischer Störungen und hat Bücher über Depression, Alzheimer oder Psychopharmaka geschrieben. Auch als Berater von Biotechnologie- und Pharmaunternehmen hat sich der an der Washington State University promovierte Biologe auf psychische Erkrankungen konzentriert. Er war Gründungsdirektor des Talaris Research Institute in Seattle, eines privaten Forschungszentrums, das sich der Frage widmet, wie Babys lernen. Heute ist er Direktor des Brain Center for Applied Learning Research an der Seattle Pacific University und wissenschaftlicher Berater der Bildungskommission der USA.

Und wie kommt ein leidenschaftlicher und mehrfach ausgezeichneter Hochschullehrer zum Thema Hunger? „Ich muss gestehen, dass ich eine Schwäche für Spareribs vom Schwein habe", sagt Medina. „Besonders wenn sie geräuchert und in einer Melasse-Barbecue-Sauce mariniert sind. Selbst während ich diese Zeilen schreibe, spüre ich, wie mein Hypothalamus danach schreit, mit dem Schreiben aufzuhören und mich am nächsten Barbecue-Grill mit geräuchertem Fleisch vollzustopfen."

Menschliche Schwächen faszinieren den Amerikaner. John Medina ist der Biologie der sieben Todsünden auf der Spur: Sind Geiz und Trägheit, Hochmut, Neid und Zorn, Wollust und Völlerei biologisch erklärbar? Hunger scheint ein einfaches Signal zu sein. Tatsächlich aber ist das Geschehen rund um Spareribs und Hypothalamus äußerst komplex: „Ein ganzes System von Geweben arbeitet zusammen, um uns das Gefühl von Hunger zu vermitteln, aber es gibt keine spezifischen Hirnregionen und keine spezifischen Gene, die allein für diese Reaktion verantwortlich sind."

Den Forschungsstand hat Medina rasch geschildert: „Wir wissen, dass Gewebe im Körper mit Geweben im Gehirn zusammenarbeiten, um ein Energiegleichgewicht zu schaffen, und dass an dieser Kommunikation sowohl Neuronen als auch Hormone beteiligt sind." Hier beginnt sein Ausflug in die Biologie eines Verlangens.

John Medina

Hunger – die Biologie eines Begehrens

Von John Medina

All jene Leute, die dort weinend singen,
Die fröhnten übermäßig ihrem Schlunde
Und müssen sich mit Durst und Hunger läutern.
Dante Alighieri, *Die Göttliche Komödie*,
23. Gesang, Purgatorio

„Sind Sie hungrig?", fragte der Professor und zog einen goldgelben Pfirsich aus seiner Tasche. Natürlich waren die Studenten hungrig, schließlich fand die Vorlesung direkt vor der Mittagspause statt. Der rothaarige Student in der ersten Reihe schien die Frucht besonders intensiv mit einer lausbübischen Begehrlichkeit zu fixieren. „Würden Sie gern diesen Pfirsich essen, junger Mann?", fragte ihn der Professor. Als der Student eifrig nickte, gab der Professor den Pfirsich seinem Assistenten, der ihn dem Studenten zuwarf. Kurz bevor der junge Mann ihn fing, machte der Professor einen Satz zu ihm hin und fing den Pfirsich in der Luft auf, wobei er lauthals rief: „Die Speise wird euch lieb und teuer werden!" Die Klasse brach in Gelächter aus, während der Professor zurücktrat und den Pfirsich triumphierend hochhielt.

„Nun, Sir", sagte der Professor und blickte zu seinem unglücklichen Opfer hinunter, „um zu Dantes *Göttlicher Komödie* zurückzukommen: So ergeht es einem im sechsten Kreis des Läuterungsberges." Der junge Mann sah ihn jetzt ganz ernst an. „Dieser Kreis ist für die Schlemmer reserviert, die sich der Völlerei hingeben und ihren Appetit nicht unter Kontrolle haben . . .", hier warf er dem Rothaarigen den Pfirsich zu, „und die dort deshalb ständig Hunger leiden, um an ihre Sünden erinnert zu werden." Der Student schnappte sich den Pfirsich und steckte ihn schnell in seinen Rucksack.

Als das Lachen der Klasse verebbte, begann der Professor, seinen heutigen Unterrichtsstoff zu erläutern. Er wollte die hungrige Welt des sechsten Kreises beschreiben, der besonders für jene geschaffen worden war, die auf Erden einfach nicht vom Esstisch wegzubekommen waren. „Der Kreis war von zwei Bäumen dominiert", sagte der Professor. „Der eine trug Früchte von solchem Duft und appetitlichem Aussehen, dass die Dichter auf ihrem Weg innehielten und ihn fast ehrfürchtig betrachteten. Sie vernahmen aus dem Inneren des Baumes eine Stimme, die sagte: ,Die Speise wird euch lieb und teuer werden!'"

Porträt

Dante (Durante) Alighieri, italienischer Dichter und Philosoph, *1265 Florenz; †14.9.1321 Ravenna. Kämpfte um die Unabhängigkeit von Florenz und wurde dafür 1302 zum Tode verurteilt. Dante entging dem drastischen Urteil, indem er flüchtete und jahrelang im Exil in Oberitalien lebte. Sein Hauptwerk *Die Göttliche Kommödie* (1307–1320) schrieb er nicht in Latein, sondern als erster Literat Italiens im „Volgare", dem damals gesprochenen Italienisch. Weitere Werke: *De volgari eloquentia* (Zwei Bücher über die Ausdruckskraft der Volkssprache) 1304; *De Monarchia libri tres* (Drei Bücher über die Monarchie) Datierung umstritten, zwischen 1309 und 1317.

■ Dantes Hauptwerk – *Die Göttliche Komödie* ■

Dantes literarisches Werk reflektiert in einzigartiger Weise Konzentration und Sublimierung individueller Leiden, Verwicklung in zeitgenössische politische Geschehen sowie Bildungshorizont und geistige Ordnung des späten Mittelalters. Sein Hauptwerk ist die in toskanischer Mundart geschriebene *Divina Commedia* (*Die Göttliche Komödie*), ein allegorisch-lehrhaftes Gedicht in 100 Gesängen mit 14 230 Versen. Es besteht aus drei Hauptteilen, *Inferno* (Hölle), *Purgatorio* (Läuterungsberg), *Paradiso* (Paradies) mit je 33 Gesängen, die zuerst einzeln erschienen, und einem einleitenden Gesang. Der erste Druck erschien 1472. Die *Divina Commedia* als allegorisches Lehrgedicht ist die „Geschichte der visionären Wanderung des Dichters" durch die drei nach dem ptolemäischen Weltbild angeordneten Reiche des Jenseits. Dem allegorischen Sinn des Mittelalters nach ist sie die Darstellung des Weges, der die sündige Seele zum ewigen Heil führt. Geleitet wird Dante von Vergil, der Verkörperung von Vernunft, Wissenschaft und Philosophie, den Beatrice, die verklärte Jugendliebe, jetzt das Symbol der göttlichen Gnade, gesandt hat. Dieser führt ihn durch die neun Höllenkreise auf den Berg der Läuterung, der bei Dante an die Stelle des Fegefeuers tritt. Auf seiner Wanderung spricht Dante mit den Seelen berühmter Verstorbener über Fragen der Theologie und Philosophie, über die Kirche, den Staat und Italien.

Was ist eigentlich ...

Hypothalamus [von griech. *hypo* = unter, unterhalb, darunter, hinunter, *thalamos* = Kammer], phylogenetisch alter Bereich des Zwischenhirns, ventral auf beiden Seiten des dritten Hirnventrikels unter dem Thalamus gelegen; wichtigstes übergeordnetes Steuerungsorgan des vegetativen Nervensystems sowie neuronale Schnittstelle. Zusammen mit der Hypophyse spricht man auch vom Hypothalamus-Hypophysen-System. Der Hypothalamus beeinflusst so grundlegende Körperfunktionen wie Wärme- und Wasserhaushalt, Herz-, Kreislauf- und Atmungsfunktionen, Nahrungsaufnahme, sexuelle Reifung und Aktivität sowie Schlaf-Wach-Rhythmus. Im Hypothalamus kommt es zur Integration verschiedenster aus der Körperperipherie oder dem zentralen Nervensystem stammender Hunger- bzw. Sättigungssignale (Appetitregulation). Eine plötzliche Zerstörung des Hypothalamus führt zum Tode.

In diesem Beitrag werden wir uns mit der Biologie jenes Appetits beschäftigen, unter dem die armen Bewohner des sechsten Kreises litten, und uns dabei besonders auf das Verlangen nach Nahrungsaufnahme konzentrieren. „Hunger" entspricht dabei den Gefühlen, die aus den rein biochemischen Reaktionen infolge Energiemangels entstehen. Wahrscheinlich verspürten Sie das Gefühl heute schon einmal. „Ich habe Hunger! Gib mir etwas zu essen!", ist eine heftige Äußerung, die wir fast alle in dieser oder jener Form mehrmals täglich von uns geben. Ich muss gestehen, dass ich eine Schwäche für Spareribs vom Schwein habe, besonders wenn sie geräuchert und in einer Melasse-Barbecuesauce mariniert sind. Selbst während ich diese Zeilen schreibe, spüre ich, wie mein Hypothalamus danach schreit, mit dem Schreiben aufzuhören und mich am nächsten Barbecue-Grill mit geräuchertem Fleisch vollzustopfen. Wenn ich überlege, was ich gerade jetzt fühle, dann scheint das Verlangen nach Essen recht unkompliziert zu sein. Hunger ist wohl sogar eines der häufigsten und unmittelbarsten Gefühle, die ein Mensch erlebt: Ein auf Nahrung bezogener Reiz tritt auf, und wir erleben den Wunsch zu essen. Auch der Ursprung dieser Gefühle scheint elementar. Vielleicht dringt aus der Küche der Duft eines herrlichen Gerichts, und wir bekommen Appetit darauf, selbst wenn wir zuvor gar nicht ans Essen dachten. Vielleicht denken wir auch still für uns an ein Lieblingsessen wie jene Spareribs und unser Körper reagiert auf das Diktat eines von innen genährten Tagtraumes. Appetit ist offenbar eine schlichte zweispurige Autobahn; eine Spur führt vom Körper ins Gehirn, die andere vom Gehirn in den Körper.

Solche Beobachtungen können so geradlinig wirken, dass manch einer das Konzept vereinfacht, wenn er nach dessen Ursprüngen

Appetit auf Spareribs?
Ein Verkaufsstand in Little
Havana, Miami (Florida).

forscht. Er fragt womöglich, in welcher Region des Gehirns die Appetit-Autobahn sitzt, oder sogar noch schlichter, welches Gen für Hunger verantwortlich sei. So naheliegend solche Fragen auch wirken mögen, Appetit ist in Wirklichkeit komplizierter als eine zweispurige Autobahn. Der physiologische Hunger hat nur wenige Leitmotive, aber deren Entwicklung ist äußerst kompliziert.

Die biologischen Leitmotive umfassen viele miteinander kommunizierende physiologische Systeme, mehrere Gehirnregionen, zahlreiche biochemische Mechanismen und Hunderte beteiligter Gene. Ein ganzes System von Geweben arbeitet zusammen, um uns das Gefühl von Hunger zu vermitteln, aber es gibt keine spezifischen Hirnregionen und keine spezifischen Gene, die allein für die Reaktion verantwortlich sind, von dem daraus entstehenden subjektiven Empfinden ganz zu schweigen.

Der Versuch, das Hungergefühl zu vereinfachen, ist noch aus einem anderen, nicht-biologischen Grund falsch. Denn Hunger lässt sich nicht aus seinem sozialen Kontext reißen. Individuelle Nahrungsvorlieben erhalten ihre Würze durch geographische, soziale, persönliche und vor allem wohl wirtschaftliche Variablen. Daher erleben verschiedene Gruppen von Menschen zu verschiedenen Zeiten und an verschiedenen Orten ihren Appetit in ganz unterschiedlicher Weise.

Ein weiterer kultureller Gesichtspunkt, den man nicht außer Acht lassen darf, scheint eigentlich nicht naheliegend zu sein. Womöglich halten Sie es für elementar (ich tue es jedenfalls), dass wir Belohnungen anstreben, die wir angenehm finden, und Belohnungen angenehm finden, die wir anstreben. Beim Appetit aber ist diese intuitive Verknüpfung vielleicht nicht haltbar. Es gibt sogar Hinweise, dass „Wollen" und „Mögen" der Kontrolle unterschiedlicher (wenn auch miteinander in Verbindung stehender) Gehirnregionen unterliegen und sich deshalb unterschiedlich definieren. Was bestimmt, was wir mögen? Was bestimmt, was wir wollen? Niemand weiß es genau. Die Forscher stimmen darin überein, dass die Antwort stark durch die Umwelt geprägt ist, und da wir von menschlichem Verhalten reden, entspricht dies der kulturellen Umwelt. Diese wird psychologisch erlebt. Wir wollen zwar in einem Beitrag zu Genetik und Biologie nicht näher auf die psychischen Komponenten der Völlerei eingehen, aber ihr Zusammenspiel mit diesen sozialen Variablen sollte man konzeptionell nicht außer Acht lassen.

Was ist zu tun?

Wenn also die Aufgabe derart kompliziert ist, können wir dann *wirklich* in wissenschaftlich sinnvoller Weise das Wesen unseres Appetits erörtern? Die Antwort lautet ja, zumindest teilweise. Wir kennen einige wichtige Aspekte, auch wenn wir noch keine vollständige Darstellung liefern können. Beim Entstehen von Appetit geht es eigentlich darum, was in unserem Kopf, in unserem Körper und bei der Kommunikation zwischen beiden vor sich geht. Wir werden uns zunächst mit dem Gehirn beschäftigen und die Funktion des Hypothalamus betrachten. Dann werden wir zwei Arten von Körpergewebe beschreiben, die das Gehirn über den Nachschub an Nahrung mit auf dem Laufenden halten, nämlich Leber- und Fettgewebe. Und schließlich werden wir uns einigen unlängst entdeckten Hormonen

Was ist eigentlich ...

Hunger, Nahrungskarenz, Gegenteil von Sattheit. Hunger lässt sich als Abwesenheit von Sattheit charakterisieren. Unter Hunger (Hungergefühl) versteht man das vom Hypothalamus und limbischen System ausgehende allgemeine Verlangen nach Nahrung, während Appetit das Verlangen nach speziellen Lebensmitteln bzw. Geschmacksqualitäten bezeichnet. Hunger ist oft verbunden mit einem gefühlsbetonten Organempfinden, z. T. Magenschmerz. Obwohl starke Kontraktionen des Magens im Zusammenhang mit dem Hungergefühl auftreten, sind sie nicht dessen Ursache. Ein Hungergefühl tritt nämlich oft auch ohne Hungerkontraktionen auf. Ein eigentliches Hungerhormon ist nicht bekannt; die durch das Hungergefühl ausgelöste Nahrungsaufnahme ist das Resultat des Zusammenwirkens einer Vielzahl von Neuropeptiden und Neurotransmittern im Hypothalamus.

zuwenden, die als Boten zwischen Gehirn und Körper dienen und das Gehirn auch bei Nahrungsbedarf alarmieren.

Es kann sehr frustrierend sein, sich mit der Appetitforschung zu beschäftigen. Der Grund liegt darin, dass die Grundlage für das Gefühl des Hungers sehr einfach ist – im Gegensatz zu seinen Mechanismen. Verfügt ein Organismus über ausreichend Energie, so wird er leben; fehlt ihm Energie, wird er sterben. Energieverbrauch und -aufnahme müssen also ausgeglichen sein, und es muss Wege geben, jederzeit Verschiebungen dieses Gleichgewichts zu beurteilen und darauf zu reagieren. Die meisten Forscher reduzieren das Problem auf die Formel, die Steuerung der Nahrungsaufnahme sei umgekehrt proportional zum Gesamtenergieverbrauch. Ist dies der Fall, so muss es im Körper bestimmte Stolperdrähte geben, die das Gehirn über die Nahrungsversorgung informieren. Und es gibt sie wirklich. Das gesamte System der Appetitregulation sieht ungefähr so aus:

1. Unser Appetit wird zum Teil durch unser Gehirn vermittelt und hilft uns, unsere Nahrungsaufnahme zu regulieren. Die Menge, die wir aufnehmen, verschafft uns eine bestimmte Körpermasse.

2. Diese Körpermasse wird durch ein kompliziertes System von Kreisläufen konstant gehalten, das unsere Nahrungsaufnahme und unseren Energieaufwand kontrolliert. Diese Kreisläufe sind die eben genannten Stolperdrähte.

3. Für die Ausgeglichenheit dieses Energiehaushaltes sorgt letztlich das Gehirn, das durch sensorische Signale (oft afferente Signale genannt) über den inneren Ernährungszustand des Körpers und

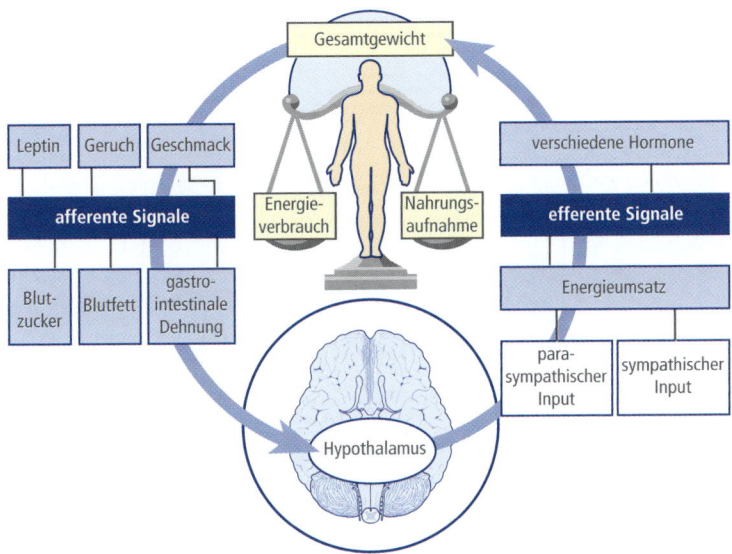

Appetitregulation.

bestimmte äußere Größen wie die Verfügbarkeit von Nahrung auf dem Laufenden gehalten wird.

4. Spezifische Gehirnareale entschlüsseln die afferenten Signale, werten sie aus und reagieren darauf. Das Gehirn entsendet dann bestimmte (sogenannte efferente) Signale, die das Essverhalten und den endgültigen Energieverbrauch kontrollieren. Und das führt natürlich wieder zu Punkt 1.

Die afferenten Signale stammen aus den verschiedensten Körperregionen. Es gibt offensichtliche Signale von außen wie jene köstlichen kleinen Stimuli, die von Nase und Zunge kommen. Daneben informieren jedoch auch andere Signale das Gehirn über Hunger, etwa die mechanische Dehnung bestimmter Gewebe des Verdauungstraktes, bestimmte Moleküle im Blut (beispielsweise Zucker und Fettsäuren), Hormone im Blut und selbst Signale der Leber.

Auch an den efferenten Signalen sind zahlreiche Gewebe beteiligt. Solche Signale steuern letztlich die beiden großen Anteile des vegetativen Nervensystems, nämlich Sympathikus und Parasympathikus. Diese wiederum regulieren das Bruttosozialprodukt des Körpers, den Energieumsatz. Gemeinsam mit anderen Hormonen wie dem Schilddrüsenhormon tragen diese Signale dazu bei, das daraus folgende Ernährungsverhalten zu lenken.

Alles in allem sind Gehirn und Körper für das Energiegleichgewicht wie zwei Stimmen in einer guten mittelalterlichen Motette. Sie sagen unterschiedliche Dinge, arbeiten vollkommen zusammen, sind kompliziert und existieren, um ein bestimmtes Ziel zu erreichen. Betrachten wir nun, beginnend mit dem Gehirn, einige der biochemischen Leitmotive, aus denen diese Interaktion komponiert ist, und ihre Zusammenarbeit.

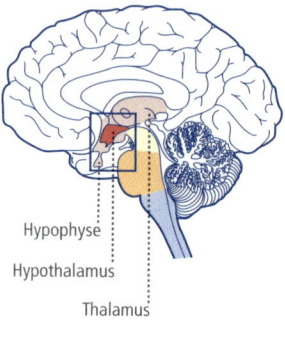

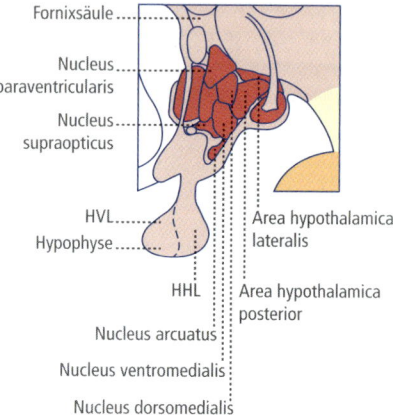

Das Hypothalamus-Hypophysen-System, das Zentrum der Hunger-Sättigungs-Regulation (HVL = Hypophysenvorderlappen; HHL = Hypophysenhinterlappen).

Fornixsäule
Nucleus paraventricularis
Nucleus supraopticus
HVL
Hypophyse
HHL
Nucleus arcuatus
Nucleus ventromedialis
Nucleus dorsomedialis
Area hypothalamica lateralis
Area hypothalamica posterior

Hypophyse
Hypothalamus
Thalamus

Das Gehirn

Die sicherste Aussage, die man zur Kommunikation zwischen Kopf und Körper im Hinblick auf das Entstehen von Appetit machen kann, ist: Es sind Nerven beteiligt. Und die zweitsicherste Aussage über den Appetit ist: Es sind Nerven des Hypothalamus beteiligt – eben jenes Hypothalamus, der offenbar auch großen Anteil am Entstehen sexueller Erregung hat. Wie es scheint, erfüllen sogar verschiedene Regionen unterschiedliche Aufgaben für den Hunger. Zerstört man bei einem Versuchstier eine Hypothalamusregion (den Nucleus ventromedialis), so hört dieses Tier nicht mehr auf zu fressen und wird schnell fettleibig. Zerstört man hingegen eine andere Region (den lateralen Hypothalamus), so frisst das Versuchstier nicht mehr und verliert schnell an Gewicht. Stimuliert man hingegen einen intakten lateralen Hypothalamus elektrisch, so beginnt das Tier zu fressen. Derartige Versuche führten Wissenschaftler vor einigen Jahren zu der Hypothese, dass es in diesem vielseitigen Gehirnareal Regionen gibt, die „ich bin satt" signalisieren, und andere, deren Botschaft „ich bin hungrig" lautet. Danach galt es scheinbar nur noch, die verschiedenen neuronalen Ein- und Ausgänge von Informationen zu identifizieren, um das Entstehen von Appetit ganz zu verstehen. Sensoren im Körper prüften vielleicht den Energiebedarf des Organismus, interpretierten ihn und gaben ihre Befunde an diese winzige Region weiter, die dann reagierte.

Höchst unwahrscheinlich, dass irgendetwas in der Biologie des Appetits so simpel ist. Wie man bald feststellte, wird das Körpergewicht auch bei stark schwankendem Energieangebot problemlos aufrechterhalten. Also gab es weitere, noch unentdeckte zelluläre und molekulare Regelungswege. Zudem wurde nachgewiesen, dass sowohl körperliche Aktivität als auch Energieaufnahme unabhängig voneinander das Energiegleichgewicht des Körpers beeinflussen konnten. Daher hielt man es für möglich, dass Signale mit Informationen zur Nahrungsaufnahme und solche mit Informationen zur körperlichen Aktivität miteinander in Wechselwirkung treten. Wie wir heute wissen, trifft diese Vermutung zu, aber die Wechselwirkung ist derart kompliziert, dass bis heute niemand die Beziehung zwischen körperlicher Aktivität, Energieaufnahme und dem Entstehen von Hunger versteht. Wie ich schon sagte – wir wissen, dass daran Nerven beteiligt sind, insbesondere die Neuronen des Hypothalamus. Aber die Komplexität des Prozesses lässt auf weitere, eher periphere Signale zur Erzeugung von Appetit schließen, die größtenteils noch völlig unbekannt sind.

Was für Signale könnten die afferenten und efferenten Signale beeinflussen, die ihrerseits auf die Neuronen des Hypothalamus einwirken und auf diese reagieren? Offensichtlich befinden sich in unserem

Angaben zu Energievorräten und zum täglichen Energieverbrauch		
Energievorrat		
Fettgewebe (Fettgehalt 6,4 kg)	60 000 kcal	252 000 kJ
Leber (als Glykogen gespeichert)	100 kcal	418 kJ
Leber (als Fett gespeichert)	750 kcal	3 140 kJ
Blutplasma (als Glucose gespeichert)	8 kcal	33 kJ
Blutplasma (als Fettsäuren gespeichert)	3 kcal	13 kJ
Blutplasma (als Triacylglyceride gespeichert)	5 kcal	22 kJ
Energieverbrauch pro Tag		
Insgesamt	2 200 kcal	9 212 kJ
davon aus Fett	1 600 kcal	6 700 kJ
davon aus Glucose und Aminosäuren	600 kcal	2 512 kJ

Energievorräte und Energieverbrauch. Die Werte beziehen sich auf einen Menschen mit 70 kg Körpergewicht. Der Energieverbrauch wird auf den Grundumsatz bezogen.

Körper wirklich Sensoren, die uns über unseren Brennstoffbedarf informieren. Viele davon existieren außerhalb des Gehirns und in bestimmten nachgeschalteten Geweben wie der Leber, und eben diesem Organ und der Beschreibung einiger der Interaktionen wollen wir uns nun zuwenden.

Die Leber

Die Leber ist, wie Sie wissen, jener rotbraune Gewebeklumpen, der rechts unter unserem Zwerchfell sitzt. Ihre Farbe verdankt sie ihrer starken Durchblutung. Tatsächlich strömt auf zwei Wegen Blut in die Leber, nämlich über eine Arterie (die sauerstoffreiches Blut führt) und eine Vene (die nährstoffreiches Blut führt). Durch diesen regen Verkehr ist das Organ ideal geeignet, um Inhaltsstoffe des Blutes zu beurteilen und jedem interessierten Gewebe seine Befunde mitzuteilen. Kurz gesagt, der optimale Ort für einen Sensor.

Was ist eigentlich ein Sensor? Er erfüllt im Körper zwei Aufgaben: Er taxiert ein Ereignis und teilt Informationen über das Ereignis einer entsprechenden Stelle mit, was meist irgendeine Folge hat. In vielerlei Hinsicht handelt Dantes gesamte *Göttliche Komödie* von Sensoren, in diesem Fall mittelalterlichen Moralsensoren. Der Himmel fällt je nach dem Verhalten einer Person ein Urteil über diese, teilt es verschiedenen Aufsehern im Jenseits mit, und dementsprechend wird die Person nach ihrem Tod einer bestimmten Stelle zugewiesen. Die Funktion eines Sensors ist: Taxieren, Kommunikation und Reaktion mit einem bestimmten Ergebnis.

Wie im *Purgatorio* sorgen die Sensoren auch in der Leber für Beurteilung, Kommunikation und Konsequenz. Wie schon erwähnt, ist

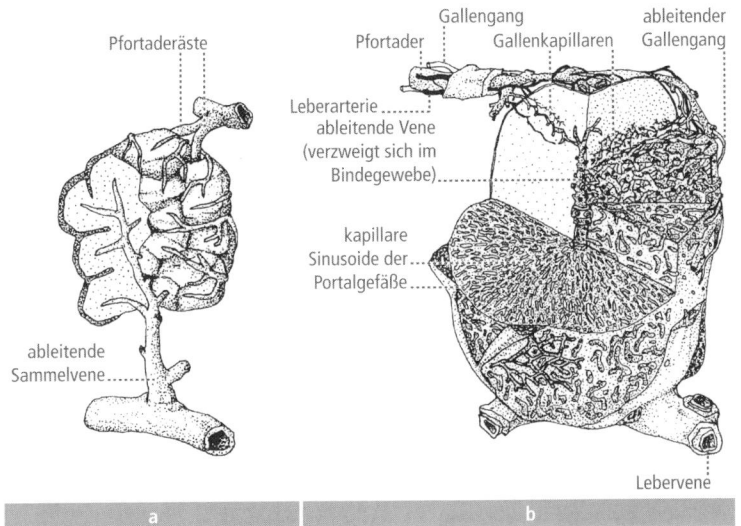

Pfortaderäste

Gallengang
Pfortader   Gallenkapillaren

ableitender
Gallengang

Leberarterie
ableitende Vene
(verzweigt sich im
Bindegewebe)

kapillare
Sinusoide der
Portalgefäße

ableitende
Sammelvene

a

b

Lebervene

Anatomischer Aufbau der Leber: a) Sammelläppchen, zusammengesetzt aus mehr oder weniger verwachsenen Lobuli. Auf ihnen aufgelagert (und zwischen sie eindringend) ist das Kapillarnetzwerk der Leber-Pfortader, das die über den Darm resorbierten Stoffe heranführt. Eine ableitende Sammelvene verlässt das Sammelläppchen. b) Lobulus (Einzelläppchen); der schwammartige Aufbau ist hier deutlich erkennbar. Die Pfortader wird von der Leberarterie (welche die Sauerstoffversorgung sichert) und den Gallengängen begleitet.

die Leber sehr stark durchblutet; gleichzeitig kann sie die Inhaltsstoffe des Blutes bestens identifizieren und ihre Befunde weitervermitteln. In der Leber befinden sich tatsächlich Neuronen, welche die Zusammensetzung des Blutes ermitteln und ihre Beobachtungen dem Gehirn mitteilen, was letztlich das Essverhalten beeinflusst. Dies ist einer der Wege, auf denen der Körper gemeinsam mit dem Gehirn den Gesamtenergieverbrauch einschätzen kann. Aber warum gerade das Blut überprüfen? Wonach suchen die Sensoren der Leber in dem roten Saft, der ihr Gewebe durchströmt?

Die Antwort auf diese Frage hat damit zu tun, wie wir Nahrung verdauen. Zuerst beginnen Zähne und Speichel sie grob zu zerkleinern, dann verwandelt eine Mischung aus Enzymen und mechanischer Bewegung das Meiste der zerkleinerten, schleimigen Nahrung im Magen in eine noch schleimigere Masse. Nach einigen weiteren Manipulationen wandern die verbliebenen Reste in den Dünndarm. Dort werden die einzelnen Nährstoffe von bestimmten Zellen aufgenommen und schließlich in unseren Blutstrom überstellt. Weil die Nährstoffe direkt aus dem Dünndarm in das Blut übergehen, ist ein Sensor, der Nährstoffe im Blut ausmachen kann, eine praktische Sache.

Und was genau identifizieren die Sensoren in der Leber? Es herrscht schon lange Uneinigkeit über das Zusammenspiel von Mahlzeiten, Zellen und Molekülen beim Entstehen des Hungergefühls. Bestimmte Neuronen in der Leber, die sogenannten hepatischen afferenten Neuronen, fungieren offenbar als Sensoren für Blutzucker. Sie prüfen den Gehalt an Zucker (genauer gesagt, an Glucose), indem sie ihre eigene Fähigkeit, diesen zu verbrauchen, beobachten. Wenn wir

Was ist eigentlich ...

Blutzuckerspiegel, Glucosegehalt des Blutes (Blutglucose, Blutzucker). Die Regulation des Blutzuckerspiegels erfolgt im Wesentlichen durch das Zusammenspiel von blutzuckersenkenden (Insulin) und blutzuckererhöhenden Hormonen (Glucagon, Adrenalin). Weiterhin beteiligt sind Glucocorticoide (Cortison), das Schilddrüsenhormon Thyroxin sowie das Wachstumshormon (STH). Da Glucose zur Energieversorgung des gesamten Organismus dient (v.a. das Gehirn ist in hohem Maß auf eine kontinuierliche Glucoseversorgung angewiesen), wird der Blutzuckerspiegel normalerweise in relativ engen Grenzen konstant gehalten und zeigt einen charakteristischen tageszeitlichen Verlauf (Blutzuckerkurve). Störungen in der Regulation des Blutzuckerspiegels liegen bei der gestörten Glucosehomöostase und Diabetes mellitus (diabetische Stoffwechsellage) vor.

etwa das Frühstück ausfallen lassen, so sinkt unser Blutzuckerspiegel unter den Normalwert. Das weniger süße Blut strömt in die Leber und trifft dort auf die Sensoren. Ein geringerer Blutzuckerspiegel bedeutet weniger Glucosenahrung für die Neuronen, und die Sensoren feuern Signale an unser Gehirn, um den Verlust zu melden. Nach einer komplizierten Abfolge von Reaktionen verspüren wir schließlich Hunger und halten Ausschau nach Nahrung.

Die Leber verfügt noch über weitere Sensoren, die neben Zucker noch andere Blutinhaltsstoffe prüfen, und auch diese Sensoren können Hunger auslösen. So nehmen einige von ihnen offensichtlich das Vorkommen bestimmter Aminosäuren wahr. Bei vielen dieser Sensoren ist zwar ihre Existenz nachgewiesen, doch gelang bisher nicht, sie zu isolieren. Und wie diese Signale das Gehirn erreichen und zum Entstehen von Hunger beitragen, ist noch rätselhafter.

Die Leber informiert das Gehirn auf vielfältige Weise über den Ernährungszustand des Körpers, und diese Informationen tragen irgendwie zum Hungergefühl bei. Allerdings ist die Leber beim Menschen rund 40 Zentimeter vom Gehirn entfernt, für ein Molekül eine unendlich lange Strecke. Um mit dem Gehirn zusammenzuarbeiten, muss sie ihre Informationen ein gutes Stück weit senden. Wie wir inzwischen wissen, erfolgt die Kommunikation über größere Entfernungen zum Teil über ein System interagierender Neuronen. Eine Nervenzelle feuert buchstäblich ein Signal ab, wenn sie einen metabolischen (stoffwechselbedingten) Reiz empfangen hat, und löst damit eine Kette von Erregungsabläufen aus, die schließlich das Gehirn erreicht.

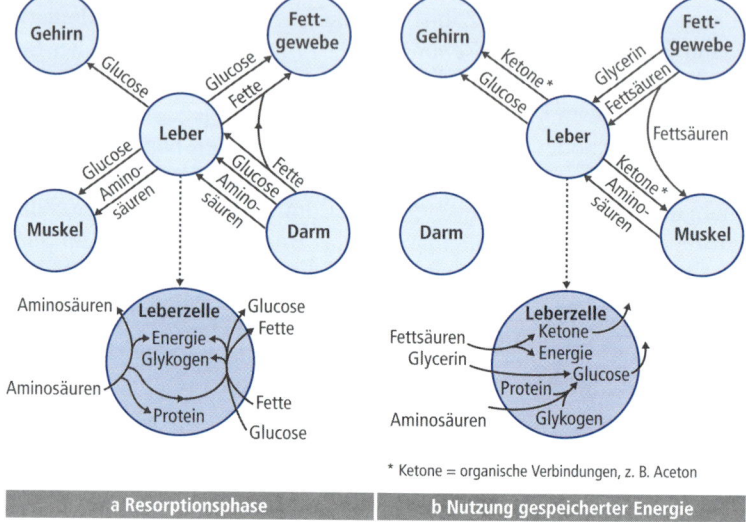

Einbettung der Leber in den Gesamtorganismus: a) Substratfluss und -umwandlung während der Resorptionsphase; b) Substratfluss und -umwandlung während der Nutzung gespeicherter Energie.

* Ketone = organische Verbindungen, z. B. Aceton

a Resorptionsphase | b Nutzung gespeicherter Energie

Neben der Leber halten jedoch auch andere Gewebe das Gehirn über den Ernährungszustand des Körpers auf dem Laufenden. Auch diese benutzen offenbar Systeme zur Kommunikation über längere Strecken, um ihre Botschaften an das Gehirn zu senden. Seltsamerweise haben diese Systeme jedoch überhaupt nichts mit Neuronen zu tun. Als Beispiel wollen wir nun auf ein anderes Gewebe eingehen, das an der Entstehung von Hungergefühlen beteiligt ist – das Fettgewebe.

Die Funktion des Fettgewebes

Ein Talent der Leber, das ich bisher noch nicht genannt habe, betrifft das Speichern von Energie. Das Organ hält ständig einen kleinen Zuckervorrat als Miniration für Leute bereit, wenn sie zum Beispiel das Frühstück ausfallen lassen. Dieser Vorrat ist jedoch nur sehr klein. Und die Lösung? Der Körper kann jenen Fluch der westlichen Zivilisation anlegen, das gute alte wabbelige, weiche, wässrige Ich-werde-bald-einen-Herzinfarkt-haben-Fett. Im Jargon langweiliger Wissenschaftler heißt Fett meist „Triglycerid".

Wir wissen zwar, dass wir mit Bewegung und richtiger Ernährung einen Großteil unserer Triglyceride loswerden können, aber viele Menschen fragen sich doch, warum es Fettgewebe überhaupt gibt. Was tut Fett, außer uns beschämt in den Spiegel blicken zu lassen? Das oft geschmähte Fettgewebe ist ein äußerst wichtiger Teil der Überlebensstrategie von Säugetieren und entstand als Lösung eines bedeutenden Problems. Alle Organismen müssen ständig über Energie verfügen können, was angesichts der Unregelmäßigkeit, mit der die Umgebung Energie liefert, einige Schwierigkeit bereitet. Es wäre schön, wenn man überschüssige Energie in einer Art von biologischer Batterie speichern und für schlechte Tage verwahren könnte. Und genau das tun die meisten Tiere. Die Batterie, welche die meisten Tiere entwickelten, ist eben jenes Fettgewebe, verstaut nicht in Metallgehäusen, sondern in aufgeblähten Zellen, den Adipocyten. Benötigt der Organismus Energie und steht keine Nahrung zur Verfügung, so braucht er nur auf den in diesen Adipocyten verstauten Energievorrat zurückzugreifen. Steht mehr Nahrung zur Verfügung als benötigt, so kann er die Überschüsse wiederum in Triglyceride umwandeln und speichern. Wir Menschen genießen den Luxus, unsere Energieversorgung größtenteils stabilisiert zu haben. Und deshalb sorgen sich manche weniger genussreich darum, sie könnten fett werden.

Wenn ein Säugetier tatsächlich biologische Batterien erschaffen kann, um in Notzeiten versorgt zu sein, dann werden bestimmte Formen der Kommunikation sehr wichtig. Das Tier braucht 1. einen Mechanismus, um die Information auf Ebene der Energiespeicher zu beurteilen, 2. einen Mechanismus, um diese Beurteilung wichtigen

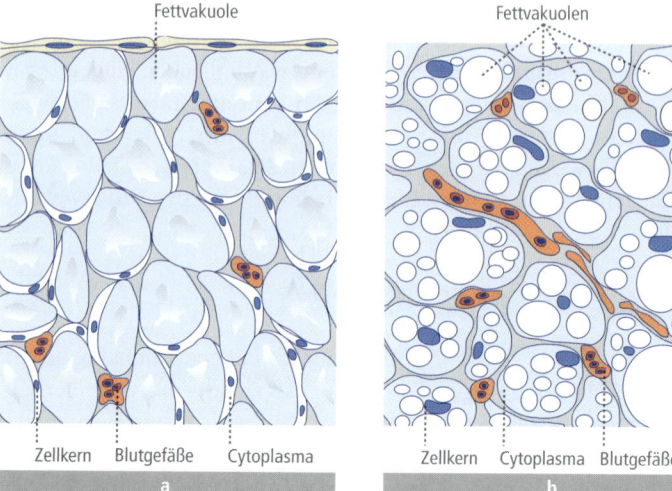

Adipocyten (Fettzellen). Schema des Fettgewebes. Weißes Fettgewebe (a) mit großen, zentralen Fettvakuolen und braunes Fettgewebe (b) mit zahlreichen kleineren Fettvakuolen.

Regulierungsstellen des Körpers (wie dem Gehirn) mitzuteilen, und 3. einen Mechanismus, mit dessen Hilfe die regulatorischen Gehirnregionen das Verhältnis von Energieaufnahme und -verbrauch beeinflussen können. Das Gefühl von Hunger (und seines Gegenteils, der Sättigung) entstehen irgendwo zwischen Punkt 2 und 3.

Existieren wirklich Mechanismen, die das Gehirn über diese Notreserven auf dem Laufenden halten? Sind solche Mechanismen vielleicht maßgeblich an der Entscheidung darüber beteiligt, ob Hungergefühle entstehen? Die Antwort auf beide Fragen scheint ja zu sein. Häufig werden diese Prozesse offenbar nicht durch Neuronen, sondern durch Hormone vermittelt, von denen viele erst kürzlich entdeckt wurden. Die Hormone werden von Genen erzeugt, und mit der steigenden Zahl isolierter Gensequenzen wird das Bild deutlicher. Die Genprodukte zielen in vielen Fällen auf Regionen des Hypothalamus. Um zu erfahren, in welcher Verbindung diese biologischen Abläufe mit Gehirn und Hungergefühl stehen, möchte ich Ihnen nun sechs unlängst entdeckte Substanzen und vor allem die Gene vorstellen, deren Produkte sie sind.

Der molekulare Blickwinkel

Zugegeben, es ist nicht leicht, nach Genen zu suchen, die das Hungerverhalten steuern. Ein Grund dafür ist, dass man aus genetischer Sicht das Erzeugen von Appetit aus mehreren Blickwinkeln betrachten kann. Man könnte sagen, dass Hunger auftritt, weil ein Hemmer des Hungergefühls – etwa wenn Treibstoff oder Notreserven fehlen

– zerstört wurde. Man könnte ebenso gut sagen, dass Hunger auftritt, weil ein neues Genprodukt in Erscheinung getreten ist, entweder direkt aus dem Gehirn oder aus einer außerhalb gelegenen Quelle mit Wirkung auf das Gehirn. Angesichts der komplizierten Funktion der Hormone in der gesamten Angelegenheit erscheinen beide Modelle möglich. Eine solche synthetische Sichtweise ist vielleicht sogar genau das Richtige, um die Rolle der Hormone bei der Erzeugung von und Reaktion auf Hungergefühle zu betrachten.

Aus Platzgründen muss ich mich im Folgenden auf Gene beschränken, die bekanntermaßen mit Zellen jenes hyperaktiven Hypothalamus in Wechselwirkung treten. Letztlich werden wir über Moleküle sprechen, die nicht nur das Entstehen von Hungergefühlen beeinflussen, sondern auch Gefühle der Sättigung (schließlich könnte die Zerstörung solcher Sättigungsmoleküle ebenso gut Appetit erzeugen). Vor Antritt unserer Reise in die Welt der Moleküle sollten wir zunächst einen Mechanismus erwähnen, den alle sechs Moleküle gemeinsam haben. Jedes ist Teil einer erstaunlich komplexen Reihe von Rückkopplungskreisen, die zum Teil erst kürzlich entdeckt wurden. Spezifische Signale können unter anderem gemeinsam mit dem Hypothalamus das Gefühl von Hunger beeinflussen. Allerdings gibt es ebenso viele positive wie negative Rückkopplungen, und einige sehr spannende neuere Forschungsarbeiten haben begonnen, diese Rückkopplungskreise auf Ebene der Gewebe und Gene zu beschreiben. Ich will mich auf einige besonders wichtige Details beschränken.

Fettleibigkeit

Als die Forscher begannen, sich mit den wichtigsten Aspekten des Hungers zu beschäftigen, richteten sie ihre Aufmerksamkeit auf Faktoren, die möglicherweise die Nahrungsaufnahme beeinflussen. Eine naheliegende Strategie war es, leicht zu beurteilende abnorme Situationen – wie Mutationen – zu untersuchen, den Fehler festzustellen und dann das Ganze zu beschreiben. Im Falle der Nahrungsaufnahme sind die augenfälligsten Abweichungen entweder totale Nahrungsverweigerung oder unkontrollierte Fettsucht. Die Erforschung der letzteren erwies sich als besonders fruchtbar und gleichzeitig vollkommen frustrierend. Die Wissenschaftler litten, weil sie zwei verlockende Hinweise zur Genetik der Fettleibigkeit fanden, diese aber fast ein halbes Jahrhundert lang nicht erklären konnten. Hier der erste Hinweis: Im Jahre 1950 entdeckte man bei Labormäusen einen genetischen Defekt, der diese fettleibig werden ließ. Die Mäuse konnten nicht aufhören zu essen und wogen schnell zwei bis drei Mal so viel wie ihre nicht betroffenen Wurfgeschwister. Das genetische Merkmal – und die Maus – nannte man *ob* (von englisch *obese*, fettsüchtig). Der zweite Hinweis war dieser: Wurde eine *ob*-Maus ope-

Was ist eigentlich ...

Fettsucht, Fettleibigkeit, Adipositas, chronische ernährungsabhängige Erkrankung mit beträchtlicher Erhöhung des Körpergewichts durch einen verstärkten Ansatz von Körperfett. Ursache ist eine positive Energiebilanz, als deren Folge die überschüssige Energie als Fett im Fettgewebe abgelagert wird. Klassifizierung: Das Körpergewicht bzw. die verschiedenen Grade der Fettsucht werden international nach dem *body mass index* (BMI) klassifiziert, da dieser eng mit dem Körperfettgehalt korreliert. In der deutschen Bevölkerung ist jeder zweite Erwachsene übergewichtig, jeder 5.–6. ist adipös. Auch im Kindesalter ist die Adipositas weit verbreitet.

a) Klassifikation	BMI [kg/m²]
Untergewicht	< 18,5
Normalgewicht	18,5–24,9
Übergewicht	25,0–29,9
Adipositas Grad I	30,0–34,9
Adipositas Grad II	35,0–39,9
Externe Adipositas Grad III	> 40

b) Folgeerkrankungen
Hypertonie
Diabetes mellitus Typ 2
Hyperlipidämie (Fettstoffwechselstörung)
Dyslipidämie (Fettstoffwechselstörung)
koronare Herzkrankheiten
Herzinsuffizenz
Schlaganfall

eng assoziiert mit Adipositas
Schlafapnose-Syndrom
Hyperurikämie
Gicht
Gallensteinerkrankungen (Gallensteine)
Krebserkrankungen
orthopädische und psychosoziale Komplikationen

Fettsucht. a) Klassifizierung nach dem *body mass index* (BMI). Häufig wird zwischen Übergewicht und Fettsucht (Adipositas) nicht scharf unterschieden. b) Mit Fettsucht assoziierte Erkrankungen.

rativ mit einem normalen Tier verbunden (durch eine sogenannte parabole Operation), so fraß die *ob*-Maus fortan weniger und verlor schließlich an Gewicht. Daraus leiteten einige Forscher die Hypothese eines „Sättigungs"-Hormons bei gesunden Mäusen ab, das den Appetit unmittelbar kontrolliert. Der *ob*-Maus fehlt dieses Hormon, und das beschriebene Versuchsergebnis erklärte man damit, dass die gesunde Maus vermutlich die fehlende Substanz nachliefert, wenn beide operativ verbunden werden.

Erst in den Neunzigerjahren des 20. Jahrhunderts trat die molekulare Erklärung ans Tageslicht. Die Vermutung infolge der Operation war richtig: Tatsächlich gab es ein zirkulierendes Hormon, das schließlich isoliert und Leptin genannt wurde. Nachdem das Molekül einmal isoliert war, folgte eine wahre Flut von Forschungsergebnissen. So fand man heraus, dass Leptin in der Zelle wirkt, indem es zunächst an einen bestimmten Rezeptor bindet. Dementsprechend fand man viele dieser Rezeptoren an den Neuronen des Hypothalamus. Wenn das für sie wie Zubehör für einen Rückkopplungskreis klingt, dann sind Sie mit vielen Wissenschaftlern einer Meinung. Insgesamt wurden bisher zwei Modelle für dieses interessante Genprodukt bei unserem Hungergefühl postuliert:

Leptin – Funktion 1: Reaktion auf Hungern

Im gesättigten Zustand wird Leptin normalerweise von den Adipocyten (Fettzellen) direkt in die Blutbahn abgegeben; so erreicht das Hormon den Hypothalamus. Sinkt jedoch der Leptinspiegel, folgt bei Versuchstieren eine Reihe adaptiver Reaktionen. Die Tiere zeigen eine geringere Fortpflanzungsfähigkeit, und auch der Blutspiegel anderer Hormone – etwa des Schilddrüsenhormons – sinkt. Insgesamt wird so Energie eingespart, was absolut notwendig ist, um bestimmte belastende Umweltsituationen zu überleben (steht angemessene Nahrung in ausreichender Menge zur Verfügung, muss man keine Energie sparen; ist dies nicht der Fall, muss man es unbedingt). Da Hunger meist eine unmittelbarere Bedrohung darstellt als reichliche Fettreserven, glauben einige Forscher, Leptin diene vor allem der Reaktion auf Nahrungsmangel. Demnach ist es – vielleicht unbeabsichtigt – stark am Entstehen von Appetit beteiligt.

Leptin – Funktion 2: Signalisieren von Sättigung

Da es beim Fehlen des Hormons zu Fettleibigkeit kommt, hielten es manche Forscher für einleuchtend, dass Leptin den Appetit steuert. Nach einem aktuellen Modell steigt der Leptinspiegel mit zunehmender Fettsucht. Je mehr Leptin in die Blutbahn abgegeben wird, desto mehr davon kann an die im Hypothalamus gefundenen Rezeptoren binden. Ist eine bestimmte Zahl von Rezeptoren mit Leptin besetzt, könnte dies das „Ich-bin-satt"-Signal erzeugen, und bestimmte autonome Funktionen setzen vielleicht allmählich ein. Dazu könnten unter anderem eine vermehrte Wärmeproduktion, eine Veränderung des Blutspiegels bestimmter Hormone wie des Insulins und das Anreichern von anderen körpereigenen Energiespeichern als Fett zählen. All diese Prozesse zielen darauf ab, das Tier nicht zu fett werden zu lassen. Forscher sprechen davon, der „Fettsucht entgegenzuwirken".

Welche Funktion das Leptin letzlich auch vermitteln wird, schon jetzt ist deutlich, dass die Erforschung dieses kleinen Moleküls eine außerordentliche Zahl miteinander verknüpfter molekularer Rückkopplungskreise zu Tage fördert. Nimmt ein Labortier zu viel Nahrung auf, wird Leptin ausgeschüttet, und schon bald hört das Tier auf zu fressen. Anschließend sinkt der Leptinspiegel wieder, das Tier verbraucht einige seiner Energiespeicher und verliert allmählich an Gewicht. Schließlich entsteht ein Hungergefühl, und das Tier nimmt

Was ist eigentlich ...

Leptin, [von griech. *leptos* = dünn] ist das Genprodukt eines ausschließlich in den Zellen des weißen Fettgewebes (Adipocyten) gebildeten Gens (*ob*-Gen, *obesity* = Fettsucht). Die physiologische Rolle des Leptins wurde 1994 erkannt, als gezeigt werden konnte, dass die massive Adipositas eines Mäusestammes (*ob/ob*-Mäuse) darauf beruhte, dass die Tiere infolge eines defekten *ob*-Gens kein Leptin in den Adipocyten ihres Fettgewebes bilden konnten. Durch die Behandlung der *ob/ob*-Mäusen mit exogenem, gentechnisch hergestelltem Leptin konnte dieser Mangel ausgeglichen werden, was zu einer Verminderung der übermäßigen Futteraufnahme, einer Erhöhung des Energieumsatzes und zu einer drastischen Abnahme der Adipositas dieser Tiere führte. Auch in humanen Adipocyten ist das *ob*-Gen aktiv, sein Genprodukt Leptin besteht aus 167 Aminosäuren.

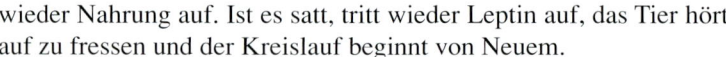

wieder Nahrung auf. Ist es satt, tritt wieder Leptin auf, das Tier hört auf zu fressen und der Kreislauf beginnt von Neuem.

Und wie ist es beim Menschen?

Nun, wir Menschen können fettleibig werden, wir reagieren auf Hungern und verfügen über Schilddrüsenhormon und Insulin. Wir besitzen sogar einen Hypothalamus. Spielt Leptin auch für die Steuerung unseres Hungers eine Rolle?

Wie Sie vielleicht schon vermuten, ist die Antwort etwas verwirrend. Auch wenn unsere molekulare Ausrüstung ähnlich ist, müssen wir Menschen bestimmte Probleme lösen, die sich Ratten und Mäusen nicht stellen. Und ich benutze bewusst das Wort „ähnlich" und nicht „identisch". Genetisch sind wir natürlich nur zu einem gewissen Grade mit Ratten oder Mäusen verwandt. Diese Unterschiede haben die Forscher selbstverständlich nicht von der Suche nach wichtigen Antworten abgehalten, und die Erforschung des Leptins und des Menschen geht begeistert weiter.

Und mit welchen Ergebnissen? Beim Menschen lässt sich der Leptinspiegel nicht durch Nahrungsaufnahme erhöhen. Das gilt jedoch nicht für das bekannte Hormon Insulin, dessen Blutspiegel unmittelbar damit zusammenhängt, ob wir essen, und der steigt und zusammenfällt wie ein Soufflé. Dennoch legen manche Studien nahe, dass Insulin die Produktion von Leptin in bestimmten Fettzellen reguliert. Wir wissen auch, dass fettleibige Personen oft einen höheren Leptinspiegel im Körper haben als schlanke Menschen. Es scheint fast so, als wolle der Körper mit Signalen die Gewichtszunahme verlangsamen.

Seltsamerweise gibt es eine genetische Störung, bei der das Leptingen mutiert ist. Personen mit dieser Mutation verfügen nur über wenig funktionsfähiges Leptin in ihrem Blutstrom. Wie sehen diese Menschen aus? Ihr Körper hat gewaltige Ausmaße, und sie zeigen die von Ärzten gern sogenannte krankhafte Fettsucht. Ein solches Experiment der Natur gleicht den *ob*-Tieren, denen ebenfalls das Leptingen fehlt. Das hat natürlich Wissenschaftler dazu verleitet zu behaupten, die Funktionen des Leptins bei Labortieren und Menschen seien gar nicht so unterschiedlich. Es gelte lediglich bei uns komplexeren Lebewesen, einige zusätzliche Variablen zu beachten. Meiner Meinung nach ist das Urteil über dieses faszinierende Gen unseres Appetits noch nicht gefallen, ob es nun am Hunger oder an der Sättigung beteiligt ist.

Weniger umstritten sind die Ziele, welche das Leptin nach Verlassen der Fettzelle in der Blutbahn ansteuert. Das Leptin sucht nach Rezeptoren im Gehirn und versucht insbesondere, mit dem (welche Überra-

Übergewichtige Jugendliche treiben Sport in einem US-amerikanischen Camp zur Gewichtsreduzierung.

schung!) Hypothalamus zu kommunizieren. Hat es ihn erreicht, wird eine komplizierte Reihe von Mechanismen ausgelöst. Diese Mechanismen ziehen Ereignisse nach sich, die das Essverhalten verändern. Um das Geschehen ganz zu verstehen, müssen wir einige wahrscheinlich gleichzeitig ablaufende Prozesse beschreiben. Betrachten Sie es als eine Art molekulare Motette, bei dem im Hypothalamus verschiedene Stimmen einsetzen, sobald das Leptin dem Organ seine Anwesenheit mitgeteilt hat. Ich werde nun einige der wichtigsten „Sänger" im Inneren bestimmter Nervenzellen aufzählen und dann darauf eingehen, wie ihre Antwort auf das Leptin lautet. Die ersten drei Sänger befinden sich in einem Areal des Hypothalamus, einer winzigen, Nucleus arcuatus genannten Region. Die letzten drei findet man in einer allgemeinen Region, die als lateraler Hypothalamus bezeichnet wird.

Nucleus arcuatus. NPY

Der erste Sänger heißt hypothalamisches Neuropeptid Y (NPY). Dies hochinteressante Molekül ist wahrscheinlich an der Vermittlung des Hungergefühls unmittelbar beteiligt. Injizierten Wissenschaftler Versuchstieren wiederholt NPY direkt ins Gehirn, so schien es, als hätten sie die *ob*-Maus neu erschaffen. Die Tiere wurden äußerst fettleibig. Da das Leptin im gesättigten Zustand die Aufgabe hat, Tiere vor Fettleibigkeit zu bewahren, sollte man erwarten, dass es normalerweise das NPY in bestimmten Hirnregionen ausschaltet. Genau das

ergaben die Befunde der Wissenschaftler. Erreicht das Leptin bestimmte Neuronen im Nucleus arcuatus, so schaltet es umgehend die
„Stimme" des NPY aus, was zur Regulierung des Appetits beiträgt.

POMC und MSH

Der zweite und der dritte Sänger bilden eine Art von Vater-und-Sohn-
Duett, das den Appetit zügeln kann. Der Vater wird Proopiomelano-
cortin (kurz POMC) genannt, der Sohn α-Melanocyten-stimulieren-
des Hormon (kurz α-MSH). Der Sohn ist der talentiertere von beiden. Ist er anwesend, kann er die Botschaft „Danke, ich bin satt" an
die entsprechenden Regionen des Hypothalamus weitergeben. Das
Molekül POMC findet sich in etwa jedem dritten Neuron des hypo-
thalamischen Nucleus arcuatus. Eigentlich ist es ein Vorläufermole-
kül, das α-MSH hervorbringen kann, daher der Vergleich mit Vater
und Sohn.

Was hat dieses Duett mit dem Appetit zu tun? Wie es scheint, können
Leptine sowohl an Neuronen mit POMC ankommen als auch an diese binden. Diese Bindung regt das Neuron dazu an, große Mengen
des „Vatermoleküls" zu produzieren. Sind große Mengen „Vater"-
POMC vorhanden, folgt mit Sicherheit bald der Sohn, und schon
bald stimmt die Zelle das Duett an und bildet sowohl POMC als auch
α-MSH. Ist α-MSH vorhanden, so begreift der Hypothalamus allmählich, dass der Körper genügend Nahrung zu sich genommen hat,
und schon bald hört das Tier auf zu fressen. Die Bindung des Leptins
an den Nucleus arcuatus hat also negative und positive Folgen.

Der laterale Hypothalamus und übergeordnete Zentren

Was geschieht dann? Augenscheinlich erzeugen vielerlei biochemische Substanzen auf molekularer Ebene Hungerinformationen, die
alle unseren Appetit erzeugen und regulieren sollen. Der Nucleus arcuatus ist jedoch nicht das einzige Konzerthaus, in dem die Hunger-
sänger auftreten. Der sogenannte laterale Hypothalamus ist ebenfalls
beteiligt. Wie stehen die beiden Konzerthäuser, der Nucleus arcuatus
und der laterale Hypothalamus, miteinander in Verbindung? Die Verbindung entsteht, wenn das α-MSH, jener talentierte Sohn des
POMC, an Neuronen bindet, die letztlich Zellen im lateralen Hypothalamus stimulieren. Der Sohn dient im Grunde als Kurier, der den
lateralen Hypothalamus über die aktuelle Energiebilanz informiert.

Warum aber beschreibe ich den Nachrichtenweg zum lateralen Hypothalamus? Weil der laterale Hypothalamus wie das Feuilleton ei-

ner Zeitung fungiert. Diese Region wird von vielen intelligenten Teilen des Gehirns „gelesen", jenen übergeordneten Zentren, die ich bereits erwähnte. Und in diesen Zentren nehmen wir das Gefühl von Appetit wahr. Die Frage ist also: wie? Sind biochemische Substanzen an diesem Informationstransfer vom Hypothalamus in das übrige Gehirn beteiligt? Die Antwort scheint ja zu sein, zumindest teilweise, und die chemische Struktur stellt die nächste Gruppe unserer molekularen Sänger.

Ob Sie es glauben oder nicht, das erste Mitglied dieser Gruppe wurde in einem Lachs entdeckt. Man nannte es Melatonin (kurz MLT, auch Melanin-konzentrierendes Hormon genannt). Diese seltsame Substanz hilft eigentlich dabei, die Färbung von Fischschuppen zu regulieren; man fand es jedoch auch bei Landtieren, bei denen es eine vollkommen andere Funktion erfüllt. Man entdeckte, dass sich durch Injektion von MLT in bestimmte Gehirnregionen bei Ratten deren Nahrungsaufnahme anregen lässt. Es ist also irgendwie am Appetit beteiligt. Man fand diese Substanz jedoch in einem anderen Konzerthaus als die anderen drei beschriebenen Moleküle. MLT zielt auf einige hochinteressante Neuronen des lateralen Hypothalamus. Warum interessant? Weil die mit MLT beladenen Neuronen mit „übergeordneten" Regionen im präfrontalen Cortex verbunden sind, jenem Areal, in dem das Gefühl von Hunger vielleicht wahrgenommen wird. Plötzlich arbeiteten die Forscher mit einem Molekül, das zwar im Hypothalamus gebildet wird, aber möglicherweise mit den intelligenteren Regionen des Gehirns in Wechselwirkung treten kann.

Ein echtes Appetitgen

Die letzten beiden molekularen Sänger, auf die ich hier eingehen will, sind ein Zwillingspaar und stellen vielleicht die direkteste Verbindung zum Entstehen von Appetit dar, die wir bisher entdeckt haben. Bislang haben wir bei unserer Darstellung der Funktionen des Leptins eher indirekt vom Appetit gesprochen. Einige Wissenschaftler glauben, Leptin spiele vor allem für die Reaktion eines Lebewesens auf Nahrungsmangel eine Rolle. Da sich den meisten Tieren in freier Wildbahn das Problem der Fettleibigkeit nicht stellt (die Natur bietet nur selten jahrelange Nahrungsüberschüsse), ist es evolutionär gesehen nur sinnvoll, sich auf näherliegende Situationen zu konzentrieren. In jüngerer Zeit wurde jedoch eine Reihe von Genprodukten und dazugehörigen Rezeptoren isoliert, die offenbar viel direkter wirken. Einige davon scheinen ebenfalls im lateralen Hypothalamus anzusetzen und erzeugen zudem offensichtlich Signale für übergeordnete Hirnregionen. Diese Genprodukte und Rezeptoren wecken offenbar direkt das Bedürfnis, zu essen und immer weiter zu essen.

Im Gegensatz zu den Leptinen sollen diese Signale nicht das Empfinden von Sättigung verändern; sie tragen dazu bei, das Gefühl „ich habe Hunger" zu erzeugen. Die Rolle dieser Genprodukte beim Entstehen von Appetit ist so wichtig, dass ich hier ihre Entdeckung skizzieren möchte.

Die Entdeckung des Orexins

Was ist eigentlich ...

Orexin, Hypocretin, 1998 entdecktes Neuropeptid aus 33 bzw. 28 Aminosäuren (Orexin A und B). Die Ausschüttung erfolgt, ausgelöst durch das Neuropeptid Y, im Hungerzentrum im lateralen und posterioren Hypothalamus. Orexin ist als Gegenspieler des Leptins und anderer „Sättigungshormone" an der komplexen Regulation der Nahrungsaufnahme beteiligt, indem es die Nahrungsaufnahme steigert und gleichzeitig den Energieverbrauch senkt.

Bei der historischen Beschreibung der Appetiterzeuger prallen zwei wissenschaftliche Richtungen aufeinander, die allgemeine und die spezialisierte. Das Energiegleichgewicht beschäftigt wirklich viele Gewebetypen im ganzen Körper. Die winzigen molekularen Interaktionen sind jedoch so kompliziert, dass man eine ganze wissenschaftliche Laufbahn darauf verwenden kann, nur um ein einziges Gen zu verstehen. Darin liegt eine Gefahr, denn man verliert leicht das Gesamtbild aus den Augen. In der Realität der Lebewesen gibt es Myriaden von Zellen, die vielerlei interaktive und integrative biochemische Substanzen bilden. Deshalb habe ich in meiner Darstellung des Appetits ständig die komplexe und verschiedenartige Natur der Prozesse betont, die zur kontinuierlichen Energieversorgung beitragen.

Manche Molekularbiologen haben sich dazu entschlossen, so weit wie möglich im Gesamtbild zu bleiben. Viele haben im Laufe ihres Berufslebens ganze Reihen von Genen isoliert, deren Funktionen vollkommen unbekannt sind; ihre Klassifizierung beruht ausschließlich auf der äußeren Struktur. Ein typisches Beispiel ist die Isolierung von Genen, die eine Reihe von Rezeptorproteinen (wie den am Appetit beteiligten Rezeptoren) codieren. Solche „verwaisten Rezeptoren" (*orphan receptors*) findet man auf der Oberfläche bestimmter Zellen. Die Wissenschaftler isolieren diese Moleküle, stopfen sie in Versuchszellen, als seien diese Aufbewahrungsbehälter, und stecken das Ganze in den Gefrierschrank. Dann überlassen sie es anderen Wissenschaftlern, die genauen Funktionen zu erforschen.

Was ist eigentlich ...

Ligand [von latein. *ligare* = verbinden], Molekül, das sich an ein Makromolekül (z. B. Rezeptor, Enzym, Komplexverbindung) anlagert. In der Biologie werden v. a. solche Moleküle als Liganden bezeichnet, die spezifisch an Rezeptoren binden und dadurch Folgereaktionen auslösen (z. B. Hormone, Neurotransmitter, Cytokine, aber auch synthetische Stoffe wie z. B. Arzneimittel).

Warum nennt man diese Rezeptoren „verwaist"? Wie schon erwähnt, besteht die Aufgabe eines Rezeptors darin, an andere, von außerhalb stammende Moleküle zu binden (daher der Name „Rezeptor", von lateinisch *recipere*, empfangen); diese äußeren Moleküle nennt man meist Liganden. Liganden passen bekanntlich zu Rezeptoren wie Schlüssel in ein Schloss, und die Zelle, deren Rezeptoren besetzt werden, übernimmt oft eine neue Funktion. Die molekularbiologische Forschung kennt Möglichkeiten, ganze Reihen von Rezeptoren zu isolieren, selbst wenn der Ligand unglücklicherweise vollkommen unbekannt ist. Das ist ein verwaister Rezeptor – ein Rezeptor, dessen Struktur bekannt, dessen Ligand aber ein völliges Rätsel ist.

Nach erfolgreicher Arbeit beschlossen die Wissenschaftler, ihre Liganden Orexin zu nennen, nach dem griechischen Wort *orexis* für Verlangen, Appetit (Anorexie bedeutet ja, wie Sie wissen, geringen oder gar keinen Appetit). Und wirklich hatten sie ein Ligand-Rezeptor-Paar gefunden, das für die Nahrungsaufnahme eine sehr wichtige Rolle spielt.

Diese Entdeckung steht für eine ganz neue Sichtweise des Hungers. Wie wir bereits wissen, ermöglicht uns die Anwesenheit von Leptin einen indirekten Blick auf das Entstehen von Appetit: durch das Fehlen eines Repressors. Das Orexin scheint genau andersherum zu wirken, und so müssen wir das Vorkommen eines Stimulators in das Gesamtbild einarbeiten. Wie es scheint, verfügen wir also beim Entstehen von Hunger sowohl über hemmende als auch über anregende Mechanismen.

Keine allumfassende Hypothese

Wenn wir eine Bilanz all dieser Gewebe vom Gehirn bis zum Fettgewebe und all dieser Moleküle vom Leptin bis zum Orexin ziehen, er-

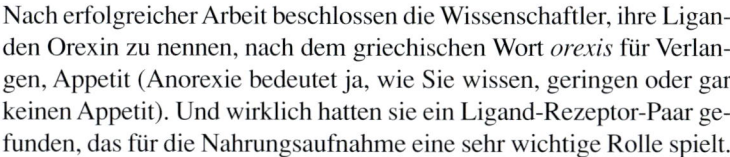

■ Die Nahrungsaufnahme – eine Zusammenfassung ■

Die Regulation der Nahrungsaufnahme bildet zusammen mit der Regulation der Energieabgabe die beiden Hauptbestandteile im Regelwerk zur Steuerung der Körperenergiebilanz und damit des Körpergewichts. Die Regulation der Nahrungsaufnahme findet einmal auf der Stufe einzelner Mahlzeiten statt, zweitens muss sie aber auch langfristig in die Regulation und Konstanthaltung des Körpergewichts eingebunden sein.

Nahrung wird meist in Form diskreter Mahlzeiten aufgenommen, deren Größe und Abstand schließlich die gesamte Nahrungsaufnahme bestimmt. Sowohl Mahlzeitengröße als auch der Abstand zwischen einzelnen Mahlzeiten werden durch verschiedene Signale beeinflusst. Während Signale aus der Mundhöhle oft einen positiven, verstärkenden Effekt auf die Nahrungsaufnahme ausüben, sind Signale aus dem Magen (Dehnungsrezeptoren) und Darm (Chemosensoren für Nährstoffe) meist hemmender Natur. Diese Signale sowie die im Gefolge der Nahrungsaufnahme von verschiedenen endokrinen Zellen freigesetzten Sättigungshormone beeinflussen primär die Mahlzeitengröße. Die Kombination dieser inhibitorischen Signale führt zu der Beendigung einer Mahlzeit, während deren Verschwinden zu erneuter Nahrungsaufnahme führt.

Der Abstand verschiedener Mahlzeiten, das sogenannte Zwischenmahlzeitenintervall, wird aber auch von metabolischen Signalen beeinflusst, die von der Nährstoffverstoffwechselung und dem Energiehaushalt in der Leber und im Pfortadergebiet abhängen. Vor allem Signale aus der Verstoffwechselung von Fettsäuren und der Fettsäurenoxidation sowie der Glucoseverstoffwechselung scheinen bei diesen Mechanismen involviert zu sein.

Die direkten Signale, die die Nahrungsaufnahme beeinflussen, stehen unter dem modulierenden Einfluss indirekter, langfristig wirkender Signale (z. B. Leptin, Insulin), die eine langfristige Ausrichtung des Energiehaushalts hinsichtlich einer Konstanthaltung der Körperfettreserven und damit des Körpergewichts gewährleisten sollen.

Die letztliche Kontrolle der Nahrungsaufnahme obliegt dem zentralen Nervensystem, wobei Strukturen des Hirnstamms eng mit dem übergeordneten Kontrollzentrum des Hypothalamus sowie dem limbischen System verschaltet sind ("Hungerzentrum", "Sättigungszentrum"). Die Regulation der Nahrungsaufnahme geschieht also durch ein extrem komplexes Regelwerk für eine einfache Verhaltenssequenz.

kennen wir dann eine alles umspannende Idee, die diese vereint und uns eine Vorstellung davon gibt, wie wir Hunger erleben? Können wir ein schlüssiges Modell entwerfen, das Hypothalamus, Lebersensoren, POMC, Leptin und Orexin in nur einer Reihe von Prozessen vereint? Die Antwort auf beide Fragen lautet nein, jedenfalls bisher noch nicht. Selbst wenn wir auf 1 000 Buchseiten alle bekannten wissenschaftlichen Daten zum Appetit penibel aufführen würden, könnten wir damit lediglich eine grobe Skizze des Rätsels der Entstehung von Hunger zeichnen. Tatsächlich können wir mit Bestimmtheit nur sagen, dass Hunger aus dem Zusammenspiel vieler Beteiligter entsteht. Wir wissen, dass Gewebe im Körper mit Geweben im Gehirn zusammenarbeiten, um ein Energiegleichgewicht zu schaffen, und dass an dieser Kommunikation sowohl Neuronen als auch Hormone beteiligt sind. Wir wissen zudem, dass wir oft Hunger empfinden, wenn das Gehirn seine Informationen über unsere Energiesituation an übergeordnete corticale Zentren weiterleitet. Aber es ist, als hörten wir in der Ferne einen Chor: Wir bemerken zwar, dass dort Musik ist, aber wir können nicht wirklich wahrnehmen, was die Stimmen singen.

Grundtext aus: John Medina *Am Tor zur Hölle. Die Biologie der sieben Todsünden*; Spektrum Akademischer Verlag (englische Originalausgabe: *The Genetic Inferno.* Cambridge University Press; übersetzt von Jorunn Wissmann).

Einfach essen

Wissenschaftler und Diätgurus verwirren uns mit unzähligen Ernährungsweisheiten. Nur drei sind belegt

Birgit Herden

Hier ruht ein Wohlstandsbürger, gestorben an falschem Essen – wer will schon diese Inschrift auf seinem Grabstein haben? Und doch prasst und völlt sich jeder Dritte von uns verfrüht unter die Erde, behaupten Epidemiologen. Bei zu viel Fett auf dem Teller, zu viel Zucker im Becher drohen Herzinfarkt, Schlaganfall, Krebs.

Die düsteren Botschaften kommen an: Angstvoll überdenken wir unseren Speiseplan. Nur wie überdenken? Die Flut von Tipps ist überwältigend und voller Widersprüche. Bringt uns wirklich das Fett ums Leben? Oder sind etwa Kohlenhydrate die wahren Killer? Erdbeeren machen schlau! Na ja, zumindest Versuchsratten. Brokkoli rette vor dem Krebstod, verkündet eine Meldung. Und Fisch halte die Arterien frei. Doch in den nächsten Studien erscheinen Gemüse und Getier plötzlich wirkungslos.

Warum Gemüse gesund ist, ist unter Forschern umstritten

Fast wöchentlich verkündet eine Schlagzeile eine neue Wahrheit oder stürzt eine alte. Keine andere Wissenschaft ist so wechselhaft wie die vom Essen und Trinken. Die Ernährungsapostel der Fachgesellschaften predigen ihren Kanon in Form von Leitlinien und bunten Grafiken. Ketzerische Abweichler, selbst auf namhaften Lehrstühlen, halten dagegen. Hinzu kommen ganze Regale voller Ratgeber, die unterschiedlichste Ernährungsweisen anpreisen. Vegetarisch oder makrobiotisch, Trennkost oder Steinzeitdiät: Jede Philosophie verspricht Gesundheit und ein langes Leben.

Selbst im akademischen Establishment gehen die Meinungen drunter und drüber. Auf die simple Frage, warum Gemüse gesund sei, geben kaum zwei Forscher die gleiche Antwort: Einer hält es für eine Krebsbremse, der Nächste für einen Herzschützer. „Viele Menschen sind sich nicht darüber klar, dass die wissenschaftlichen Belege viel weniger eindeutig sind, als es die Botschaften suggerieren", sagt Barnett Kramer von den U. S. National Institutes of Health.

Noch deutlicher wird der Ernährungswissenschaftler Konrad Biesalski von der Universität Hohenheim. Zu Beginn seiner Hauptvorlesung macht er seinen Studenten ein Angebot: „Wer mir am Ende der Vorlesung sagt, was gesunde Ernährung ist, bekommt einen Preis." Die Vorlesung hat 80 Stunden. Der Preis bleibt unverliehen.

Es ist Zeit für ein Eingeständnis: Niemand weiß genau, was eine gesunde Ernährungsweise ausmacht. Und bei kaum einem Ratschlag ist die Wirksamkeit zweifelsfrei bewiesen.

Klar ist, dass die Nahrung die Grundbedürfnisse unseres Körpers decken muss. Ohne Eiweiße, bestimmte Fette, Vitamine, Mineralstoffe, Spurenelemente und adäquate Energiezufuhr geht er zugrunde. Doch diese Gefahr ist in unseren Breiten eher hypothetisch. Zwar wird manchmal für einzelne Stoffe der Notstand ausgerufen und dann beispielsweise Jod oder Folsäure ins Speisesalz gemischt. Aber echte Mangelerscheinungen wie Skorbut oder Rachitis sind bei der hiesigen Verpflegungslage so gut wie unbekannt. Unser Leben ist nicht in Gefahr.

Die Streitfrage ist: Können wir es durch den wissenschaftlich fundierten Griff ins Supermarktregal länger und angenehmer machen?

Vor vier Jahren machte sich die Ernährungsorganisation der Vereinten Nationen FAO auf die Suche nach der definitiven Antwort. Sie ließen den Wust wissenschaftlicher Daten von einer internationalen Expertenkommission durchkämmen mit ernüchternd geringer Ausbeute. Der 2003 erschienene Bericht analysiert die Ernährungsempfehlungen zur Vorbeugung gegen die vier wichtigsten chronischen Leiden: Herz-Kreislauf-Erkrankungen, Krebs, Diabetes und Osteoporose.

Von den unzähligen vermuteten Zusammenhängen befanden die Fachleute nur eine Hand voll für „überzeugend" belegt: Der Verzehr von Obst und Gemüse schützt vor Herz-Kreislauf-Erkrankungen, ebenso eine salzarme Ernährung, die reich an ungesättigten und arm an gesättigten Fettsäuren und Transfettsäuren ist. Ältere Menschen sollten nicht vergessen, für weiterhin feste Knochen ausreichend Kalzium und Vitamin D zu sich zu nehmen. Nebenbei stießen die UN-Forscher auch auf ein Wundermittel, das allen vier Leiden gleichermaßen entgegenwirkt, aber nichts mit Ernährung zu tun hat: regelmäßige Bewegung.

Häufiger einen Salat oder Apfel, Hände weg vom Salzstreuer, lieber Fisch statt Fritten und vielleicht mal ein Glas Milch – das ist vorläufig alles, was vom Getöse bleibt. Über alles Weitere lässt sich streiten.

Wie vergänglich Ernährungsweisheiten sind, zeigt das Hin und Her ums Fett: Verzicht auf Fett galt viele Jahrzehnte als Kernstück jedes gesunden Speiseplans, und der Glaube daran hat sich tief in unser Denken eingegraben. Die Deutsche Gesellschaft für Ernährung (DGE) denunzierte Fett noch 1999 als „Dickmacher Nummer eins" und rief mit dem Slogan „Fit mit wenig Fett" zur Jagd auf Butter und panierte Schnitzel. Stattdessen sollten Brot, Reis und Kartof-

feln unsere Mägen füllen und uns vor Fettleibigkeit, Herzinfarkt und Krebs retten.

Fördert der Verzicht auf Fett sogar Übergewicht?

Genau falsch, meint heute Walter Willett, Ernährungswissenschaftler an der Harvard-Universität: „Es gibt keine einzige Untersuchung, die einen langfristigen gesundheitlichen Nutzen einer fettarmen Diät belegt." Willett ist der prominenteste Verfechter der Gegenlehre, die im wissenschaftlich verordneten Fettverzicht sogar eine Ursache des grassierenden Übergewichts erkennt. Die Fettphobie rührt seiner Meinung nach von einem Trugschluss her: Weil sich koronare Herzkrankheiten in den westlichen Industrieländern mit ihrer fettreichen Kost häufen, habe man Fett rundweg verteufelt. Die wahren Schuldigen seien aber nur ganz bestimmte Fette, sogenannte gesättigte Fettsäuren, während ungesättigte Fettsäuren aus Fisch und pflanzlichen Ölen Gefäßkrankheiten sogar vorbeugen. Noch schädlicher sind sogenannte Transfettsäuren. Wer seiner Gesundheit zuliebe Margarine statt Butter aufs Brot schmiert, sollte umdenken. Denn in gehärteten Pflanzenfetten stecken besonders viele Transfettsäuren.

Wer brav den Verlautbarungen der DGE folgt, generell auf Fett verzichtet und seinen Hunger mit kohlenhydrathaltiger Kost stillt, der begeht laut Willett einen noch fataleren Fehler. Die vermeintlichen Schlankmacher fachen den Esstrieb erst so richtig an, warnt er. Kohlenhydrate werden im Magen rasch zerlegt und erhöhen den Blutzuckerspiegel. Daraufhin schüttet der Körper Insulin aus, das den Blutzucker unter sein Ausgangsniveau sacken lässt und damit noch gierigeren Hunger weckt – so jedenfalls stellt Willett es sich vor. Allerdings sind längst nicht alle seiner Fachkollegen davon überzeugt, dass dieses Aufschaukeln des Blutzuckerspiegels wirklich maßgeblich für Übergewicht und Diabetes mitverantwortlich ist.

Auch ohne allgemein akzeptierte Belege hat Willetts wilde These in den USA geradezu eine Kohlenhydratphobie entfacht: Der *low carb*-Boom hat *low fat* abgelöst. Wer vorher voller Gesundheitsbewusstsein Cornflakes mit Magermilch löffelte, lud sich nun Fleisch und öltriefendes Gemüse auf den Teller. Gut und Böse tauschten die Rollen. Die Hersteller von Süßbackwaren gerieten in wirtschaftliche Schwierigkeiten. Der Pastaproduzent New World meldete Konkurs an und gab ausdrücklich der *low carb*-Welle die Schuld.

Über Jahre hinweg haben wir die Butter immer dünner aufs Brötchen geschmiert. Und nun will man uns weismachen, der Übeltäter sei das Brötchen? Um endlich Klarheit über Fett zu schaffen, hat die Deutsche Gesellschaft für Ernährung (DGE) vor zwei Jahren ein 14-köpfiges Expertengremium einberufen, das seither „evidenzbasierte Leitlinien" zum Fettverzehr erarbeitet. „Nachdem jahrzehntelang vor allem die Meinungen der Experten verbreitet wurden, wird es jetzt erstmals Leitlinien geben, die auf einer systematisch geprüften, wissenschaftlichen Evidenz beruhen", kündigt Kommissionsmitglied Matthias Schulze vom Deutschen Institut für Ernährungsforschung (DIfE) in Potsdam an.

Die Beweiskraft vieler Studien ist schwach

Endlich wissenschaftlich solide Ernährungsempfehlungen: Schön wärs. Doch obwohl längst angekündigt, lässt die Vollendung der Leitlinien auf sich warten. Den Experten fällt es schwer, zu einem Urteil zu kommen. „Allein zu Herz-Kreislauf-Erkrankungen haben wir Hunderte von Studien ausgewertet", erzählt Jakob Linseisen vom Deutschen Krebsforschungszentrum in Heidelberg, der in der Kommission für diesen Bereich mitverantwortlich ist. „Auch wenn einzelne Studien ein scheinbar eindeutiges Ergebnis haben", klagt er, „in der

Gesamtschau aller Studien zu einem Thema ergibt sich kein so klares Bild."

Die Ernährungsforschung hat ein grundsätzliches Problem mit ihrem Gegenstand: Essen ist so selbstverständlich, dass kaum jemand verlässlich über seine Ernährungsgewohnheiten zu berichten vermag. Das Gros der Feldforschung besteht darin, erkrankte und gesunde Menschen nach ihren Essgewohnheiten zu befragen. Die Beweiskraft solcher Fallkontrollstudien ist freilich schwach. Sie werden beispielsweise dadurch verzerrt, dass kranke Menschen, vom schlechten Gewissen geplagt, sich weitaus mehr Ernährungssünden in Erinnerung rufen als Gesunde.

Als beweiskräftiger gelten daher Studien, die nur Gesunde über ihre Ernährung befragen und dann über längere Zeit hinweg beobachten, wer erkrankt und wer nicht. Leider sind solche prospektiven Kohortenstudien weitaus teurer, daher seltener, und sie bleiben anfällig für Fehler. Die Teilnehmer bekommen oft Fragebögen mit über hundert Einzelfragen. Wer will bei Punkt 87 noch ausführlich darüber sinnieren, wie viel Stücke Brot er durchschnittlich am Tag verzehrt?

Ohnehin kann passiv beobachtende Forschung nicht mehr feststellen, als dass gewisse Phänomene gemeinsam auftreten, was noch kein Beweis für einen ursächlichen Zusammenhang ist. Menschen, die sich gesund ernähren, bewegen sich meist mehr, rauchen weniger und haben eine höhere Bildung – alles Faktoren, die die Gesundheit beeinflussen. Solche Störeffekte rechnen Forscher mit komplizierten Methoden heraus. Erfolg ist ihnen nicht immer garantiert.

Letztlich sagen Beobachtungsstudien nur etwas über Menschen aus, die sich freiwillig auf eine bestimmte Weise ernähren. Wenn andere ihnen widerwillig folgen, muss nicht unbedingt der Effekt derselbe sein. Ist jemand, der auf wissenschaftlichen Rat hin das ihm verhasste Gemüse vertilgt, danach genauso gesund wie einer, der es mit Genuss tut? Den Beweis könnte nur eine Studie liefern, die eine große Anzahl von Menschen zu einer geänderten Ernährung bringt und über Jahre hinweg mit einer naturbelassenen Kontrollgruppe vergleicht. Solche Interventionsstudien sind der Idealfall der ernährungswissenschaftlichen Empirie, aber praktisch kaum durchführbar. Deshalb nehmen Ernährungsforscher meist mit Behelfslösungen vorlieb: etwa indem sie Menschen nur für kurze Zeit genau definierte Nahrung verabreichen und dann Veränderungen von „Biomarkern" wie Blutfettwerten messen, oder gleich ganz auf Versuche an Tieren und Zellkulturen ausweichen.

Den so mühselig erarbeiteten Entwurf der neuen Fett-Leitlinien hat die Deutsche Gesellschaft für Ernährung im Frühsommer dieses Jahres zur allgemeinen Begutachtung ins Internet gestellt und damit den nächsten Streit ausgelöst. Umgehend legte sich der Starnberger Ernährungsquerdenker und Publizist Nicolai Worm mit den DGE-Autoritäten an, und zwar über die Frage, ob es wirklich das Fett sei, das uns fett macht. Ja, beharren die Experten der DGE auf der alten Lehre und wollen krankhaft Dicke mit fettarmer Kost abspecken. Nein, widerspricht Worm und warf ihnen in einem Brief vor, „die Datenlage unzureichend erfasst, Studien einseitig selektiert, zum Teil im Ergebnis verfälschend dargestellt oder einseitig interpretiert" zu haben.

Im Gegenzug zitiert Worm einen ganzen Stapel von Untersuchungen, die keinen Zusammenhang zwischen Übergewicht und Fett auf dem Teller nachweisen konnten oder in denen sich Menschen mit hohem Fettkonsum gar als die Schlankeren erwiesen. Folglich stellt Worm die traditionelle „Ernährungspyramide" komplett auf den Kopf: Er rationiert uns Getreide und Kartoffeln, die laut den alten Empfehlungen das Fundament jeder gesunden Ernährung bildeten. Dafür gestattet er uns reichlich hochwertige Öle: aus Oliven, Fisch, Disteln, Nüssen und Kernen.

Zu Worms eigener Überraschung ist die DGE auf seine Kritik eingegangen. Die entsprechenden Kapitel seien gründlich umgeschrieben worden, teilten ihm zwei der DGE-Autoren vor einigen Wochen mit. Die deutsche Öffentlichkeit indes wartet weiter auf die aktualisierten Fett-Tipps.

Der Schutzeffekt von Ballaststoffen ist zweifelhaft

Während in Sachen Fett die Fachmeinungen zusammenrücken, gehen sie beim nächsten großen Ernährungsthema auseinander: Ballaststoffen wurde bis vor kurzem eine wichtige Schutzwirkung gegen Darmkrebs zugesprochen. Nun jedoch haben Harvard-Forscher 13 einschlägige Studien genauer analysiert und plötzlich nichts mehr von dieser Wirkung gesehen. Der scheinbare Effekt verschwand, als sie den möglichen Einfluss von rotem Fleisch, Folsäure und Kalorienmenge konsequent herausrechneten.

Das einst feste Ballaststoff-Dogma wankt und allgemein der Glaube, man könne durch die richtige Ernährung Krebs verhindern. „Den großen Effekt, den wir in den Neunzigerjahren gesehen haben, sehen wir zum Beispiel bei Obst und Gemüse heute nicht mehr", räumt auch Heiner Boeing vom DIfE ein, und das, obwohl er kürzlich an einer europaweiten Studie mit ballaststofffreundlichem Ergebnis beteiligt war.

Selbst die größte Interventionsstudie, die je unternommen wurde, um den Einfluss von Ernährung auf Gesundheit zu erforschen, stiftet mehr Verunsicherung als Klarheit. 49 000 amerikanische Frauen jenseits der Menopause wurden nach dem Zufallsprinzip entweder aufgefordert, sich besonders fettarm und mit viel Obst und Gemüse zu ernähren oder wie gewohnt. Acht Jahre lang lief die Womens Health Initiative der US-Gesundheitsbehörde, und am Ende war die Verblüffung groß: Keiner der untersuchten Effekte, ob auf Krebs oder Herzinfarkt, war groß genug, um statistisch aussagekräftig zu sein.

Wenn also überhaupt kein Gesundheitseffekt eines bedachten Speiseplans mehr erkennbar ist: Dürfen wir nun, befreit von den Zügeln der Wissenschaft, munter drauflosfuttern? Besser nicht. Denn ein Mangel an Beweisen beweist noch lange nicht das Gegenteil. So zeigten sich während der Womens Health Initiative die prinzipiellen Grenzen von Interventionsstudien: Kaum ein Proband findet sich bereit, sich von der Wissenschaft in seinen Speiseplan reden zu lassen. Die Frauen in der Kontrollgruppe hatten im Durchschnitt täglich knapp vier Portionen Obst und Gemüse gegessen, die zu Pflanzenkost ermunterten Probandinnen hatten gerade mal knapp eine Portion mehr verputzt. Gut möglich, dass diese Steigerung zu klein war, um einen messbaren Unterschied zu bewirken.

Noch verschärft wird das Glaubwürdigkeitsdefizit der Ernährungsforschung durch den Einfluss der Industrie. Als US-Wissenschaftler vor sechs Jahren nachwiesen, dass Kakaogenuss die Verklumpung des Blutes verlangsamt, wurde vielfach gemeldet, Schokolade sei gesund, sie schütze vor Herzerkrankungen. Dabei hatten die Probanden gar keine Schokolade gegessen, sondern eben Kakao getrunken. Schon gar nicht hatten sie sich die Zucker- und Fettriegel des Studiensponsors Mars einverleibt, in denen Kakao nur eine Nebenrolle spielt.

Wenn sich heute zumindest Teile der Ernährungsforschung am Rand des wissenschaftlich Seriösen abspielen, dann könnten sie diese Grenze demnächst endgültig überschreiten – auf Druck der Politik: Seit Januar 2007 ist es EU-weit Gesetz, dass Lebensmittelhersteller ihre Werbeaussagen wissenschaftlich belegen müssen, wenn sie darin heilsame Effekte behaupten. Die Idee der Gesetzgeber ist, die Verbraucher vor falschen Versprechungen zu bewahren. Die gute Absicht birgt aber auch die Gefahr, dass sich Wissenschaftler zu Handlangern der Auftraggeber machen lassen: wenn eine Studie davon motiviert ist, auf Teufel komm raus die Heilsversprechen auf der Produktpackung zu verifizieren.

Die Ernährungsforschung braucht eine Besinnungspause

Will die Ernährungsforschung künftig mehr produzieren als den nächsten Diäthype, dann braucht sie eine Pause zur Besinnung. „Wir müssen unsere Konzepte auf einer systematisch erfassten Datenlage aufbauen", fordert DIfE-Forscher Boeing – eigentlich eine naturwissenschaftliche Selbstverständlichkeit. Nur ausgenüchterte Ernährungsforschung hätte Chancen, vielleicht doch noch ein klares Wirkgefüge zwischen Nahrung und Krankheitsrisiko zu erkennen.

Die ratlose Zwischenzeit dürfen auch die strengsten Gesundesser zum Genießen nutzen, und jeder Schlagzeile, die ihnen mit Zahlen und Vorschriften ins Essen pfuschen will, getrost mit Skepsis begegnen. Drei Sätze reichen Ursel Wahrburg von der Fachhochschule Münster, um die zeitlosen Wahrheiten gesunder Ernährung zu formulieren: „Esst weniger. Bewegt euch mehr. Und esst reichlich Obst und Gemüse." Damit lassen sich keine Diätbücher verkaufen. Im Gegenteil, es macht die meisten davon überflüssig.

Aus: DIE ZEIT Nr. 46, 9. November 2006

Der Mensch scheint gut an seine Umwelt angepasst; zumindest erscheint es uns so, wenn wir die verschiedensten Lebensräume dieses Planeten betrachten, die wir erfolgreich erobert haben. Doch das Gegenteil ist der Fall. Wir haben unsere Welt verändert, und tun es noch. Wir tun es so tiefgreifend, dass die Umwelt nicht mehr zu unseren Körpern passt. Ein Zeichen dafür ist die rasante Ausbreitung von Zivilisationskrankheiten wie Diabetes, Herzkrankheiten und Fettleibigkeit.

Zwei Forscher arbeiten gemeinsam an diesem Thema, schon seit vielen Jahren und über eine Distanz von vielen tausend Kilometern hinweg. **Peter Gluckman** ist Professor für Kinder- und Perinatalmedizin, Direktor des Liggins Institute for Medical Research und des National Research Centre for Growth and Development an der University of Auckland. **Mark Hanson** ist einer der führenden britischen Perinatalmediziner, Direktor des Centre for Developmental Origins of Health and Disease der University of Southampton und Ehrenmitglied des Royal College of Obstestricians and Gynaecologists.

Das später gemeinsame Themenfeld entdecken der Neuseeländer und der Brite zunächst getrennt: „Unabhängig voneinander konzentrierten wir uns auf einen ganz bestimmten Aspekt der Biologie: die Entwicklung. Das führte uns auf weitere Entdeckungsreisen von der klassischen physiologischen Forschung über die Entwicklungsbiologie zur Evolutionsbiologie, und dabei gelangten wir zu einer neuen Sichtweise für das Wechselspiel zwischen Genen und Umwelt. Wir lernten, wie Evolution und individuelle Entwicklung durch ihr Zusammenwirken dafür sorgen, dass die Menschen in manchen Situationen gut und in anderen weniger gut leben."

Wir leben in der Moderne, unsere genetische und physiologische Ausstattung aber ist von gestern. Mit gemischten Gefühlen sehen Gluckman und Hanson insbesondere, wie unsere Lebenserwartung immer weiter steigt. „Durch die veränderte Lebenserwartung wird eine ganze Reihe potenzieller Fehleignungen deutlich. Ist unsere Konstruktion auf solch ein langes Leben angelegt, oder entstehen manche Alterserscheinungen dadurch, dass wir die Lebensdauer, auf die unsere Körperfunktionen und Gewebe von der Evolution ausgerichtet waren, bei weitem überschreiten?" Kurz: Läuft unsere biologische Garantie zu früh ab?

Peter Gluckman und Mark Hanson

Achtzig Jahre? Oder neunzig? – Das Dilemma einer steigenden Lebenserwartung

Von Peter Gluckman und Mark Hanson

Allen biblischen Angaben zum Trotz, wonach Methusalem angeblich 969 Jahre alt wurde: Der Mensch mit der höchsten gesicherten Lebensdauer war die Französin Jeanne Calment, die 1997 im Alter von 123 Jahren starb. Und biblisch oder nicht, die durchschnittliche Lebenserwartung unserer Vorfahren im Paläolithikum lag nach heutigen Schätzungen bei rund 25 Jahren. Diese Zahl ist allerdings ein wenig irreführend, denn damals starben viele Kinder schon kurz nach der Geburt oder im Säuglingsalter. Wenn man dies in die Rechnung einbezieht und von der Deutung der Skelettfunde ausgeht, lag die durchschnittliche Lebenserwartung in der Steinzeit für Menschen, die das Kindesalter überlebten, bei ungefähr fünfunddreißig bis vierzig Jahren. Das mag wenig erscheinen, aber überraschenderweise war die Lebenserwartung noch in relativ moderner Zeit nicht viel höher.

Der Nobelpreisträger Robert Fogel dokumentiert in seinem Buch *The Escape from Hunger and Premature Death* die Lebenserwartung verschiedener Bevölkerungsgruppen während der letzten vierhundert Jahre. In England lag sie 1725 nur bei 32 Jahren, während jene, die auswanderten und unter besseren Bedingungen in Nordamerika lebten, fünfzig Jahre erreichten. Anfang des neunzehnten Jahrhun-

Kulturperiode	Ort	Jahre
200 000–100 000 vor heute (Neandertaler)	Deutschland	21,6
40 000 Jahre vor heute (Jungpaläolithiker)	Deutschland	20,1
3. bis 1. Jahrtausend vor Christus (Bronzezeit)	Niederösterreich	20,0 w 21,8 m
1100–700 vor Chr. (Frühe Eisenzeit)	Griechenland	18,0
um Christi Geburt	Rom	22,0
400–1500 (Mittelalter)	England	33,0
1687–1691	Breslau	33,5
1870	Deutschland	38,0 w 35,2 m
1900	Deutschland	47,2 w 45,0 m
1925	Deutschland	58,6 w 56,0 m
1931–1940	Niederlande	66,5

Mittlere Lebensdauer der Bevölkerung in verschiedenen Kulturperioden (w = weiblich, m = männlich).

derts, zur Zeit der industriellen und politischen Revolutionen, war die Lebenserwartung in England und Frankreich immer noch nicht über vierzig Jahre gestiegen. Im Jahr 1900 hatten Engländer und Franzosen ihre amerikanischen Vettern nahezu eingeholt, aber auch jetzt war die durchschnittliche Lebenserwartung nicht höher als 48 Jahre. Bis 1950 jedoch war sie auf 68 Jahre und bis 1990 auf 77 Jahre in die Höhe geschnellt, 2050 dürfte sie den Vorausberechnungen zufolge bei neunzig Jahren liegen. Japanische Frauen können schon heute mit einer Lebensdauer von deutlich mehr als achtzig Jahren rechnen.

Ebenso dramatisch – allerdings später – veränderte sich die Lebenserwartung auch in Ländern, die einen schnellen wirtschaftlichen Wandel erlebten. In Indien lag sie 1950 bei 39 Jahren, und nur vierzig Jahre später, 1990, war sie auf fünfzig Jahre gestiegen. In China soll die Lebenserwartung in der gleichen Zeit den Berichten zufolge von 41 auf siebzig Jahre gestiegen sein. Dass in einer Bevölkerung eine große Zahl von Menschen im mittleren und höheren Alter lebt, ist also ein ganz neues Phänomen. Einige wenige Menschen wurden zwar schon immer sehr alt, aber insgesamt ist die Altersstruktur unserer Spezies derzeit in einem dramatischen Wandel begriffen.

Durch die veränderte Lebenserwartung wird eine ganze Reihe potenzieller Fehleignungen deutlich. Ist unsere Konstruktion auf ein solch langes Leben angelegt, oder entstehen manche Alterungserscheinungen dadurch, dass wir die Lebensdauer, auf die unsere Körperfunktionen und Gewebe von der Evolution ausgerichtet waren, bei weitem überschreiten? Durch das längere Leben verlängert sich bei Frauen heute die Phase nach den Wechseljahren. Ist ihre Physiologie entsprechend gestaltet, oder verbindet sich eine derart lange Phase jenseits des fortpflanzungsfähigen Alters mit schädlichen Folgen? Alle diese Fragen erwachsen aus der Tatsache, dass sich die Gefahr eines frühen Todes durch unsere stark veränderte Umwelt im Laufe der letzten hundert Jahre erheblich verringert hat.

Abnutzung der Körperteile

Im zwanzigsten Jahrhundert haben wir den Aufstieg der Konsumkultur erlebt. Neue industrielle Verfahren und eine neue Mittelschicht wurden zu Triebkräften für eine gewaltige Zunahme der Produktion von Konsumgütern, vom Kugelschreiber bis zum Auto. Eine ganz neue Berufsgruppe, die Werbefachleute, beschäftigte sich ausschließlich damit, die Öffentlichkeit von *ihrem* Produkt zu überzeugen. Die Nachfrage in den Industrieländern schien unersättlich zu sein. Würde es so bleiben? Diese Frage quälte Industrielle, die auf eine ständige Expansion ihrer jeweiligen Branchen mit stetig steigenden Umsätzen und Investitionen setzten. Aber konnte es auch so bleiben? Musste nicht irgendwann der Zeitpunkt kommen, zu dem jeder alle gewünschten Waren besaß? Natürlich ist dieser Punkt irgendwann erreicht und ganz gleich, wie ausgereift oder schick das diesjährige Automodell oder der neue Küchenmixer ist, der Wunsch der Menschen, ihn zu kaufen, lässt irgendwann nach – es sei denn, man muss neue Toaster oder Autos erwerben, um die alten, abgenutzten Exemplare zu ersetzen. Wenn solche Dinge zu Bruch gehen und sich nicht reparieren lassen, bestehen praktisch unendliche Vermarktungsmöglichkeiten. Deshalb war es für die Hersteller nicht von Vorteil, langlebige Modelle zu konstruieren. Wie das funktioniert, wissen wir alle.

Abnutzung – schrottreifes Auto.

Menschen haben eine gewisse Ähnlichkeit mit solchen „langlebigen" Konsumgütern. Wenn wir älter werden, sind wir häufiger krank. Manchmal lässt sich der Schaden nicht ohne Weiteres in Ordnung bringen, oder die Therapie kostet viel Geld, und oft sieht es so aus, als hätte man es nur allzu gut vorhersehen können. Solche Elemente der Vorhersehbarkeit und der voraussichtlichen Kosten sind die Grundlage der Kranken- und Lebensversicherungsbranche. Aber dabei stellen sich zwei wichtige Fragen. Erstens: Warum nutzt unser Körper sich eigentlich ab? Damit verwandt ist die zweite Frage: Warum gibt es in der Jugend eine „Garantiezeit", in der unsere Körperteile sich höchstwahrscheinlich nicht abnutzen werden? Die Antwort liegt nicht nur in den Anstrengungen und Strapazen des Erwachsenenlebens, sondern auch in der Entwicklungs- und Evolutionsbiologie.

Laufende Reparaturen

Das typische Merkmal der Entwicklung ist die Plastizität. In dieser Zeit können sich Aufbau und Funktionen des Organismus so ändern, dass sie nicht nur den unmittelbaren Anforderungen entsprechen, sondern auch jenen, die für die Zukunft zu erwarten sind. Aber die Phase der Plastizität ist irgendwann, bevor der Organismus vollständig ausgereift ist, beendet. Unter biologischen Gesichtspunkten wäre es viel zu aufwendig, die Plastizität unbegrenzt aufrechtzuerhalten. Aber auch wenn sie nicht mehr gegeben ist, müssen die Körperteile in Stand gehalten werden und immer wieder sind kleinere Reparaturen notwendig. Es ist ganz ähnlich wie bei einem neuen Auto: Auch hier gilt die Garantie nur, wenn wir uns an die Vorschrift halten, den Wagen nach einer gewissen Zeit oder Fahrstrecke zur Inspektion zu bringen. Damit unser Organismus jugendlich und gesund bleibt, muss er gewartet und kleinere Schäden durch Reparaturen beseitigt werden. Die bekanntesten Beispiele sind die Heilung der Haut nach Schnittverletzungen oder Abschürfungen und die Heilung ge-

Was ist eigentlich ...

Plastizität [von griech. *plastikos* = formend], in der Biologie die Fähigkeit von Lebewesen, unter verschiedenen Umwelteinflüssen ihre morphologischen, physiologischen, ökologischen und/oder ethologischen Eigenschaften individuell so zu modifizieren, dass sie den herrschenden Umweltbedingungen angepasst sind (Adaptation).

brochener Knochen, aber die Vorgänge reichen ganz buchstäblich viel tiefer und betreffen nahezu alle Zellen des Organismus.

Solche Reparaturvorgänge kosten zwangsläufig viel Energie, weshalb sie sich nicht ewig fortsetzen können. Unter Evolutionsgesichtspunkten hat es wenig Wert, in einen Organismus zu investieren, der seine Fortpflanzung bereits hinter sich gebracht hat. Die Menschen hatten während des größten Teils unserer entwicklungsgeschichtlichen Vergangenheit nur eine kurze Lebenserwartung, das heißt, es bestand nur ein geringer Selektionsdruck zugunsten von Reparaturen im höheren Alter, ganz ähnlich wie bei dem Staubsaugerhersteller, der sich nicht zur Entwicklung eines unbegrenzt haltbaren Modells entschließen wird. Auch in der Evolution unserer Spezies hat sich eine Lebensstrategie entwickelt, die Investitionen vorwiegend bei jüngeren Artgenossen im fortpflanzungsfähigen Alter vorsieht, sodass die Weitergabe der genetischen Information an die nächste Generation gesichert ist.

„Wie kann man angesichts des Kampfes ums Dasein jedes einzelnen Individuums in Zweifel ziehen, dass jede auch noch so geringe Abweichung im Bau, in den Lebensgewohnheiten oder den Instinkten, die das Individuum besser an die neuen Bedingungen anpasst, etwas über seine Stärke und Gesundheit aussagt? Es wird eine bessere Überlebenschance in diesem Kampf ums Dasein haben; und diejenigen seiner Nachkommen, die diese Abweichung erben, und sei sie auch noch so gering, werden ebenfalls eine bessere Chance haben." (Charles Darwin (1809–1882) in Die Entstehung der Arten durch natürliche Zuchtwahl, 1859)

Irgendwann geht jedes Auto kaputt – da gibt es keine Ausnahme. Auch die Reparaturvorgänge des menschlichen Organismus lassen nach einiger Zeit nach, und dieser Niedergang äußert sich in Form der Alterung. Am deutlichsten ist er zwangsläufig in den Geweben zu erkennen, die den höchsten Instandhaltungsbedarf haben, beispielsweise weil ihre Zellen sich wie in Haut oder Darmschleimhaut ständig teilen müssen. Ihre Reparatur verläuft bei älteren Menschen wesentlich weniger effizient. Ähnliches gilt auch für die Zellen an der Innenwand der Blutgefäße, sodass die Gefäße für Schäden und Undichtigkeiten immer anfälliger werden. Wir können also zusehen, wie die lebenswichtigen Organsysteme des Körpers nach und nach versagen, was letztlich zu Krankheit und Tod führt.

Aber wir Menschen sind vermutlich unter allen Tieren die Einzigen, die über die Unausweichlichkeit des Todes Bescheid wissen, und wir tun alles in unserer Macht Stehende, um ihn hinauszuzögern. Die Religion dient uns dazu, ihn durch Vorstellungen von einem Jenseits zu leugnen. Die aus unserer Evolution erwachsene Zwangsläufigkeit, dass wir nach der Fortpflanzung verfallen und zugrunde gehen, ertragen wir nicht mehr. Wir sind froh, dass unser Körper wie ein Auto seine Garantie und eingebaute Reparaturvorgänge hat, die während der Jugend funktionieren, aber wir wünschen uns auch, dass die Garantie solange wie möglich gilt, auch dann noch, wenn schon längst neuere Ersatzmodelle die Straßen bevölkern. Eine große Triebkraft der Medizin war der Wunsch, ansteckende Krankheiten auszurotten, weil diese vorzeitig zum Tode führen. Auf diesem Gebiet haben wir viele Siege errungen, beispielsweise über Pocken, Kinderlähmung und Masern, aber wie wir wissen, geht der Kampf gegen Aids, Grippe, Malaria und sogar die Tropenkrankheit Bilharziose immer noch weiter. Große Aufmerksamkeit widmet man außerdem anderen ge-

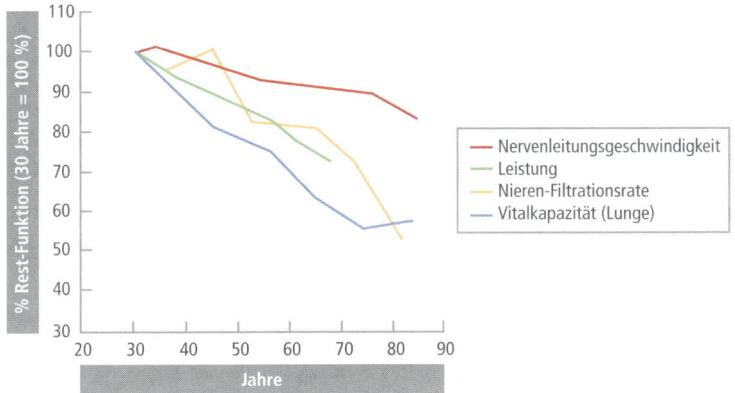

Alternsveränderungen beim Menschen. Angegeben sind Werte in Prozent für männliche Personen, wobei das Maximum der Funktionen mit 30 Jahren angenommen ist.

sundheitsfördernden Aspekten des Lebens, beispielsweise einer besseren Ernährung, sauberer Luft, sauberem Wasser, dem Schutz vor Strahlung oder Schadstoffen wie Asbest und Kohlenstaub am Arbeitsplatz oder zuhause. Gesetze schreiben Strafen für Arbeitgeber vor, die vorhersehbare Unfälle ihrer Mitarbeiter zulassen, und mit Aufklärungsprogrammen über Brandschutz und die Sicherheit elektrischer Anlagen versuchen wir, die Sicherheit im häuslichen Umfeld zu erhöhen. Das alles hatte zur Folge, dass die Lebenserwartung der Menschen in den letzten hundert Jahren drastisch angestiegen ist. Der wichtigste Faktor war dabei ursprünglich der Rückgang der Kindersterblichkeit, in jüngerer Zeit hat aber auch der Rückgang der altersspezifischen Sterblichkeit (das heißt der Todeswahrscheinlichkeit in allen Altersgruppen) dazu beigetragen.

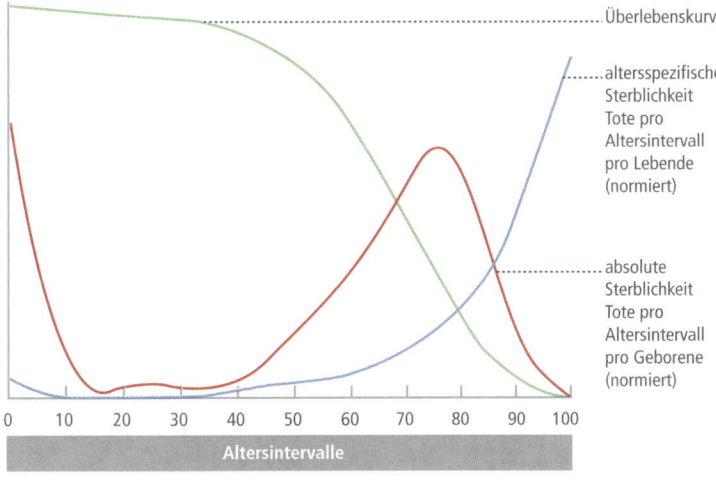

Alternsstatistik für eine menschliche Population. Überlebenskurve (Überlebende in einem Altersintervall), absolute Sterblichkeit und altersspezifische Sterblichkeit. Für die y-Achse der Überlebenskurve gilt: Prozent Überlebende bzw. Überlebende, normiert auf 100 000; für absolute und altersspezifische Sterblichkeit: Tote pro Altersintervall pro 100 000.

Länger leben als vorgesehen

Ein Preis für das längere Leben war die gewaltige Zunahme von Verfallskrankheiten des mittleren und höheren Alters. Dazu gehören Krebs, Diabetes, Nervenverfallsleiden, Herzerkrankungen und Gesundheitsstörungen, die manch einer für einen normalen Bestandteil des Älterwerdens hält, wie Osteoporose, Arthritis und das Nachlassen der geistigen Fähigkeiten. Manche dieser Krankheiten entstehen, weil die Reparatur- und Instandhaltungssysteme unseres Organismus im höheren Alter nach und nach versagen. Die Frage, welche Vorgänge im Einzelnen zur Alterung beitragen, ist jedoch unter Fachleuten noch bei weitem nicht geklärt. Möglicherweise kann der Organismus sich zusätzlichen Instandhaltungsaufwand einfach nicht mehr leisten oder umweltbedingte Schädigungen der Zellfunktionen häufen sich an. Oder es gibt einen inneren Alterungsprozess, der für einzelne Gewebe nur eine bestimmte Lebensdauer zulässt, weil sie für ein längeres Leben nicht konstruiert sind. Alle Theorien über die Biologie der Alterung (Alternstheorien) lassen sich letztlich auf eine dieser Möglichkeiten zurückführen. Wir neigen zu der Theorie (von der es mehrere Varianten gibt), dass ein Tauschhandel zwischen den lebenslangen Investitionen in Wachstum, Fortpflanzung und Reparatur stattfindet. Nach dieser Vorstellung investieren Arten und Individuen, die sich auf ein kurzes Leben einstellen, weniger in Reparatur und mehr in die frühzeitige Fortpflanzung und umgekehrt.

Wenn ein Individuum die Fortpflanzung und die Versorgung des Nachwuchses hinter sich gebracht hat, unterliegt es keinem Selektionsdruck mehr (möglicherweise mit einer Ausnahme, auf die wir in Kürze zu sprechen kommen werden), weshalb auch die inneren Alterungsprozesse nicht durch Selektion benachteiligt werden. Bei Frauen ist die Fortpflanzungsfähigkeit mit den Wechseljahren ein für alle Mal zu Ende, aber sie nimmt schon ab dem fünfunddreißigsten Lebensjahr langsam ab, vermutlich weil die Eizellen sich bereits vor der Geburt gebildet haben und in diesem fortgeschrittenen Alter weniger lebensfähig sind.

Männer können von der Pubertät an während ihres ganzen Lebens Kinder zeugen. Über die Gesellschaftsstrukturen des Paläolithikums können wir zwar nur Vermutungen anstellen, aber vermutlich hatten die Menschen auch damals mit zunehmendem Alter immer weniger Gelegenheiten zur Fortpflanzung. Für diese Vorstellung sprechen einige wichtige Anhaltspunkte. So sind Männer größer als Frauen, worin man einen Beleg sehen kann, dass Größe für Männer ein Konkurrenzvorteil war. Demnach waren größere, kräftigere – und demnach vermutlich auch jüngere und gesündere – Männer bei der Paarung im Vorteil. Auch hier schuf die Selektion also für ältere Männer keinen Vorteil. Ältere Männer, die ihre besten Jahre hinter sich hatten, wur-

Was ist eigentlich ...

Alternstheorien, Theorien, die die Ursachen für den Alternsprozess zu erklären versuchen. Es gibt eine nahezu unüberschaubare Fülle von Alternstheorien, die Teilaspekte des Alternsvorganges betrachten. Die verschiedenen Forschungsansätze lassen sich in zwei grundlegende Konzepte einordnen: Einerseits Alternstheorien, die das Altern als genetisch fixiertes Programm verstehen, und andererseits eine zweite große Forschungsrichtung, die das Altern mit zunehmenden und schließlich nicht mehr korrigierbaren Entgleisungen des Stoffwechsels erklären. Eine allgemeingültige Theorie des Alterns ist bis heute nicht erreicht, jedoch gibt es eine Reihe von Alternsmechanismen, die weit verbreitet sind und daher generalisierend betrachtet werden können.

den möglicherweise wie alte Löwenmännchen durch jüngere Männer von den Frauen ferngehalten und waren zu einem einsamen Tod verdammt. Vielleicht ging es aber auch zu wie bei manchen Primatenarten, beispielsweise den Dscheladas: Dort bleiben ältere Männchen in der Kolonie, unternehmen aber keinen Versuch mehr, sich an dem Paarungsspiel zu beteiligen.

In manchen traditionellen Gesellschaften ließ man vor der Kolonialzeit alte, kranke Menschen absichtlich sterben. In anderen dagegen, beispielsweise auf den Nikobaren sowie in manchen Gruppen der amerikanischen und australischen Ureinwohner, wurden die Alten mit größtem Respekt behandelt. Vielfach waren sie für eine Gesellschaft sehr wichtig, weil sie Informationen durch kulturelle Vererbung mit größter Genauigkeit weitergeben konnten. Weisheit, Erfahrung und Wissen waren unter extremen Bedingungen, beispielsweise bei einer Dürre, überlebenswichtig und die Erinnerungen an solche Ereignisse lebten am ehesten bei den ältesten Mitgliedern einer Gesellschaft fort. Zu ähnlichen Ergebnissen gelangten neue Studien an afrikanischen Elefanten, die in kleinen, von einer Matriarchin geleiteten Herden leben: Dort gibt die Großmutter der Herde kollektive Erinnerungen weiter.

Das charakteristische Kennzeichen der Lebensstrategie, die sich in unserer Evolution entwickelte, war das Leben in kleinen Gruppen an Waldrändern, wobei wir Nachkommen versorgen mussten, die ein großes Gehirn hatten und langsam heranreiften. Entsprechend groß mussten die zeitlichen Abstände zwischen den Schwangerschaften sein. Aber auch wenn die Kinder einer Steinzeitmutter die ersten Jahre überlebt hatten, mussten sie noch weiter versorgt werden, bis sie völlig selbstständig waren. Ein hoher Prozentsatz der Nachkommen erreichte das fortpflanzungsfähige Alter – es waren etwa fünfzig Prozent, einer der höchsten Werte im gesamten Tierreich. Diese Strategie mit wenigen Kindern, in die die Eltern viel investierten, führte zu einer Gesellschaftsstruktur mit stabilen Bindungen zwischen Mutter und Vater, sodass der Vater stets an der Versorgung der Kinder beteiligt war. Damit verhielt er sich nicht nur altruistisch, sondern er sorgte auch dafür, dass seine Gene weiterlebten. In der steinzeitlichen Umwelt starben die Menschen zwar in der Regel spätestens am Ende des vierten Lebensjahrzehnts an Verletzungen, Entbindungen oder Infektionen, aber zu dieser Zeit hatten sie ihre Fortpflanzungsfunktion bereits erfüllt.

Man kann also davon ausgehen, dass unsere Evolution uns auf ein Leben in einer Umwelt vorbereitet hat, in der die Fortpflanzung nach 35 Lebensjahren im Wesentlichen abgeschlossen war und die Lebenserwartung nicht viel höher lag. In einem solchen Zusammenhang bot es so gut wie keinen entwicklungsgeschichtlichen Vorteil, wenn Reparatursysteme über viele weitere Jahrzehnte funktionierten, gleichzeitig wäre dies aber mit beträchtlichem Aufwand verbunden gewesen, dennoch erreichten immer einige Menschen ein höheres Alter. Das ist wahrscheinlich die Erklärung dafür, warum die Reparatur- und Instandhaltungssysteme unseres Organismus im mittleren und höheren Alter immer weniger leistungsfähig sind, und dieser Niedergang schafft eine altersbedingte Fehleignung. Heute erfreuen wir uns einer Lebenserwartung, die mehr als doppelt so hoch ist wie die unserer steinzeitlichen Vorfahren. Dafür sind die Reparatursysteme nicht ausgelegt und sie kommen damit nicht zurecht.

Alterung und Tauschgeschäfte

Warum ist das so? Andere biologische Arten haben eine deutlich längere Lebenserwartung: Ein Steinadler kann mehr als achtzig Jahre alt werden, der Weiße Stör bringt es auf über hundert und Schildkröten sogar auf bis zu hundertfünfzig Jahre. Viele Bäume, so die Mammutbäume und Borstenkiefern Kaliforniens sowie die Kauribäume in

Ein wahrlich langes Leben –
Mammutbäume.

Durchschnittliche bzw. maximale Lebensdauer einiger Organismen	Jahre
Bakterien (Sporen)	300 bis über 1000
Pilze (Sporen)	40
Pflanzen:	
Buche	500–1 000
Eibe	100–3 000
Fichte	300–500
Flechten	1 bis über 1 000
Getreide (Samen)	1–4
Grannen-Kiefer	bis 4900
Linde	600–1000
Mammutbaum	3000–4 000
Zeder	bis 1 000
Zypresse	bis 2 000
Tiere:	
Eintagsfliegen	einige Stunden
Käfer	5–10
Spinnen	1–20
Hummer	40–50
Termiten	30–60
Regenwürmer	5–20
Blutegel	20–30
Bandwürmer (im Menschen)	30–50
Schwämme	bis 15
Hohltiere	bis 90
Gartenschnecke	5–10
Perlmuschel	bis über 100
Guppy	3–5
Hering	15–20
Aal (in Gefangenschaft)	bis über 50
Hecht, Karpfen, Stöhr	50 bis über 150
Frösche	10–20
Eidechsen, Schlangen	20–30
Molche	30–40
Krokodile	50–60
Schildkröten	50–300
Schwalbe	6–10
Wellensittich	10–14
Singvögel, Amsel, Star	bis 20
Meerschweinchen	7
Igel	8–10
Feldhase, Eichhörnchen	8–12
Reh, Wildschwein, Wildkatze	10–12
Fledermäuse	12–15
Hausschaf	15
Wolf	12–16
Haushund, Biber	15–25
Hauskatze	20–30
Hausrind	30
Löwe	bis 30
Schimpanse	bis über 35
Braunbär	30–40
Hauspferd	40–50
Nashörner	50
Elefant (in Gefangenschaft)	60
Mensch	bis über 110

Lebensdauer von Organismen.

Angaben in der Literatur stark schwankend.

Neuseeland, leben Tausende von Jahren. Der Kreosotbusch kann mehr als 10 000 Jahre am Leben bleiben.

Eine lange Lebensdauer kommt gehäuft in manchen Familien vor, was darauf schließen lässt, dass genetische Faktoren eine Rolle spielen. Wie sich in einer Studie in Boston herausstellte, besteht für Frauen, die auf natürlichem Wege noch nach dem vierzigsten Lebensjahr schwanger werden können, eine viermal höhere Chance, ihren hundertsten Geburtstag zu erleben. In mehreren Studien wurde ein Zusammenhang zwischen späten Wechseljahren und Langlebigkeit nachgewiesen und umgekehrt zeigten andere, dass eine frühere Menopause auf ein kürzeres Leben hindeutet. Solche Studien legen die Vermutung nahe, dass die Fähigkeit, in hohem Alter noch Kinder zu bekommen, auf einen genetisch bedingten langsameren Ablauf des gesamten Lebens schließen lässt. In Experimenten mit Taufliegen, Fadenwürmern und Mäusen kann man künstlich Tiere auf eine besonders hohe Lebensdauer hin selektieren, ein Zeichen, dass es tatsächlich genetische Faktoren gibt: Die beteiligten Gene haben mit Wachstum und Stoffwechsel zu tun. Das war auf den ersten Blick ein überraschender Befund, aber bei genauerem Nachdenken würde man nichts anderes erwarten. Während seiner Entwicklung kann ein Organismus als Reaktion auf Signale aus der Umwelt immer wieder einen Tauschhandel zwischen verschiedenen Bestandteilen seiner Lebensstrategie eingehen und damit die evolutionsbedingten Vorgaben dieser Strategie verändern. Rechnet er mit einer gefährlichen Umwelt, investiert er weniger in Wachstum, Stoffwechsel, Reparatur und Langlebigkeit, um im Gegenzug seine Fortpflanzung zu beschleunigen. Ist dagegen eine angenehme Umwelt zu erwarten, in-

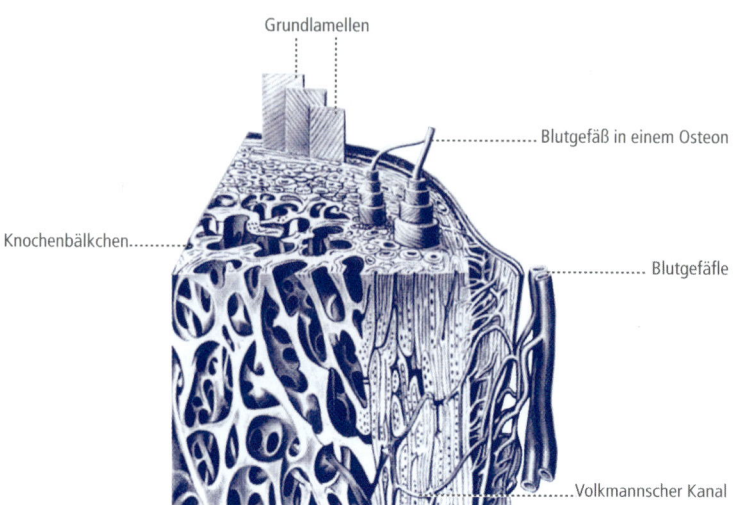

Feinbau des Knochengewebes.

vestiert er stärker in ein langes Leben. Deshalb führt Mangelernährung bei Mäusen vor der Geburt zu einer verkürzten Lebensdauer, nach der Geburt dagegen wirkt sie lebensverlängernd.

Indirekten Befunden zufolge dürften solche Tauschgeschäfte während der Entwicklung auch zur Lebensstrategie der Menschen gehören. So sind beispielsweise Frauen, die bereits in mittleren Jahren an Diabetes leiden, in der Regel deutlich früher in die Pubertät gekommen als ihre Schwestern, bei denen sich die Krankheit nicht entwickelt. Das passt zu unserem Modell der vorausschauenden Entwicklung: Die Lebensstrategie wurde während der Entwicklung des Fetus auf der Grundlage einer voraussichtlich schlechten Umwelt festgelegt und passte deshalb später nicht zur reichhaltigen Umwelt. Die Information, die der Fetus erhalten hatte, führte sowohl zur früheren Pubertät als auch zu einem höheren Diabetesrisiko. Durch eine solche „Voraussage" verschiebt sich das Gleichgewicht in Richtung eines „schnellen und heftigen" Lebens, das kürzer ist und in dessen Verlauf weniger in Reparatur und Instandhaltung investiert wird. Tatsächlich haben Menschen, die bei der Geburt relativ klein sind, im Allgemeinen eine kürzere Lebenserwartung.

Mithilfe dieser Vorstellung von einem Tauschhandel versteht man auch, warum manche Gewebe besonders stark von der Alterung betroffen sind. Die Knochendichte entwickelt sich beispielsweise im Rahmen einer Anpassungsstrategie. Kräftige Knochen sind notwendig, wenn sie einen großen Körper tragen sollen. Der Mineralstoffgehalt der Knochen erreicht im dritten und vierten Lebensjahrzehnt seinen höchsten Wert und nimmt dann ab, wobei sich diese Abnahme bei Frauen nach den Wechseljahren beschleunigt. Man kann also vermuten, dass die Stärke der Knochen in der Evolution bei beiden Geschlechtern bis zum Abschluss der Fortpflanzung wichtig war, während sie im höheren Alter eine geringere Rolle spielte. Ist die Umwelt aber vor der Geburt karg, wird weniger in die Mineralstoffeinlagerung in den Knochen investiert und entsprechend größer ist im höheren Alter das Osteoporoserisiko. Deshalb besteht für Menschen, die bei der Geburt klein sind, im späteren Leben eine größere Gefahr, an Osteoporose zu erkranken und Knochenbrüche zu erleiden.

Ein müdes Gehirn

Die Zahl der Gehirnzellen, die vor der Geburt angelegt wird, ist beträchtlich größer als jene, die wir als Erwachsene nutzen. Von der Geburt an gehen diese Zellen zunehmend verloren und werden so gut wie nicht mehr ersetzt. Es gibt im Gehirn zwar ein paar Stammzellen, aber nahezu nichts spricht dafür, dass sie beim Menschen zur

Was ist eigentlich ...

Osteoporose [von griech. osteon = Knochen und poros = Pore], Knochenschwund, Bezeichnung für eine Rückbildung des Knochengewebes (Verlust an Masse und Struktur bei normaler Mineralisierung), die über dem durchschnittlichen alters- und geschlechtsspezifischen Wert der Population liegt. Folge der Osteoporose ist ein erhöhtes Risiko von Knochenbrüchen (z. B. Oberschenkel[hals]bruch). Die Osteoporose tritt hauptsächlich in der zweiten Lebenshälfte auf, in Deutschland schätzt man die Zahl der Betroffenen auf ca. 8 Mio. (Frauen sind häufiger betroffen als Männer). Die Osteoporose wird durch zahlreiche Faktoren ausgelöst. Physiologisch nimmt die Knochendichte ab dem dritten Lebensjahrzehnt kontinuierlich ab (ca. 1 % Masseverlust/Jahr). Die hauptsächliche Begründung des Osteoporoserisikos von Frauen mit der geringeren Östrogensynthese nach dem Klimakterium wird heute infrage gestellt.

Was ist eigentlich ...

Wachstumsfaktoren, Substanzen, meist kurzkettige Polypeptide, die Wachstum und Differenzierung von Zellen modulieren. Der erste neurowissenschaftlich bedeutende Wachstumsfaktor war der von der italienisch-amerikanischen Neurobiologin Rita Levi-Montalcini entdeckte Nervenwachstumsfaktor (NGF), benannt nach seiner Eigenschaft, das Wachstum von Nervenfortsätzen stimulieren zu können. Die Aufgaben von Wachstumsfaktoren im Nervensystem sind vielfältig: Sie regulieren zusammen mit anderen Faktoren die Proliferation von neuralen Stammzellen, den Austritt aus dem Zellzyklus, die Determinierung der Stammzellen zur Differenzierung in Nervenzellen und Gliazellen, bis hin zur Determinierung und Differenzierung spezifischer Phänotypen. Darüber hinaus wird die Synapsenbildung, synaptische Plastizität und elektrische Aktivität mit beeinflusst.

Aufrechterhaltung der Gehirnfunktion beitragen. Bei manchen Vögeln ist das anders: Dort werden die Gehirnzellen während des gesamten Lebens erneuert – alte Zellen sterben ab und werden durch genau regulierte Anregung der Stammzellen erneuert.

Im Gehirn von Versuchstieren, die man vor der Geburt widrigen Bedingungen ausgesetzt hat, sind zahlreiche Veränderungen zu erkennen: In manchen Regionen ist die Zahl der Zellen vermindert, die Zahl der Verbindungen (Synapsen) zwischen ihnen ist geringer und die weiße Gehirnmasse enthält weniger Nervenfasern. Wie man aus neueren Untersuchungen mit bildgebenden Verfahren weiß, sind die Gehirnhälften auch bei Kindern, die an Wachstumsstörungen leiden, kleiner. Auch der Anteil der grauen Gehirnmasse ist geringer, sie holen die Entwicklung also offensichtlich nach der Geburt nicht mehr auf. Vielleicht ist das der Grund, warum Wachstumsstörungen häufig mit einer Beeinträchtigung von kognitiven Funktionen, Aufmerksamkeit und Lernfähigkeit verbunden sind. Heißt das, dass es bereits im Mutterleib zu einem Tauschhandel gekommen ist? „Rechnet" der Fetus für die Zeit nach der Geburt mit einem gefährlichen, kurzen Leben und investiert er deshalb nicht in ein größeres Gehirn mit größerer Flexibilität, Reservekapazitäten und größeren Ansprüchen an den Stoffwechsel? Früher starben solche wachstumsgestörten Kinder noch häufiger als andere schon im Säuglingsalter, heute jedoch überleben sie in den meisten Fällen. Haben wir es hier mit einer Fehleignung zu tun, die ihre Ursache in einem Tauschhandel vor der Geburt hat und nun durch die verbesserten Überlebensaussichten zutage tritt?

Man kann die Argumentation noch weiter treiben, wir müssen allerdings einräumen, dass es sich dabei um Spekulationen handelt. Die Zahl der Gehirnzellen bei der Geburt wurde von der Evolution auf eine maximale Lebensdauer von fünfundvierzig bis fünfzig Jahren abgestimmt. Heute werden wir zwar älter, wir verfügen aber bei der Geburt nicht über eine größere Gehirnkapazität – ist das der Grund, warum es jenseits des genannten Alters so häufig zu geistigem Verfall kommt? Andererseits sprechen viele Belege dafür, dass der Verlust der Gehirnzellen sich verlangsamt, wenn man das Gehirn während des ganzen Lebens durch Lernen und Tätigkeiten wie das Lösen von Kreuzworträtseln stimuliert. Möglicherweise stellt ein aktives Gehirn mehr Wachstumsfaktoren her, die den Zelltod aufhalten. Man kann also vermuten, dass wir bis zu einem gewissen Grad in der Lage sind, die mit der altersbedingten Fehleignung einhergehenden kognitiven Beeinträchtigungen zu überwinden.

Die häufigsten Nervenverfallskrankheiten sind die Alzheimer- und die Parkinson-Krankheit. Ihre Ursachen kennen wir nicht, aber manches spricht dafür, dass neben genetischen Faktoren auch Viren oder Schadstoffe eine Rolle spielen. Alterskrankheiten können entweder durch die Ansammlung von Schäden während des ganzen Lebens entstehen oder aber weil die innere Alterung des Gehirns deutlich wird, wenn seine Reserven im Laufe der Jahre verlorengehen. Bei jüngeren Menschen sind die genannten Krankheiten äußerst selten, das heißt, ihre Häufigkeit hat unmittelbar mit der höheren Lebenserwartung zu tun, aber welche Mechanismen dabei mitwirken, ist bis heute nicht geklärt.

Ähnliche Gedanken über das Versagen der Reparaturmechanismen kann man sich im Zusammenhang mit praktisch allen anderen Körperteilen machen. Alterskrankheiten sind demnach die Folge eines Tauschhandels zwischen der Funktionsfähigkeit in jungen Jahren und der Reparatur im höheren Alter in Verbindung mit den Widrigkeiten des modernen Lebens, die im Laufe vieler Jahrzehnte ihren Tribut fordern.

Längere Einwirkung

Auch Krebserkrankungen, die durch unkontrolliertes Zellwachstum entstehen, sind im höheren Alter wesentlich häufiger. Jedes Mal, wenn sich eine Zelle teilt, besteht die Gefahr, dass ihre DNA geschädigt wird – entweder durch Kopierfehler oder weil das genetische Material sich nicht richtig auf die Chromosomen verteilt. Alle Zellen (mit Ausnahme der roten Blutzellen, die beim Menschen keinen Zellkern besitzen) verfügen über Enzyme, mit denen sie den unversehrten Zustand ihrer DNA aufrechterhalten und Kopierfehler korrigieren. Auch diese Wartung der DNA lässt mit zunehmendem Alter nach, sodass Kopierfehler und andere Schäden, die beispielsweise durch Oxidationsvorgänge oder Giftstoffe entstehen, häufiger werden. Solche Veränderungen sind letztlich die Ursache mancher Krebserkrankungen. Zwangsläufig sind davon vor allem die Zellen betroffen, die sich am häufigsten teilen, also die Zellen der Haut und der Innenwände von Darm, Lunge, Blase und Fortpflanzungsorganen.

Was ist eigentlich …

Alterskrankheiten, Erkrankungen, deren Auftreten mit zunehmendem Lebensalter „wahrscheinlicher" wird (z. B. Alzheimer-Krankheit, Parkinson-Krankheit). Spezifische Alterskrankheiten (d. h. Erkrankungen, die durch hohes Alter verursacht werden und ausschließlich dann auftreten) gibt es nicht, jedoch degenerative Veränderungen, von denen vor allem der Bewegungsapparat, das Gefäßsystem und die Sinnesorgane betroffen sind. Mit den speziellen Alterskrankheiten befasst sich die Geriatrie.

Auch eine andere Ursache von Krebserkrankungen dürfte auf entwicklungs- und evolutionsbedingte Fehleignungen zurückgehen. Manche Krebserkrankungen entstehen durch die Einwirkung von Giftstoffen oder Strahlung. Diesen Bestandteilen unserer modernen Umwelt waren unsere Vorfahren während ihrer Evolution nicht ausgesetzt. Vielleicht verfügen wir nicht über die notwendigen Reparaturmechanismen, um mit solchen neuen, ständigen Einwirkungen zurechtzukommen. Die zunehmende Häufigkeit des malignen Melanoms und anderer Formen von Hautkrebs in Australien kann man auf die Vorliebe für Sonnenbäder und das wachsende Loch in der Ozonschicht der Atmosphäre zurückführen.

Zu den Aufgaben der Leber gehört der Abbau aufgenommener Substanzen, die uns ansonsten vergiften würden. In der Evolution mancher Arten haben sich Mechanismen entwickelt, durch die sie mit ganz bestimmten Giftstoffen in ihrer Umwelt zurechtkommen. Die in Südwestaustralien heimische Gifterbse beispielsweise enthält den Giftstoff Fluoracetat in hoher Konzentration. Bänderkängurus können diese Pflanze fröhlich verzehren, für andere Arten dagegen, beispielsweise für die Dingos und Füchse, mit denen die Kängurus ansonsten um Nahrung konkurrieren müssten, ist sie schon in geringsten Mengen tödlich.

Auch in unserem Organismus haben sich Entgiftungsmechanismen entwickelt, die sich an der Umwelt orientieren, in der unsere Evolution stattgefunden hat. Sie eignen sich nicht für den Umgang mit der Fülle moderner Chemikalien, der wir heute ausgesetzt sind. Bisher verstehen wir erst in Ansätzen, auf wie vielfältige Weise sich die neuen Umweltgifte auf unsere Entwicklung auswirken. Die nicht abge-

■ DNA-Reparaturmechanismen ■

DNA-Reparatur bezeichnet die in der Zelle ablaufenden, enzymatisch gesteuerten Prozesse zur Beseitigung von DNA-Schäden, d. h. von DNA-Modifikationen, durch welche die physiologischen DNA-Funktionen (wie Replikation und/oder Transkription) blockiert bzw. verändert werden. Derartige Schäden können u. a. sein: fehlende Basen, veränderte Basen, inkorrekte Basenpaarung, Strangbrüche oder die Quervernetzung der DNA-Stränge. Bei der Replikation entstehende falsche Basenpaarungen können direkt durch die „Druckfehlerkorrektur"-Funktion von DNA-Polymerasen eliminiert werden. Im weiteren Verlauf des Zellzyklus auftretende DNA-Schäden können u. a. durch krebsverursachende Chemikalien, ultraviolette Strahlung oder freie Radikale hervorgerufen werden. DNA-Reparatur-Prozesse sind im gesamten Organismenreich weit verbreitet und verlaufen in allen Organismen ähnlich. – Beim Menschen ist eine Reihe von Krankheiten bekannt, die auf Defekte im DNA-Reparatursystem zurückzuführen sind. Die bekannteste ist *Xeroderma pigmentosum*, eine Krankheit, die sich darin äußert, dass UV-Bestrahlung zu Hautkrebs führt. Aufgrund einer Korrelation zwischen dem durchschnittlichen Alter einzelner Spezies und der Aktivität von Reparaturprozessen wurde vorgeschlagen, dass die Programmierung von Alternsprozessen durch die Fehlerdurchlässigkeit eventueller spezieller Reparaturmechanismen bedingt ist.

bauten Biphenole aus Kunststoffen beispielsweise dürften während der frühen Entwicklung des Fetus die Hormone beeinträchtigen. Sie spielen eine Rolle für die immer häufigere Unfruchtbarkeit von Männern, für Fehlbildungen der männlichen Geschlechtsorgane und für die zunehmende Häufigkeit von Brustkrebs. Ein anderer Weg, auf dem neuartige Giftstoffe auf uns einwirken, ist das Rauchen. In allen diesen Fällen ergibt sich eine Fehleignung, weil wir mit chemischen Substanzen in Kontakt kommen, auf deren Beseitigung uns unsere Evolution nicht vorbereitet hat.

Viele Krebsformen wurden mit der Ernährung in Verbindung gebracht. Unsere heutige Nahrung mit ihrem geringen Gehalt an Ballaststoffen und Antioxidantien spielt für mehrere Krebserkrankungen eine wichtige Rolle, insbesondere für solche von Dickdarm und Bauchspeicheldrüse. Energiereiche Nahrungsbestandteile stimulieren auch die Ausschüttung von Wachstumsfaktoren, die an der Entstehung von Brust- und Prostatakrebs mitwirken dürften. Tatsächlich besteht für größere Babys ein höheres Risiko, Brustkrebs zu bekommen. Dies lässt sich damit erklären, dass solche Babys auf eine reichhaltigere Umwelt und damit auch auf ein stärkeres Wachstum hin angelegt wurden, weil ihnen dies sowohl einen Überlebens- als auch einen Fortpflanzungvorteil verschafft.

Rauchen – in der Evolution nicht vorgesehen.

◼ Krebsrisikofaktoren in der Ernährung ◼

In unserer Überflussgesellschaft ist die sogenannte Fehlernährung die zahlenmäßig wichtigste ernährungsabhängige Erkrankungsursache. Diese Fehlernährung zeichnet sich durch einseitige Ernährungsgewohnheiten aus und ist besonders durch eine zu hohe Energiezufuhr charakterisiert. Zu den gesundheitlichen Konsequenzen zählen ein größeres Risiko für die Entwicklung von ernährungsabhängigen Erkrankungen wie beispielsweise Arteriosklerose, Tumoren in verschiedenen epithelialen Geweben, Übergewicht (Fettsucht) und Diabetes.

Krebserkrankungen spielen bei dieser Auflistung eine herausragende Rolle, weil sie nicht nur für ein Viertel aller Todesfälle in Deutschland die Ursache sind, sondern auch, weil die Diagnose der Erkrankung oft mit dramatischen Konsequenzen für den Betroffenen und dessen Angehörige verbunden ist. Hinzu kommen hohe gesundheits- bzw. sozialpolitische Probleme für die Gemeinschaft. Bemerkenswert ist, dass die meisten der in Deutschland auftretenden 10 häufigsten Tumorarten eng mit der Ernährung zusammenhängen. Dies gilt sowohl für Ernährungsgewohnheiten, die eher krebsförderlich wirken, als auch für gegensätzliche Gewohnheiten, die das Krebsrisiko reduzieren können und dadurch präventiv wirken sollten.

Der colorectale Krebs (Colonkarzinom) ist neben dem Magen- und Speiseröhrenkrebs die Tumorart, für die es die eindeutigsten Hinweise gibt, dass die Ernährung sowohl das Erkrankungsrisiko erhöhen als auch vermindern kann. Epidemiologische Befunde zeigen, dass der hohe Verzehr von rotem und verarbeitetem Fleisch und Alkohol bei einer zu geringen Zufuhr an Gemüse und gleichzeitigem Bewegungsmangel diejenigen Faktoren sind, die das Risiko für die Entwicklung von colorectalen Tumoren erhöhen.

Die Wechseljahre

Wechseljahre sind im Allgemeinen ein Zeichen für Gesundheit: Sie machen deutlich, dass eine Frau lange genug am Leben war und die Phase der Fortpflanzungsfähigkeit auf natürliche Weise hinter sich gebracht hat. Aber warum kommen Frauen überhaupt in die Wechseljahre? Wissenschaftlichen Untersuchungen zufolge ist der Zeitpunkt der Menopause im Laufe der letzten hundert Jahre relativ konstant geblieben: Sie setzt im Durchschnitt mit ungefähr fünfzig Jahren ein. Wann dies im Paläolithikum der Fall war, können wir nur vermuten, aber bei den Frauen der !Kung, eines Volkes von Jägern und Sammlern in der Kalahari-Wüste in Afrika, kommen die Frauen schon ungefähr mit vierzig Jahren in die Wechseljahre. Sind solche Abweichungen der Ausdruck genetischer Faktoren, die über den Zeitpunkt bestimmen, oder lassen sie auf den Einfluss unterschiedlicher Umweltbedingungen schließen, und sind sie demnach vielleicht eine Form der „Schneller-Leben-Strategie"? Manchen Indizien zufolge können sich Umweltfaktoren wie das Rauchen oder die frühkindliche Wachstumsgeschwindigkeit auf den Zeitpunkt der Wechseljahre auswirken, aber dabei handelt es sich nur um einen geringfügigen Effekt; und obwohl heute mehr Frauen rauchen als früher, ist der Zeitpunkt der Menopause in der Industrieländern während der letzten hundert Jahre nahezu konstant geblieben.

Die Menopause ist definiert als Ausbleiben der Menstruation, aber die Fruchtbarkeit lässt schon früher nach, sodass in den letzten Menstruationszyklen keine Befruchtung mehr möglich ist. Wenn die Eierstöcke keine lebensfähigen Eizellen mehr abgeben, sind die Wechseljahre endgültig eingetreten und der zyklische Rhythmus der Hormonausschüttung setzt aus. Wenig später kommt auch der durch diesen Hormonzyklus angeregte Kreislauf des Wachstums und Abstoßens der Uterusschleimhaut zum Erliegen. Die Menopause ist also das Zeichen, dass die Eierstöcke ihre Funktion einstellen und die Ausschüttung von Östrogen und Progesteron beenden. Der Mangel an diesen Eierstockhormonen hat für Frauen nach den Wechseljahren mehrere Folgen: Die Haut ist dünner, die Scheidenfeuchtigkeit wird geringer und die Knochen verlieren Mineralstoffe.

Wechseljahre gibt es eigentlich nur beim Menschen. Die einzige andere Tierart, bei der die Eierstockfunktion bei einem nennenswerten Anteil der Weibchen völlig zum Erliegen kommt, ist der Kurzflossen-Grindwal (*Globicephala macrorhynchus*): Hier tritt die Menopause offenbar ungefähr mit vierzig Jahren ein, die Lebenserwartung liegt aber bei mehr als fünfzig Jahren. Bei vielen anderen Arten nimmt die Fortpflanzungsfähigkeit allerdings mit dem Alter ab. Bei afrikanischen Elefantenweibchen ist sie mit fünfzig Jahren ungefähr auf die Hälfte gesunken, aber ohnehin lebt nur ungefähr jedes zwan-

---

■ Was ist eigentlich … ■

Menopause [von griech. *menes* = Monatsblutung und *pausis* = Aufhören], abruptes, völliges Aussetzen der Menstruation und damit der Fruchtbarkeit von Frauen und weiblichen Säugetieren ab einem für die Art typischen Zeitpunkt bis zum Ende des Lebens; außer beim Menschen bekannt u. a. von Affen (nicht aber Menschenaffen), Nagetieren, Raubkatzen (Großkatzen), Walen, Hunden, Hasen, Elefanten. Bei Frauen setzt die Menopause etwa um das 50. Lebensjahr ein, wenn die meisten Follikel im Ovar aufgebraucht sind. In Folge nimmt die Produktion von Östrogen stark ab, die negativ rückkoppelnde Wirkung von Östrogen im Hypothalamus und der Hypophyse bleibt aus. Die Hypophyse reagiert mit der vermehrten Ausschüttung von gonadotropen Hormonen, die für klimakterische Beschwerden verantwortlich sein können. Da Östrogene u. a. für den Aufbau von Proteinen verantwortlich sind, kann es mit der Menopause zum Abbau der Eiweißknochenmatrix kommen (Osteoporose).

Wechseljahre, Klimakterium, Übergangsphase von der Geschlechtsreife zur Postmenopause. Bei der Frau bis zum Eintritt der letzten spontanen Menstruation, der Menopause, meist zwischen dem 40. und 50. Lebensjahr (als vorzeitiges Klimakterium zwischen 25. und 35. Lebensjahr; als verzögertes Klimakterium nach dem 50. Lebensjahr). Die Umstellungsvorgänge beginnen mit der Prämenopause und gehen über die Menopause in die Postmenopause über, die mit dem Eintritt ins Senium (senile Altersstufe) endet. Die einhergehenden Veränderungen der Hormonkonzentrationen haben Auswirkungen auf das autonome Nervensystem. Symptome sind u. a. unregelmäßige Menstruation, Stimmungslabilität, Hitzewallungen, Schlafstörungen, Depressionen, Osteoporose. Über Jahre bilden sich dann Brustgewebe und Genitalien zurück, während das Körpergewicht eher ansteigt.

---

zigste derartige Tier so lange. Bei Rhesusaffen ist ebenfalls jenseits des zwanzigsten Lebensjahres ein Rückgang der Fortpflanzungsfähigkeit zu beobachten, aber auch hier entspricht dies ungefähr ihrer Lebensdauer. In jüngerer Zeit wurde auch von Gorillas in Zoos über eine Menopause berichtet. Dabei stellt sich allerdings das Problem, dass es zwischen Wildtieren und solchen in Gefangenschaft beträchtliche Unterschiede in der Lebenserwartung gibt: Eine Maus überlebt in freier Wildbahn kaum einmal mehr als dreihundert Tage, im Labor dagegen bleibt sie unter Umständen doppelt so lange am Leben. Möglicherweise werden Tiere also mit einer Neigung zum Versagen der Eierstöcke geboren, die aber unter natürlichen Bedingungen nicht zum Tragen kommt, sondern nur, wenn die Tiere künstlich länger am Leben gehalten werden. Auch wir Menschen haben während unserer Evolution viel kürzer gelebt und befinden uns jetzt in einem selbst geschaffenen Zoo.

Alle Überlegungen zur Entstehung der Menopause sind also mit beträchtlichen Schwierigkeiten verbunden. Ist sie ein Unfall der Evolution, eine Form der konstruktionsbedingten Fehleignung, die sich ergibt, weil wir für ein kürzeres Leben konstruiert waren und heute viel länger leben? Oder wurde die Menopause von der Selektion begünstigt, weil sie uns einen ganz spezifischen Anpassungsvorteil verschaffte?

Betrachten wir einmal die Möglichkeit, dass die Menopause einfach nur eine Folge des längeren Lebens ist. Die Argumentation würde dann folgendermaßen aussehen: Die Menschen haben aufgrund ihrer Evolution eine Lebensstrategie, nach der die Fortpflanzung im dritten Lebensjahrzehnt abgeschlossen ist, sodass nur ein sehr geringer Selektionsdruck zugunsten eines längeren Lebens vorhanden war. Deshalb entwickelte sich bei uns (wenn man die Kindersterblichkeit herausrechnet) eine mittlere Lebenserwartung von ungefähr 35 Jahren. Älter als 51 Jahre – heute das mittlere Alter bei der Menopause – wurde kaum jemand und deshalb erlebten nur die wenigsten Frauen die Wechseljahre. Wie zuvor im Zusammenhang mit der Alterung beschrieben wurde, findet ein ständiger biologischer Tauschhandel zwischen dem Energieaufwand zur Aufrechterhaltung der Lebensfunktionen und der Energie zur Fortpflanzung statt. Eizellen müssen von den umgebenden Zellen des Eierstockes ernährt werden, damit sie am Leben bleiben und irgendwann den Eisprung durchmachen können. Offensichtlich haben unsere Eizellen aufgrund ihrer Evolution eine maximale Lebensdauer von fünfzig Jahren, aber viele von ihnen verlieren schon früher ihre Funktion. Immerhin bleiben sie aber bis zum Ende des vierten Lebensjahrzehnts in so großer Zahl erhalten, dass eine ordnungsgemäße Fortpflanzung stattfinden kann. Sie danach noch am Leben zu erhalten, wäre Energieverschwendung.

Jetzt untersuchen wir die andere Möglichkeit. Die Fruchtbarkeit von Frauen nimmt schon lange vor der Menopause ab – diese Entwicklung beginnt ungefähr mit 35 Jahren. Darin könnte sich die Alterung der Eizellen widerspiegeln, es könnte aber auch mit einem Anpassungsvorteil verbunden sein. Mütter müssen ihre Kinder nach der Geburt noch lange Zeit versorgen, um ihnen wiederum gute Aussichten auf Fortpflanzung zu verschaffen. Wie man in mathematischen Modellen nachweisen kann, sind die Überlebenschancen für die Kinder größer, wenn eine Frau nach der Geburt des jüngsten Kindes zunächst keine weiteren Kinder mehr bekommt, sondern dieses eine in seiner Entwicklung unterstützt. Unter dem Gesichtspunkt, dass möglichst viele Kinder überleben sollen, ist dies eine bessere Strategie, als wenn sie das mit dem Alter zunehmende Risiko eingeht, während der nächsten Schwangerschaft oder Entbindung zu sterben. Wenn sie bis zu ihrem Tod weiterhin Kinder bekäme, würden die jüngeren Nachkommen wahrscheinlich nicht am Leben bleiben. Aus Sicht der Evolution ist es also vorteilhafter, wenn sie schon lange vor ihrem voraussichtlichen Todeszeitpunkt keine Kinder mehr bekommt, sondern in den bereits geborenen Nachwuchs investiert.

Eine Erweiterung dieser Argumentation ist die „Großmutter-Hypothese". Die Anthropologin Kristen Hawkes aus Utah und andere äußerten die Vermutung, die lange Phase nach den Wechseljahren habe sich in der Evolution der Menschen entwickelt, weil es einen Über-

Was ist eigentlich ...

Großmutter-Hypothese, Hypothese zur Erklärung der Menopause; bekannt auch als „Theorie der guten Mütter" erklärt die Großmutter-Hypothese den Verzicht auf späte Schwangerschaften, um mit den frei werdenden Ressourcen den eigenen älteren Nachwuchs (die Töchter) bei der Jungenaufzucht (alloparentale Pflege) zu unterstützen – damit Erhöhung der eigenen indirekten Fitness. Es gibt Hinweise für die Großmutter-Hypothese nach Untersuchungen des traditionalen Volkes der Hazda im Norden Tansanias für den Menschen, jedoch sprechen die Ergebnisse bei Untersuchungen von Serengeti-Löwen und Pavianen gegen diese Hypothese, da die Pflege der Nachkommen durch die „Großmütter" keine messbaren Überlebensvorteile für den Nachwuchs bringt.

lebensvorteil darstellte, wenn Großmütter die eigenen Kinder in ihrer Mutterrolle unterstützen konnten. Wenn die Großmutter noch lebte, war es für deren Töchter einfacher, ihre Kinder großzuziehen. Vielleicht war sie lediglich in der Lage, der Mutter bei den praktischen Notwendigkeiten der Kinderversorgung zur Hand zu gehen, oder sie gab auch in einer Form kultureller Vererbung ihre Weisheiten und Erfahrungen weiter. Wenn der Großmutter-Effekt eine genetische Grundlage hat, überleben Enkelkinder, die davon profitieren, mit größerer Wahrscheinlichkeit und können dann die Gene, die sie mit der Großmutter gemeinsam haben, wiederum an die nächste Generation weitergeben. Auf diese Weise könnten also auch Frauen, die selbst ihre fortpflanzungsfähige Phase bereits hinter sich haben, zur Selektion wertvoller Eigenschaften beitragen.

Studien aus Westafrika und Französisch-Kanada lassen keinen Zweifel, dass die Gegenwart der Großmutter mütterlicherseits dem Überleben der Kinder dient. Skelettfunde lassen allerdings darauf schließen, dass nur die wenigsten Menschen im Paläolithikum älter als 45 Jahre wurden, und die Wechseljahre setzen bei allen Gruppen gesunder Frauen erst in höherem Alter ein. Diese Beobachtung spricht gegen die Großmutter-Hypothese. Das Thema ist derzeit Gegenstand einer lebhaften Diskussion.

Umgekehrt muss man die Wechseljahre und die Zeit danach wie auch die Alterung und ihre Folgen als zwangsläufige Folge der Diskrepanz zwischen unserer Konstruktion und unserer heutigen Lebensweise betrachten. Unsere Evolution hat sich in einer Umwelt abgespielt, die uns nur ein kurzes Leben gestattete, und es bestand nur ein geringer Selektionsdruck zugunsten der Investitionen in Systeme, die unseren Organismus längere Zeit instand halten. Da wir aber eine so erfindungsreiche Spezies sind, leben wir heute viel länger und müssen uns deshalb mit einer Reihe von Fehleignungen auseinandersetzen. Wir müssen ungefährliche Mittel finden, um den möglicherweise schädlichen Effekt solcher Fehleignungen abzumildern.

Sehr deutlich zeigen sich die Schwierigkeiten an den Wechseljahrsbeschwerden, unter denen viele Frauen leiden. Wenn die Evolution sie so gestaltet hat, dass sie nicht mehr als 35 Jahre lang der Wirkung der Eierstockhormone ausgesetzt sein sollten, schafft eine Hormonersatztherapie, mit der man diese Hormone nach den Wechseljahren ersetzt, eine weitere Fehleignung. Dass eine solche langfristige Hormonunterstützung gesundheitliche Folgen hat, sollte uns nicht wundern. Sind die Wechseljahre aber ein Nebenprodukt der längeren Lebensdauer, sind die Frauen vielleicht darauf eingerichtet, während ihres gesamten Erwachsenenalters mit Östrogen in Kontakt zu kommen, ganz gleich, wie lange dieses Erwachsenenalter dauert. Auch hier kennen wir die Antwort nicht.

Die Schwierigkeiten eines langen Lebens

Die schnelle Zunahme der Lebensdauer hat in allen Gesellschaften weitreichende Konsequenzen für die Verteilung der Mittel. Wenn ein immer größerer Prozentsatz der Bevölkerung weit über das Pensionsalter hinaus am Leben bleibt, während immer weniger Kinder ins Berufsleben eintreten, müssen sich die gesellschaftlichen Strukturen verändern. Man muss sich darum bemühen, die beste Form der Unterstützung für ältere Menschen zu finden: In welchen Gemeinschaften sollen sie leben, welche Tätigkeiten müssen sie ausführen, damit sie gesund bleiben und wertvolle Beiträge für die Gesellschaft leisten können, und wie können wir uns Kenntnisse und Erfahrungen dieses wachsenden Vorrats an Humankapital am besten zunutze machen?

Ein Einzelproblem ist dabei die Verteilung der Gesundheitskosten. Ein längeres Leben verbindet sich in vielen Fällen mit einer längeren chronischen Krankheitsphase, die Unterstützung notwendig macht. Dies gilt insbesondere für Menschen, die an Altersdemenz und ähnlichen Verfallskrankheiten leiden. Damit erhebt sich die Frage, wie ihre Pflege bezahlt werden soll. Pensionszahlungen reichen dafür in den meisten Fällen nicht aus. Sie werden definitionsgemäß über längere Zeit hinweg gezahlt, und die Grundlage der Beitragsberechnung ist dabei häufig eine angenommene Lebensdauer, die wesentlich kürzer ist als die tatsächliche. Vielerorts besteht die Besorgnis, dass zahlreiche ältere Menschen aus Geldmangel nur noch schlecht versorgt werden. Wie das Problem gelöst werden kann, ist nicht ohne

Im Jahr 2040 soll der Anteil der Älteren an der Gesamtbevölkerung in Deutschland ca. 37 % betragen – mit deutlichem Frauenüberschuss im Verhältnis 2:1.

Weiteres zu erkennen. In vielen Industriestaaten gehören die älteren Mitbürger schon heute zu den ärmsten Bevölkerungsgruppen, und die Situation kann sich eigentlich nur verschlimmern. Soll man das Rentenalter anheben? Für manche Menschen wäre dies eine geeignete Lösung und tatsächlich hat nicht nur die Lebensdauer zugenommen, sondern der Gesundheitszustand der Rentner ist heute auch vielfach besser als vor zwanzig Jahren. Dagegen spricht allerdings, dass viele Menschen nicht länger arbeiten wollen – lieber möchten sie einen längeren Ruhestand genießen, und in den meisten Fällen ist sicher die gesamte Lebensplanung darauf ausgerichtet, dass man mit 65 Jahren aus dem Berufsleben ausscheidet.

Wir beschließen diesen Beitrag mit einer provozierenden Anmerkung. Es besteht die Gefahr, dass die derzeit alternden Angehörigen einer Bevölkerung zu viele Ressourcen aus der nächsten Generation abziehen, auch auf die Gefahr hin, dass die gesundheitlichen Probleme dieser Generation zunehmen. Wie wir erfahren haben, liegt der Ursprung für viele gesundheitliche Probleme des mittleren Lebensalters bereits in der Kindheit, und das erfordert Finanzmittel. Aber diese Mittel werden zunehmend für die ältere Generation gebraucht. Die Fehleignungen, die sich aus der Alterung ergeben, stellen ein echtes Dilemma dar.

Grundtext aus: Peter Gluckman und Mark Hanson *Aus dem Tritt geraten. Warum unsere Welt nicht mehr zu unseren Körpern passt*; Spektrum Akademischer Verlag (englische Originalausgabe: *Mismatch*. Oxford University Press; übersetzt von Sebastian Vogel).

Wie geht's uns denn morgen?

Die Medizin macht uns Hoffnung auf ein immer längeres und gesünderes Leben. Ein Blick in das Jahr 2050

Irene Meichsner

Wird Krebs endlich heilbar sein?

„Heilung" wäre zu hoch gegriffen, aber die Onkologen sind sehr optimistisch. Manche sprechen von einer neuen Ära, angestoßen von der Entzifferung des menschlichen Genoms und flankiert von einer technologischen Revolution, die es ermöglicht, individuelle Genprofile zu erstellen. „Wir wollen die Lebensspanne bei guter Lebensqualität weiter verlängern, sodass man von Krebs als chronischer Krankheit sprechen kann", sagt Torsten Strohmeyer, Leiter der medizinischen Forschung beim Pharmakonzern GlaxoSmithKline, „ein Leiden, mit dem man alt werden kann. So wie wir es heute mit Diabetes bereits erreicht haben."

„Targeted Therapy" heißt das Zauberwort: eine zielgerichtete Therapie mit neuartigen Medikamenten, so genannten Targeted Drugs, die gesunde von krebskranken Zellen unterscheiden können, während die herkömmliche Chemotherapie wahllos alle teilungsaktiven Zellen angreift und dadurch bei einer sehr begrenzten Wirkung auch noch massive Nebenwirkungen mit sich bringt. Jede Tumorzelle hat spezielle genetische Defekte, die sie zu unkontrolliertem Wachstum treiben. Targeted Therapy soll solche „falsch umgelegten Schalter" attackieren, erklärt Jürgen Wolf vom Centrum für Integrierte Onkologie an der Kölner Universitätsklinik.

Probleme gibt es noch genug. Es kann zu einer Vielzahl von Fehlschaltungen kommen, auch gegen Targeted Drugs werden Tumore resistent, und letztlich darf die kombinierte Nebenwirkung, greift man mehrere Ziele gleichzeitig an, nicht noch stärker sein als bei der Chemotherapie. Aber was die Mediziner so zuversichtlich stimmt, ist das Tempo, mit dem sich das neue molekularbiologische Wissen über die Entstehung von Krebs bereits in klinisch geprüften Arzneimitteln niederschlägt. „Und die Firmen haben noch Dutzende in der Pipeline", sagt Wolf.

Der Kölner Onkologe wagt eine ganz persönliche Prognose. 2016: Es gibt genug Targeted Drugs, um sie – ähnlich wie bei HIV – so intelligent miteinander kombinieren zu können, dass man bei soliden Tumoren auf Chemotherapie weitgehend verzichten kann. 2026: Kaum noch Chemotherapie; in Spezialkliniken lässt sich mit Genchips größtenteils vorhersagen, welche Mittel anschlagen werden; sechs bis sieben Jahre Überlebenszeit selbst beim gefürchteten metastasierten Lungenkrebs. 2036: Die Tests stehen flächendeckend zu einem vernünftigen Preis zur Verfügung; die durchschnittliche Überlebenszeit beim Lungenkrebs hat sich noch einmal verdoppelt. 2050: Durchbruch bei der Krebsverhütung durch präzise Tests zur Ermittlung individueller Risikoprofile. Aber damit bewege er sich, gesteht Wolf, schon an der Grenze zur Science-Fiction.

Ist Aids in 40 Jahren ausgerottet?

Nein. Bis auf das Pockenvirus ließ sich überhaupt noch kein Erreger aus seinem menschlichen Wirt eliminieren. Sir Frank MacFarlane Burnet, australischer Medizin-Nobelpreisträger, irrte gewaltig, als er 1958 prophezeite, bis zur Jahrtausendwende seien die Infektionskrankheiten besiegt. Nach wie vor zählen sie zu den häufigsten Todesursachen. Bei Aids ist nach 25 Millionen Toten und 65 Millionen HIV-Infektionen innerhalb von 25 Jahren nicht einmal der Höhepunkt erreicht.

„Die Krankheit wird sich in jeden Winkel dieses Planeten weiterverbreiten", sagt Peter Piot, Leiter von UNAids, dem Aids-Bekämpfungs-Programm der Vereinten Nationen. „Es wird nicht so sein, dass wir eines schönen Tages aufwachen und sagen: ‚Oh, Aids ist weg'. Jetzt müssen wir uns über die nächsten Generationen Gedanken machen." Jüngste Studien sagen einen dramatischen Anstieg der Infektionsraten in China, Russland, Nigeria, Äthiopien und Indien voraus – Ländern, die gemeinsam über 40 Prozent der Weltbevölkerung stellen.

Medikamente können den Krankheitsverlauf um Jahre, vielleicht Jahrzehnte verzögern. Doch in den Entwicklungsländern ist der Zugang zu den teuren Mitteln begrenzt, auch wird der Erreger schnell resistent dagegen. Und ganz aus dem Körper eliminieren lässt er sich vermutlich nie. „Die spezielle Biologie des Virus, insbesondere seine Fähigkeit, die Zellen des Immunsystems zu befallen und auszuschalten, macht eine Heilung eher unwahrscheinlich", sagt Jonathan Knowles, Leiter der Pharmaforschung beim Schweizer Konzern Roche.

Bleibt als wirksamstes Mittel: Vorbeugung durch Safer Sex. Und die Hoffnung auf einen Impfstoff, den man uns nun schon seit über 20 Jahren in Aussicht stellt. Viele wären inzwischen selig über eine Wirksamkeit von nur 40 Prozent. „Würde ein solcher HIV-Impfstoff an 20 Prozent der am stärksten betroffenen Bevölkerung in Entwicklungsländern verteilt, ließe sich die Zahl der Neuinfektionen jährlich um 32 Prozent reduzieren", rechnet die Deutsche Aids-Stiftung vor. „Ein Impfstoff mit dieser Wirksamkeit könn-

te 29 Millionen Neuinfektionen zwischen 2015 und 2030 vermeiden helfen."

Vielleicht hilft philanthropischer Beistand: Mittlerweile hat sich die Bill and Melinda Gates Foundation die Entwicklung eines HIV-Impfstoffes auf die Fahnen geschrieben.

Gibt es ein Rezept gegen den gemeinen Schnupfen?

Erkältungskrankheiten sind die häufigsten Infektionen des Menschen überhaupt. Bei Erwachsenen gelten zwei bis drei Erkrankungen pro Jahr als normal, bei Kleinkindern noch viel mehr. Und nichts, aber auch rein gar nichts spricht dafür, dass sich daran etwas ändert, bedenkt man, wie wenig man bis heute gegen Rhinitis acuta auszurichten vermag, den gewöhnlichen Schnupfen. Auslöser einer Erkältungskrankheit können mehrere hundert verschiedene Viren sein, vor allem solche aus der Familie der Rhino- und Adenoviren. Vor diesem Hintergrund erscheint zum Beispiel ein Impfstoff absolut illusorisch.

So werden die Menschen beim verzweifelten Versuch, Nase und Atemwege freizuhalten, auch 2050 noch zu ihren Pülverchen, Tinkturen, Sprays und Lösungen greifen, um sich letztlich, von der pharmazeutischen Industrie im Stich gelassen, auf das Sprichwort zurückgeworfen zu fühlen, wonach „ein Schnupfen drei Tage kommt, drei Tage bleibt und drei Tage geht".

Wachsen kranke Organe wieder nach?

Jeder hat mal klein angefangen – auch Leber, Lunge, Niere und Herz. So wie die Organe im Mutterleib aus embryonalen Urzellen heranreifen, will man in Zukunft im Reagenzglas aus frischen Stammzellen neue Körperteile heranzüchten, mit denen man die defekten ersetzt. Toll klingt das, ist derzeit aber noch utopisch. Ob sich die embryonalen Stammzellen jemals unter Kontrolle bringen lassen, ist völlig offen. In Hinblick auf die „adulten", bereits ausdifferenzierten Stammzellen, mit denen sich manche Organe, so wie die Leber, immer wieder regenerieren, ist die Zuversicht größer: Annähernd 90 Prozent der Experten, die 2004 an einer vom Bundesforschungsministerium unterstützten Delphi-Studie zur Zukunft der Stammzellforschung teilnahmen, rechnen damit, dass es bis 2018 möglich sein wird, solche gewebetypischen Stammzellen in ein „pluripotentes" Stadium rückzuverwandeln. Das bedeutet, dass sie zwar keinen kompletten Organismus mehr erzeugen können, prinzipiell aber noch jeden der mehr als 200 verschiedenen Typen von menschlichen Körperzellen.

Je bescheidener, ethisch weniger umstritten die Ziele, desto günstiger die Prognosen. Bis 2013 soll es im Rahmen einer „Zellersatztherapie" möglich sein, Herzgewebe, das bei einem Infarkt abgestorben ist, aus Stammzellen wieder nachwachsen zu lassen. Bei Diabetes will man durch eine Wiederansiedlung von Inselzellen in der Bauchspeicheldrüse die Dauereinnahme von Insulin überflüssig machen. Bei Parkinson, Querschnittslähmung oder Alzheimer, wo es um zerstörtes Nervengewebe geht, klaffen die Meinungen schon weiter auseinander. 40 Prozent der Delphi-Experten sind überzeugt, dass sich bei einer Stammzellmedizin Nebenwirkungen niemals ausschließen lassen: Aus dem Tausendsassa könnte ein Tumor werden. Oder die Stammzelle wähnt sich gewissermaßen im falschen Film – und im Herzen keimt plötzlich ein Backenzahn. Etwas Ähnliches ist in Tierversuchen schon passiert.

Stammzellmedizin wird auch 2050 ein zweischneidiges Schwert sein. Aber die Zuversicht überwiegt. Und so bunkern besorgte junge Eltern schon fleißig Nabelschnurblut, das qualitativ höherwertige Stammzellen enthalten soll. Gegen teures Geld und vage Versprechungen lassen sie es einfrieren, weil sie ihrem Nachwuchs die Chance offen lassen wollen, sich daraus gegebenenfalls eine neue Leber basteln oder eine Frischzellenkur für den Herzmuskel verpassen zu lassen.

Gehört kosmetische Chirurgie zum Alltag?

Vollbusig, stupsnäsig, mit üppigen Lippen: Das scheint das aktuelle Schönheitsideal unter jungen Frauen zu sein. Die Gesellschaft für Ästhetische Chirurgie Deutschland (GÄCD) registriert eine wachsende Nachfrage von unter 30-Jährigen, sich Brüste und Lippen vergrößern sowie die Nase verkleinern zu lassen. Von der Botox-Spritze gegen Falten über die Lidplastik bis zur Ohrmuschelkorrektur: Der Markt für Schönheitsoperationen wächst, die jährlichen Steigerungsraten liegen im zweistelligen Bereich, Männer stellen schon 10 bis 15 Prozent der Klientel.

„Es sind nicht nur Frauen über 50 mit hohem Einkommen, die ernsthaft solche Eingriffe erwägen", sagte Walter Erhardt, Sprecher der Amerikanischen Gesellschaft für Plastische Chirurgie, anlässlich der Veröffentlichung einer Studie über Kundenprofile. „Es ist die junge Mutter von nebenan, der Kellner, der Ihnen am Morgen den Kaffee servierte, sogar Ihr Arbeitskollege." Jugendwahn, optischer Leistungsdruck in einer Mediengesellschaft, der Wunsch, sich selbst erschaffen zu wollen: Setzt der Trend sich in nur annähernd gleichem Tempo fort, ist die neue Nase 2050 tatsächlich so normal wie heute die Zahnspange oder das Erotik-Tattoo.

Kaum zu glauben, dass vor 50 Jahren ein simples Facelifting noch eine Monstrosität war. Fragt sich, wohin das alles noch führen soll. Gesichts- und Handtransplantationen werden gerade als Pioniertaten gefeiert. Sobald sie ohne permanente Unterdrückung des Immunsystems möglich sind, bestellen wir uns das Gesicht von Claudia Schiffer.

Oder ein Paar hübsche Flügel? Joe Rosen, ein renommierter plastischer Chirurg vom britischen Dartmouth Medical Centre, liebt es, mit futuristischen Ideen zu provozieren. Die Techniken, mit denen sich Fettpolster und Rippenknochen etwa zu Flügeln strecken und verformen ließen, gibt es. Nur unser „jüdisch-christlicher Konservatismus" hindere uns daran, Menschen ein engelsgleiches Aussehen zu verleihen, meint Rosen. „Denken Sie an meine Worte: Menschen mit Flügeln wird es geben."

Wird Fernheilung möglich sein?

Aber ja! Allerdings nicht so esoterisch, wie man den Begriff gemeinhin versteht. Fernheilung im Jahre 2050 beginnt mit T: Telediagnostik, Telemonitoring, Telechirurgie – ärztliche Diagnose und Behandlung über eine prinzipiell beliebig große Distanz. T-Medizin soll Kosten sparen, unnötige Arztbesuche und Patiententransporte vermeiden. Beispiel Tele-EKG: Der Herzrhythmus wird drahtlos oder per Telefon an den behandelnden Arzt übermittelt. Der Patient bleibt mobil und muss nur bei Bedarf in die Praxis oder Klinik. Mittels Teleradiologie tauschen Ärzte über Hochleistungsnetze Röntgenbilder aus, sodass mit Telekonsultationen und Telekonferenzen selbst noch während einer OP Zweit- und Drittmeinungen von räumlich entfernten Spezialisten eingeholt werden können.

Die Telechirurgie bestand ihre Feuertaufe im September 2001, als in Straßburg einer 68-jährigen Patientin mithilfe eines ferngesteuerten OP-Roboters die Gallenblase entfernt wurde. Der Chirurg saß in New York am Joystick, die Verzögerung beim Datenaustausch über 13 000 Kilometer auf dem Hin- und Rückweg betrug nur 155 Millisekunden.

Nach Angaben der EU-Kommission, die seit den Neunzigerjahren mehr als eine halbe Milliarde Euro in elektronische Gesundheitsdienste investierte, könnte sich dieser Markt – neben Arzneimitteln und Medizintechnik – zur drittgrößten Gesundheitsbranche entwickeln. Die Weltgesundheitsorganisation WHO nennt den Trend zur T-Medizin „unausweichlich". In den USA sind einige Psychiater heute schon auf Fernbehandlung spezialisiert und kennen ihre Patienten nur noch vom Bildschirm. Nutznießer sind Menschen in dünn besiedelten Regionen, denen sich eine Chance eröffnet, wenigstens via Internet in den Genuss fachärztlicher Therapien zu kommen. Nebenwirkungen inklusive: Die elektronische Krankenakte des gläsernen Patienten kurvt womöglich unkontrolliert durch elektronische Kanäle. Werden Biosensoren in den Körper implantiert, die pausenlos Blutwerte und Organfunktionen aufzeichnen, bleibt dem überwachenden Arzt kein Winkel des Leibes mehr verborgen, auch nicht die lässlichste „Sünde" im gesunden Lebenswandel. Manche fürchten schon eine ganz neue Art der Zweiklassenmedizin, in der nur der betuchte Patient seinen Arzt noch leibhaftig zu sehen bekommt.

Lassen sich Erbkrankheiten heilen?

Schwere Leiden an ihrer genetischen Wurzel packen zu können, das klingt verlockend. So schwer kann es doch wohl nicht sein, ein gesundes Gen in ein anderes Lebewesen einzuschleusen, denkt sich der Laie – als brauchte man nur eine winzig kleine Pinzette. Aber so simpel und elegant, wie man es sich lange vorgestellt hat, funktioniert die Methode nicht. Herbe Rückschläge ließen viele hochfliegende Träume zerplatzen.

French Anderson, der 1990 an einem kleinen Mädchen mit ADA-Mangel, einer lebensbedrohlichen Immunschwäche, den ersten Gentherapieversuch unternahm, hat die Vision, Erbleiden noch im Mutterleib zu heilen. Am ehesten behandelbar wären Krankheiten, die auf einem einzigen Gende-

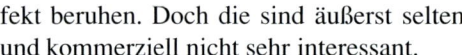

fekt beruhen. Doch die sind äußerst selten und kommerziell nicht sehr interessant.

Bei einem Volksleiden wie Krebs hingegen wäre eine Gentherapie zwar lukrativ, doch Tumore werden von Hunderten verschiedener Gene und dazu auch noch von Umweltfaktoren beeinflusst, wodurch sie sich einer Gen-Reparatur entziehen. Denkbar wären Erfolge nicht bei der Heilung von Krebskranken, sondern bei der Verbesserung ihrer Lebensqualität. „Von welchen Forschungs- und Behandlungsansätzen erhoffen Sie sich insgesamt die größten Erfolge bei der Krebstherapie?", fragte 2005 der Verband forschender Arzneimittelhersteller (VFA) 100 Experten aus Wissenschaft und Industrie. Nur zwei Prozent nannten die Gentherapie.

Können Blinde wieder sehen ...?

Der Cyborg steht schon vor der Tür. Und künstliche Augen werden ein Teil von ihm sein. Dank rasanter Fortschritte bei der Miniaturisierung von Technik, der Entwicklung von lernfähigen Chips, nanoelektronischen Bauteilen und hauchdünnen, bioverträglichen Folien wird es bald die künstliche Netzhaut geben. Oder, als Alternative zum vollimplantierbaren Chip, die so genannten Kortikal-Implantate, bei denen visuelle Informationen von einer winzigen externen Digitalkamera an Elektroden weitergeleitet werden, die sich im Gehirn direkt in der Sehrinde platzieren lassen.

Ziel des feinstmechanischen Zaubers ist es, blinden Menschen zumindest ein „naturnahes Sehen" zu ermöglichen – und sei es nur, dass sie wieder, je nach Grundleiden, Bewegungen, Kontraste, Konturen, Lichtpunkte, Hell und Dunkel voneinander unterscheiden können. Aber hinter der Technik steckt noch viel mehr. Durch geeigneten Input kann die Kortikal-Kamera Menschen auch befähigen, Infrarotstrahlung oder Gerüche zu „sehen". Die Neuroprothese wird zum Sinnesverstärker für Gesunde.

Soldaten mit Adleraugen oder dem Hörvermögen einer Eule? Viele Projekte zur Exploration von Hirn-Maschine-Schnittstellen stehen unter Obhut der Darpa, der Forschungsabteilung des amerikanischen Verteidigungsministeriums, bis hin zum künstlichen Hippocampus, der das Gedächtnis von Schlaganfall- oder Alzheimerpatienten wieder verbessern soll. Aufgrund seiner Vernetzungsfähigkeit würden aber auch Tür und Tor geöffnet „für alle möglichen Formen der sozialen Überwachung und Manipulation", wie im März 2005 eine von der EU-Kommission eingesetzte Beratergruppe befürchtete. Die Grenzen verschwimmen, letztlich geht es gar nicht mehr nur um den menschlichen Cyborg, sondern auch um unseren künftigen Lebenspartner, den humanoiden Roboter, der durch die Einsicht in die Funktionsweise des menschlichen Gehirns bis 2050 garantiert noch ungeahnte Fertigkeiten und Sinnesleistungen entwickeln wird.

... und Gelähmte wieder gehen?

Futuristische Technik hat Sex-Appeal. Doch manchmal hilft auch die gute alte Knochenarbeit im Labor – vereint mit der Bereitschaft, medizinische Dogmen hinter sich zu lassen. Martin E. Schwab, Hirnforscher an der Universität Zürich, will bald die Früchte seiner mehr als 20-jährigen Grundlagenforschung ernten. Er wollte sich nicht damit abfinden, dass verletztes Rückenmark vernarbt, statt zu verheilen – anders als bei den peripheren Nerven etwa in Armen und Beinen.

Auf der Suche nach einem Hemmstoff, der Nervenzellen im Rückenmark offenbar daran hindert, neue Verbindungen einzugehen, wurde der Schweizer Forscher fündig. In Zusammenarbeit mit dem Pharmakonzern Novartis entwickelte er einen Antikörper gegen dieses körpereigene Stoppsignal namens „Nogo-A". Nach erfolgreichen Versuchen mit gelähmten Ratten und Affen soll das Mittel nun in der Schweiz und in verschiedenen europäischen Kliniken an 50 bis 100 Patienten erprobt werden – wegen der größeren Erfolgschancen vorerst nur an Frischverletzten mit teilweiser Durchtrennung des Rückenmarks, die etwa zu einer Lähmung der unteren Extremitäten und innerer Organe führt. Schwab dämpft zu hohe Erwartungen. „Eine komplette Heilung wird es vermutlich nie geben." Aber wenn es zu spontaner Bildung neuer „Schaltkreise" kommen und sich dadurch die Bewegungsfähigkeit verbessern sollte, sodass Patienten wieder selbstständig atmen, Schultern und Hände bewegen, womöglich wieder alleine stehen können, wäre das auch 2050 noch ein fantastischer Erfolg.

Werden die Menschen überhaupt noch krank?

Deutschland 2020. Der Au-pair-Junge Han aus China kommt in ein Land, in dem gesundheitsbewusstes Verhalten zur „verinnerlichten Überzeugung" geworden ist. Und er staunt. Schon am Flughafen erwartet ihn eine „McCheck"-Kabine. Jeder kann dort seinen Gesundheitszustand testen lassen. Rollt das Diagnosemobil vor die Schule, stehen die i-Dötzchen Schlange. Ein Ganzkörper-Kernspin ist für Theo und Luise, die Kinder seiner Gastfamilie, längst Routine. Das Unterrichtsfach „Körperkompetenz" vermittelt Wertschätzung von Gesundheit und bewusstem Lebensstil.

So ähnlich könnte es laut einem von vier Szenarien aussehen, die im Rahmen von „Futur" entstanden sind, einem Forschungsdialog, der 2001 vom Bundesforschungsministerium angestoßen wurde. Als „erzählerische Momentaufnahme" beschreibt es eine mögliche künftige Alltagssituation – wie eben den Tagesablauf in der Gastfamilie des jungen Han, wo das tägliche „Familien-Diner" zum Pflichtprogramm gehört, weil es der psychischen Gesundheit dient, wo alle Lebensmittel „intelligente Etiketten" haben, die zeigen, wie gesund und ökologisch korrekt sie sind, und wo Gesundheitstage, Sommerfamilienolympiaden und Tischtennis-Dauerturniere auch den „faulsten Bewegungsmuffel" auf Trab bringen sollen.

Ziel der Futur-Szenarien sei es gewesen, eine Diskussion über politische Handlungs- und Gestaltungsmöglichkeiten anzuregen, erklärt Robert Gaßner vom Berliner Institut für Zukunftsstudien und Technologiebewertung (IZT), der an dem Projekt federführend beteiligt war.

Bis zu 30 Prozent der heutigen Gesundheitsausgaben – darunter Kosten für echte Volkskrankheiten wie Diabetes, Herzinfarkt oder Bluthochdruck – sollen sich durch einen gesunden Lebensstil angeblich vermeiden lassen. „Ein Leben lang gesund und vital durch Prävention" wurde die Leitvision betitelt, die diesem Szenario zugrunde liegt. Ein Versprechen, das wohl nicht gehalten werden kann. Denn inwieweit als gesund definiertes Verhalten tatsächlich einzelne Krankheiten vermeiden hilft, ist noch längst nicht restlos erforscht. Eines steht allerdings fest, Menschen werden auch in 50 oder 100 Jahren weiterhin krank werden.

„Der Computer-Arbeitsplatz ist mit einer Miniaturkamera ausgestattet", lernt der junge Han. Ein „Überarbeitungswarner" verfolgt die Blinzelfrequenz der Augen und schlägt Alarm, sollte die „Work-Life-Balance" gefährdet sein.

Wenn sich eine Arbeitsvorlage der Bundesforschungsministerin schon vom Jahr 2020 solche beklemmenden Vorstellungen macht, will man da an 2050 überhaupt noch denken?

Aus: ZEIT Wissen 5/06

7:05 Uhr – Aufgestanden, Zähne geputzt, mit Mundspülung gegurgelt. Dabei überlegt, ob Letzteres wirklich nötig ist, aber 99 Prozent der Bakterien abzutöten kann ja nicht schaden.

7:45 Uhr – Zweijährigem Sohn Schale mit Cornflakes hingestellt und zugesehen, wie er den Löffel zu Boden wirft, wo der Hund ihn mit Hingabe ableckt. Sohn fordert Löffel zurück und legt ihn wieder in die Schale. Löffel und Schale gegriffen, Cornflakes ausgeschüttet, Schale und Löffel abgewaschen und wieder hingestellt. Brüllenden Sohn und bellenden Hund beruhigt. Sohn hört auf zu brüllen und fängt an zu husten. Daran erinnert, dass er bis zum Sommer noch eine Impfung braucht. Hund hört auf zu bellen und fängt an, sich zu kratzen. Daran erinnert, dass er ein Mittel gegen Flöhe braucht.

8:45 – In der U-Bahn Abstand zu verschnupftem Pendler gesucht. Haltestange nur mit dem Ende von Ärmel angefasst. Zeitungsartikel über die Gefahren der Vogelgrippe gelesen.

So schildert **Marlene Zuk**, Professorin für Biologie an der University of California in Riverside den Beginn eines ganz normalen Tages. Es sei kein Wunder, sagt sie, dass wir von ständiger Angst vor krankmachenden Keimen verfolgt werden. „Kein Feind wird mehr gefürchtet, keiner so einmütig gehasst, wie die Krankheit. Wir kämpfen gegen die bedrohlichen, mikroskopisch kleinen Invasoren und benutzen Arzneimittel wie zielgenaue Waffen."

Dann stellt Zuk eine provozierende Frage: Was, wenn Krankheit gar nicht unser Feind wäre? „Was geschieht, wenn wir Parasiten nicht länger als Feinde oder Freunde, sondern einfach als Familienmitglieder betrachten? Wir suchen sie uns nicht aus, aber unser Leben ist ohne sie nicht vorstellbar und so oder so haben sie uns zu dem gemacht, was wir sind."

Krankheit, das ist Zuks zentrale These, ist nicht nur überall, sie ist normal, sie ist sogar unerlässlich. „Seit Jahrmillionen formt sie alles Lebende, und ohne Krankheit würde es das Leben, wie wir es kennen – wie wir uns kennen – gar nicht geben." Marlene Zuk will uns jedoch nicht beibringen, wir müssten Krankheit als etwas Positives „annehmen" oder als „Ausdruck von Schwäche" bekämpfen. Ihre Botschaft ist ganz einfach und fern jeder Ideologie oder Esoterik: Krankheit ist nicht die Ausnahme vom Normalzustand. Sie ist der Normalzustand.

Marlene Zuk

Was Ärzte mit Darwin zu tun haben – eine Einführung in die Evolutionsmedizin

Von Marlene Zuk

Was tun wir, wenn wir krank werden? In den Einzelheiten hängt das natürlich von der jeweiligen Krankheit ab, doch zunächst einmal lautet die Antwort: Wir wollen erreichen, dass wir uns besser fühlen. Erkältung oder Grippe lassen uns meist zur Apotheke eilen, um dort Hustenpastillen, Aspirin und Nasenspray zu kaufen, bei einer Magenverstimmung dagegen suchen wir nach Mitteln, um nicht mehr ins Bad sprinten zu müssen. Die Symptome zu lindern ist sicher keine dauerhafte Lösung, aber schaden kann es wohl kaum.

Oder doch? Ich ziehe nicht gern Vergleiche zwischen Krankheit und Krieg, aber in diesem Fall ist es ganz nützlich, Symptome als Kampfgeräusche, Geschosse und eilige Nachrichten von der Front zu sehen – allerdings ohne Hinweis darauf, ob von Freund oder Feind. Bekämpft man sie alle gleichermaßen, läuft man sozusagen Gefahr, die eigenen Leute zu beschießen. In gewisser Weise haben die Calvinisten recht: Leiden ist manchmal gut für uns. In der modernen Auslegung dieses Gedankens ist es jedoch weniger die Seele als vielmehr der Körper, der vom Schmerz profitiert. Die Kunst besteht darin zu erkennen, wann das der Fall ist – und wann Schmerz einfach nur Schmerz ist.

Und wie verhält es sich bei Krankheiten, die nicht durch Erreger wie Bakterien oder Viren verursacht sind, sondern auf baulichen Mängeln beruhen? Der menschliche Körper scheint in mancher Hinsicht eine geniale Konstruktion, doch unsere Rücken und Knie versagen mit der Zeit, und eine Geburt ist nicht gerade ein Spaziergang. Unsere Weisheitszähne machen Schwierigkeiten, weil für sie kein Platz in unserem Kiefer ist. Genetisch bedingte Krankheiten wie die cystische Fibrose (Mukoviszidose) sind weit verbreitet. Wir Wissenschaftler weisen gern auf die enormen Anpassungsleistungen der Organismen hin, vom Bau unseres Auges bis zum einfachen Nachtfalter, der sich so vollendet als Blatt tarnt, dass seine Flügel sogar Kleckse von „Vogelkot" aufweisen. Wenn die Natur also bei einem schlichten Insekt so Unglaubliches leistet, warum versagt sie dann bei unseren Rückenwirbeln?

Ein relativ neuer Zweig der Medizin, die Evolutionsmedizin oder darwinistische Medizin, stellt Gesundheit und Krankheit in einen

ganz anderen Zusammenhang, um derlei Fragen zu beantworten. Dieser von dem Psychologen Randolph („Randy") Nesse und dem Biologen George Williams erstmals formulierte Ansatz betrachtet Krankheiten und Gendefekte vor einem evolutionären Hintergrund und erklärt so, warum bei der Funktion unseres Körpers Wunsch und Wirklichkeit oft so weit auseinanderliegen: Die natürliche Selektion mag Krankheiten wie Diabetes oder Arthritis nicht direkt hervorgebracht haben, aber sie schuf Körper, die aus unterschiedlichsten Gründen dafür anfällig sind.

Ein Kompromiss auf zwei Beinen

Rücken- und Kniebeschwerden sind die Ursache für viele Schmerzen und kosten die Gesellschaft Millionen – für Behandlungen, die sich vom Schmerzmittel bis zur Operation erstrecken, für Arbeitsausfallzeiten und Versicherungsleistungen. Allein unter Kreuzschmerzen leidet fast die Hälfte aller Erwachsenen, und das ist nicht nur auf Industriestaaten und die heutige Zeit beschränkt. Schon die Skelette prähistorischer Jäger und Sammler zeigen Spuren von Arthritis der Wirbel und Gelenke, und Rückenschmerzen findet man auch in technisch weniger hochentwickelten Gesellschaften häufig; das viele Sitzen der modernen Stubenhocker scheint das Leiden allerdings zu verschlimmern. Was ist die Wurzel des Übels? Viele Wissenschaftler sehen darin den Preis, den ein eigentlich vierfüßiges Säugetier dafür zahlen muss, dass es sich nur noch auf seinen Hinterbeinen fortbewegt. Auch andere Menschenaffen laufen jeweils für kurze Zeit auf zwei Beinen (biped), aber die rein aufrechte Fortbewegung findet man ausschließlich bei uns Menschen. Die Bipedie, die sich wahrscheinlich vor über vier Millionen Jahren entwickelte, hat wohl dafür gesorgt, dass wir die Hände frei hatten für Steinwerkzeuge, Sammelbehälter und Handys, war aber auch ein Schock für unser Skelett, von dem wir uns bis heute nicht erholt haben. Nach Ansicht von Anthropologen wären Gelenke, die unser Körpergewicht gut tragen könnten, gleichzeitig zu groß für eine effektive Fortbewegung; daher der gegenwärtige Kompromiss mit seinen Rückenschmerzen und Kniebandagen.

Der aufrechte Gang ist offenbar auch verantwortlich für die unterschiedliche Anatomie des Beckens bei uns und unseren affenähnlichen Vorfahren. Das kurze, breite Becken des Menschen stützt den Rumpf und die Eingeweide, was gut ist, wenn man aufrecht geht. Der Geburtskanal jedoch wurde dadurch enger, was schlecht ist, wenn man ein Kind zur Welt bringen will. Zudem hat die Kopf- und Gehirngröße seit etwa einer Million Jahren offenbar kontinuierlich zugenommen. Auch wenn das Wachstum des kindlichen Gehirns zum großen Teil nach der Geburt erfolgt, kommt die Größe eines Babykopfes doch dem Durchmesser des Geburtskanals gefährlich nahe. Daher gibt es beim Menschen mehr Geburtskomplikationen als bei anderen Primaten. Eine Geburt ist für jedes Tier eine Herausforderung, doch läuft sie praktisch bei allen Tierarten zügiger ab als beim Menschen. Und der Mensch unterscheidet sich noch weiter von den meisten Säugetieren, da er bei der Geburt offenbar immer den emotionalen Beistand anderer sucht. Fast alle Tiere gebären allein, doch die Frauen vieler oder sogar aller Kulturen suchen bei der Geburt Gesellschaft. Nach Ansicht der Anthropologin Wenda Trevathan bedeutet der Umstand, dass das Kind mit dem Kopf zuerst auf die Welt kommt – eine weitere Besonderheit und Folge unseres aufrechten Körperbaues –, ein erhöhtes Sterblichkeitsrisiko bei Geburten ohne die Hilfe anderer. Daher war es für die Frühmenschen sicherer, wenn die Geburt ein soziales oder zumindest begleitetes Ereignis war, eine Erkenntnis, von der laut Trevathan auch die heutige Geburtspraxis profitieren würde.

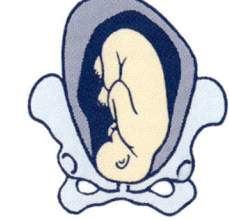

Schädellage

Ganz gleich, welche Beschwerlichkeiten es mit sich bringt, wir gehen nun einmal aufrecht. Nach Ansicht der Evolutionsmedizin sind Probleme wie Geburtskomplikationen und Rückenschmerzen möglicherweise schlichtweg Teil unseres evolutionären Erbes. „Wir glauben, unser Körper sei dafür konstruiert, gesund zu sein, doch das ist er nicht", so Randy Nesse. „Die natürliche Selektion sorgt für maximale Fortpflanzung, nicht für Überleben oder Gesundheit." Das ist eine entscheidende Einsicht. Natürlich ist ein bestimmtes Maß an Gesundheit unerlässlich, um zu funktionieren, sodass ernsthaft geschwächte Individuen im Nachteil sind. Solange aber ein Organismus sich fortpflanzen und seine Gene weitergeben kann, werden auch all seine Mängel weitergegeben. François Jacob sah in der Natur eher eine Tüftlerin als eine Ingenieurin, mit anderen Worten: Körper entwickelten sich nicht geradlinig durch zielorientierte Planung, sondern sozusagen durch viele tastende Schritte. Selbstverständlich könnte eine hypothetische Mutante mit starkem Rücken, breiterem Geburtskanal und mehr Fortpflanzungserfolg gedeihen. Wenn aber diese Eigenschaften die Fortbewegung zu sehr einschränken, würde sich besagte Kreatur vielleicht nie aufrichten oder aufrecht kaum vorankommen.

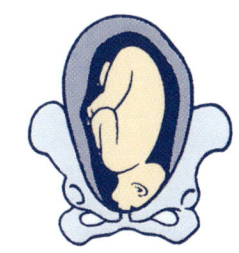

Gesichtslage

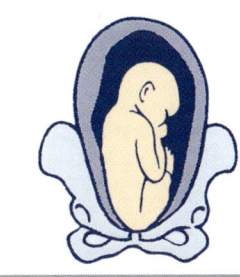

Steißlage

Die Erschaffung des perfekten Körpers wird auch dadurch erschwert, dass die Evolution nur zu bestimmten Zeitpunkten im Leben das Geschehen beeinflussen kann. Angenommen, ein Vogelweibchen kann in jüngerem Alter mehr Eier legen, weil sein Körper Calcium schneller in Eierschalen umwandeln kann als bei anderen Vogelweibchen. Jener Vogel wäre mit weit mehr Küken gesegnet als seine eierärmeren Verwandten. Was aber, wenn eben dieses Gen, das dem Weibchen in jungen Jahren den Eiersegen bescherte, im Alter die Vogelvariante von Osteoporose bewirkte, sodass das Weibchen mit seinen brüchigen

Querlage

Die verschiedenen Geburtslagen.

Knochen nicht fliegen könnte? Viele Gene haben solche Mehrfachwirkungen, und genau diesen gilt das große Interesse der Biologen. Überraschenderweise gilt offenbar folgende Regel: Solange sich die Schadwirkung von Genen erst nach dem ersten Zeitpunkt der maximalen Fortpflanzung auswirkt und solange diese Gene ihren Trägern genügend Vorteile verschaffen, werden sie innerhalb der Population weitergegeben. Diese Erst-gut-dann-schlecht-Wirkung nennt man negative Pleiotropie, und sie könnte die evolutionäre Erklärung dafür sein, weshalb wir mit zunehmendem Alter verfallen. Mängel in einem Körperteil sind demnach die bedauerliche, aber zwangsläufige Folge des Wirkens der natürlichen Selektion, die einen anderen Körperteil perfektioniert. Es geht weniger darum, dass die Guten jung sterben, als vielmehr darum, gut zu sein, solange man jung ist.

Eigentlich eine gute Sache: Fieber

Krankheit ist durch Schmerz und Leiden gekennzeichnet, und Philosophen und Dichter können sich in noch so schönen Worten darüber ergehen, welch positive Wirkung diese auf unseren Geist haben – Ärzte und Patienten sind sich einig: Sie wollen die Beschwerden loswerden. Doch Leid ist nicht gleich Leid, und die Evolutionsmedizin zeigt, welche Folgen es hat, wenn man diese Unterschiede außer Acht lässt. Die wenigen Individuen, die ohne die Fähigkeit zur Schmerzempfindung zur Welt kommen, führen ein sehr kompliziertes Leben in ständiger Wachsamkeit und sterben meist früh. Der Grund dafür liegt auf der Hand: Schmerz sagt uns, wann wir unsere Hand von der heißen Flamme zurückziehen müssen oder wie weit wir ein Gelenk beugen können. Doch wie verhält es sich mit Krankheitssymptomen, die lästig sind wie das Jucken eines Mückenstichs oder uns schwächen wie der Husten bei einer Lungenentzündung? Und wie mit dem allgemeinen Unwohlsein, der Niedergeschlagenheit und Lethargie, die mit vielen Krankheiten einhergehen? Dienen vielleicht auch sie einem guten Zweck?

Und vor allem: Wie verhält es sich mit Fieber, jenem allgegenwärtigen Begleiter von Krankheiten, von der Erkältung bis zur Malaria? Fieber ist der häufigste Grund, weshalb Eltern ihre Kinder in die Notaufnahme bringen, und alljährlich geben wir Millionen von Euro für fiebersenkende Mittel wie Ibuprofen, Paracetamol und Acetylsalicylsäure („Aspirin") aus. Die meisten Eltern glauben, hohes Fieber über 40 °C sei gefährlich und könne unbehandelt das Gehirn schädigen.

Hippokrates jedoch war ein großer Anhänger der positiven Wirkung des Fiebers und glaubte, es verbrenne die überschüssigen Körpersäfte (*humores*). Viele Kulturen in aller Welt lösen zudem gezielt Fieber aus, um Krankheiten zu heilen. Von einem nordamerikanischen In-

Was ist eigentlich …

Pleiotropie [von griechisch *pleíon* = mehr und *trope* = (Hinwendung], Polyphänie, das Eingreifen eines einzigen Gens in mehrere Reaktionsketten oder Entwicklungsvorgänge, wodurch mehrere phänotypische Effekte entstehen.

Was ist eigentlich …

Schmerz, die Subjektivität von Schmerzen kommt in der WHO-Definition, die von der Internationalen Vereinigung zum Studium des Schmerzes – *International Association for the Study of Pain* (IASP) – erarbeitet wurde, zum Ausdruck: „Schmerz ist ein unangenehmes Sinnes- und Gefühlserlebnis, das mit aktueller oder potenzieller Gewebsschädigung verknüpft ist oder mit Begriffen einer solchen Schädigung beschrieben wird." Nur der Betroffene selbst kann über das eigene Schmerzerleben umfassend Auskunft geben. Die sehr vereinfachte 1:1 Kausalverknüpfung von Gewebsschädigung und Schmerzreaktion wird aufgegeben, und es wird anerkannt, dass Schmerzen auch ohne – bislang – nachweisbares organisches Korrelat real erlebt werden und damit „echt" sind.

■ Fieber ■

Fieber oder Pyrexie ist eine krankhafte Erhöhung der Körperkerntemperatur (beim Menschen über 38 °C, rektal gemessen) als Ausdruck einer Sollwertverstellung im Temperatur-Regelzentrum im Hypothalamus. Unterschieden werden der subfebrile Bereich (37,5 °C–38 °C), der Bereich des leichten Fiebers (38,1 °C – 38,5 °C), mäßigen Fiebers (38,6 °C–39,0 °C), hohen Fiebers (39,1 °C–39,9 °C) und sehr hohen Fiebers (Hyperpyrexie, über 40,0 °C–42,5 °C). Über einer Temperatur von 42,6 °C beginnt die Gerinnung des Proteins, was zum Tode führen kann.

Der Verlauf des Fiebers ist oft typisch für bestimmte Erkrankungen. Die klinischen Symptome sind Mattigkeit, Appetitlosigkeit, Beschleunigung von Puls und Atmung, bei Beginn Schüttelfrost, bei weiterem Fortschreiten Hitzegefühl mit Gesichtsrötung. Typische Fieberzeichen sind auch glasige Augen und verminderte Urinmenge. Bei hohen Temperaturen und nach starkem Flüssigkeitsverlust kann es zu Fieberkrämpfen (besonders bei schnellem Fieberanstieg bei Säuglingen und Kleinkindern), zum Fieberdelirium und zum Volumenmangelschock (insbesondere bei Kindern) kommen. – Die Entstehung von Fieber ist im Rahmen von Entzündungsreaktionen

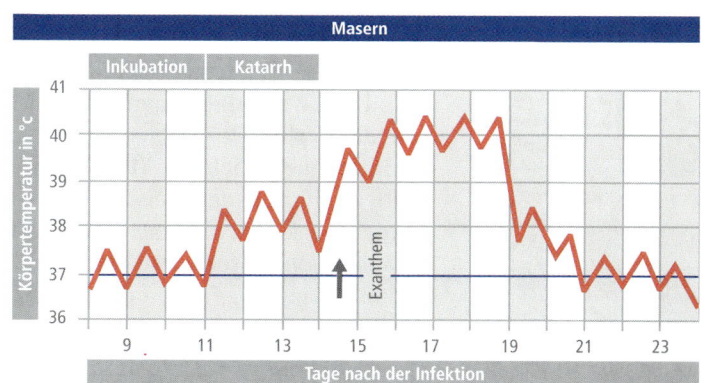

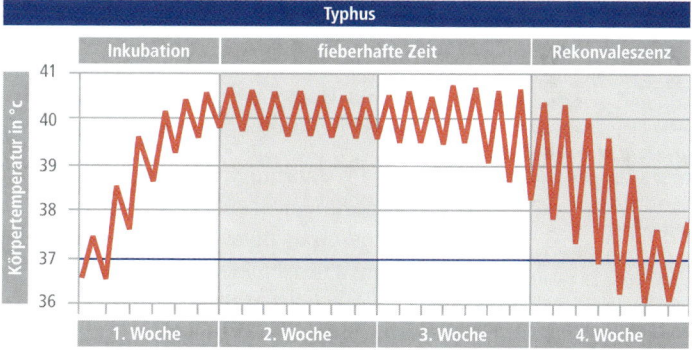

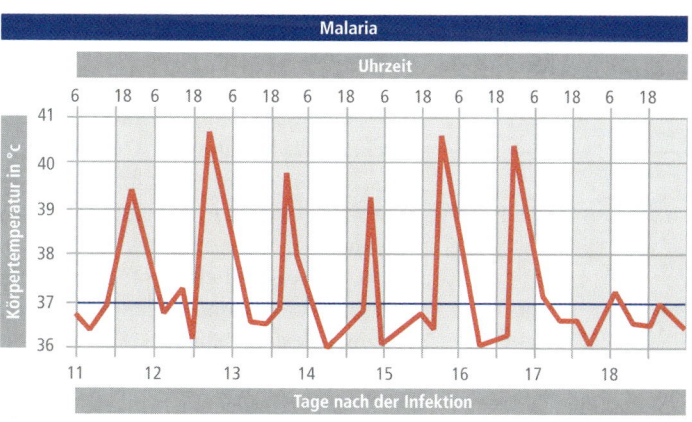

Typische Fieberkurven von Masern, Typhus und *Malaria tertiana*.

(Entzündung) ein sinnvoller Vorgang, der die Abwehr- und Heilungsprozesse beschleunigt. Im Falle von hohem Fieber oder bei zusätzlichen Risikofaktoren kann eine Fiebersenkung durch physikalische Maßnahmen (Wadenwickel) oder durch die Gabe fiebersenkender Mittel, z. B. Aspirin® [Acetylsalicylsäure], erreicht werden.

Porträt

Hippokrates, Hippokrates von Kos, griech. Arzt, genannt „der Große", *um 460 v. Chr. auf der Insel Kos, † um 370 v. Chr. Larissa (Thessalien); berühmtester Arzt des Altertums, gilt als „Vater der Heilkunde" und Begründer der Medizin als empirische Wissenschaft, wobei größter Wert auf exakte Beobachtung und Beschreibung der Krankheitssymptome gelegt wurde, besonders aber auf die Prognose und entsprechende prophylaktische Maßnahmen. Die Hippokratische Schule charakterisiert Gesundheit und Krankheit im humoralpathologischen Sinne, d. h. als Gleichgewicht bzw. Ungleichgewicht von Körpersäften (Blut, Schleim, gelbe und schwarze Galle), wobei diese durch äußere Faktoren beeinflussbar sind (Humoralpathologie). Die zeitübergreifende Bedeutung der Schule des Hippokrates liegt in der hohen ethischen Auffassung des Arztberufes (Eid des Hippokrates) und der Loslösung von der mystischen Heilkunde hin zu einer naturwissenschaftlich orientierten Medizin.

Strukturformel Acetylsalicylsäure.

dianerstamm weiß man, dass der Kranke in den Körper eines frisch geschlachteten Pferdes gesteckt wurde, damit er die Wärme aus dessen Körperhöhle aufnehme. Im Jahre 1927 erhielt der österreichische Arzt Julius Wagner von Jauregg den Nobelpreis für Medizin. Er hatte etliche Behandlungen gegen die tödliche Lähmung im Spätstadium der Syphilis ausprobiert und einen Durchbruch erzielt, als er Syphiliskranke gezielt mit Malaria infizierte, sodass sich hohes Fieber entwickelte. Bei den meisten Patienten gingen daraufhin die Symptome zurück, und die Malaria wurde ihrerseits mit Chinin behandelt. Wagner von Jauregg war sich allerdings nicht ganz sicher, warum seine Behandlung funktionierte; in seiner Dankesrede für den Nobelpreis wies er darauf hin, dass die hohe Temperatur nicht allein hinter der Heilung stecke. Er vermutete, das Fieber habe eine andere Komponente der körpereigenen Krankheitsabwehr aktiviert, doch da man damals erst wenig über die Funktionsweise des Immunsystems wusste, konnte er seine Vermutung nicht recht untermauern. In jüngerer Zeit gab es Vorschläge, die Malariatherapie zur Behandlung der Lyme-Borreliose, bei Krebs und sogar bei AIDS einzusetzen, doch stießen diese bei etablierten Medizinern auf große Skepsis.

Im 19. Jahrhundert kam hohes Fieber in Verruf. Forscher hatten im Experiment die Körpertemperatur von Versuchstieren um fünf oder sechs Grad über den Normalwert angehoben; daraufhin hatten die Tiere Hirnschäden erlitten, und viele waren verendet. Gegen Ende des 19. Jahrhunderts kamen zudem verbreitet fiebersenkende Mittel zum Einsatz, vielleicht weil die meisten – wie Acetylsalicylsäure (Aspirin®) – gleichzeitig analgetisch, also schmerzlindernd wirkten. So wurden Schmerzbekämpfung und Fiebersenkung praktisch eins, doch niemand beschäftigte sich mit der Frage, ob das Unterdrücken von Fieber allein überhaupt einen positiven Effekt hatte. In den 1970er-Jahren dann untersuchte Matt Kluger, Physiologe an der medizinischen Fakultät der University of Michigan, mit zwei Studenten das Fieber, allerdings nicht beim Menschen, sondern bei Echsen. Diese bezeichnet man manchmal als „Kaltblüter", was in meinen Augen nicht nur unnötig abwertend klingt, sondern auch nicht ganz zutrifft. Der eigentliche Unterschied zwischen Vögeln und Säugern einerseits und Fischen, Reptilien, Amphibien und Wirbellosen andererseits besteht nämlich weniger in der Temperatur des Blutes als vielmehr in der Art und Weise, wie die Körpertemperatur reguliert wird. Wärme lässt sich intern erzeugen und regulieren, wie bei Vögeln und Säugetieren, oder aber extern, wie etwa bei den Echsen. Zutreffender ist es also, sie als „ektotherm", als Wärme von außen beziehend, zu bezeichnen.

Ektotherme Tiere halten oft eine bemerkenswert hohe Körpertemperatur, wenn Gelegenheit zu Wärme- oder Sonnenbädern besteht. Man könnte sich nun fragen, ob die von ihnen angestrebte Temperatur je

Ein warmer Ruheplatz – Leguan beim Sonnenbad.

nach ihrem Befinden variiert, oder anders ausgedrückt: Verordnen sich Echsen selbst Fieber, wenn sie krank sind? Und wenn ja – hilft es ihnen? Ektotherme Tiere sind als Untersuchungsobjekte bei solchen Fragestellungen besser geeignet als endotherme wie der Mensch, weil sich ihre Körpertemperatur über die Umgebungstemperatur verändern lässt und man keine Arzneimittel wie Acetylsalicylsäure benötigt, die noch weitere Wirkungen haben.

Kluger und seine Studenten benutzten Wüstenleguane als Versuchstiere und injizierten einige abgetötete Bakterien, um eine Infektion zu simulieren. Dann gaben sie den Echsen Gelegenheit, ihre Körpertemperatur zu regeln, indem sie diese in eine Kammer mit unterschiedlichen Temperaturbereichen setzten. Die Leguane konnten eine kühlere oder eine wärmere Ecke des Raumes wählen, ähnlich wie eine Katze, die sich einen Sonnenfleck im Zimmer aussucht. Die „infizierten" Echsen wählten wärmere Ruheplätze als die anderen Versuchstiere, was bei ihnen eine Körpertemperatur über dem Normalwert bewirkte.

Solch verhaltensbedingtes Fieber wurde inzwischen bei etlichen ektothermen Tieren nachgewiesen, darunter Alligatoren, Fröschen, Fischen, Hummern, Skorpionen, Heuschrecken und Käfern. Versuche ergaben, dass die herbeigeführten hohen Temperaturen tatsächlich die Genesung fördern; Tiere, die man am Aufsuchen wärmerer Plätze hinderte, zeigten häufiger schwere Symptome oder starben sogar.

Auch bei Säugetieren scheint Fieber die Genesung zu fördern; allerdings lassen sich, wie schon erwähnt, die Versuchsergebnisse hier weniger leicht interpretieren. Offenbar beeinträchtigt die künstliche Senkung der Körpertemperatur bei praktisch allen Tieren – von Grillen über Fische bis hin zu Mäusen – die Fähigkeit, verschiedene bakterielle und virale Infektionen abzuwehren. Fieber ist offensichtlich eine evolutionär gesehen alte Reaktion, die beibehalten wurde, als die Tiere Beine oder Flügel statt Flossen entwickelten, Lungen statt Kiemen und Fell und Federn statt Schuppen. Das hohe evolutionäre Alter des Fiebers und die experimentellen Belege für seine positive Wirkung bewirkten, dass Kluger (wie viele weitere Wissenschaftler) Fieber als nützliche, angemessene Reaktion des Körpers auf Krankheit einstufte; das im 19. Jahrhundert entstandene bedrohliche Bild war also überholt.

Allerdings ist es wichtig, zwischen echtem Fieber, das vom Körper in Reaktion auf Krankheit erzeugt wird, und der sogenannten Hyperthermie oder überhöhten Körpertemperatur zu unterscheiden, die – wie beim Hitzschlag – durch äußere Faktoren entsteht. Anders als bei Echsen genügt es bei Säugetieren nicht, einfach die Körpertemperatur zu erhöhen. Man mag sich vielleicht besser fühlen, wenn man bei Krankheit in die Sauna geht, doch hat dies nicht dieselbe positive Wirkung wie Fieber. Jene Experimente mit Versuchstieren im 19. Jahrhundert demonstrierten einen Hitzschlag, nicht Fieber. (Ebenso wenig wirksam dürfte es daher sein, einen Kranken in die dampfenden Eingeweide eines Pferdes zu stecken.) Echtes Fieber geht mit einer Neuregelung des körpereigenen Thermostaten einher; statt also etwa bei 37 °C zu laufen, wird der neue Sollwert auf 37,7 oder 37,8 °C eingestellt. Die Fieberreaktion ist hoch kompliziert, ganz wie Wagner-Jauregg annahm; heute vermuten Wissenschaftler, dass sie die Produktion der Cytokine regelt. Das sind Substanzen, die während der Immunantwort gebildet werden und für die Bewegung der verschiedene Aufgaben erfüllenden Leukocyten verantwortlich sind.

Schlimmer als die Krankheit?

Was bedeutet all das für die verbreitete Anwendung von fiebersenkenden Arzneien bei Kindern? Manche praktischen Ärzte warnen inzwischen vor einer „Fieberphobie", jener unbegründeten Angst, die Eltern und Pflegepersonal oft befällt, sobald bei einem Kind die Temperatur steigt. Ein im *Bulletin of the World Health Organization* (WHO) veröffentlichter Artikel wertet zahllose Studien zum Gebrauch fiebersenkender Mittel bei Kindern aus und kommt zu dem recht überraschenden Schluss, dass diese weder den Ausgang (Outcome) der Krankheit noch die Symptome, ja nicht einmal das Wohlbefinden des Kindes beeinflussen. Bei einer der Studien wussten die Eltern (die vorher darin eingewilligt hatten) nicht, ob sie ihrem Kind eine wirksame Arznei oder ein wirkungsloses Placebo gaben. Nach der Genesung des Kindes sollten sie raten, welches Mittel ihr Kind wohl bekommen hatte; dabei lagen sie etwa in der Hälfte der Fälle richtig, was genau den zu erwartenden Zufallstreffern entspricht. Kinder, die das Arzneimittel erhalten hatten, waren etwas aktiver und

Was ist eigentlich ...

Hitzschlag, Überwärmung (Hyperthermie) des Körpers durch Wärmestaubildung bei verminderter Wärmeabgabe; Ursachen sind u. a. heißes, feuchtes Klima, direkte Sonneneinstrahlung, verdunstungsbehindernde Kleidung, Überanstrengung. Symptome sind u. a. Gesichtsröte, Schweißausbruch, Schwindel, Kopfschmerzen, Übelkeit, Ohnmachtsanfälle (manchmal mit Krämpfen); bei über 41 °C Körpertemperatur tödliches Kreislaufversagen möglich. Ähnliche Symptome bei dem durch direkte Sonneneinstrahlung auf den Kopf eintretenden Sonnenstich (Insolation), kann mit Hirnhautreizung bzw. Meningitis verlaufen.

Internet-Link

Tätigkeitsbereiche der Weltgesundheitsorganisation (WHO) mit aktuellen Informationen und Statistiken: www.who.int

WHO-Flagge.

lebhafter, doch das war zu vernachlässigen. Die Autoren geben zu, dass das letzte Wort zum Thema noch nicht gesprochen ist, doch liefert ihr Artikel viel Stoff zum Nachdenken.

Und noch zwei weitere Irrglauben über hohes Fieber bei Kindern sind inzwischen durch die medizinische Forschung widerlegt, nämlich dass dieses zu gefährlichen Krampfanfällen führen kann und dass infektionsbedingtes Fieber bekämpft werden muss, bevor es einen bestimmten Wert (meist 41 °C) erreicht, um Anfälle und Gehirnschäden zu vermeiden. Diese sogenannten Fieberkrämpfe sind zwar ein erschreckender Anblick, doch treten sie eher zu Beginn des Fiebergeschehens auf als auf dessen Höhepunkt. Zudem neigen einige wenige Kinder offenbar zu solchen Krämpfen, und die Gabe fiebersenkender Mittel verhindert nicht, dass diese wieder auftreten. Die Krämpfe hinterlassen auch keine bleibenden Schäden, und obwohl man Eltern rät, den Arzt zu informieren, wenn ihr Kind Fieberkrämpfe hatte, sind sie doch nicht unbedingt Anlass zur Sorge. Fieber über 41 °C kann tatsächlich Schäden verursachen, aber derart hohe Temperaturen sind meist Folge eines Hitzschlages oder Hirnschadens und bei Infektionen selten, daher ist es unbegründet zu befürchten, bei einer Erkältung oder Grippe könne das Fieber so hoch steigen. Michael S. Kramer und Harry Campbell, zwei Experten für Kindergesundheit, schreiben in einem Dokument für die Weltgesundheitsorganisation (WHO): „So kommt man zu dem Schluss, dass einer der Hauptgründe für die antipyretische [fiebersenkende] Therapie ist, besorgte Eltern und Pflegepersonen zu beruhigen und ihnen das Gefühl zu vermitteln, sie würden die Krankheit des Kindes kontrollieren und nicht umgekehrt."

Leider lässt sich das Ganze nicht auf ein solches „Wir-gegen-sie" reduzieren. Fieber ist ein Mechanismus, der unser Immunsystem aktiviert, um uns gegen den Krankheitserreger zu verteidigen; es ist also

> „Gebt mir ein Mittel, um Fieber hervorzurufen, und ich will alle Krankheiten heilen." (Johann Christian Friedrich Harleß (1773–1853), Professor für Arzneimittelkunde in Erlangen)

■ Was ist eigentlich … ■

Immunsystem, Immunapparat, kompliziertestes der körpereigenen Schutzsysteme des Menschen und der Höheren Wirbeltiere. Es besteht aus der Gesamtheit aller Immunzellen eines Organismus einschließlich aller immunologisch kompetenten Organe und humoralen Komponenten (Antikörper). Aufgaben des Immunsystems sind das Erkennen von körperfremdem Material, also die Unterscheidung zwischen „Selbst" und „Fremd" zu treffen, nach Induktion spezifische Abwehr-Reaktionen einzuleiten und sich in Form eines immunologischen Gedächtnisses spezifischer Antigene zu erinnern (adaptive Immunität). Das Immunsystem ist somit verantwortlich für die Bekämpfung von Krankheitserregern, aber auch für die Abstoßung von Transplantaten und manche Formen der Allergie. Auch die immunologische Überwachung somatischer Mutationen und maligner Entartung körpereigener Zellen (Krebs) obliegt der Kontrolle des Immunsystems. Das Immunsystem eines Organismus ist nicht unangreifbar und kann Fehler machen. Werden z. B. nicht alle transformierten Zellen eliminiert, kann es zur Ausbildung von Tumoren kommen. Bei Autoimmunkrankheiten wird die Toleranz gegen das „Selbst" durchbrochen und Antikörper gegen körpereigene Moleküle gebildet.

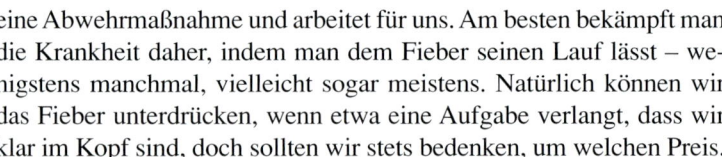

eine Abwehrmaßnahme und arbeitet für uns. Am besten bekämpft man die Krankheit daher, indem man dem Fieber seinen Lauf lässt – wenigstens manchmal, vielleicht sogar meistens. Natürlich können wir das Fieber unterdrücken, wenn etwa eine Aufgabe verlangt, dass wir klar im Kopf sind, doch sollten wir stets bedenken, um welchen Preis.

Nicht nur Fieber, auch andere Symptome werden neu bewertet, darunter Husten, der die Lunge von schädlicher Materie befreit, Durchfall, der ebenfalls die schädlichen Erreger auf schnellstem Wege aus dem Darm schleust, und selbst krankheitsbedingtes Verhalten wie Schläfrigkeit und Trägheit.

Appetitlosigkeit während einer Krankheit ist ein besonders interessantes Symptom, da sie möglicherweise an einen Mechanismus gekoppelt ist, der dazu dient, virusinfizierte Zellen aus dem Körper zu eliminieren. Diese krankheitsassoziierte Anorexie (zu unterscheiden von der Anorexia nervosa oder Magersucht) ist typisch für viele Krankheiten, darunter AIDS. Viele Ärzte versuchen, sie zu behandeln und den Patienten wieder zum Essen zu bringen; der Forscher Edmund LeGrand von Johnson & Johnson dagegen fragte sich, ob das kontrollierte Hungern während einer Krankheit einen Nutzen haben könnte. Er vermutete, dies könne einen kontrollierten Zell-„Selbstmord" (Apoptose) begünstigen. Dieser komplizierte Prozess unterscheidet sich vom einfachen Absterben der Zellen ungefähr so stark wie Fieber vom Hitzschlag und richtet sich gegen Zellen, die bereits mit Viruspartikeln infiziert sind. Das könnte helfen, die Krankheit zu bekämpfen. Damit sei nicht gesagt, dass ein extremer Gewichtsverlust und Nährstoffmangel während einer Krankheit hilfreich ist und niemals behandelt werden soll; möglicherweise aber kann der milde Appetitverlust bei manchen Krankheiten die Heilung fördern.

Manchen Krankheiten lässt man also am besten ihren Lauf, doch ist es nicht so, dass wir jegliche Behandlung einstellen werden, und das sollten wir auch gar nicht tun. Manche Krankheitssymptome sind Abwehrreaktionen, andere aber sind Schäden. Auch hier hilft es, bei der Medikation unser Verhältnis zur Krankheit zu bedenken. Die Regulationssysteme unseres Körpers, die vom Salz- und Wasserhaushalt bis zur Sauerstoffversorgung alles aufrechterhalten, reagieren auf jegliche Störung mit dem Versuch, betroffene Mechanismen wieder in den ursprünglichen Zustand zu versetzen. Arzneimittel, die in einen dieser Regelkreise eingreifen – etwa indem sie die Bildung eines Hormons beeinflussen –, regen diesen sozusagen zu Gegenmaßnahmen an, sodass die Arznei weniger gut wirkt.

Randy Nesse verweist bei der Frage, ob man ein Abwehrsymptom behandeln solle, auf das Rauchmelderprinzip. Rauchmelder reagieren auf jede noch so kleine Rauchmenge, selbst wenn das bedeutet,

Was ist eigentlich ...

Apoptose [von griech. *apoptosis* = das Abfallen], ein streng geregelter physiologischer Vorgang in der Art eines „Zellselbstmords", der für Entwicklung, Erhaltung und Altern vielzelliger Organismen eine wichtige Rolle spielt und bei dem einzelne Zellen planmäßig eliminiert werden. Das intensive Studium von Apoptosevorgängen führt derzeit zu einer heterogenen und kaum überschaubaren Fülle von Einzelbefunden, sodass bisher noch kein einheitliches Bild für den Gesamtprozess existiert.

dass schon verbrannter Toast das ohrenbetäubende Warnsignal auslöst – einfach weil eine falsche Warnung weniger kostet als eine nicht erfolgte, etwa vor einer glimmenden Zigarette im Bett. Auch die körpereigene Abwehr geht so auf Nummer sicher. Manche Abwehrmaßnahmen folgen dem Alles-oder-Nichts-Prinzip, wie Erbrechen: Wir können nicht mittendrin aufhören. Andere zeigen Abstufungen, wie Fieber: Die Temperatur kann leicht oder stark erhöht sein. Alles-oder-Nichts-Abwehrmaßnahmen müssten immer dann auftreten, wenn die Kosten für eine Reaktion im Verhältnis zu den Kosten für Nichtstun relativ gering sind: Gibt man giftige Nahrung wieder von sich, kostet das nur die verzehrten Kalorien und die Energie, die es zum Erbrechen braucht; bleibt das Toxin aber im Körper, könnte man dafür einen hohen Preis bezahlen. Feiner abgestufte Reaktionen müssten zurückhaltender erfolgen, da sich beispielsweise besser und genauer einstellen lässt, wie stark eine Temperatur ansteigt. Bei den abgestuften Reaktionen bleibt also – vor allem nach oben – ein gewisser Spielraum. Fieber zu behandeln, schadet daher nicht unbedingt, da der Abwehrmechanismus sehr empfindlich ist und Fieber bei Krankheit vielleicht schon zu einem Zeitpunkt einsetzt, an dem es nicht nötig ist, die Körpertemperatur zu erhöhen. Generell gilt aber: Wird ein Symptom vom Wirt und nicht vom Krankheitserreger verursacht, nimmt man darauf am besten keinen Einfluss.

Krankheit vom Höhlenmenschen bis zum Raumfahrer

Die Vorstellung, dass es irgendwie ein großer Fehler von uns war, von den Bäumen zu steigen, die afrikanische Savanne zu verlassen, unseren Lebensunterhalt nicht mehr als Jäger und Sammler zu bestreiten, in Städten zu leben, hochhackige Schuhe zu tragen und Schokoriegel und Hamburger zu essen, findet sich in zahllosen Weltanschauungen, in Romanen und Selbsthilfebüchern. Wir idealisieren Rousseaus „edlen Wilden", suchen die Abgeschiedenheit der Natur, reden von Slow Food und dem Genuss des einfachen Lebens. Das zeigt sich nirgendwo deutlicher als bei der unendlichen Masse von Ernährungsratgebern, denen zufolge wir länger leben und weniger wiegen würden, wenn wir uns ähnlich ernährten wie unsere Vorfahren. Welche Vorfahren eigentlich gemeint sind, bleibt offen. Eine populäre Variante, die Steinzeit-Diät, empfiehlt allerdings, die Finger von Milchprodukten sowie Getreide und sonstigen hoch entwickelten Stärkelieferanten zu lassen, die mit der Entwicklung der Landwirtschaft aufkamen; stattdessen rät sie zu magerem Fleisch und rohem Obst und Gemüse, also einer Art Atkins-Diät ohne aufwendiges Kochen. Die Zeitschrift *USA Weekend* schrieb dazu: „Ihr Körper verlangt nach Nährstoffen, wie sie schon die Höhlenmenschen aßen."

Auf den ersten Blick scheint diese Begeisterung für die Wurzeln und Beeren früherer Zeiten genau auf der Linie der Evolutionsmedizin zu liegen, die ja der Meinung ist, dass sich der Mensch unter ganz anderen Bedingungen entwickelte als jenen, unter denen er heute lebt. Unsere Steinzeitgene müssen heute „mit den Realitäten des Raumfahrtzeitalters zurechtkommen", wie S. Boyd Eaton und Stanley Eaton schreiben. Die Folge ist, dass sich heute Menschen mit Wohlstands- und Zivilisationskrankheiten wie Diabetes, verstopften Arterien und Fettsucht plagen. Blickt man jedoch genauer hin, zeigt sich, dass nicht alle Darwinisten gleich sind; auch für sie steckt der Teufel im Detail. Dass sich unsere Art in einer anderen Umwelt entwickelt hat, heißt noch lange nicht (und das behauptet die Evolutionsmedizin auch gar nicht), dass eine Lebensweise wie in der Vergangenheit uns automatisch von den Krankheiten des modernen Lebens befreit.

Zunächst stellt sich die Frage, wann „die Steinzeit" eigentlich herrschte und was der Übergang vom nomadischen Leben der Jäger und Sammler zu einer sesshafteren, landwirtschaftlich geprägten Lebensweise im Hinblick auf Krankheit wirklich bedeutete. Das Paläolithikum, so die wissenschaftliche Bezeichnung der Steinzeit, ist die Zeit von rund 2,5 Millionen Jahren vor heute bis vor etwa 10 000 Jahren plusminus ein paar Tausend Jahre. Das ist eine gewaltige Zeitspanne, während der die Menschen nicht die ganze Zeit dasselbe taten. An die Stelle des Aasfressens, also des Verzehrs von Tierkadavern, die von Raubtieren wie Löwen zurückgelassen (oder ihnen gestohlen) wurden, trat vor rund 55 000 Jahren wohl die aktive Jagd und das Sammeln von pflanzlichem Material. Erst vor 10 000 Jahren kamen – offenbar mehr oder weniger gleichzeitig an mehreren Orten der Welt – Ackerbau und Viehzucht auf.

Und wie alt sind nun unsere Gene? Evolution schreitet zwar gelegentlich in rasantem Tempo voran und braucht manchmal für eine Entwicklung nur wenige Generationen, doch im Großen und Ganzen haben sich unsere Gene seit dem Übergang zur Sesshaftigkeit kaum verändert. Das bedeutet jedoch nicht, dass unsere Gene aus der Steinzeit stammen; die meisten unserer Gene sind weitaus älter, und einen Großteil von ihnen haben wir mit so andersartigen Organismen wie Taufliegen und Seeanemonen gemein. Die so vielzitierte 98-prozentige Übereinstimmung unseres Genmaterials mit dem der Schimpansen sagt zumindest in mancher Hinsicht nicht viel aus. Gewiss waren wir länger Jäger und Sammler als Ackerbauern, und erst seit kurzem sind wir Computerexperten; welche Bedeutung aber diese relativen Zeitspannen haben, ist keineswegs klar. Daher ist es eher willkürlich, sich mehr mit Genen aus dem Pleistozän zu befassen als beispielsweise mit Genen aus dem Devon, dem sogenannten Zeitalter der Fische vor etwa 350 Millionen Jahre, als einige unserer Wirbeltiervorfahren davon lebten, andere Fische auszusaugen.

Dennoch war die Entwicklung der Landwirtschaft eine entscheidende Wendung in der Evolution der menschlichen Krankheiten, nicht nur, weil sie unsere Ernährung veränderte. Landwirtschaft bedeutet, dass Menschen dauerhaft in Dörfern oder Städten zusammenleben. Der Ackerbau ernährt mehr Menschen als Jagen und Sammeln, und größere Populationen bilden ein Reservoir für vielerlei Infektionskrankheiten. Die Masern etwa brauchen eine recht große Population mit regelmäßiger Zuwanderung neuer Wirte, um sich halten zu können, und man vermutet, dass es die Masern beim Menschen erst gibt, seit er größere Gruppen bildete als sie die nomadische Lebensweise als Jäger und Sammler zuließ. Sesshaft zu werden, bedeutet, immer und immer wieder dieselben Wasserquellen und Abfallplätze zu benutzen. Viele Krankheiten gehen Hand in Hand mit unzureichender Abwasserentsorgung. Sesshaftigkeit gestattet es Krankheitserregern außerdem, ihre Lebenszyklen zu vollenden. Zwischenwirte des parasitischen Egels, der die Tropenkrankheit Bilharziose (Schistosomiasis) hervorruft, sind beispielsweise Süßwasserschnecken. Der Egel verlässt die Schnecken, befällt aktiv Menschen, die im Wasser baden oder davon trinken, und wird von diesen wieder ausgeschieden. So gelangt er wieder ins Wasser und erneut in eine Schnecke. Würde die Wasserquelle nicht wieder benutzt, könnte er keinen neuen menschlichen Endwirt finden. Viele Landwirte nutzen Fäkalien zudem als Dünger; das bezog oft auch menschliche Exkremente mit ein, die wiederum eine Quelle für Krankheitserreger darstellten. Und zu guter Letzt begünstigen Haustiere, besonders Säugetiere wie Rinder und Schweine, dass Krankheitserreger von einer Art auf die andere übergehen. Dazu kommt es eher selten; da aber Kontakte zwischen Menschen und den von ihnen gehaltenen oder aufgezogenen Tieren sehr häufig sind, geschieht es manchmal, dass Krankheiten von einer

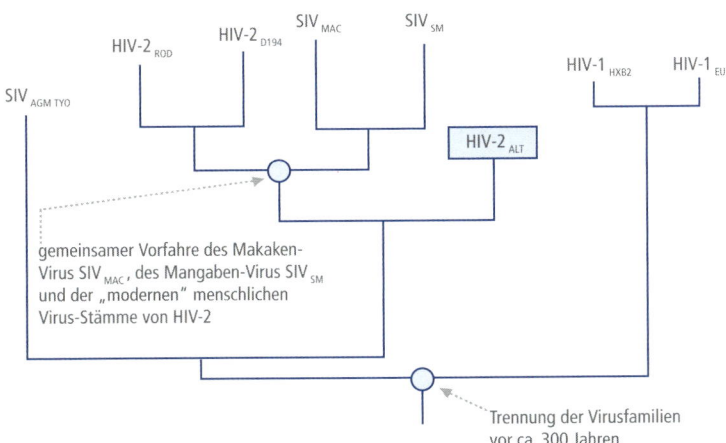

Stammbaum der AIDS-Erreger. HIV-2$_{ALT}$ zweigt in diesem Stammbaum ab, bevor sich die „klassischen" HIV-2-Viren (heute als Subtyp A von HIV-2 bezeichnet) von SIV$_{SM}$ und SIV$_{MAC}$ trennen, ist also tatsächlich älter als diese Viren. Der Stammbaum der AIDS-Erreger wurzelt aller Wahrscheinlichkeit nach in Afrika. Dort war HIV schon lange im Menschen vorhanden. Lediglich seine Verbreitung in Afrika in den 1950er- und 1960er-Jahren (vermutlich bedingt durch den Bau von Fernstraßen, die Entstehung von Großstädten und durch die Bevölkerungsbewegungen) war neu. Durch den Massentourismus verbreitete sich das Virus sodann über die ganze Welt.

Art auf eine andere „überspringen". So geschah es im Falle der Schweinegrippe, die beim Schwein ihren Ursprung nahm und dann mutierte, sodass der Mensch zum Wirt wurde. Ein Beispiel aus jüngster Zeit ist die Vogelgrippe, und obwohl sich darin nicht alle Wissenschaftler einig sind, gilt auch HIV als eine solche Zoonose (Krankheit, die von Tieren auf den Menschen übergeht), da man bei vielen Affen, die in Afrika – dem vermutlichen Ursprungsort der Infektion – gegessen werden, ein ähnliches Virus fand. Ratten, deren Flöhe den Erreger der Pest in sich trugen, findet man ebenfalls eher in festen Siedlungen als bei Nomaden.

Unser neues Dasein als Ackerbauern bescherte uns also eine ganze Reihe neuer Krankheiten, doch das bedeutet nicht, dass uns alle heutigen Leiden erspart blieben, wenn wir uns nur ernährten wie die ursprünglichen Jäger und Sammler. Schon die Vorstellung, dass ihre Ernährung natürlicher sei, ist fragwürdig. Gewiss ernährten sie sich abwechslungsreicher; heutige Jäger und Sammler verzehren meist über hundert unterschiedliche Pflanzenarten, Menschen in landwirtschaftlich geprägtem Umfeld dagegen nur rund ein Dutzend. Die größere Vielfalt liefert wahrscheinlich mehr Nährstoffe als eine monotonere Auswahl. Sowohl Jäger und Sammler als auch traditionelle Ackerbauern, zu denen bis vor wenigen Jahrhunderten praktisch alle Menschen zählten, verzehrten weitaus mehr unverarbeitete Lebensmittel und damit Ballaststoffe als die heutigen Menschen der westlichen Welt, daher litten sie weniger an Krankheiten des Verdauungsapparates wie der Divertikulose. Die Menge und Art des von den Jägern und Sammlern verzehrten Fleisches, ein entscheidender Streitpunkt unter den Verfechtern der Steinzeit-Diät, variierte; bei der Jagd erlegte Tiere hatten aber zweifellos weniger Fett als Haustiere.

Wie hilft uns das bei der Frage weiter, ob eine Ernährung nach altem Vorbild zur Vermeidung bestimmter Krankheiten beitragen kann? Erstens sind die Krankheiten, unter denen wir heute leiden, das Ergebnis einer Vielzahl historischer und evolutionärer Veränderungen. Dass wir zu Bauern wurden, war nur eine dieser Veränderungen, und die Ernährung von Ackerbauern ist nur einer von etlichen Risikofaktoren, die jene gesellschaftliche Veränderung vor 10 000 Jahren mit sich brachte. Zweitens ist keineswegs klar, welche Zeit oder welche Vorfahren die Leute meinen, wenn sie die ungesunde moderne Ernährung beklagen und behaupten, eine Ernährung nach Art der Steinzeitmenschen wäre viel gesünder. Ein Zeitschriftenartikel etwa riet davon ab, mit einer Diät im Herbst oder Winter zu beginnen, weil unsere Ahnen dazu neigten, dann für die kalte Jahreszeit Fett anzusetzen und zu speichern. Besser sei es, so die Empfehlung, im Frühling mit der Diät zu beginnen. Augenblick mal – von welchen Ahnen ist hier bitteschön die Rede, von denen aus Minnesota? Natürlich fällt es in gemäßigten Zonen leichter abzunehmen, wenn es draußen warm

Was ist eigentlich ...

Divertikulose, Dickdarmdivertikulose, durch Darmwandschwäche in Kombination mit erhöhtem Darminnendruck entstehende Ausstülpungen der Darmwand. Begünstigend auf die Darmerkrankung wirken ballaststoffarme Ernährung, Obstipation und Übergewicht. Die Divertikulose tritt bei Vegetariern häufiger auf als bei Nichtvegetariern. Bei Betagten und Hochbetagten ist sie sehr häufig und wird daher auch als „Altersrunzeln" des Darms bezeichnet. Ernährungstherapeutisch ist bei Divertikulose ballaststoffreiche Ernährung (Kleie) mit reichlich Flüssigkeitszufuhr angezeigt.

ist, aber diese jahreszeitlichen Schwankungen haben wohl mehr mit der lockenden Couch im Winter und der drohenden Bikinisaison im Frühling oder mit der Wirkung des Tageslichts auf die Menge der zirkulierenden Hormone zu tun als mit einem sagenhaften, Winterschlaf haltenden Vorfahren. Schließlich entwickelte sich der Mensch in Afrika und drang erst allmählich (und vor relativ kurzer Zeit) in kältere Gefilde vor.

Drittens bedeutet der Unterschied zwischen dem Früher und dem Heute nicht automatisch, dass wir besser unseren althergebrachten Ernährungsinstinkten folgen sollten oder Jäger und Sammler über uraltes, genetisch verankertes Wissen verfügen. Die Verfechter der Steinzeiternährung vertreten aber auch die Ansicht, unser Körper gebe uns schon zu verstehen, was und wieviel wir essen sollten – und das wären eben keine Pommes Frites und Schokoriegel.

Doch vielleicht ist eher das Gegenteil der Fall. Wir stecken wohl vor allem deshalb in dieser Ernährungs- und Diätkrise, weil wir von Natur aus nährstoffreiche Nahrung bevorzugen, die während unserer Evolution jedoch selten verfügbar war. Wenn unsere Vorfahren Zucker in Form von reifen Früchten oder Honig bevorzugten, versorgten sie sich so mit Energie und vermieden die Pflanzengifte, die un-

DGE-Ernährungskreis®, Copyright: Deutsche Gesellschaft für Ernährung e.V., Bonn

Der Ernährungskreis der Deutschen Gesellschaft für Ernährung e.V. (DGE) ist Grundlage einer gesundheitsbewussten Lebensmittelauswahl. Die Lebensmittel, die zu einer vollwertigen Ernährung gehören, sind in sieben Gruppen eingeteilt.

ernährungsbedingte Krankheiten (unpräzise auch als Ernährungsstörungen bezeichnet)
Adipositas, Diabetes mellitus, Herz-Kreislaufkrankheiten, Hyperlipoproteinämien, Hypertonie, Gicht, Fettleber, Leberzirrhose, Lebensmittelintoleranzen, Marasmus, Mangelkrankheiten allgemein, Struma, viele Krebserkrankungen (Tumoren), Zahnkaries
Krankheiten, die auf eine Ernährungstherapie ansprechen
Herzinsuffizienz, Niereninsuffizienz, Leberinsuffizienz, Pankreasinsuffizienz, Krankheiten des Magen-Darm-Traktes, Epilepsie, Osteoporose, Rheuma, seltene angeborene Stoffwechselkrankheiten
Krankheiten, die Fehlernährung bedingen
Resorptionsstörungen, Infektionen u. Sepsis, Postaggression, Tumorkachexie, Anorexie, Bulimie, Alkoholismus

Ernährungsabhängige Erkrankungen.

reife Früchte manchmal enthalten. Und was das Verlangen nach Nährstoffen angeht, wie sie schon die Höhlenmenschen aßen: Ja, es stimmt – allerdings müssen wir dann die Tatsache akzeptieren, dass sie sich mit Schokolade und Softdrinks nur so vollgestopft hätten. Was wir am liebsten mögen, war für uns noch nie das Beste, nicht etwa, weil wir kein harmonisches Verhältnis zu unserem Körper hätten, sondern weil es solche Süßigkeiten die meiste Zeit während unserer Evolution nicht gab.

Eine Ernährung wie vor dem Aufkommen der Landwirtschaft anzustreben und nicht etwa eine solche wie in den frühen Zeiten des Ackerbaus oder sogar wie heute (nur ohne das viele Knabberzeug), scheint mir ziemlich willkürlich. Die Ernährungswissenschaftler sind sich uneins über die Vorteile einer kohlenhydratreichen oder -armen Ernährung, und nur wenige empfehlen, ganze Gruppen von Nahrungsmitteln zu vermeiden. Und welche Jäger und Sammler wollen wir überhaupt nachahmen? Die australischen Aborigines ernähren sich ganz anders als die Inuit, deren Diät sich wiederum stark von jener der Kalahari-Buschleute unterscheidet. Eine Version der Zurück-in-die-Steinzeit-Diät empfiehlt, viel Fisch zu essen, weil dies angeblich Teil unserer Entwicklungsgeschichte sei – Wüstenbewohner dürften damit ihre liebe Not haben. Wenn man wie Nesse und Williams feststellt, dass das heutige Leben nicht unserem evolutionären Erbe entspricht, stellt man damit nicht das eine über das andere. Die Evolutionsmedizin will keine Rückkehr in die Vergangenheit.

Trotzdem täte es natürlich vielen Menschen gut, ihre Ernährungsweise drastisch zu verändern. Es ist vielfach belegt, dass eine gesündere Ernährung die Blutdruck- und Blutzuckerwerte verbessert und das Risiko von Herz-Kreislauferkrankungen und Diabetes senkt, besonders wenn wir uns gleichzeitig mehr bewegen (es genügt schon, Spazieren zu gehen). Eine ballaststoffreiche Ernährung mit weniger industriell verarbeiteten Lebensmitteln ist ebenfalls fast immer gesundheitsförderlich. Um das zu demonstrieren, verbrachte die Medizinerin Kerin O'Dea mit einigen Aborigines zwei Wochen im entlegensten australischen Busch. Sie waren praktisch den ganzen Tag auf den Beinen und lebten von dem, was sie fangen und sammeln konnten, darunter Süßwasserfische, Kängurus und Wurzelknollen sowie hier und da ein paar Beeren und ein Krokodil. Alle Aborigines hatten unter Übergewicht gelitten, einige auch an Typ-2-Diabetes. Nach dem Ende der Reise jedoch war bei allen das Körpergewicht, der Blutzuckerspiegel und das Risiko von Herz-Kreislauf-Erkrankungen deutlich zurückgegangen. Dennoch predigte O'Dea nach dieser Erfahrung nicht Känguruburger mit Wurzelknollen als einzig wahren Weg zu einem gesunden Herzen, und sie behauptete auch nicht, dass man von heutigen Menschen erwarten könne, konsequent einen solchen Lebensstil zu pflegen.

Mit Ihnen ist alles in Ordnung

Wir sind immer mehr darauf aus, sogenannte Gendefekte schon im Mutterleib zu erkennen und zu beheben; nach Angaben des Genetics and Public Policy Center der Johns Hopkins University stehen momentan oder demnächst Gentests für über 900 Krankheiten und Leiden zur Verfügung. Gleichzeitig mehren sich die Bedenken hinsichtlich der Frage, wie viel Betroffene über mögliche genetisch bedingte Krankheiten – besonders über unheilbare – wissen sollten. Manche malen sich aus, dass Informationen auch automatisch eine Lösung des Problems nach sich ziehen, das störende Gen einfach entfernt wird und der Rest ein harmonisches Ganzes bildet. Diese Vorstellung vom einfachen Reparieren lässt jedoch einiges außer Acht: Wie gelangten diese Krankheiten ursprünglich in unser Genmaterial? Warum hat die natürliche Selektion sie nicht eliminiert? Und warum sind oft nur bestimmte Gruppen betroffen, wie die osteuropäischen Juden vom Tay-Sachs-Syndrom? Evolutionär gesehen sind nicht nur unser Fleisch und Blut, sondern auch unsere Gene das Ergebnis unseres langen Pas de deux mit der Krankheit. Einige Krankheiten sind vielleicht gar keine richtigen Krankheiten; sie alle oder auch nur die meisten von ihnen auszurotten wäre ebenso sinnlos, wie unsere Gene selbst auszurotten.

Bei Populationen europäischen Ursprungs ist die Cystische Fibrose (Mukoviszidose) die häufigste tödliche Erbkrankheit; eines von 2 500 Kindern ist betroffen. Die Krankheit führt zur Absonderung verdickten Schleims im Atmungs- und Verdauungstrakt, Salz und Bakterien sammeln sich an und führen zu verschiedenen Komplikationen wie Atemnot und verminderter Aufnahme von Nährstoffen. Bis vor kurzem starben Betroffene schon in jungen Jahren, und noch heute liegt ihre Lebenserwartung selten über 40 Jahren. Eine Person mit cystischer Fibrose muss das Gen von beiden Eltern erben; Men-

■ Gentest – ein Verfahren, das Fragen aufwirft ■

Gentests sind molekularbiologische Verfahren, um Veränderungen im Erbgut und die damit möglicherweise verbundene Veranlagung für eine bestimmte Erkrankung bei einer gesunden Person festzustellen. Die genetischen Komponenten einiger Hundert Erbkrankheiten sind mittlerweile durch molekularbiologische Verfahren zu diagnostizieren, z. B. bei bestimmten Formen des Brust-, Nieren-, und Darm-Krebses. Mittels der sich ständig weiterentwickelnden Möglichkeiten der genetischen Diagnose eröffnen sich zahlreiche Wege, das Risiko einer noch gesunden Person zu erfassen, in Zukunft an einer genetisch bedingten Krankheit zu erkranken. Allerdings ergeben sich in den seltensten Fällen therapeutische Konsequenzen. Heute sind ca. 3 000 menschliche Erbkrankheiten bekannt, die auf einem Ein-Gen-Defekt beruhen. Bekannte Beispiele sind die Sichelzellenanämie, die Mukoviszidose und die Chorea Huntington. Man kann auch bereits einen Gentest für ein erhöhtes Brustkrebsrisiko, die erbliche Form des Melanoms oder den erblichen Nierenkrebs durchführen lassen. – Es stellt sich allerdings die Frage, wie ein junger Mensch reagiert, wenn er erfährt, dass er in seinen mittleren Lebensjahren mit einer Krankheit rechnen muss, für die es derzeit keine Therapiemöglichkeiten gibt. Probleme dieser Art lassen sich nur individuell, nicht pauschal lösen. Unabdingbar in allen Fällen sind die Freiwilligkeit der Entscheidung, eine begleitende Betreuung sowie ein strikter Datenschutz, um eine Benachteiligung der Betroffenen beim Abschluss einer Versicherung, bei der Arbeitsplatzsuche, bei der Ausbildung oder in der Familie zu vermeiden. – Im Allgemeinen wird die Aussagekraft der Gendiagnostik noch weit überschätzt. Einerseits ist bisher die Ursache bestehender Erkrankungen nicht immer zu klären, andererseits ist es unmöglich, das gesamte Erbgut auf fehlerhafte Stellen zu untersuchen. Eher praktikabel ist eine gezielte Suche bei einer vermuteten Veranlagung. Auch das Zusammenspiel der Gene untereinander und mit Umweltfaktoren ist noch weitgehend unklar. Die Forschungsentwicklung muss kritisch begleitet werden, um eventuell regulierend eingreifen zu können, indem man z. B. Gentests erst dann zulässt, wenn ein eindeutiger Vorteil für den Patienten besteht – etwa in der Erleichterung der Therapiewahl.

schen mit nur einem defekten Gen sind zwar Träger, erkranken aber nicht. Die auslösende Mutation gibt es offenbar schon seit mindestens 52 000 Jahren; das lässt vermuten, dass irgendein Vorteil sie davor bewahrte, von der natürlichen Selektion ausgemerzt zu werden, zumal erkrankte Personen wohl kaum Gelegenheit hatten, sich vor ihrem Tod fortzupflanzen.

Möglicherweise ist die Mutation sozusagen ein Abdruck, den Parasit und Wirt bei ihrem Pas de deux vor langer Zeit hinterlassen haben. Zwei Kopien des Gens sind tödlich, aber eine einzelne Kopie macht den Träger offenbar unempfindlicher gegen Cholera und andere schwächende Durchfallerkrankungen. Das Cholerabakterium bildet im Darm ein Toxin, das die Darmzellen dazu anregt, besonders viel Salze und Flüssigkeiten abzusondern; bleibt ein Patient unbehandelt, stirbt er an Austrocknung, nachdem er nicht selten mehr als zehn Liter pro Tag ausgeschieden hat. Ein Versuch mit Mäusen, die eine Kopie eben dieser genetischen Mutation trugen, zeigte aber, dass diese weitaus weniger Flüssigkeit ausschieden als normale Mäuse. Der Physiologe Sherif Gabriel, der diese Studie durchführte, äußerte die Vermutung, dass Personen mit einer Kopie des Gens bei Choleraepidemien im Vorteil gewesen seien. Andere Durchfallerkrankungen, etwa Salmonelleninfektionen, übten wahrscheinlich ebenfalls Selektionsdruck in Richtung auf dieses Gen aus. Warum die Mutation bei Europäern so häufig vorkommt, ist noch ungeklärt; vielleicht war der erhöhte Salzgehalt im Schweiß der Träger in wärmeren Regionen von Nachteil. Ungewöhnlich salziger Schweiß ist typisch für Personen mit Cystischer Fibrose, und bis vor kurzer Zeit war Salz so rar, dass der Nachteil des Salzverlustes den Vorteil der Choleraresistenz aufwog.

Hunderte, ja wahrscheinlich Tausende von Krankheiten haben solche „Nebenwirkungen", in vielen Fällen werden diese allerdings nur vermutet. Personen mit Blutgruppe 0 bekommen eher Magengeschwüre. Nicht nur die bekannte Sichelzellenanämie, sondern noch Hunderte von anderen Blutvarianten bei Menschen in aller Welt verleihen eine gewisse Widerstandskraft gegen Malaria. Ein „Sekretor"-Gen, das die Ausscheidung von blutgruppenspezifischen Proteinen im Speichel steuert, schützt offenbar vor bakteriellen und Pilzinfektionen, macht aber anfällig für virale Infekte. Das Gen, das vermutlich für die Autoimmunkrankheit *Lupus erythematodes* verantwortlich ist, wird mit einer geringeren Anfälligkeit gegenüber Tuberkulose und vielleicht auch Lepra in Verbindung gebracht; man hat sozusagen die Wahl zwischen zwei Übeln. Selbst Gene, welche die Vitamin-D-Resorption beeinflussen, können vor bestimmten Krankheiten schützen – man hat zwar Osteoporose, hält aber die Tuberkulose in Schach. Erst in jüngster Zeit hat man begonnen, die komplizierten Verknüpfungen zwischen den einzelnen Genen zu entwirren, und höchstwahrscheinlich wird man noch genetische Wechselwirkungen zwischen Merkmalen entdecken, die man nie für möglich gehalten hätte.

Bei manchen Gruppen mit besonderer evolutionärer Vergangenheit arbeiten Gene auf eine Weise, die wahrscheinlich durch ihre Umwelt in der Vergangenheit bedingt ist. Der natürlicherweise in Milch und Milchprodukten vorkommende Zucker Lactose wird bei Säugetieren durch das Enzym Lactase abgebaut. Dieses Enzym verschwindet bei den Individuen der meisten Populationen, nachdem sie entwöhnt wurden; trinken sie danach Milch, kommt es zu Verdauungsproblemen. In manchen Populationen jedoch, vor allem bei West- und Mitteleuropäern, bleibt die Lactasebildung bestehen, sodass sie ohne Probleme Milchprodukte konsumieren können. Jene Orte, an denen die Milchviehhaltung vermutlich aufkam, sind gleichzeitig die Orte mit den meisten Lactase-produzierenden Erwachsenen, und für diese Anpassung brauchte es nur wenige Jahrtausende. Ist Lactoseintoleranz eine Krankheit? Vermutlich nicht, sie ist eine von vielen Varianten in der Steuerung unserer Körperfunktionen. Vielleicht ist es mit anderen genetischen Varianten, etwa bei der Lebensmittelverträglichkeit und Lichtempfindlichkeit und unzähligen anderen kleinen Absonderlichkeiten, ähnlich – wir versuchen sie vielleicht nur zu

Was ist eigentlich ...

Autoimmunkrankheiten [von griech. *autos* = selbst], durch Autoantikörper oder Autoimmunzellen hervorgerufene Krankheiten. Autoimmunität beruht auf einer spezifischen, adaptiven (erworbenen) Immunantwort (adaptive Immunität) gegen körpereigene Antigene. Sie lässt sich als Ergebnis eines Zusammenbruchs der Toleranz (Immuntoleranz) gegenüber körpereigenen Stoffen und/oder eines defekten Kontroll- und Regulationsmechanismus des Immunsystems auffassen. Die genauen Ursachen für die Entstehung von Autoimmunkrankheiten sind bisher noch unbekannt. Man nimmt an, dass neben umweltbedingten auch erbliche Faktoren eine Rolle spielen.

bekämpfen, weil wir nie die richtige Verbindung zwischen der Variante und einer Krankheit hergestellt haben.

Gene sitzen nicht einfach da wie Perlen auf der Kette und codieren fein säuberlich jeweils für ein einziges Merkmal – ein Gen für die Augenfarbe, eines für die Beinlänge, eines für die Intelligenz, eines für eine Krankheit. Es gibt keine „Krankheitsgene", und obwohl viele Mutationen sehr schädlich sind, würde sich ein Gen, das nichts tut als seinen Träger krank zu machen, niemals halten. Das soll nicht heißen, dass alles von der cystischen Fibrose bis zur geistigen Retardierung einen Zweck erfüllt oder wir nicht versuchen sollten, sichtbare Defekte zu beheben. Eine Krankheit wie die cystische Fibrose, die nur dann klinisch in Erscheinung tritt, wenn zwei Kopien der Mutation weitergegeben werden, bietet besonderen Raum für genetische Korrekturen. Einige der selektiven Kräfte, die unser Genom geprägt haben, verschwanden schon vor Jahrtausenden, und auch hier besteht die Möglichkeit der Manipulation. Bluthochdruck tritt vermutlich vor allem bei Personen auf, die in ihrer Evolutionsgeschichte stark von Wassermangel bedroht waren, sodass eine geringe Salzausscheidung für sie lebenswichtig war. Heute ist Wassermangel eher unwahrscheinlich. Die Sichelzellenanämie tritt bei Personen mit zwei Kopien eines Genes auf, das, wenn es in nur einer Kopie vorliegt, Malariaresistenz verleiht. Heute verlässt man sich bei der Malariaprävention besser auf andere Mittel als auf die genetische Resistenz, die mit der schädlichen Anämie einhergeht. Unsere lange Wechselbeziehung mit den Krankheitserregern aber sollte uns nicht nur die Evolutionsmedizin näher bringen, sondern uns auch davor bewahren, genetische Besonderheiten als bedeutungslos oder, schlimmer noch, als medizinisch zu behebende Übel zu betrachten. Welche neuen Krankheiten werden wohl noch auf uns zukommen, die uns zur Auseinandersetzung mit unserem genetischen Rohmaterial zwingen?

Grundtext aus: Marlene Zuk *Was wäre das Leben ohne Parasiten? Warum wir Krankheiten brauchen*; Spektrum Akademischer Verlag (amerikanische Originalausgabe: *Riddled with Life*; Harcourt; übersetzt von Jorunn Wissmann).

Die Wende im Kampf gegen Krebs

Erstmals sinkt die Zahl der Opfer. Vorbeugung und Früherkennung haben sich als Erfolgsrezept erwiesen

Ulrich Bahnsen

Krebs ist eine komplizierte Krankheit. Es gibt 230 verschiedene Arten. Sie beschäftigt Zehntausende Ärzte und Wissenschaftler. Sie ist ein Milliardengeschäft. Und sie wird, wenn nichts geschieht, über 200 Millionen Menschen umbringen, jeden vierten der heute lebenden Europäer und Amerikaner.

Elizabeth Ward führt Buch über den Schrecken. Sie und ihre Kollegen bei der Amerikanischen Krebsgesellschaft (ACS) tragen Jahr für Jahr die Zahlen zusammen, in denen sich das Hoffen, Bangen, Leben, Leiden und Sterben spiegeln: Neuerkrankungen, Heilungsraten, Überlebensdauer, Todesfälle.

Nicht unbedingt eine erbauliche Tätigkeit. Doch Elizabeth Ward ist bester Laune. Sie hat erfreuliche Nachrichten. Immer weniger Menschen sterben an Krebs und das, obwohl immer mehr daran erkranken. Nach einem minimalen Rückgang im Jahr 2003 verzeichnete Wards Abteilung, das Department of Epidemiology and Surveillance Research der ACS, für 2004 deutlich weniger Tumoropfer in den USA. Erstmals seit mehr als siebzig Jahren ist der Krebstod klar auf dem Rückzug. Die amerikanischen Epidemiologen sind sicher, den Beginn eines anhaltenden Sinkflugs vor Augen zu haben. „Das ist ein robuster Trend", sagt Ward, „wir erwarten für die nächsten Jahre weiter fallende Zahlen."

Auch in Europa ist Zuversicht erwacht. „Wir werden diese Entwicklung in den nächsten Jahren ebenfalls sehen", prophezeit der Onkologe Wolfgang Hiddemann vom Münchner Uniklinikum Großhadern. Niko-

laus Becker pflegt bei allem begründeten Optimismus eine vorsichtige Sprache. „Stabilisierung, mit einem Trend nach unten", beschreibt der Epidemiologe vom Deutschen Krebsforschungszentrum (DKFZ) in Heidelberg die Lage.

Die Krebsstatistiker sind erstmals optimistisch

Besiegt allerdings ist der Krebs damit noch längst nicht. Der Rückgang startet auf hohem Niveau: Auch 2004 starben 553 888 US-Bürger an einer Tumorerkrankung, aber das sind immerhin gut 3 000 weniger als im Vorjahr. Und auch da hatten die Forscher bereits weniger Tote registriert als 2002. Nie starben in der Bundesrepublik so viele Menschen an Krebs wie 1993. Seither sanken die jährlichen Sterbezahlen um 4 000 Fälle.

Tatsächlich ist der Rückgang noch größer, als die Meldungen vermuten lassen. Krebs ist eine Alterserkrankung. „Durch die steigende Lebenserwartung rutschen immer größere Teile der Bevölkerung in den Altersbereich mit sehr hohem Krebsrisiko", sagt Becker. Das treibt die absoluten Zahlen bei Neudiagnosen, Krankenstand und Sterbefällen nach oben. Der Optimismus der Tumorexperten wird durch eine Größe gestützt, die viel mehr aussagt als die absolute Zahl der Opfer: die Mortalitätsrate (Sterbefälle korrigiert um einen Altersfaktor, pro 100 000 Einwohner). In den Vereinigten Staaten sei der Rückgang der Mortalitätsrate nun so drastisch, versichert Ward, dass er trotz des gegenläufigen Einflusses von wachsender und alternder Bevölkerung

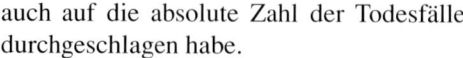

auch auf die absolute Zahl der Todesfälle durchgeschlagen habe.

Entscheidend aber erscheinen nun die Erkenntnisse zu den Ursachen der ersehnten Wende. Da ist die Botschaft der Epidemiologen eindeutig. Der Durchbruch an der Krebsfront, sagt Ward, sei „hauptsächlich das Resultat von Vorbeugung und Früherkennung". Die gefeierten Fortschritte der Krebsmedizin haben offenbar nur einen geringen Anteil am Erfolg. „Zweifelsohne", bestätigt Wards Fachkollege Becker, „haben sich die massiven Veränderungen nach unten durch Präventionseffekte ergeben."

In Zukunft, lautet das Fazit der Gesundheitsforscher, könne man den Krebstod weithin zurückdrängen, sofern Politiker und vor allem die Bürger der Marschrichtung folgten: Verhüten oder zumindest früh diagnostizieren, dann schnell und nach neuestem Standard behandeln, lautet die neue Erfolgsstrategie. „Preventive Oncology", sagt DKFZ-Chef Otmar Wiestler, die vorbeugende Krebsmedizin gelte in den USA längst als Gebot der Stunde sei aber in Deutschland bislang „völlig vernachlässigt worden".

Krebs ist keineswegs immer Schicksal. Jeder zweite Patient hätte gesund bleiben können, jedes Jahr sterben mindestens 70 000 Tumorkranke in Deutschland einen leicht vermeidbaren Tod. Auch wenn es für manche Krebsarten besondere Risikofaktoren gibt, für die meisten Tumoren und vor allem für die häufigen gilt das tödliche Trio: Rauchen, Übergewicht, Bewegungsarmut. Bei der ersten Nationalen Onkologischen Präventionskonferenz Mitte Juni in Essen mochten es die versammelten Fachleute daher nicht bei Appellen an die Politik belassen. Sie nahmen Herrn und Frau Jedermann in die Pflicht: Krebsprävention sei Aufgabe jedes Bürgers, durch Unterlassen des Tabakkonsums und durch aktives Handeln. Selbst Nichtraucher können ihr Krebsrisiko drastisch senken. „Körperliches Training und Gewichtsreduktion sind eine hocheffektive Krebsprävention", sagt der Berliner Tumormediziner Michael Untch. Gerade belegte eine Studie an 1 500 Chinesinnen, dass deren traditionell niedrige Brustkrebsraten durch westliche Ernährungsgewohnheiten und zunehmendes Übergewicht drastisch gestiegen sind.

Nicht nur den überbordenden Bauchspeck der Deutschen halten die Ursachenforscher für gefährlich. Bedenklich stimmt sie auch die geschwundene Muskelmasse der Bundesbürger. Beides zusammen, Hüftgold plus Chicken-Wings, wo Arme sein sollten, gilt erst recht als Krebsmotor.

Die wuchernden Fettzellen überschwemmen den Körper mit krebsfördernden Hormonen und pumpen Signalstoffe ins Blut, die Entzündungen starten. Sportgestählte Muskulatur dagegen kontert die Übeltäter aus dem Fett: Die Muskelfasern schütten Hemmstoffe gegen die Entzündungskaskade in den Kreislauf. Die untrainierten Dicken rutschen daher noch weiter in „eine systemische Entzündungssituation", sagt DKFZ-Chef Wiestler, „ein Nährboden für Krebs".

Rauchen verschärft die hormonelle Schieflage übergewichtiger Couch-Potatoes noch. Tabakqualm fördert die Krebsentstehung durch die genschädigende Wirkung seiner Giftstoffe und enthält Substanzen, die den gefährlichen Entzündungsprozess weiter befeuern. Wie genau Entzündungen die Tumorbildung fördern, ist nicht bis ins Letzte geklärt. Vermutlich fördern sie die maligne Entartung von Stammzellen in den Organen.

Bei Sport und Abspecken geht nichts ohne Einsicht der Bürger. Die Raucher jedoch sollen zwangsweise diszipliniert werden. Seit 2004 kämpft die EU ernsthaft gegen die Nikotinsucht. Selbst in Deutschland sollen Rauchverbote greifen. Als Rechtfertigung für den Eingriff in die Freiheitsrechte dient die Gefahr des Passivrauchens, dem jedes Jahr EU-weit bis zu 80 000 Menschen zum Opfer fallen sollen.

Naiv ist allerdings, wer glaubt, es gehe tatsächlich vor allem um den Schutz der Nichtraucher. Setzt man das ohnehin geringe Lungenkrebsrisiko der Nichtraucher gleich 1, so steigt es für stark belastetes Kneipenpersonal auf nur 1,7. Ohnehin geht die Gefahr durch Passivrauchen nahezu ausschließlich von qualmenden Familienangehörigen in den heimischen vier Wänden aus. Womöglich richten die Verbote daher mehr Schaden an, als sie nützen. Wenn die Tabak-Junkies dann vermehrt zu Hause rauchen, steigt dort die Gefahr erst recht, vor allem für Kinder.

Jeder zehnte Raucher erkrankt an Lungenkrebs

Immerhin scheinen sich viele Raucher durch die Verbote zur Abstinenz bewegen zu lassen. Doch sie reduzieren damit zuallererst ihr Herzinfarktrisiko; die Gefahr für Lungenkrebs verringert sich erst nach 5 bis 10 Jahren. Und „auf das Niveau eines Nichtrauchers sinkt es nie mehr", sagt der Lungenkrebsexperte Thomas Zander von der Kölner Uniklinik.

Das wirkliche Ziel des Kippenbanns im öffentlichen Leben ist der Schutz der nachwachsenden Generationen mit durchaus repressiven Mitteln. „Rauchverbote verankern das Nichtrauchen als soziale Norm", sagt Elizabeth Ward ganz unverblümt. Erst mit gesellschaftlicher Ächtung lasse sich das große Ziel der Gesundheitsstrategen erreichen: „Alle tabakabhängigen Krebse können vollständig verhindert werden." Dazu zählt nicht nur Lungenkrebs, auch Blasentumore, Darm- und Brustkrebs, Mund-, Speiseröhren- und Kehlkopfkrebs werden von Tabakgiften gefördert, sogar Pankreaskarzinome. Jeder zehnte Raucher erkrankt am Bronchialkarzinom. 90 Prozent der Lungenkrebsfälle gehen auf das Konto der Nikotinsucht.

Auch die bei Männern seit Mitte der Sechzigerjahre rückläufigen Raucherzahlen gelten den Fachleuten daher als Ursache für die schwindende Krebssterblichkeit. Lungenkrebs folgt dem Rauchen mit 30 Jahren Verzögerung. Daher sinkt die Sterblichkeit durch Raucherkrebse bei den Männern bereits seit Jahren drastisch. Weil der Höhepunkt der Raucherzahlen bei Frauen in den USA 15 Jahre später lag, schnellen hier die Fallzahlen in die Höhe – eine Ausnahme im Krebsgeschehen. Auch in Deutschland steigen die Lungenkrebsraten der Frauen steil an. „Wir haben den Peak beim Rauchen der Frauen noch immer nicht erreicht", sagt der DKFZ-Forscher Becker.

Einer der schlimmsten Killer aber könnte bald Geschichte sein und ein Lehrstück für die Effizienz selbst unbeabsichtigter Krebsvorbeugung. Den Magenkrebs, Mitte des vergangenen Jahrhunderts noch einer der häufigsten tödlichen Tumoren, hat wohl vor allem der Kühlschrank eingedämmt. Seit Lebensmittel gekühlt frisch gehalten statt durch Pökeln, Salzen oder Räuchern haltbar gemacht werden, fallen die Erkrankungs- und Sterbezahlen rapide. Und der Sieg über das einst grassierende Magengeschwür dürfte den Tumor zu einer Rarität werden lassen. Die chronische Entzündung der Magenschleimhaut, Folge einer Infektion mit dem Magenkeim *Helicobacter pylori*, förderte die Krebsgenese, ebenso wie toxische Stoffe in konventionell konservierten Lebensmitteln. Seit 1950 fiel die Sterblichkeit durch Magenkrebs in Industrieländern um 80 Prozent.

Diesem „ungeplanten Triumph", so schrieb der US-Mediziner Christopher Howson, soll nun ein strategischer Sieg folgen. Mit einer Impfung wollen die Mediziner demnächst den Gebärmutterhalskrebs ausmerzen. Weltweit sterben jedes Jahr rund 250 000 Frauen an diesem Tumor. Stets ist das Leiden die Langzeitfolge einer Infektion durch Papillomaviren. Schon jetzt hat die Todesrate in Deutschland durch Abstrichuntersuchungen (*pap smears*), mit denen der Krebs früh erkannt werden kann, stark abgenommen. Zwei neue Impfstoffe gegen die Papillomaviren 16 und 18 sollen die Erkrankung endgültig in die Knie zwingen.

Infektionen verursachen ein Fünftel aller Krebsfälle

Beide Virustypen sind für rund 80 Prozent aller Gebärmutterhalskrebse verantwortlich. Die Impfstoffe – einer ist bereits zugelassen, ein weiterer steht kurz vor der Freigabe – schützen zuverlässig vor der einzigen Form der Ansteckung, nämlich durch Sexualkontakte. Allerdings richten sie nichts gegen eine bereits bestehende Infektion aus. Daher sollen jetzt, nach einem Beschluss der Ständigen Impfkommission (Stiko), vor allem Mädchen und junge Frauen zwischen 12 und 17 Jahren immunisiert werden.

Vermutlich wäre es sinnvoll, auch Jungen zu impfen. Sie sind die Überträger der Infektion, aber können auch selbst an Krebs erkranken. Derzeit wird in einer Studie mit über 500 jungen Homosexuellen geprüft, wie gut die Impfung schwule Männer vor Anal- und Peniskrebs schützt – ein Befund, der nicht nur die 5 bis 8 Prozent eindeutig homosexuellen Männer betrifft, sondern auch die „occasional gays", ebenso wie die vielen Heterosexuellen, bei denen Analsex durchaus nicht unüblich ist.

Jedes fünfte Krebsleiden, so schätzen Fachleute, wird letztlich durch eine – in der Regel – vermeidbare Infektion gestartet. Weithin unnötig erscheint daher auch der Tod durch Leberkrebs. Neben Alkoholmissbrauch, der erst einer Leberzirrhose und dann dem Krebs den Boden bereitet, sind Infektionen mit Hepatitisviren die größte Gefahr. Auch wenn nur bei wenigen Prozent der chronisch Infizierten dem Leberinfekt der Krebs folgt (und wenn, dann erst nach vielen Jahren), sind die Viren die Hauptverursacher dieses Tumors. Jeder zweite Leberkrebspatient in seiner Klinik, berichtet der Gastroenterologe Markus Cornberg von der Medizinischen Hochschule Hannover, habe sich bei der Untersuchung als Virusträger erwiesen. Mindestens eine Million Menschen in Deutschland sind mit den Erregern, dem Hepatitis-B- (HVB) oder Hepa-

titis-C-Virus (HVC), dauerhaft infiziert. Seit 1992 sind Blutkonserven – früher die Hauptinfektionsquelle – durch Tests gesichert. Dennoch infizieren sich auch heute viele mit Hepatitis C; Fixer beim Spritzentausch, andere durch gefährlichen Leichtsinn. „Sich im Ägyptenurlaub am Strand tätowieren zu lassen ist eine ganz schlechte Idee", sagt Cornberg, „dort ist jeder Fünfte Virusträger."

Noch leichter ist der Krebs durch Hepatitis B zu vermeiden. Gegen das auch sexuell übertragbare Virus gibt es seit Langem eine Vakzine. Was eine Impfkampagne gegen Leberkrebs bewirken kann, demonstrierte der Inselstaat Taiwan schon vor 20 Jahren. Damals startete die Regierung eine HVB-Massenvakzinierung für Kinder gegen das grassierende Virus. Daraufhin schrumpfte die Häufigkeit des Tumors bei den Geimpften um die Hälfte.

Gerne würden die Gesundheitsstrategen solche Erfolge auch an anderen Brennpunkten der Tumormedizin verzeichnen. Auf den erhofften Durchbruch in der Behandlung fortgeschrittener Tumorleiden wollen sie nicht länger warten. Künftig müsse man genau prüfen, was in der Therapie später Krebsleiden sinnvoll sei, sagt Michael Bamberg, der Präsident der Deutschen Krebsgesellschaft. Stattdessen „sollten wir einen Großteil der verfügbaren Mittel für Prävention und Screening einsetzen. Bei metastasierten Tumoren ist der Zug abgefahren, wir müssen vorn angreifen".

Mit klassischen Mitteln ist der Krebstod nicht zu besiegen

Das Umdenken ist ein Resultat deprimierender Erfahrungen. Mit den klassischen Mitteln der Tumormedizin allein, lautet die bittere Erkenntnis, ist der Krebstod nicht zu bezwingen. Dabei hatte es in den siebziger Jahren, nach spektakulären Erfolgen durch die Einführung der Chemotherapien, zunächst so ausgesehen, als sei der Krieg bereits so gut wie gewonnen. Der Sieg über die Tumorleiden, prophezeiten die Experten, sei nur eine Frage der Zeit und des Geldes. Bis zum Jahr 2000 wollte man die Zahl der Todesopfer halbieren. Tatsächlich gab es unbestreitbare Triumphe: Bei nahezu hoffnungslosen Fällen wie etwa Hodenkrebs stiegen die Heilungsraten auf 90 Prozent, bei Leukämien auf 75 Prozent. Auch Hodgkin-Lymphome, eine Form von Lymphdrüsenkrebs, gelten nun zu 80 bis 90 Prozent als heilbar.

Doch seither herrscht in der Krebstherapie weithin Stagnation. Hunderte Milliarden Euro pumpten Industrienationen und Pharmaunternehmen in den vergangenen vier Jahrzehnten in die Grundlagenforschung, die Entwicklung effektiverer Therapieverfahren und neuer Medikamente. Allein das amerikanische National Cancer Institute verfügt über einen Jahresetat von 4,5 Milliarden Dollar. Und man kann nicht einmal behaupten, dass das Geld sinnlos verpulvert würde. Hochwirksame Medikamente, hochpräzise Bestrahlungstechniken und die gesteigerte Raffinesse der Chirurgen haben bei manchen Krebsarten die Heilungsraten erhöht und für viele Patienten die Lebenszeit verlängert. Sie bessern auch die Lebensqualität der Kranken und mildern die früher zu Recht gefürchteten Folgeschäden der Behandlungen. Doch der Fortschritt ist quälend langsam. Wenn ein neuer Wirkstoff, wie zuletzt das Darmkrebsmedikament Avastin, Schwerkranken im Durchschnitt drei Monate mehr Leben schenkt (was im Einzelfall Jahre bedeuten kann), gilt das als spektakulärer Erfolg. Vorsichtige Hoffnung könne man auch in Tumorvakzine setzen, meint der Münchner Klinikchef Hiddemann – bei Haut- und Nierenzellkrebs oder Lymphomen erzielen die Forscher erste, allerdings begrenzte Erfolge.

Auch bei der diesjährigen Leistungsschau der Zunft, dem Treffen der American Society for Clinical Oncology in Chicago, zeigte sich erneut: Die Hoffnung auf „the magic cancer bullet", die pharmazeutische Wunderwaffe gegen den Krebs, wird eine Illusion bleiben. Anstelle therapeutischer Volten bekamen die 32 000 Teilnehmer allenthalben Verbesserungen im Trippelschritt geboten. Ein paar neue Wirkstoffe, bessere Chemotherapien, die Anwendung eines bei einer Krebsart bewährten Medikaments auch bei der nächsten „more of the same", mehr vom Gleichen, seufzte ein US-Reporter resigniert während einer der täglichen Pressekonferenzen.

So befördert die avancierende Heilkunst immer mehr Kranke über die Fünfjahresgrenze des disease-free survival, die man statistisch als Heilung verbucht. Für die Kranken ist das zweifellos segensreich. Nur, ein Sieg über den Krebstod ist es mitnichten. Denn oft genug, und aus unbekannter Ursache, kehrt der Tumor nach 10, 15 oder mehr Jahren zurück. Häufig hat er dann Metastasen gebildet und ist nicht mehr zu kurieren. Immer mehr Patienten leben immer länger und immer besser mit ihrem Krebs, lautet das Fazit der Anstrengungen, am Ende aber sterben dann doch fast ebenso viele wie vor 20 Jahren. Bei Tumoren wie Lungen- oder Nierenzellkrebs, die in der Regel erst spät diagnostiziert werden, sind die Behandlungsergebnisse deprimierend, beim Pankreaskarzinom verheerend.

Schon Mitte der Neunzigerjahre, ein Vierteljahrhundert nachdem US-Präsident Nixon den „Krieg gegen den Krebs" ausgerufen hatte, war nicht mehr zu verkennen, dass mit durchgreifenden Erfolgen durch neue Behandlungsverfahren so schnell nicht zu rechnen sein würde. In die Resignation der Fachgelehrten drangen die Stimmen der Häretiker. 1997 kam es zum Eklat, als die Epidemiologen John Bailar und Heather Gornik von der University of Chicago eine schonungslose Bilanz präsentierten. „Der Einfluss neuer Therapien auf die Krebssterblichkeit ist weithin enttäuschend", urteilten die Forscher im New England Journal of Medicine; jede Hoffnung auf eine substanzielle Senkung der Todeszahlen bis zum Jahr 2000 „war und ist verfehlt". Auch für die Europäer hatte Bailar keine bessere Botschaft: „Deren Situation ist bemerkenswert ähnlich." Die Fachwelt reagierte empört, doch niemand konnte das defätistische Zahlenwerk aus Chicago widerlegen.

Die Chancen der Früherkennung sind nicht ausgeschöpft

Wie sich nun herausstellt, irrten Bailar und Gornik – und behielten doch recht. Tatsächlich hatte der Niedergang der Sterblichkeitsraten damals schon begonnen und sollte sich bis zum heutigen Tag fortsetzen – eine Folge der sinkenden Raucherzahlen und erster Früherkennungskampagnen. „Krebs ist eine Krankheit, die leichter vermeidbar als therapierbar ist", schrieb der Krebsmediziner Michael Sporn im Fachmagazin Lancet. „Unsere Obsession, fortgeschrittene Krebserkrankungen zu heilen, statt die maligne Entartung zu verhindern oder früh zu stoppen, hat den Sieg in weite Ferne gerückt." Eine grundsätzliche Neuorientierung hatten auch Bailar und Gornik damals verlangt. Neben intensiver Forschung müssten vor allem Prävention und Screening zur „nationalen Verpflichtung" erhoben werden.

Viel früher als Deutschland haben die USA Früherkennungsprogramme installiert. Die Erfolge zeigen sich jetzt. „Ich bin glücklich, dass unsere Mahnungen gehört wurden", sagt Bailar heute. „Alle Daten deuten darauf hin, dass es in den kommenden 20 Jahren einen kontinuierlichen Abfall der Sterbezahlen geben wird", meint der inzwischen emeritierte Mediziner. Auch die im Vergleich zu Deutschland bessere Prognose für amerikanische Brustkrebspatientinnen ist eine Folge des gründlicheren Mammografie-Screenings der USA, ergab eine DKFZ-Studie im Frühjahr. In den Vereinigten Staaten unterziehen sich 80 Prozent der Frauen über 40 solchen Untersuchungen. Daher wird Brustkrebs dort früher entdeckt. Deutschland hat erst ab 2004 ein qualitätsgesichertes Mammographieprogramm aufgebaut.

Tatsächlich erscheint das Potenzial der Früherkennung enorm. Mindestens ein Drittel der häufigen bösartigen Tumoren, berichtet Verbandspräsident Bamberg, werde erst entdeckt, wenn bereits Metastasen im Körper der Patienten wuchern und das sind in aller Regel die Killer. „Selbst mit modernsten gezielten Therapien ist es sehr schwer, dann noch zu heilen", sagt DKFZ-Chef Wiestler. Fazit: Mehr Screening ist lebensrettend.

In der Praxis der Früherkennung allerdings liegen Segen und Fluch nah beieinander. Nur für wenige Krebsarten existieren Früherkennungsverfahren. Zudem mangelt es den meisten an Scharfsicht. Zu häufig geben die Verfahren Entwarnung, wenn in Wahrheit bereits ein Tumor wächst, zu oft melden sie einen Befund, der keiner ist oder keiner Behandlung bedarf. Mit der Folge, dass sich Patienten in trügerischer Sicherheit wiegen und womöglich mit dem Gedanken „Beim letzten Mal war ja nichts" die nächste Untersuchung versäumen. Viele Prostatakrebspatienten hingegen leiden unter den Folgeschäden einer überflüssigen Operation. Denn die Vorsorgeuntersuchung gibt keinen Aufschluss darüber, ob der Befund zu den eher seltenen aggressiven Prostatakrebsen gehört oder zu jenen, die den Patienten nie umbringen werden.

Obwohl klare Belege fehlen, gilt die Darmspiegelung als effektive Früherkennungsmethode. Bei der Untersuchung kann der Arzt frühe Krebsherde entdecken, aber auch verdächtige Darmpolypen, die Vorstufen des Kolonkarzinoms, sofort entfernen und so den Krebs gleich ganz verhindern. Gleichwohl krankt das Verfahren an mangelndem Zuspruch. Kaum 10 Prozent der Bundesbürger lassen die Untersuchung über sich ergehen. „Beim Darmkrebs kann man viel erreichen", sagt DKFZ-Forscher Becker, „und mit qualitätsgesicherter Mammografie einiges." Doch beim Prostatakrebs, meint der Leiter der Arbeitsgruppe Epidemiologische Grundlagen der Krebsprävention, sei die Bilanz der Früherkennung „ganz verheerend".

Die Genomforschung soll das Krebsrisiko vorhersagen

Früherkennung, so geboten sie erscheint, ist ein zweischneidiges Schwert. Zuweilen erweist sie sich als probates Mittel, um die Heilungsraten künstlich aufzublähen. „Früh erkannt kann immer noch zu spät sein", sagt Becker. Wenn es keine erfolgreiche Therapie für die frühe Diagnose gibt, sterben die Patienten oft zur selben Zeit, als wäre ihr Leiden später entdeckt worden. Und müssen die bittere Wahrheit länger ertragen. „Früherkennung ist extrem wichtig", sagt Becker, „aber sie ist nur sinnvoll, wenn sie nicht nur frühere Diagnosen erzeugt, sondern die Sterblichkeit senkt."

Vor allem die Entwicklung präziserer Früherkennungstechniken, geeignet für Massentests, gilt dem Experten daher als entscheidendes Mittel, um den Krebstod weiter zurückzudrängen. Hoffnung erzeugen da Erkenntnisgewinne in der Grundlagenforschung. In der Tumorbiologie hat die Genom-Ära begonnen. Statt wie früher mühsam nach einzelnen Gendefekten in den Krebsgeschwüren zu fahnden, entziffern Krebsforscher des Cancer-Genome-Atlas-Konsortiums nun das vollständige Erbgut von Tumoren. Sämtliche Genveränderungen der Krebszellen sollen dabei systematisch erfasst werden. Das 100 Millionen Dollar teure Pilotprojekt für den Krebsgenom-Atlas ist bereits angelaufen. Als Erstes wird das Erbgut der Krebszellen von 1 500 Patienten mit Ovarialkarzinom, Lungenkrebs und dem nahezu immer tödlichen Hirntumor Glioblastoma multiforme entschlüsselt und analysiert. Schon jetzt ist klar, dass Defekte in Hunderten Genen Entstehung, Wachstum und Metastasierung von Krebsherden steuern. Das Gen-Profiling liefert nicht nur neue Angriffspunkte für Medikamente, in erster Linie soll es hellsichtige Diagnoseverfahren ermöglichen.

Solche molekularen Tests – weit billiger und präziser als die bisherige Diagnostik – sollen künftig Röntgenbild, Ultraschallbefunde und Computertomografien beim Massenscreening ersetzen. Spüren die Molekülsonden ein alarmierend verändertes Genprofil auf, müssten die Mediziner mit den herkömmlichen Verfahren nur noch nach dem Ort des Übels suchen. Für die ersten genetischen Krebs-Profiler hat die amerikanische Arzneimittelbehörde bereits die Zulassung erteilt. Die Testverfahren namens MammaPrint und Oncotype DX messen die Aktivität einer Vielzahl von Genen in Brustkrebsproben. Ihr Befund erlaubt es, vorherzusagen, ob eine Patientin nach der Operation noch eine Chemotherapie braucht, um die Rückkehr des Tumors zu verhindern.

Das ist erst der Auftakt einer neuen Ära der Krebsbekämpfung. Für andere Krebsarten sind ähnliche Verfahren schon weit in der Entwicklung. So forschen Wissenschaftler der Universität Köln an einem Test, der Lungenkrebs geradezu vorhersagt. Die Mediziner könnten dann eingreifen, bevor der Patient wirklich erkrankt ist. Allerdings wird es noch einige Jahre dauern, bis die Wunderdiagnostik reif für den Einsatz in der Klinik ist. Ihre Validierung ist kaum weniger aufwendig als die von Krebsmedikamenten.

Bis dahin gilt es, die verfügbaren Möglichkeiten der Krebsverhütung auszuschöpfen und jeder kann mitmachen. Elizabeth Ward schlägt für den Anfang vor: „Rauchen? Denken Sie nicht mal daran."

Aus: DIE ZEIT Nr. 29, 12. Juli 2007

Die Tropenmedizin ist auf den ersten Blick ein eher exotisches Fach: Ihre bahnbrechenden Erfolge scheinen längst Teil der Geschichte zu sein, sie fanden in oft finsteren Kolonialzeiten statt. Und die Schauplätze der großen Ereignisse sind weit weg, in Indien oder tief in Afrika. „Kaum bewusst ist, dass mit der Kolonialgeschichte die Tropenmedizin gewaltige Fortschritte machte, die allen Menschen zu Gute kamen", behaupten dagegen **Johannes W. Grüntzig** und **Heinz Mehlhorn**.

Grüntzig ist Professor für Augenheilkunde in Düsseldorf. Er wird 1937 in Dresden geboren, studiert Medizin in Heidelberg, ist Assistent am Institut für Sozialmedizin in Hannover und Leitender Stabsarzt am Schifffahrtsmedizinischen Institut der Marine in Kiel. 1978 habilitiert er in Düsseldorf. Mehrere tropenmedizinische Forschungsreisen führen ihn nach Kamerun, Liberia und Burkina Faso.

Heinz Mehlhorn wird 1944 in Aussig im Sudetenland geboren. Er studiert Biologie und Chemie in Bonn und ist heute Professor für Parasitologie und Leiter des Instituts für Zoomorphologie, Zellbiologie und Parasitologie an der Heinrich-Heine-Universität Düsseldorf. Mehrere Gastprofessuren und Forschungsaufenthalte haben ihn nach Afrika und Asien geführt.

Grüntzig und Mehlhorn studieren mit Leidenschaft die Geschichte der deutschen Tropenmedizin und analysieren die Nebenwirkungen des Expeditionsfiebers, das große Forscher wie Robert Koch befiel. Doch die historischen Erfolge sehen die beiden Tropenexperten nicht nur positiv: „Durch die vielfältigen und auch rasch aufeinander folgenden Entdeckungen entstand in der Öffentlichkeit der Eindruck, die gefürchteten Geißeln der Menschheit seien handhabbar, man könne sie zähmen und durch Medikamente oder hygienische Maßnahmen vernichten. Dies führte zu einem weltweiten Wissenschaftsoptimismus, nach dem Motto: Wir haben alles im Griff!"

Vor solchem gedanklichen Leichtsinn warnen Grüntzig und Mehlhorn sehr deutlich: „Die fortschreitende Globalisierung steigert auch die Gefahr der Seuchenverbreitung. Scheinbar schon besiegte Krankheiten kehren zurück oder stehen auf dem Sprung, das zu tun. Das Auftauchen neuer Erreger wie Ebola-Viren und Prionen zeigt, dass keinerlei Anlass zur Selbstgefälligkeit und zur optimistischen Vorstellung besteht, die Seuchen ausrotten zu können."

Johannes W. Grüntzig und Heinz Mehlhorn

Robert Koch erforscht die Schlafkrankheit – Expedition nach Deutsch-Ostafrika

Von Johannes W. Grüntzig und Heinz Mehlhorn

Seuche im Vormarsch

Erste Alarmmeldungen über das Auftreten der Schlafkrankheit in Ostafrika erreichen 1902 die Kolonialabteilung des Auswärtigen Amtes. Diese Krankheit war zuerst an der Westküste Afrikas beobachtet worden und hatte sich vom Kongo aus weiter verbreitet, wahrscheinlich durch sudanesische Soldaten. Im Jahr 1904 wütete die Seuche im Norden und Nordosten des Victoria-Njansa-Gebietes. Am 30. Juli 1904 informiert der Bakteriologe Robert Koch in einem Brief die deutsche Regierung über den augenblicklichen Stand der Schlafkrankheit im deutschen Schutzgebiet, wobei er zur Orientierung einige allgemeine Bemerkungen voranstellt: „Die Schlafkrankheit ... soll ... mindestens 50 000, nach anderen Mitteilungen bis 200 000 Menschen dahingerafft haben. In Bezug auf die Ätiologie ist durch die ausgezeichneten Arbeiten der von der Royal Society unter Leitung von David Bruce ausgesandten englischen Kommission nachgewiesen, dass die Krankheit durch einen Blutparasiten, ein *Trypanosoma*, verursacht wird und dass dieser Parasit von kranken auf gesunde Menschen durch eine Stechfliege, *Glossina palpalis*, übertragen wird. Es bestehen also für diese Krankheit ganz analoge Verhältnisse wie bei der bekannten Tsetsekrankheit der Rinder. Zu ihrem Zustandekommen ist immer das Zusammentreffen dieser beiden Faktoren erforderlich, nämlich das Vorhandensein der *Glossina* und von Menschen, welche in ihrem Blute die Trypanosomen beherbergen."

Bei den infizierten Patienten kommt es zu wechselnden Fieberschüben mit Gesichts- und Augenlidschwellungen, Lymphknotenschwellungen und Hautausschlägen. Später befallen die Trypanosomen das Zentralnervensystem, was zu Kopfschmerzen, psychischen Veränderungen und Bewegungsstörungen führt. Nach Monaten können die Kranken nicht mehr gehen und verfallen in eine zunehmende Schlafsucht unter allgemeiner schwerer Abmagerung. Ohne medizinische Behandlung verläuft diese Erkrankung auch heute noch tödlich.

Was ist eigentlich ...

Ätiologie [von griech. *aitiologia* = Ursachenforschung], Teilgebiet der Medizin, das sich mit der Ursache von Krankheiten befasst. Häufig wird der Begriff auch in der medizinischen Diagnostik im Sinne der „Gesamtheit aller Faktoren, die zur diagnostizierten Erkrankung geführt haben" verwendet.

Porträt

Bruce, *Sir David,* australisch-britischer Bakteriologe und Tropenarzt, *29.5.1855 Melbourne, †27.11.1931 London; Generalarzt im britischen Royal Army Medical Corps; Entdecker der Erreger des Maltafiebers (einer der nach ihm benannten Brucellosen, hervorgerufen u. a. durch *Brucella melitensis*), der Tsetsekrankheit (Naganaseuche) der Rinder und Pferde (Erreger *Trypanosoma brucei*) und Erforscher der Schlafkrankheit.

Was ist eigentlich ...

Tsetsekrankheit, Naganaseuche, Befall von Rindern, anderen Huftieren und Carnivoren im tropischen Afrika mit den Geißeltierchen *Trypanosoma congolense* und *Trypanosoma brucei*. Überträger ist die Tsetsefliege *Glossina* (Familie *Muscidae*). Krankheitssymptome sind Fieber, Anämie, Abmagerung und nach Vordringen des Parasiten ins Nervensystem Paralyse (Schlafkrankheit). Für Rinder ist *Trypanosoma congolense* der wesentlich gefährlichere Parasit.

Aufgrund vorliegender Informationen hatte Koch die Überzeugung gewonnen, dass die Seuche sich ausbreitete und es dringend geboten schien, geeignete Abwehrmaßnahmen zu ergreifen.

Zu den Seseinseln im Viktoriasee

Die Reichsregierung plant eine eigene Schlafkrankheits-Expedition. Im März 1906 spricht Koch in der Aula der Kaiser-Wilhelms-Akademie über die tödliche Krankheit. Kaiser Wilhelm II. und der Kriegsminister sitzen im überfüllten Auditorium. Der Reichstag bewilligt 185 000 Mark. Neben Koch und seiner Frau gehören zu der Expedition der Oberarzt der Schutztruppe und Recurrensspezialist Robert Kudicke (1876–1961), die Stabsärzte Kleine und Panse, Regierungsrat Beck und Sanitätsfeldwebel Sacher zur Beaufsichtigung des Dienstpersonals und zur Hilfe bei der Krankenbehandlung. Ferner schließt sich als Volontär Sanitätsrat Libbertz an. Kurz vor seiner Abreise schreibt Koch an den Hygieniker Carl Flügge (1847–1923) in Breslau: „Ich bin schon stark mit dem Zurüsten und Packen für die Expedition beschäftigt; denn das Schiff, welches die Ausrüstung mitnehmen muss, wird bis Ende dieses Monats von Hamburg abgehen. Wir, d. h. meine Frau, ich, Stabsarzt Kleine (der mit mir in Rhodesia war) und Professor Beck vom Gesundheitsamt treffen das Schiff in

Reiseroute der Expedition zur Erforschung der Schlafkrankheit (1906/07).

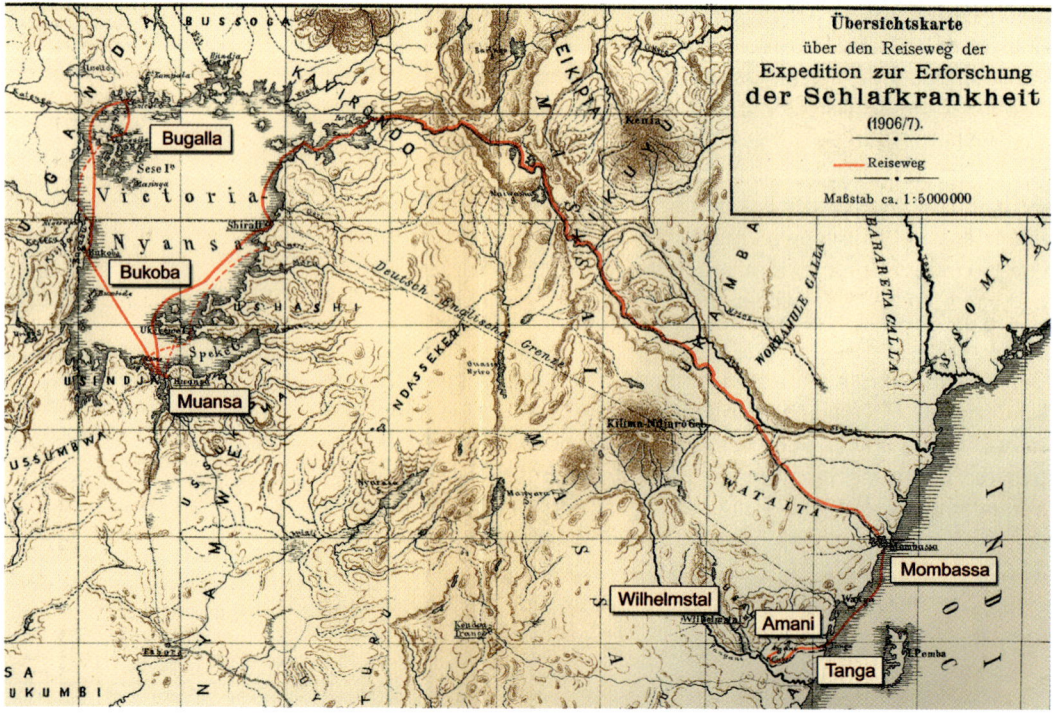

Neapel, von wo es am 16. April weiterfährt. Ich würde mich sehr freuen, wenn ich Sie vor meiner Abreise noch einmal sehen könnte. Wer weiß, ob ich noch einmal zurückkomme. Anderthalb bis zwei Jahre sind in meinem Alter eine recht lange Zeit."

Nach einer angenehmen Seereise landet die deutsche Schlafkrankheits-Expedition mit einem Dampfer der Deutsch-Ostafrika-Linie in Tanga. Am nächsten Morgen, dem 4. Mai 1906, geht es mit der erst kürzlich erbauten Usambara-Eisenbahn etwa 100 km landeinwärts. Nach einem anschließenden sechsstündigen Fußmarsch auf die Höhe des Usambaragebirges erreichen die Teilnehmer abends Amani mit der berühmten Landwirtschaftlich-Biologischen-Versuchsstation des Gouvernements. Ein gutes Klima, bestens eingerichtete Laboratorien und Unterkünfte scheinen einen erfolgreichen Verlauf der Expedition zu garantieren. Koch sah aber noch weitere Vorteile: „So wie fast alle Gebirge in Ostafrika ist auch das Ostusambaragebirge rings von einem Gebiet umgeben, in welchem Glossinen und zugleich die Tsetsekrankheit, d. h. die Trypanosomenkrankheit der Rinder, vorkommen, während die Höhe des Gebirges frei davon ist. Es bot sich hier also die sehr erwünschte Gelegenheit, sich am Fuß des Gebirges beliebig viele Glossinen beschaffen zu können, um damit in einer fliegenfreien Höhe, wo unbeabsichtigte Infektionen durch Glossinen nicht mehr vorkommen konnten, zu experimentieren."

Tsetsefliege, Nahaufnahme des Kopfes.

In Amani stößt noch Otto Dempwolff (1871–1938) aus Daressalam zu der Forschergruppe. Der Stabsarzt widmete sich seit 1901 zunehmend der Sprachwissenschaft und hatte sich in Südwestafrika bereits ausführlich mit den Stämmen der Herero und Nama beschäftigt. In seinen Tagebuchblättern notierte Dempwolff: „Seine (Robert Kochs) Assistenten kannte ich von Berlin her. Reg. Rat Prof. Beck aus dem

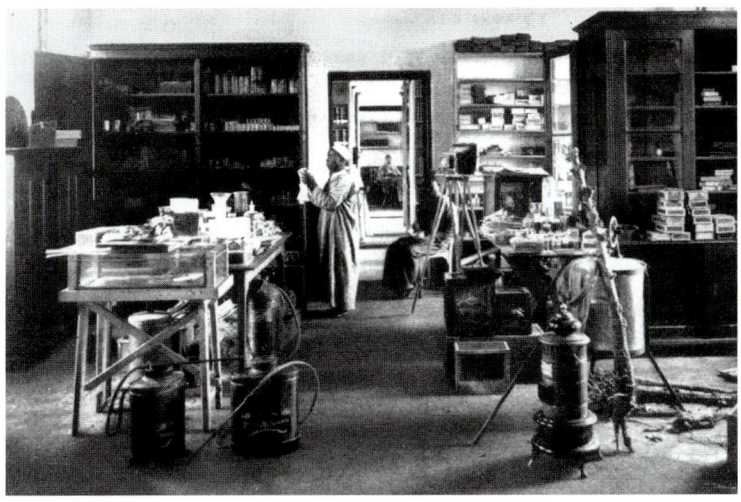

Das Landwirtschaftliche Forschungsinstitut in Amani.

Insel im Viktoriasee.

kaiserlichen Gesundheitsamt und Stabsarzt Prof. Kleine aus dem Institut für Infektionskrankheiten, der schon mit Koch in Südafrika war. Am Montag, dem 14. Mai, begann meine Arbeit und dauerte bis zum Schluss am 27. des Monats. Ich hatte einen Arbeitsplatz in dem zoologischen Laboratorium neben Kleine und Beck erhalten, mein Dienstmikroskop dort aufgestellt und bekam nun der Reihe nach Blutpräparate von allerlei Tieren, Stechfliegen und Zecken zu untersuchen. Koch, der mit Kudicke in kleinen Nebenräumen arbeitete, pflegte vor- und nachmittags zu uns herüberzukommen, um die Arbeiten seiner Assistenten anzusehen und hielt dabei meist kleine Privatkollegia mit mir ab. Es traf sich gut, dass die Vorarbeiten zur Erforschung der Schlafkrankheit langsam vor sich gingen, so hatte Koch Zeit; und da ihm Ostafrika und speziell mein zukünftiger Wirkungskreis ein Gebiet inniger Interessen ist, jedenfalls widmete er mir so viel Zeit und Mühe, wie nach Angaben seiner Assistenten er sonst für einen Einzelnen und noch dazu einen ‚Outsider' (ich meine einen nicht direkt für ihn Arbeitenden) nicht übrig zu haben pflegte."

Dempwolff war Koch nicht als Mitarbeiter unterstellt worden, sondern er sollte, wie er am 6. Mai 1906 aus Daressalam an seine Eltern schrieb: „… bei ihm die neuesten Ergebnisse seiner Forschung über Tropenkrankheiten" kennenlernen. Trotz günstiger Voraussetzungen und eines hohen Aufwandes an sezierten Fliegen gelingt es der Forschergruppe nicht, den vermuteten Entwicklungsgang der Trypanosomen in den Überträgern nachzuweisen. Aufgrund beunruhigender Berichte von zahlreichen Toten durch Schlafkrankheit am Viktoriasee entschließt sich Koch zum schnellen Abbruch und reist am 12. Juni über Tanga und Mombasa mit der Uganda-Eisenbahn zum Viktoria-Njansa-See, an dessen Südufer die Station Muansa liegt. Aber auch in der deutschen Verwaltungsstation Muansa lassen sich bei den

Was ist eigentlich …

Blutparasiten, Blutschmarotzer, im Blut eines Wirtstieres ständig oder vorübergehend lebende tierische Organismen; sie leben entweder frei in der Blutflüssigkeit oder in den Blutzellen. Blutparasiten sind häufig Krankheitserreger, z. B. Einzeller (*Trypanosoma* als Erreger der Schlafkrankheit), Saugwürmer, Fadenwürmer.

Patienten in den Drüsenpunktaten keine Trypanosomen nachweisen. Angesichts dieser für den Forschungsauftrag ungünstigen Ergebnisse erwägt Koch möglichst bald in ein unzweifelhaftes Seuchengebiet umzusiedeln. Anfang August begibt er sich deshalb nach Entebbe in Uganda, das als Hauptherd der Krankheit gilt. Auf seinen Wunsch bewilligt ihm der englische Gouverneur als Arbeitsgebiet die im Viktoriasee gelegenen Seseinseln. Am 14. August landet die Expedition auf der Hauptinsel (Frau Koch hatte die Gruppe wegen Malaria schon in Entebbe verlassen müssen und war nach Italien zurückgekehrt). Die Inseln gleichen in ihrer Fruchtbarkeit einem Paradies; überall wachsen Kaffeebäume, Zitronen und Bananen. Als die Krankheit vor vier Jahren auf den Inseln erstmals auftrat, betrug die Einwohnerzahl ca. 30 000. Bei Ankunft der Expedition waren nach Schätzungen der Missionare bereits 18 000 Menschen qualvoll an der Schlafkrankheit gestorben, vorwiegend Männer im kräftigsten Alter. Es gibt einzelne Dörfer, in denen nur Frauen und Kinder übrig geblieben sind. Aber auch diese werden nicht verschont, und manche Inseln haben ihre Bevölkerung ganz oder bis auf einen kleinen Rest verloren.

Kampf gegen Moskitos bei jämmerlicher Verpflegung

Zunächst wohnen die Expeditionsmitglieder in den aus Berlin mitgebrachten Zelten. Später werden Grashäuser errichtet, in denen die Moskitonetze hängen. Trotzdem müssen die Teilnehmer viele Unbe-

Krankentransport mit improvisierter Trage in Bugala/Ostafrika (1906/07).

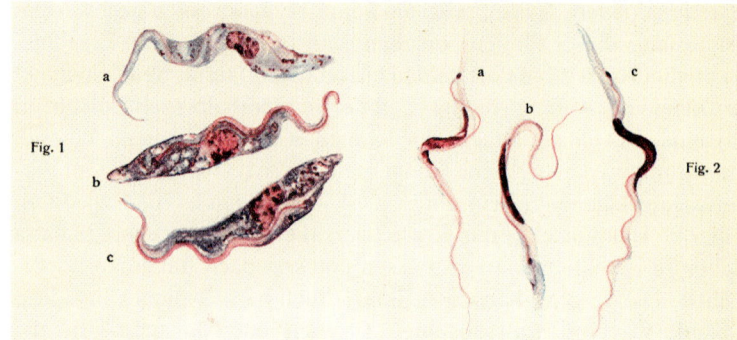

Zeichnung unterschiedlicher Formen von *Trypanosoma bruce;* aus dem Magen-Darm-Kanal von Tsetsefliegen (1906/07).

quemlichkeiten erdulden. So klagt Koch in einem Brief vom 27. November 1906 an Libbertz, der bereits im Mai abgereist war: „Ich wohne in einer Grashütte, die mein Zelt einschließt, in fortwährendem Kampf mit Moskitos und Ameisen. Die Verpflegung ist jämmerlich. Ziegenfleisch, Hühner und gedämpfte Bananen bilden den Grundstock, aber in welcher Zubereitung! Ich kann schon viel vertragen, aber das geht auch über meine Nerven. Beschreiben will ich das lieber nicht, weil Ihnen sonst in der Erinnerung schlecht werden könnte. Den ganzen Tag wird gearbeitet. Jeder still für sich … Glücklicherweise kann ich auch ohne Geselligkeit auskommen, und so lebe ich denn hier wie ein richtiger Einsiedler in der Grashütte bei Ziegenfleisch und Bananen. Es fehlt nur noch das Glöckchen an der Hütte, und der Eremit ist fertig."

Die Teilnehmer mikroskopieren in zwei großen, vom deutschen Gouvernement in Daressalam entliehenen sogenannten Landmesserzelten. Gegenüber liegt eine geräumige, grasbedeckte Behandlungsstelle für die Kranken. Feldwebel Sacher führt die Krankenlisten. Den Patienten wird eine große, auf Holz geschriebene Nummer um den Hals gehängt. Nur auf diese Weise lässt sich eine genaue Überwachung und Beobachtung der Kranken durchführen. Zeitweilig sind es über 1 000 Patienten, die sich täglich zwischen den Zelten versammeln, um an die genesungsverheißende *Daua* (Arznei) zu kommen. In drei Tagen werden fünfundsiebzig Hütten für die Kranken und ihre Begleiter gebaut. Als das nicht mehr ausreichte, kommt ein großer Schuppen dazu, ebenfalls aus einfachen Materialien hergestellt. Eingeborene schleppen die Schwerkranken mit Netzen, Hängematten oder improvisierten Tragen herbei.

Die Untersuchungen an den Glossinen zur Aufdeckung des Entwicklungszyklus der Parasiten kommen auch hier nicht voran. Koch beobachtet – wie schon bei früheren Untersuchungen in Deutsch-Ostafrika – im Magen-Darm-Kanal der Fliegen den Erreger der Tsetsekrankheit, kann aber die stärkeren Formen mit kräftiger Azurfärbung des Plasmas gegen auffallend dünn und schlank gestaltete Formen mit schwach gefärbtem Kern und geringer Plasmafärbung dem Entwicklungszyklus nicht zuordnen. Er vermutet in Analogie zu anderen Protozoen (tierischen Einzellern) dass es sich bei ersteren um weibliche und bei letzteren um männliche Formen handeln müsse. Ein Irrtum! Drei Jahre später, 1909, glückt Kleine der Nachweis, dass die Trypanosomen im Fliegenkörper ungefähr drei Wochen zur Entwicklung der ansteckungsfähigen Form benötigen. Heute wissen wir, dass sich die aus dem Menschen aufgenommenen gedrungenen Erregerformen im Mitteldarm des Insektes in die epimastigoten Trypanosomen verwandeln. Ständig sich teilend, wandern sie in die Speicheldrüse ein, wo sie sich in die trypomastigoten Trypanosomen weiterentwickeln. Nach Vermehrung und Anlegung eines Tarnmantels entstehen hier die für den Menschen infektionsfähigen Trypanosomen. Bei der nächsten Blutmahlzeit gelangen mit dem Speichelsekret bis zu 20 000 dieser infektionsfähigen Parasiten in das Bindegewebe der Haut. Dort entsteht nach wenigen Tagen eine etwa handtellergroße Hautrötung, der Trypanosomenschanker. Die regionalen Lymphknoten schwellen an. Nach zwei bis vier Wochen gelangen die Erreger über Blut und Lymphe in den gesamten Körper unter Verwandlung in schlanke, teilungsaktive Trypanosomen. Der Patient leidet an Fieberschüben, wobei die Parasitenzahlen sich synchron erhöhen. Nach Wochen bis Monaten überwinden die Parasiten auch die Blut-Hirn-Schranke. Es kommt zu einer schleichenden Enzephalopathie mit dem typischen Endstadium der Schlafkrankheit. Auf dem Höhepunkt der Fieberwellen wandeln sich die schlanken Parasiten über Zwischenformen in gedrungene Formen um, die sich nicht mehr teilen und sich nur in der Tsetsefliege weiterentwickeln können.

Krokodile als Überträger?

Koch gelang es damals nicht, den Zyklus aufzuklären, aber in einer anderen Frage gab es bedeutende Fortschritte. Man wusste, dass sich die Glossinen von Blut ernährten und deshalb im Abstand weniger Tage an entsprechenden Opfern Blut saugen mussten. Aber von wem stammte das Blut? Dies festzustellen, war eine der Aufgaben der Expedition. Menschen hielten sich eher selten im Lebensraum der Glossinen, im Buschwerk oder im Sumpf an der Wasserseite des Uferwaldes auf. Sie boten deshalb nicht ausreichend Gelegenheit für die Blutmahlzeiten. So vermutete man zunächst, dass es Wasservögel sein könnten, die meist gemeinsam mit den Glossinen auftraten. Koch hatte zwar schon bei seinem früheren Aufenthalt in Uganda von Eingeborenen und Missionaren gehört, dass auch Krokodile von diesen Fliegen gestochen werden. Da diese Reptilien jedoch eine panzerartige Haut besitzen, schenkte er den Angaben keinen Glau-

Was ist eigentlich ...

Enzephalopathien [von griech. enkephalos = Gehirn und pathos = Krankheit], Bezeichnung für ausgedehnte, nichtentzündliche Gehirnfunktionsstörungen mit klinisch in wesentlichen Aspekten übereinstimmender Symptomatik, aber sehr unterschiedlicher Verursachung. Enzephalopathien äußern sich in Verhaltensänderungen, vielfältigen vegetativen, motorischen und neurologischen Symptomen. Sie können u. a. durch Unterversorgung des Gehirns mit Nährstoffen und Sauerstoff, organische Schäden oder Toxine hervorgerufen werden und sind oft Folge anderer Primärerkrankungen. Die als spongiforme Enzephalopathien bekannten Krankheitsbilder wie Creutzfeldt-Jakob-Erkrankung, Kuru-Krankheit, BSE (Bovine Spongiforme Enzephalopathie) oder Scrapie (Traberkrankheit) werden durch sog. Prionen verursacht.

Frisch erlegtes Krokodil, daneben Krokodileier, die ungefähr die Größe von Gänseeiern haben.

ben. Zu diesem Zeitpunkt wusste er jedoch nicht, dass die Haut zwischen den einzelnen Panzerplatten sehr dünn, weich und dem Stechapparat der Glossinen leicht zugänglich ist. Um die Frage zu klären, lässt Koch mehr als tausend Glossinen an verschiedenen Stellen fangen und ihren Mageninhalt untersuchen. Aber nicht das erwartete Vogelblut wird gefunden, sondern fast ausschließlich Krokodilblut! Nun bleibt nichts anderes übrig, als auch die Krokodile zu untersuchen. Aber wie kam man an diese scheuen Tiere heran? Da die Eingeborenen mit ihren Speeren sie nicht erlegen konnten, musste der Geheimrat höchstpersönlich jagen. „Am besten geht es noch, wenn man versucht, es auf seinem Nest zu überraschen. Das Krokodil legt, wie bekannt ist, seine 60 bis 70 Eier in eine Vertiefung im Sandboden, bedeckt sie wieder mit Sand und lässt sie von der Sonne ausbrüten. Aber oft kehrt das Tier auf das Nest zurück, nicht etwa um zu brüten, sondern um die Eier gegen feindliche Tiere zu schützen. Nach längerer Mühe gelang es mir denn auch, ein Krokodil nahe am Nest zu erlegen."

Die Abbildung oben zeigt ein anderes Krokodil, das Koch erst durch einen Schuss in die Wirbelsäule gelähmt hatte, sodass es nicht mehr entrinnen konnte. Nachdem es dann getötet war, wurde es zu den Eiern, die unterdessen ausgehoben waren, geschleppt, um mit den Eiern zusammen fotografiert zu werden. Dem ersten, bei dem Neste erlegten Krokodil entnahm Koch sofort Blut, um Präparate zu machen und Kulturen anzulegen.

Im Blut der Krokodile wie bei Fütterungsversuchen in den Glossinen finden sich außergewöhnliche Mengen an Trypanosomen, die aber in keinem Zusammenhang mit *Trypanosoma brucei rhodesiense* stehen. Da man mit ausgewachsenen Krokodilen nicht experimentieren

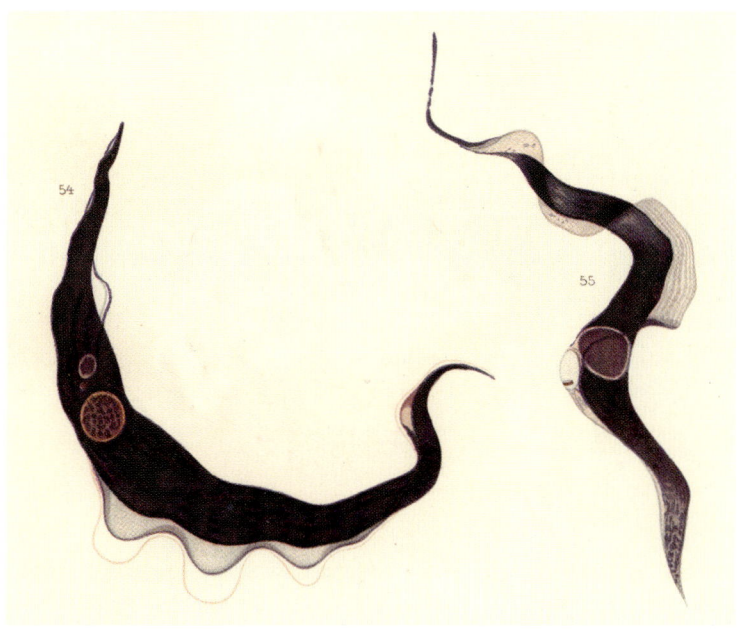

Trypanosomen (*T. grayi*) im Krokodilblut (Zeichnung während der Expedition 1906/07).

kann, lässt Koch die erbeuteten Eier in der Nähe des Expeditionslagers in der Erde vergraben; die Sonne übernimmt das Ausbrüten. Bald hatte man so junge Krokodile, die sich sehr gut entwickelten. An diesen infektionsfreien Jungtieren lässt Koch gefangene Glossinen Blut saugen. Es gelingt der Nachweis, dass diese Fliegen in der Tat von Krokodilblut leben, allerdings nicht ausschließlich. Auch andere Wassertiere, wie beispielsweise Flusspferde, können hier und da als Blutlieferant dienen; der Hauptanteil wird aber dem Krokodil entnommen. Zum Versuchsprogramm gehört die Züchtung eigener Glossinen, ein nicht einfaches Unternehmen unter den primitiven Bedingungen. Dazu wurden die Aufbewahrungsorte der Fliegengläser, die Tische, in Gefäße mit Wasser gestellt. So bewahrte man die Fliegenzucht vor den allzu gefräßigen Ameisen.

Bei den verschiedenen Untersuchungen von Blutausstrichen der Patienten, von Rindern, Antilopen, Krokodilen und anderen Tieren sowie der Tsetsefliegen fanden sich unterschiedlich gestaltete Stadien von Trypanosomen: große, kleine, runde, langgestreckte, mit Geißel am Ende bzw. in der Mitte beginnend. Dabei handelte es sich – wie wir heute wissen – um Vertreter verschiedener Arten, wie z. B. *Trypanosoma grayi* (beim Krokodil), *Trypanosoma brucei* (Rinder, Antilopen), *Trypanosoma brucei gambiense* (Mensch) und um verschiedene Entwicklungsstadien: trypomastigote Stadien (mit Geißel am Ende, im Blut) und epimastigote Stadien (mit Geißel in der Mitte, in der Tsetsefliege).

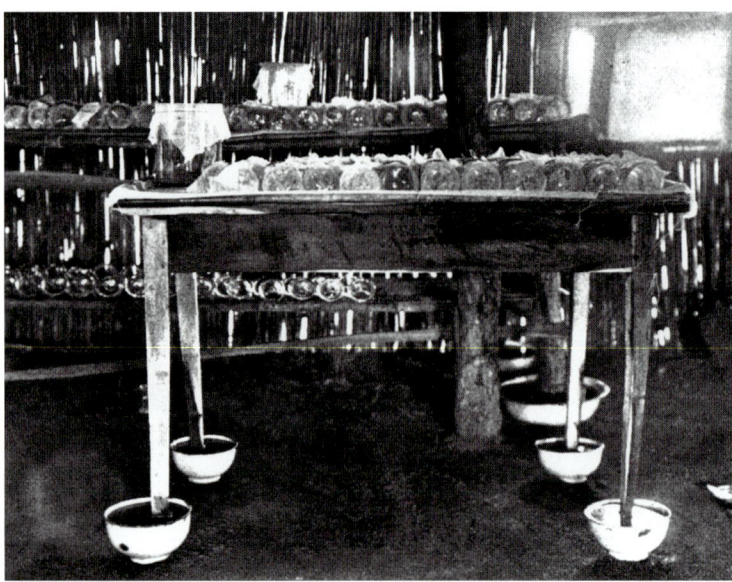

Labortische, die Robert Koch zum Schutz der Fliegenzucht vor Bodeninsekten in Wasserschalen stellte.

Verdienstvoll war die Erkenntnis, dass die Übertragung der Schlafkrankheit des Menschen auf einem Überträger-/Entwicklungszyklus zwischen Stadien im Blut des Menschen und Stadien in der Tsetsefliege beruht. Die von Koch und Kleine angesprochenen sexuellen Stadien sind unterschiedlich große asexuelle Stadien. Die tatsächlich existierenden und somit von Koch im Voraus geahnten Geschlechtsstadien wurden molekularbiologisch erst um 1990 nachgewiesen, wobei aber „männlich-weiblich" bzw. „+" oder „–" im Ausstrich nicht differenziert werden können.

Wie konnte man die Krankheit bekämpfen? Dazu empfahl Koch folgende Möglichkeit: „Um die Schlafkrankheit nicht aufkommen zu lassen, ist es nötig, die Glossinen aus dem Bereiche von Muansa fern zu halten, und das kann geschehen dadurch, dass man am Seeufer einen breiten Gürtel freihält von solcher Vegetation, welche die Glossinen zu ihrem Gedeihen gebrauchen."

Koch von Sandflöhen gepeinigt

Durch Chininprophylaxe und Moskitonetze bleiben die Expeditionsmitglieder, bis auf Koch, von Erkrankungen verschont. Ihn quälen vor allen Dingen die in seine Zehen eingedrungenen Sandflöhe (*Tunga penetrans*), die er aufgrund seiner hohen Kurzsichtigkeit meist zu spät erkennt und entfernt. Die Folge sind nicht heilende Fußwunden (Tungiasis) mit Superinfektionen und Lymphangitiden. Mit Sublimatverbänden (Sublimat = Quecksilber-II-chlorid) ist er an das Bett

Was ist eigentlich ...

Chinin, bitter schmeckendes Alkaloid der Chinarinde, das 1820 entdeckt wurde; das wichtigste Alkaloid der Chinaalkaloide, dessen Giftigkeit auf einer Hemmung von Enzymen der Gewebsatmung, einer Blockierung der Nucleinsäuresynthese und der Komplexbildung mit der DNA beruht. Chinin findet vielfältige medizinisch-therapeutische Anwendungen. In niedriger Dosierung wird Chinin auch heute noch aufgrund seiner fiebersenkenden und schmerzlindernden Eigenschaften in Grippemitteln verwendet. Als Antimalariamittel ist Chinin heute weitgehend durch andere (synthetische) Chemotherapeutika ersetzt.

■ Tungiasis ■

Die Tungiasis ist eine parasitäre Hauterkrankung, die durch den Sandfloh *Tunga penetrans* hervorgerufen wird. Dieser ist verbreitet in Mittel- und Südamerika sowie im tropischen Afrika. Die Larven des Sandflohs entwickeln sich im Sandboden, auch an Stellen, die von Menschen und Tieren frequentiert werden. Parasitisch ist nur das ca. 1 mm große, befruchtete Weibchen, das sich mit dem Kopfteil durch die Haut des Wirtes bohrt, von der es nach einigen Tagen fast vollständig umschlossen wird. Bevorzugt sind die Haut zwischen den Zehen und unter den Nägeln oder auch andere weiche Partien an Händen, Ellenbeugen und in der Genitalregion. Symptome sind nach dem Eindringen des Parasiten anfängliches leichtes Jucken und Hautrötung, nach einigen Tagen schmerzhafte, erbsengroße Hypertrophie. Heftiges Jucken und Kratzen führt dann meist zu entzündlichen Reizungen der befallenen Stellen und in der Folge zu Sekundärinfektionen. Auch Tetanus (Wundstarrkrampf) wurde als Komplikation beschrieben. Die Behandlung erfolgt über chirurgische Entfernung der betroffenen Hautpartien mit anschließender lokaler Antibiotikatherapie. Zur Vorbeugung sollte in den Infektionsgebieten festes Schuhwerk getragen werden und auf Juckreiz geachtet und die Füße regelmäßig auf Flöhe gemustert werden. Bei frühzeitigem Erkennen kann der Floh noch mit einer Injektionsnadel entfernt werden.

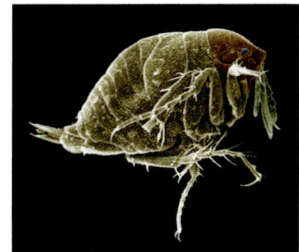

Sandfloh (*Tunga penetrans*).

gefesselt und humpelt immer seltener hinüber zum Mikroskopierzelt. In seiner Einsamkeit unterhalten ihn zwei junge graue rotgeschwänzte Papageien. Außerdem spielt er auf einem Reiseschachbrett mit sich selbst Schach. Allabendlich empfängt er schriftliche Rapporte über die Zahl der neu aufgenommenen Kranken, über Drüsenpunktionen, Blutuntersuchungen und Rezidive (Rückfälle), sodass er stets über alles Wissenswerte unterrichtet bleibt.

Von seinen Mitarbeitern erwartet Koch höchstes Engagement, auch an Sonntagen: „Solange unsere Krankenzahl sich noch in erträglichen Grenzen bewegte, wurden die mikroskopischen Untersuchungen frisch gefangener Glossinen fortgesetzt. Jeden Morgen in der Frühe zogen die Fliegenboys aus, um gegen Abend ihren Fang heimzubringen, der am nächsten Tage zur Untersuchung kam. Besonders ergiebig gestaltete sich die Beute regelmäßig am Sonnabend. Auf unsere verwunderte Frage nach dem Grund erklärten die Boys, der Große Herr – das ist Koch – habe ihnen eingeschärft, gerade heute möglichst viele Fliegen zu bringen. Koch selbst zeigte sich dann stets über die reiche Ausbeute hocherfreut und äußerte: ‚Da werden wir uns morgen ordentlich ranhalten müssen!' Sein sonntäglicher Arbeitsplan wurde einmal vereitelt, da alle Fliegen von Ameisen während der Nacht aufgefressen worden waren, nur die Flügel und Beine waren übriggeblieben. Kochs starke Missstimmung gegen eine Sonntagsruhe trat schon in Berlin deutlich hervor. Im Institut für Infektionskrankheiten wünschte er einst am Sonntag Dr. N. und Professor F. zu sprechen. Auf die Antwort seines Mitarbeiters F. K. Kleine, beide Herren seien nicht anwesend, schüttelte er verwundert den

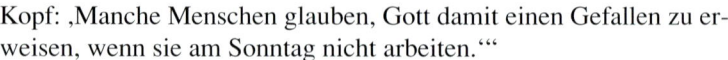

Kopf: ‚Manche Menschen glauben, Gott damit einen Gefallen zu erweisen, wenn sie am Sonntag nicht arbeiten.'"

Mit wachsender Patientenzahl richtet sich Kochs Interesse immer mehr auf den klinischen Verlauf der Seuche und deren wirksame Bekämpfung. Voraussetzung dazu war aber eine leicht zu handhabende und zuverlässige Methode des mikroskopischen Nachweises der Krankheitserreger im Körper der infizierten Menschen. Denn auch ohne Krankheitserscheinungen bedeuteten infizierte Personen eine ständige Gefahr für die Umgebung und begrenzten den Erfolg der Seuchenbekämpfung.

Die mikroskopische Diagnose „stützte sich anfangs lediglich auf die englische Methode der Drüsenpunktion, denn in Blutausstrichen der Kranken fand man nur selten Trypanosomen, unter 180 Untersuchungen nur dreimal. Dieses Resultat verbesserte sich rasch, als wir anstatt Ausstriche große gefärbte Tropfen untersuchten. Um die Ausarbeitung dieses heute allgemein geübten Verfahrens hatte Oberarzt Kudicke den größten Verdienst." Bei dieser Methode wird der Bluttropfen nach dem Trocknen ohne Vorbehandlung mit einem Gemisch aus Eosin und Azur II gefärbt (nach Giemsa). Fast zu hundert Prozent gelingt dadurch der Nachweis der Parasiten im Blut. Ein großer Vorteil dieses Verfahrens war die leichte Ausführbarkeit; es bedurfte nur einiger Bluttropfen, die ohne Schwierigkeit aus dem Ohrläppchen zu entnehmen waren. Die Blutuntersuchungen ergeben, dass die Schlafkrankheit sich ganz allmählich entwickelt: Zunächst zeigen die Patienten lange Zeit keine Symptome, obwohl sich bereits Trypanosomen im Blut nachweisen lassen, dann stellen sich Drüsenschwellungen und später nervöse Erscheinungen ein. Der eigentlich charakteristische Befund, dem die Krankheit ihren Namen verdankt, bezeichnet nur das Endstadium des langwierigen Verlaufs.

Was ist eigentlich ...

Giemsa-Färbung [benannt nach dem deutschen Apotheker und Chemiker Berthold Gustav Carl Giemsa, 1867–1948], Kontrastfärbung (leuchtend rot-violett) für Gewebeschnitte und Ausstriche zur Unterscheidung verschiedener Gewebezellen, Protozoen (Einzeller) und Bakterien, v. a. Rickettsien (im Gewebe) und Zelleinschlüssen.

Ein neues Medikament

Glücklicherweise besitzt Koch gegen die tödliche Krankheit ein neues Medikament, Atoxyl, das subkutan gespritzt wird. Atoxyl, ein verhältnismäßig einfach gebautes organisches Arsenpräparat der Vereinigten Chemischen Werke, Berlin, hatte sich bereits in der Behandlung von Hautkrankheiten bewährt und wurde 1905 von der Liverpooler Tropenmedizinischen Schule aufgrund von Tierversuchen (Kaninchen) auch zur Behandlung der Schlafkrankheit empfohlen. Nachdem in einigen Fällen über günstige Erfolge berichtet worden war, wollte Koch das Mittel im großen Maßstab einsetzen. Die schnelle klinische Besserung durch dieses Medikament war ganz erstaunlich, auch bei Schwerkranken, wovon Koch eine Reihe von Fällen auflistete, wie z. B. den Patienten Nr. 236: „(Bugalla) T., Mann

Schwerkranker Häuptling der Seseinseln auf einer Trage vor der Behandlung mit Atoxyl.

von 30 Jahren, Katechist der französischen Mission. Seit zwei Jahren krank; kann seit sechs Monaten nicht mehr gehen, befindet sich seit drei Monaten im Schlafzustand. Bei seiner Aufnahme am 11. September war er ganz hilf- und willenlos. Er lag beständig im tiefsten Schlaf, ließ unter sich gehen. Aufgerüttelt öffnete er für einige Minuten blinzelnd die Augen, gähnte fortwährend und schlief dann wieder ein. Jetzt hat sich die Schlafsucht und damit die Enuresis (unkontrollierte Harnentleerung) vollkommen verloren. Er ist bei vollem Bewusstsein, kann gut gehen, macht sogar allein Spaziergänge. Er spricht ganz verständlich und kann aus einem Buche vorlesen. Die Besserung ist noch im Fortschreiten."

In ähnlicher Weise hatte sich auch der Zustand eines schwer erkrankten Häuptlings einer benachbarten Insel gebessert. Vor zwei Monaten war er auf einer Tragbahre zur Behandlung gebracht worden. Bereits nach wenigen Injektionen von Atoxyl konnte er mithilfe seines Begleiters wieder gehen. Am 15. September 1906 berichtet Koch aus Sese an seinen Amtsnachfolger in Berlin, Georg Gaffky: „Die kurze Zeit meines Hierseins hat mir gezeigt, dass ich keinen besseren Ort für unsere Arbeiten wählen konnte. Namentlich haben wir ein vorzügliches Krankenmaterial gefunden, was ja doch die Hauptsache ist. Anfangs kamen wenige Leute zögernd an, die unsere Hilfe in Anspruch nahmen; aber bald fassten sie Vertrauen, und jetzt haben wir schon mehr Kranke, als wir bewältigen können … Das verdanken wir hauptsächlich der Atoxylbehandlung … Allem Anschein nach sind die damit erzielten Erfolge ganz ausgezeichnet."

Der Häuptling kann nach zweimonatiger Behandlung mit Atoxyl wieder laufen.

Nach der Injektion verschwinden die Trypanosomen aus dem Blut, in der Regel bereits nach sechs Stunden. Theoretisch könnte dadurch eine Weiterübertragung unterbunden werden. Die Injektionen müssen jedoch mehrfach wiederholt werden, da es sonst innerhalb von vier Wochen zu Rezidiven kommt. Eine langfristige Therapie und damit auch Unterbrechung der Infektionskette scheitert an der Einstellung der Eingeborenen; sobald sie sich besser fühlen, laufen sie davon. Koch sucht nach einer Therapieform, die Rückfälle ausschließt und den Körper der Kranken auf Dauer von Trypanosomen befreit. Als er versuchsweise die Atoxyldosis erhöht, kommt es zu schweren Sehstörungen, zweiundzwanzig Patienten erblinden.

Zufällig trifft der Wiener Ordinarius für Ophthalmologie (Augenheilkunde), Prof. Ernst Fuchs (1851–1930), die Expedition auf den Seseinseln: „Zur großen Reise nach Zentralafrika kam ich durch einen Zufall. Als ich einmal in die Buchhandlung ging, traf ich dort Prof. Breus. Auf meine Frage, was er zu Ostern unternehmen werde, antwortete er, an den Viktoria-Nyansa zu reisen. Er erklärte mir, dass dies jetzt dadurch erleichtert sei, dass seit kurzem die Uganda Railway bis an den See geht." Am 6. April 1907, gegen Mitternacht, landet Fuchs mit seinen Begleitern auf der Insel: „Auf unseren Lärm hin machte ein Herr, den wir nachher als Regierungsrat Beck kennen lernten, Licht und wies uns ein hübsches strohgedecktes Haus an, das früher einer der Ärzte bewohnt hatte und wo wir rasch unsere Betten aufschlugen und ohne Nachtessen zu Bette gingen."

Am nächsten Morgen trifft er mit Koch zusammen, der trotz seiner 64 Jahre gut aussieht: „… nur leidet er jetzt gerade an seinem Bein, wo sich öfters große Blasen bilden. Koch erzählt uns, dass die Einwohner der Insel noch manchmal die Verstorbenen verzehren; sie graben sie einen oder zwei Tage nach der Beerdigung heimlich wieder aus." Der Ophthalmologe untersucht die vier Erblindeten: „In allen war auffallend, dass die Pupillen eng waren trotz der gänzlichen Erblindung; sie reagierten nicht auf Licht, ob auf Konvergenz, ließ sich nicht feststellen. Der Augenhintergrund, zumal der Sehnerv, war in allen Fällen normal." Koch erwähnt später diesen Vorfall auf einer Sitzung des Reichsgesundheitsrates, ohne jedoch den Namen des Augenarztes zu nennen: „An den Augen der Erblindeten seien krankhafte Veränderungen auch bei Untersuchungen durch einen Spezialisten nicht nachzuweisen gewesen, sodass seiner Ansicht nach es sich wohl um krankhafte Vorgänge im Gehirn handle." Hätte Fuchs die Patienten drei Monate später gesehen, so wäre ihm sicherlich eine Optikusatrophie (Rückbildung der Sehnerven) aufgefallen. Sein Sohn, Prof. Adalbert Fuchs, der die Tagebuchblätter seines Vaters 1946 herausgab, gab dazu folgenden Kommentar: „Atoxylvergiftung führt manchmal zu einer Atrophie der Sehnerven mit völliger Abblassung der Papillen. Dass dies in diesen vier Fällen nicht konstatiert wurde, ist vielleicht so zu erklären, dass die Erblindung ganz kurz vorher eingetreten war, ohne dass das Sehnervengewebe schon geschwunden gewesen wäre und dadurch eine weiße Farbe gezeigt hätte."

Beck beschreibt 1909 die beidseitige Optikusatrophie drei Monate nach der Erblindung unter Atoxyltherapie: „Da diese Erblindung fast ausschließlich bei solchen Kranken beobachtet wurde, welche mit großen oder anhaltenden Atoxyldosen eingespritzt worden waren, so konnte die Ursache der Erblindung nur auf das Atoxyl zurückgeführt werden. Zu gleicher Zeit, als bei uns diese Fälle beobachtet wurden, hörten wir, dass auch in Europa bei einigen Fällen nach Syphilisbehandlung mit größeren Atoxylgaben Sehstörungen sich eingestellt hatten. Diese Wahrnehmung bestärkte unsere Vermutung, dass die bedauerliche Begleiterscheinung des Erblindens nicht direkt mit der Schlafkrankheit selbst in Verbindung gebracht werden durfte. Die erwähnten Vorkommnisse veranlassten uns selbstverständlich, bei der weiteren Krankenbehandlung wieder zu den kleineren Atoxyldosen zurückzukehren." Die nach heutigen Maßstäben unverständliche, sorglose Erhöhung der Dosis ist möglicherweise darauf zurückzuführen, dass seinerzeit der Name „Atoxyl" wegen der relativ geringen toxischen Wirkung der Verbindung gewählt wurde und dies zu einer Unterschätzung der Nebenwirkungen führte.

In seinem Schlussbericht resümiert Koch: „Es ist wohl möglich, dass im Laufe der Zeit andere Mittel gefunden werden, welche noch mehr Erfolg haben als das Atoxyl und dann an dessen Stelle treten können. Aber das Atoxyl ist, wenn auch kein unfehlbares Mittel, so doch eine so gewaltige Waffe im Kampfe gegen die Schlafkrankheit, dass man es jetzt schon so viel als irgend möglich dafür ausnutzen muss."

Im Spital der französischen Missionare zu Bumangi, in dem bis dahin hauptsächlich Kranke von den Seseinseln Heilung suchten, wurden von 1903 bis 1907 insgesamt 212 Schlafkranke aufgenommen. Keiner überlebte. In den Schlafkrankenlagern von Robert Koch zu Bugala und Bumangi wurden vom August 1906 bis zum September 1907 im Ganzen 1 633 Kranke mit Atoxyl behandelt. Unter diesen Kranken waren in der angegebenen Zeit 131 Todesfälle zu beklagen. Ein großer Teil der Patienten entzog sich jedoch einer weiteren Behandlung, nachdem sie eine wesentliche Besserung verspürten. Da sie oft aus weiter Entfernung und aus dem Landesinneren stammten, konnte der weitere Krankheitsverlauf von der deutschen Expedition meist nicht verfolgt werden. Trotzdem, die Atoxylbehandlung war ein erster großer Erfolg im Kampf gegen die Schlafkrankheit. Dennoch blieben die Menschenverluste enorm hoch: So kamen zwei Drittel der Bewohner der Seseinseln um, und allein in Belgisch-Kongo starben zwischen 1906 und 1920 mehr als eine Million Menschen an der Schlafkrankheit.

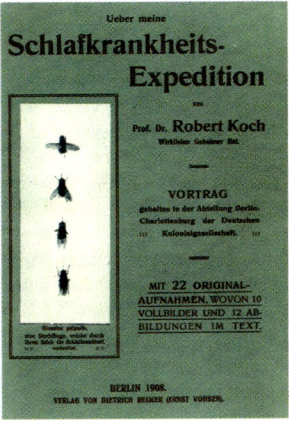

Publikation von Kochs Vortrag über die Schlafkrankheit 1908 in Berlin.

Porträt

Virchow, *Rudolf*, deutscher Pathologe, Anthropologe und Sozialpolitiker, * 13.10.1821 Schivelbein (Pommern), † 5.9.1902 Berlin; ab 1846 Prorektor an der Berliner Charité, ab 1849 Professor in Würzburg (Lehrer von Ernst Haeckel), ab 1856 in Berlin, Gründer und Leiter des Pathologischen Instituts der Charité; einer der bedeutendsten Mediziner des 19. Jahrhunderts; erkannte 1848, dass der „Hungertyphus" in Schlesien kein medizinisches, sondern ein soziales Problem darstellte; hervorragend tätig auf dem Gebiet der öffentlichen Gesundheitspflege, der Anthropologie, Ethnographie und Archäologie. Meilensteine seiner Forschung sind Arbeiten über Entzündungen, Tumore, Metastasen, Tuberkulose, Leukämien und Diphtherie.

Porträt

Kleine, *Friedrich Karl Berthold*, deutscher Tropenmediziner, * 14.5.1869 Stralsund, † 22.3.1951 Johannesburg (Südafrika); Schüler von Robert Koch, ab 1924 Professor in Berlin, seit 1933 Präsident des dortigen Robert-Koch-Instituts für Infektionskrankheiten; untersuchte den Entwicklungszyklus des Erregers der Schlafkrankheit, die durch den Stich der Tsetsefliege übertragen wird, und führte 1920 die Therapie mit Germanin (Suramin, Bayer 205; Suramin-Natrium) ein.

Nach seiner Rückkehr im Oktober 1907 feiern und ehren die Berliner „ihren" Robert Koch. Kaiser Wilhelm II. ernennt ihn zum „Kaiserlichen Wirklichen Geheimen Rat" mit dem Titel Exzellenz. Koch revanchiert sich mit Vorträgen über die Bekämpfung der Schlafkrankheit, so im Januar 1908 mit einem Lichtbildvortrag in Gegenwart des Kaiserpaares, am 11. Februar vor der Berliner Ärzteschaft, die ihm eine Porträtmedaille überreicht, und am 24. Februar 1908 vor der Deutschen Kolonialgesellschaft. Auch der Berliner Gesellschaft für Anthropologie, Ethnologie und Urgeschichte erweist er am 21. März 1908 „die Ehre eines Vortrages", wie es der Vorsitzende formulierte und durch die stenografischen Aufzeichnungen des Geheimen Medizinal-Rates Prof. Dr. Dönitz, „der sich bei dem Ausbleiben des Fachstenographen auf das Liebenswürdigste zur Verfügung stellte", festgehalten wurde. Der Name Robert Koch „hatte unsere Aula bis zum letzten Winkel gefüllt. Sie reichte bei weitem nicht aus, um allen, vornehmlich auch den Damen, Zutritt zu gewähren". Koch war schon seit 1870 Mitglied der Gesellschaft und hatte bereits in Wollstein, Kreis Bomst, in den Burgwällen nach prähistorischen Schätzen gesucht, z. T. auch gemeinsam mit Rudolf Virchow. Doch die Skelette befanden sich in einem beklagenswerten Zustand, Beigaben fehlten. Und so resümierte der Vorsitzende: „Es ist ein wahres Glück zu nennen, dass der große Entdecker gerade hier so wenig fand: er wäre vielleicht noch heute Prähistoriker im Kreise Bomst! Wir aber dürfen auf dieser Grundlage Robert Koch auch ein wenig als den Unsern betrachten." Der Vortrag trug den Titel: *Anthropologische Beobachtungen gelegentlich einer Expedition an den Viktoria-Nyansa* und wurde in der *Zeitschrift für Ethnologie* 1908 publiziert. Besondere Aufmerksamkeit erregten seine Berichte über Felsmalereien in Kisaba, in der Nähe des Westufers des Viktoria-Sees, vermutlich aber auch sein abschreckendes Beispiel von der einheimischen Justiz. So hatte ihn ein Patient aufgesucht, der an quälenden Fußgeschwüren litt. Außerdem fiel auf, dass er blind war und keine Ohren hatte: „Die Augenhöhlen waren leer. Wir erfuhren, dass er in eine zu nahe Berührung mit dem Harem eines Sultans gekommen und dabei gefasst worden war. Da wurden ihm sofort die Ohren abgeschnitten und mit den Daumen die Augen aus den Höhlen gedrückt. Es erinnert das an unseren Ausdruck: die Daumen auf die Augen setzen. Man könnte fast glauben, dass er aus einer Zeit stammt, wo eine solche Justiz auch bei uns geübt wurde."

Nach Kochs Vorschlägen wird die Bekämpfung der Schlafkrankheit unter Leitung von Friedrich Karl Kleine in Deutsch-Ostafrika organisiert. Vorgebildete Ärzte setzen die wissenschaftlichen Untersuchungen fort und behandeln die zahlreichen Patienten am Viktoria- und Tanganjika-See. Damit verbunden werden allgemeine sanitäre Maßnahmen, wie z. B. die Verlegung gefährdeter Dörfer; Flüsse und

Mitglieder der Expedition 1906 in Amani: Von links nach rechts: Oberarzt Kudicke, Stabsarzt Kleine, R. Koch, Regierungsrat Beck, Stabsarzt Panse, Sanitätsfeldwebel Sacher.

Wasserstellen, in denen Tsetsefliegen leben, werden von Buschwerk gereinigt. Eine strenge Karawanenkontrolle hindert infizierte Eingeborene, die Seuche zu verschleppen.

■ Geschichte des Robert Koch-Instituts ■

Als der 37-jährige Robert Koch 1880 nach Berlin kam, arbeitete er zunächst im Kaiserlichen Gesundheitsamt. Dieses war 1876 gegründet worden und hatte erst nach dem Umzug in die Luisenstraße 57 im Jahre 1879 ein chemisches und ein Hygiene-Laboratorium erhalten. Obwohl die Gründung eines eigenen Instituts zur Erforschung und Bekämpfung von Infektionskrankheiten seit 1887 erwogen wurde, gab erst der X. Internationale Medizinische Kongress 1890 in Berlin den Ausschlag, für Preußen ein Institut für Infektionskrankheiten zu etablieren. Seit der Eröffnung am 1. Juli 1891 übernahm das „Koch'sche Institut", wie es schon vor der Einweihung genannt wurde, Aufgaben für Städte und Reichsbehörden. Internationale Anfragen wurden ebenfalls beantwortet, meist waren es Gutachten auf der Grundlage experimenteller Arbeiten.

Der erste Standort befand sich neben der Charité, dem größten und ältesten Krankenhaus der Stadt Berlin. Die wissenschaftliche Abteilung wurde in einem umgebauten Wohnhaus eingerichtet, das wegen des Grundrisses „Triangel" hieß. 1897 erfolgte die Grundsteinlegung am heutigen Standort. Im Sommer 1900 war der Bau fertiggestellt. Auf dem weitläufigen Gelände gab es Ställe für Tiere wie Rinder, Pferde, Schafe und sogar Frettchen und Frösche.

Zum 30. Jahrestag der Entdeckung des Tuberkel-Bazillus erhielt das Institut den Namenszusatz „Robert Koch", nach dem ersten Weltkrieg verschwand das „Königliche" aus dem Namen. Von 1935 bis 1942 gehörte das „Institut für Infektionskrankheiten Robert Koch" zum Reichsgesundheitsamt. Seinen heutigen Namen trägt das Institut seit dem 1. April 1942, als es zur „Reichsanstalt" wurde.

Nach Ende des Zweiten Weltkrieges wurde das Robert Koch-Institut 1945 mit Genehmigung der Alliierten der Gesundheitsadministration der Stadt Berlin zugeordnet, behielt aber einen Sonderstatus dadurch, dass sich die Aufgaben nicht auf Berlin konzentrierten, sondern weit darüber hinaus reichten. Mit den politischen Vereinbarungen der Alliierten über Berlin zeichnete sich seit 1948 eine Lösung ab. 1952 wurde das Robert Koch-Institut Bestandteil des Bundesgesundheitsamtes und blieb es bis zur Auflösung dieser Behörde. Seit 1994 ist das Institut als obere Bundesbehörde eine wissenschaftliche Einrichtung im Geschäftsbereich des Bundesministeriums für Gesundheit. 1998 erfolgte eine umfassende Reorganisation und thematische Fokussierung.

Ampullenschachtel „Bayer 205".

Was ist eigentlich ...

Flussblindheit, Befall des Menschen mit der Filarie *Onchocerca volvulus*, in West- und Zentralafrika sowie Mittel- und nördlichem Südamerika, 30–40 Millionen Kranke. Die erwachsenen Würmer leben knotenartig zusammengeballt in fibrösen Cysten des Unterhautbindegewebes. Ihre Larven (Mikrofilarien) wandern in periphere Lymphgefäße, gelegentlich auch ins Auge, wo Entzündung und Erblindung hervorgerufen werden können. Typisch sind auch Depigmentierung und Strukturänderungen der Haut nach langem Bestehen der Infektion. – Versuche, die Flussblindheit mithilfe von Pestiziden, welche die Überträger der Krankheiten töten, zurückzudrängen, verliefen nicht erfolgreich. Erst durch die Behandlung der Patienten mit Ivermectin konnte die Flussblindheit eingedämmt werden. Eine ganz neue Strategie könnte nach neueren Erkenntnissen die Gabe von Tetracyclinen sein.

Anfang 1914 schickt das Kaiserliche Gesundheitsamt Kleine nach Kamerun, um die sich dort ausbreitende Schlafkrankheit einzudämmen. Hier überrascht ihn der erste Weltkrieg. Im Verlauf der Kämpfe tritt die deutsche Schutztruppe 1916 zu der benachbarten spanischen Kolonie Muni über. Kleine kehrt 1919 nach Deutschland zurück, scheidet als Generaloberarzt aus dem Heeresdienst aus, wird 1920 in Berlin Professor und Abteilungsleiter, 1925 Abteilungsdirektor am Institut Robert Koch (ein Zusatz, den der Kaiser 1912 dem Institut für Infektionskrankheiten verliehen hatte). Sein Name bleibt eng verbunden mit späteren Arbeiten über ein 1916 entdecktes neues Mittel zur Bekämpfung der Schlafkrankheit, „Bayer 205" bzw. Germanin, heute Suramin. Mit diesem Medikament, einem farblosen, wasserlöslichen Harnstoffderivat, erzielte Kleine während seiner Afrika-Expedition 1921-1922 Ergebnise, die an „biblische Heilungen" erinnerten. Germanin erlaubte erstmals eine systematische Bekämpfung der Seuche. Etwa 20 Jahre später (1940) stellte man fest, dass es auch gegen die Flussblindheit (Onchocerciasis) wirksam ist.

England und Frankreich bekämpfen in ihren afrikanischen Kolonien die Schlafkrankheit militärisch organisiert. Dank einer nahezu vollständigen seuchenmedizinischen Abdeckung aller Risikogebiete, konnte in den 1950er-Jahren die Krankheitshäufigkeit in den meisten Trypanosomiasis-Gebieten auf weniger als 0,1 Prozent der Gesamtbevölkerung gesenkt werden. Es bestand die Hoffnung, diese Krankheit ausrotten zu können. Leider kam es anders. Mit der Unabhängigkeit der afrikanischen Staaten in den 1960er-Jahren wurden die Bekämpfungsbehörden – auch aus Geldmangel – aufgelöst oder ihre Aktivitäten auf ein uneffektives Minimum reduziert. Das rächte sich. Tsetsefliegen und Schlafkrankheit kehrten zurück! Innerhalb weniger Jahre erhöhte sich die Erkrankungshäufigkeit z. T. auf 18 Prozent. Man schätzt, dass heute ca. 500 000 Menschen in Afrika mit Trypanosomen infiziert sind, wobei aber nur bei rund 50 000 die Krankheit bisher festgestellt werden konnte. Im Kampf gegen die Seuche stehen heute hochwirksame und gut verträgliche Medikamente, wie z. B. das Eflornithin, zur Verfügung. Auch die Lokalisation der Brutstätten mittels GPS und jüngere Erkenntnisse über molekulare Regelmechanismen zwischen Immunsystem und Schlafkrankheitserreger haben die Erfolgsaussichten verbessert. Die Weltgesundheitsorganisation (WHO) vereinbarte im Mai 2001 mit dem Pharmakonzern Aventis ein Fünfjahresprogramm mit einem Volumen von 25 Millionen Dollar für die Versorgung mit Medikamenten gegen die Schlafkrankheit, eine flächendeckende Vorsorge einschließlich der Krankheitskontrolle sowie die Erforschung und Entwicklung neuer Arzneistoffe.

Koch hatte das Glück, während seiner langjährigen Forschungsarbeit von fähigen Mitarbeitern umgeben zu sein. Ein großer Teil gehörte dem aktiven Sanitätskorps an, wie z. B. seine ältesten Schüler, Georg Gaffky (1850–1918) und Friedrich Loeffler (1852–1915), oder sein späterer Schwiegersohn Eduard Pfuhl (1852–1917). Der bekannteste Schüler wurde ohne Zweifel Emil von Behring, Begründer der modernen Serumtherapie (Diphterieserum) und als „Retter der Kinder" mit dem Nobelpreis geehrt. Shibasaburo Kitasato arbeitete von 1885 bis 1892 im Auftrag der japanischen Regierung bei Robert Koch. Er gehörte ebenfalls zur Gruppe der erfolgreichsten Mitarbeiter. Kitasato wurde zum Begründer der modernen Bakteriologie in Japan, seine freundschaftlich wissenschaftlichen Verbindungen zu Robert Koch blieben zeitlebens erhalten.

Triumphaler Empfang für Robert Koch in Japan

Im Jahr 1908 erlebt Koch eine triumphale Reise durch Japan, wo sein Schüler Kitasato alles aufgeboten hatte, um den berühmten deutschen Gelehrten zu feiern. Beim Betreten des Landes am 12. Juni wird er begeistert und unter großem Jubel empfangen, Hunderte stimmen in die Banzairufe ein. Am Bahnhof in Tokyo erwarten ihn Deputierte und Vertreter der Behörden. Bei einer akademischen Begrüßungsfeier mit 1 300 Menschen, darunter der Premierminister und der Unterrichtsminister, betritt Koch unter den Klängen der deutschen Nationalhymne mit dem Generalstabsarzt der japanischen Armee das Podium. Lautlose Stille herrschte, als er Platz nahm, während die Versammlung ihn stehend erwartet hatte. Außerdem werden er und seine Frau vom japanischen Kaiser empfangen. Der Kaiser dankt Koch für die Ausbildung japanischer Ärzte.

Aus Kyoto schreibt er am 12. August 1908 seiner Tochter in Berlin: „Mein lange gehegter Wunsch, Japan zu sehen, ist nun in Erfüllung gegangen. Ich reise schon fast zwei Monate in dem Wunderland umher und sehe täglich neue, schöne und interessante Dinge. Man hat mich hier mit großen Ehren aufgenommen und tut alles, um mir den Aufenthalt in Japan angenehm zu machen. Professor Kitasato und zwei seiner Assistenten reisen mit mir und sind unermüdlich bedacht, mir alles, was mich interessieren könnte, zu zeigen. Augenblicklich befinde ich mich in Kyoto, einer der größten Städte Japans, früher die eigentliche Hauptstadt des Landes ... Wir kommen jetzt nach Osaka und denselben Tag weiter nach Kobe, einem der Handelshäfen. In beiden Orten erwarten mich Versammlungen von Ärzten, welche mich feierlich begrüßen, Geschenke überreichen und mich bewirten wollen. So ist es jetzt in jedem Ort gewesen, wohin ich gekommen bin ... Eigentlich wollte ich nach Japan auch China besuchen und erst im nächsten Frühjahr wieder in Berlin sein. Aber das ist anders gekommen. Ich bekam hier telegraphisch den Auftrag, als Delegierter am Internationalen Kongress in Washington teilzunehmen und muss

Porträt

Behring, *Emil Adolph von*, deutscher Bakteriologe, *15.3. 1854 Hansdorf (Westpreußen), † 31.3.1917 Marburg an der Lahn; nach Tätigkeit als Militärarzt ab 1889 Assistent von R. Koch, ab 1894 Professor für Hygiene und Bakteriologie und Leiter des Hygienischen Instituts in Halle/Saale, seit 1895 in Marburg; gilt zusammen mit Kitasato als Begründer der passiven Serumtherapie und Pionier der Schutzimpfung; leitete die industrielle Verwertung seiner wissenschaftlichen Ergebnisse selbst; initiierte die Gründung der Behringwerke GmbH (1914), die heute (nach Neugründung 1952) als Behringwerke AG zu einer der bedeutendsten Firmen in Marburg gehört; erhielt 1901 den ersten Nobelpreis für Physiologie oder Medizin.

Porträt

Kitasato, *Shibasaburo*, japanischer Bakteriologe, *20.12. 1856 Oguni, † 13.6.1931 Nakanojo; 1885–92 Schüler von R. Koch; erhielt 1892 den preußischen Professorentitel, danach Professor in Tokio; gründete ein zuerst privates, später dem Staat unterstelltes Institut für Infektionskrankheiten in Tokio und 1914 das private Kitasato-Institut; züchtete 1889 als Erster den Tetanusbazillus; entdeckte 1890 zusammen mit E. A. von Behring die Tetanus- und Diphtherieantitoxine, 1894 den Erreger der Pest und 1898 den Ruhr-Erreger; zusammen mit Behring Begründer der Serumtherapie.

Triumphaler Empfang 1908 in Osaka. R. Koch (rechts), seine Frau (Mitte) und Professor Kitasato (links mit weißem Hut).

nun leider denselben Weg, den ich von Osten her gekommen bin, wieder zurückgehen. Aus meiner Reise um die Erde ist also wieder nichts geworden, und ich werde später noch einmal den Versuch machen müssen, wenn ich überhaupt noch einmal dazu komme."

Koch beugt sich der Aufforderung des deutschen Kultusministers und reist zum internationalen Tuberkulose-Kongress nach Washington. Seinen Unmut darüber bringt er in einem Brief aus Yokohama zum Ausdruck: „Nun muss ich plötzlich alles im Stich lassen und denselben Weg, den ich gekommen bin, wieder zurückgehen, nur um den Amerikanern den Gefallen zu tun, ihren Kongress etwas voller zu machen. Denn was ich in Washington soll, ist mir ganz unklar." Am 21. Oktober 1908 trifft Koch wieder wohlbehalten in Berlin ein.

Kochs Schüler und die Schüler seiner Schüler sind inzwischen über die ganze Welt verbreitet. Er betrachtet sie als seine Nachkommen und die größte Freude seines Lebens. So formulierte er es bei einem Empfang in Tokyo, im Institut für Infektionskrankheiten am 17. Juni 1908, zwei Jahre vor seinem Tod: „Bei Ihnen in Japan gibt es schon beinahe 2 000 meiner Nachkommen, die auf dem Gebiet der Bakteriologie tätig sind. Ich muss in hohem Grade dafür dankbar sein, dass es mir vergönnt ist, ein derartiges Gedeihen noch mit eigenen Augen gesehen zu haben. Und nun fordere ich euch auf, meine Söhne der Wissenschaft, euer Glas zu erheben. Erhebt es und trinkt auf das Gedeihen der Wissenschaft, die wir hier vertreten."

Grundtext aus: J. W. Grüntzig und H. Mehlhorn *Expeditionen ins Reich der Seuchen. Medizinische Himmelfahrtskommandos der deutschen Kaiser- und Kolonialzeit*; Spektrum Akademischer Verlag.

■ Schlafkrankheit auf einen Blick ■

Der deutsche Name Schlafkrankheit bzw. der englische Trivialname *sleeping sickness* gehen auf den anhaltenden Dämmerungszustand sterbender Personen zurück; der zweite Name – afrikanische Trypanosomiasis – weist auf die geographische Verbreitung des einzelligen Erregers (Gattung *Trypanosoma*) hin. Der Artname *brucei* ehrt den englischen Militärarzt David Bruce (1855–1931), der als Erster 1896 im Zulu-Land (Ostafrika) den Zusammenhang zwischen Fliege, Trypanosomen und Tierseuche erkannte.

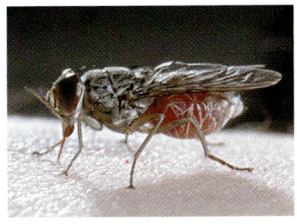

Die Erreger sind einzellige, begeißelte Parasiten, beim Menschen und mehreren Reservoirwirten: *Trypanosoma brucei gambiense* (Westafrika), *Trypanosoma brucei rhodesiense* (Ostafrika). Bei Tieren: *Trypanosoma brucei brucei* (Nagana-Seuche) – beide Gebiete.

Über das Krankheitsbild war bereits von frühen Seefahrern und Sklavenhändlern aus Afrika berichtet worden. Die Verbreitung der Krankheit beschränkt sich auf Ost- bzw. Zentral- und Westafrika; immerhin sind 36 Länder betroffen.

Infektion beim Stich von blutsaugenden Insekten (Tsetsefliege, lateinisch *Glossina*); Verbreitung der Parasiten auf Lymph- und Blutwege in alle Organe, letztlich kommt es zum tödlichen Befall des Gehirns, nach Überwindung der Blut-Hirn-Schranke durch die Erreger.

Krankheitssymptome sind zunächst teigige Schwellungen (Trypanosomen-Schanker) an der Einstichstelle durch lokale Parasitenvermehrung; nach 14 Tagen Generalisierung, d. h. Befall des gesamten Körpers. Infolge der Besiedlung des Gehirns treten neben psychischen Störungen die Leitsymptome Schlafsucht und Koma ein. Der Tod erfolgt bei *Trypanosoma brucei gambiense* nach neun bis zwölf Monaten, bei *Trypanosoma brucei rhodesiense* oft bereits nach drei Monaten.

Die Therapie beruht nach wie vor auf dem von Kleine erarbeiteten Suramin (Germanin). Da es jedoch nicht die Blut-Hirn-Schranke überwindet, werden neuere, toxische Arsenpräparate eingesetzt (z. B. Melarsoprol, Pentamidin). Bei der westafrikanischen Form wirkt bei Hirnbefall auch Difluoromethylornithin (= Eflornithin).

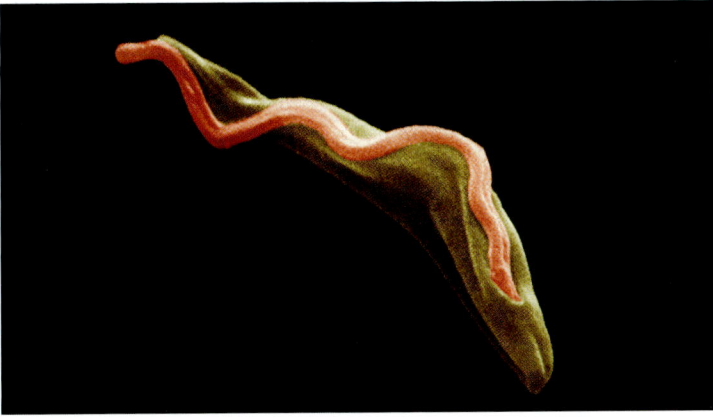

Die Diagnose der Krankheit erfolgt über die Punktion der primären Schwellung an der Stichstelle, die im Mikroskop die Trypanosomen zeigt. Nach 14 Tagen lassen sich durch Ausstrichpräparate die Parasiten im Blut nachweisen. Die Verwendung von Anreicherungsverfahren zeigt die Parasiten zuverlässig.

Mögliche Prophylaxe: Durch Schutz vor Fliegenstichen durch Repellents (Hemmstoffe) auf der Haut, spezielle Fliegenfallen in Hausnähe; oder Chemoprophylaxe mit Pentamidin oder Suramin.

Durch die politischen Wirren in vielen afrikanischen Ländern mit mangelhafter Fliegenbekämpfung und Humantherapie nimmt die Schlafkrankheit wieder zu: ca. 25 000–100 000 Neuinfektionen pro Jahr.

Geld allein hilft nicht

Aids in Uganda: Viele Spenden fließen aus den USA – und schaffen neue Probleme

Harro Albrecht

Für Annett ist heute der Tag der Wahrheit. „Mein Mann hat mit anderen Frauen geschlafen", sagt sie. „Ich glaube, er ist HIV-positiv." Die 31-Jährige sitzt im Wartesaal des Gesundheitszentrums Rushooka im Süden Ugandas und will wissen, ob auch sie das Virus in sich trägt. Aus dem 30 Kilometer entfernten Kabale ist ein Aids-Team zur Station des Ordens der Töchter der göttlichen Liebe gekommen und bietet Informationen und einen Test an. Sollte am Ende des Tages ein positives Ergebnis vorliegen, würde Annetts Leben auf den Kopf gestellt. Sie müsste mehrmals täglich Tabletten schlucken, einmal im Monat Pillennachschub in der weit entfernten Klinik abholen. Ihr Mann – erführe er, dass sie sich hat untersuchen lassen – würde toben. Wer sich testen lässt, gilt schnell als untreu. Annett nimmt das alles in Kauf. Sie möchte unbedingt erfahren, ob sie sich angesteckt hat und mit ihr vielleicht eines der Kinder. „Das Fünfte hat so viele Probleme", sagt sie.

Es ist nicht ungewöhnlich, dass auch abseits der Städte die Ugander über HIV und Aids informiert sind. 1987 hatte der noch heute regierende Präsident Yoweri Museveni als eines der ersten afrikanischen Staatsoberhäupter das Problem Aids offen angesprochen. Weil keine Therapie und kein Geld für Kondomkampagnen zur Verfügung standen, hielt er seine Männer zur Treue an. *„Zero-grazing"* nannte er das in Anspielung auf Rinder, die, bitte schön, nur auf der eigenen Wiese „grasen" sollen. Die landwirtschaftliche Metapher wurde von der überwiegend ländlichen Bevölkerung verstanden. Der Anteil der HIV-Infizierten an der Bevölkerung sank von 15 Prozent im Jahr 1992 auf 5 Prozent zehn Jahre später. Das afrikanische Aids-Wunder war geboren.

Mittlerweile fließt so viel Geld wie noch nie für den Kampf gegen Aids nach Afrika. Das jährliche Spendenaufkommen hat sich seit 2001 auf rund 10 Milliarden Dollar verfünffacht – Uganda ist einer der Hauptempfänger. Aber ist der Kampf gegen Aids mit Geld und Medikamenten zu gewinnen?

Die Heilsbotschaft lautet Abstinenz, Treue, Kondome

In Uganda sind mit den Hilfsgeldern lokale Aids-Zentren entstanden. Deren Mitarbeiter klären auf, verteilen Medikamente, betreuen Kranke. Im Gesundheitszentrum Rushooka beginnt Berater John seinen Vortrag. Wie ein Conferencier reißt er die Arme hoch. Er spricht über die Notwendigkeit, die Pillen regelmäßig einzunehmen, und darüber, dass es trotz Test wichtig bleibe, sich zu schützen. Sechsmal fällt der Schlüsselbegriff, der mit „A" beginnt, das englische Wort für Enthaltsamkeit vor der Ehe *(abstinence)*. Viermal fordert John zur Treue auf *(be faithful)*, und fünfmal erwähnt er Kondome *(condoms)*. „ABC", das ist das neue christliche ugandische Aids-Mantra, seitdem vor vier Jahren George W. Bush den 15 Milliarden Dollar schweren President's Emergency Plan for Aids Relief für die Welt auslobte.

Das C im Mantra hören vor allem die Männer ungern. Im Wartesaal von Rushooka erzählt die 19-jährige Modias: „Ich wurde zum Sex ohne Kondom gezwungen. Der Mann war verheiratet und hatte Kinder. Es war das erste Mal; ich bin gleich schwanger geworden." Modias hat abgetrieben. „Die Männer sind so schlecht, dass ich nie wieder mit einem zusammen sein will", sagt sie. Aber fest steht ihr Vorsatz nicht. Wie fast alle Ugander kann sie sich ein Leben ohne Familie nicht vorstellen. Im Durchschnitt bekommt jede Frau in Uganda 6,7 Kinder. Besonders die Männer drängen auf zahlreichen Nachwuchs – da wundert es nicht, dass sie es darauf ankommen lassen. „Viele sprechen über Abstinenz", sagt Modias, „aber die meisten halten sich nicht daran." Die Konsequenzen sind auch im Gesundheitszentrum der Töchter der göttlichen Liebe spürbar. „Was meinen Sie, wie viele Syphilis-Fälle wir hier sehen", sagt die brasilianische Schwester. „Alle behaupten, sie hätten das seit ihrer Geburt."

80 Frauen sind gekommen, nur 10 Männer. Versammlungen wie in Rushooka gelten als Frauensache. Eine maßgeschneiderte Aids-Kampagne für die Männer gibt es in Uganda nicht. Nur selten verirrt sich ein Aids-Team in die Bars und zu den Fußballspielen. Und als die HIV-Tests eingeführt wurden, galten sie nur schwangeren Frauen bei den Vorsorgeuntersuchungen – die Männer blieben außen vor.

Rund 20 Kilometer westlich, in den Hügeln um Kabale, schiebt Cleveri Inryasishkayo sein Fahrradtaxi durchs bergige Gelände. Soviel er wisse, sagt Inryasishkayo, werde die Krankheit durch ungeschützten Sex übertragen, die Kranken verlören Gewicht und husteten viel. „Das bringen Leute aus anderen Dörfern zu uns", sagt er, „das sind welche, denen man die Krankheit nicht ansieht oder reiche Männer aus Kabale." Damit erschöpft sich sein Wissen. Von einem Testtag wie in Rushooka will er noch nie gehört haben. Das halb gare Wissen auf dem Land schürt das Stigma. Aus Angst vor Ansteckung würden viele Menschen einem Aids-Kranken noch nicht mal ein Glas Wasser anbieten. Und Männer, die ahnen, dass sie infiziert sind, reagieren mit der Hal-

tung eines Kamikaze. „Die wollen möglichst viele Frauen anstecken, damit sie nicht allein sterben", sagt Inryasishkayo. Dieser Satz fällt häufig, in der Gegend von Kabale.

Wer über Aids redet, macht sich verdächtig

Es ist Sonntag. 80 Kilometer westlich von Kabale, in Kisoro, säumen Kirchgänger die Straßenränder auf dem Weg von oder zu einer von drei Messen an diesem Tag. Nach der zweiten Messe hat sich Vallence Kwirina in einer Kneipe mit nur zwei Bänken zu einer Schale Marwa, einem Bier, niedergelassen. Ja, sagt er, die Kirchen hätten Einfluss hier, und die Pastoren und Priester predigten schon immer Treue und Enthaltsamkeit vor der Ehe. „Aber daran halten sich nur wenige", sagt der katholische Lehrer. Vielleicht fünf Prozent der Leute lebten enthaltsam, vielleicht zehn Prozent seien treu, und nur die wenigsten benutzten Kondome. Wer sich eines organisiere, mache sich verdächtig. „Wenn du mich liebst, dann machst du es ohne", sei der Standardspruch der Männer hier.

Vallence Kwirina schlürft an seinem schal gewordenen Bier herum und hadert mit dem Dilemma, in dem jeder Aufklärer hier steckt: Wer versuche, über Aids zu reden, stehe im Verdacht, entweder selbst infiziert zu sein oder den Leuten nur das Geld aus der Tasche ziehen zu wollen. Die Prioritäten der armen Landbewohner seien ohnehin häufig andere als die des Gesundheitsministeriums in Kampala oder in den fernen USA. Wer nichts vom Leben zu erwarten hat, für den ist Aids nicht die größte Bedrohung.

Vor 20 Jahren gab es noch eine hausgemachte Aufklärungskampagne: Radiospots, Plakate, Kundgebungen. In der Zwischenzeit ist viel Geld für den Kampf gegen Aids ins Land geflossen, die Aids-Agenda des Landes wird unterdessen vor allem aus Washington gesteuert. Heute fahren ausländisch finanzierte Pick-ups der Aufklärungsteams die leicht erreichbaren Gesundheitszentren an. Die gut ausgestattete Station der Töchter der göttlichen Liebe zum Beispiel liegt nur wenige Hundert Meter von der Hauptstraße entfernt. 90 Prozent der ugandischen Bevölkerung aber leben abseits der größeren Städte. Außenposten wie jener von Rwamazyru, das sich westlich von Kabale an einen Steilhang schmiegt, sind nur schwer erreichbar.

Über einen schmalen Pfad gelangt man dorthin. Ausnahmsweise ist ein Arzt anwesend und hält Sprechstunde. „Wir haben hier noch nicht mal ein Mikroskop für Malaria-Fälle", sagt Dr. Nelson. „Aids-Medikamente führen wir gar nicht." Die Menschen in dieser Gegend seien nicht gut informiert über Aids. „Die Männer schlafen mit vielen Frauen, das ist hier eben kulturell so", sagt der Arzt, besonders wenn Alkohol im Spiel sei, gingen die Männer gern „essen". Er lacht: „Die Kerle praktizieren BBC, Body-to-Body-Contact, statt ABC." Und um eine entsprechende Bestätigung zu erhalten, muss man nicht lange suchen. Auf der lehmigen Straße antwortet ein groß gewachsener 20-Jähriger auf die Frage, mit wie vielen Frauen er in den letzten zwei Monaten geschlafen habe: „Mit sechs." Und auf Nachfrage: „Kondome habe ich nur bei denen benutzt, die krank aussahen."

Der Mythos: Medikamente können Aids heilen

In den entlegenen Gebieten hilft dem Virus noch immer die Unwissenheit, um sich auszubreiten. Einen ganz anderen Helfer hat das Virus in den Städten. Die Klientel dort hat aus drei Jahren Erfahrung mit frei verfügbaren Medikamenten gefährliche Schlüsse gezogen: Es kursiert die Annahme, Medikamente könnten Aids heilen. Diese Erfahrung macht Larry Pepper täglich in Mbarara, 130 Kilometer östlich von Kabale. Der ehemalige Nasa-Chirurg aus Texas sitzt in einem fast leeren, weiß getünchten Büro.

Auf seinem makellos weißen Kittel sind unter seinem Namen die Ziffern für eine Bibelstelle eingestickt. „Die Verfügbarkeit der Aids-Medikamente hat zu dem Anstieg der Infektionsraten geführt", sagt Pepper, der seit 1996 Aids-Patienten am Mbarara-Lehrkrankenhaus behandelt. „Viele Jugendliche denken: Wenn ich mich infiziere, dann werde ich doch behandelt. Und so ist es ja auch." Manchmal denke er auch, dass „vor allem die Jugendlichen müde geworden sind, immer die gleichen Aufklärungsposter zu sehen".

Der Texaner wirkt ernüchtert. „Es gibt keine Daten, die belegen, dass die Abstinenzbotschaft funktioniert, ebenso wenig wie die Kondombotschaft, die Treuebotschaft oder die Therapiebotschaft", sagt Pepper, „wir können nur feststellen, dass die Infektionsrate lange Zeit gesunken ist, aber jetzt wieder leicht ansteigt. Und dass immer mehr Menschen in Behandlung sind."

Auch als baptistischer Missionar kämpft Pepper gegen die Krankheit. „Wir lehren", sagt er, „dass nur ein wiedergeborener Christ die Kraft Gottes in sich trägt, mit der er auf Dauer abstinent leben kann. Aber nicht jeder ist wiedergeboren, und ich wäre dumm, wenn ich einfach sagen würde: Lass den Sex sein." Also werden vor seinem Sprechzimmer nicht nur Aids-Medikamente ausgegeben, sondern auch Kondome.

Geld, das in den Kampf gegen Aids gesteckt wird, ist gut investiert, sagen viele. Aber das massive Engagement entfaltet im Land unerwartete Effekte. Einige Meter von Peppers klinisch sauberem Büro ist das ganze Ausmaß der Verwerfungen zu besichtigen. Früher haben Aids-Patienten die teure Anreise zum Krankenhaus gar nicht erst angetreten, weil sie wussten, dass sie ohnehin sterben würden. Inzwischen kommen mehr Patienten. Auf der Männerstation im Mbarara-Krankenhaus sind 18 der 20 Patienten aidskrank, viele im späten Stadium. Sie sind verwirrt oder so abgemagert und von Infektionen heimgesucht, dass sie wahrscheinlich bald sterben werden. „Die Männer", sagt die Stationsärztin, „kommen häufig sehr spät. Weil sie in der Familie das Geld haben, können sie es sich leisten, die Symptome lange mit allen möglichen Kräutern zu behandeln." Der Grund, warum auch die aidskranken Frauen mit monatelanger Verzögerung zur Behandlung kommen, ist ein anderer: Ihnen fehlt das Geld für die Fahrt zur Klinikapotheke. Und jene, die an einer Therapie teilnehmen, können es sich in den seltensten Fällen leisten, dort monatlich die Pillendose mit den Medikamenten aufzufüllen. Sie brechen die Therapie ab und kommen erst wieder, wenn es gar nicht mehr anders geht.

Gerade wegen der guten Versorgung der Aids-Kranken lässt sich mittlerweile noch ein anderes Phänomen beobachten. In den Städten ist eine Art medizinisches Paralleluniversum entstanden. Auf die Krankheit spezialisierte Zentren residieren in schönen Gebäuden – während die Krankenhäuser daneben vor sich hin rotten. Wer Aids hat, darf auf kostenlose Behandlung hoffen, wer unter Diabetes oder Krebs leidet, hat keine Chance.

Angesichts der vielen Spender fehlt der Überblick

Im Kampf gegen die Immunschwäche sind inzwischen so viele Geldgeber unterwegs, dass der Überblick verloren gegangen ist. „Offiziell heißt es, dass 90 000 Aids-Kranke in Uganda antiretrovirale Mittel bekommen", sagt Nneka Emenyonu von der University of California, „aber weil hier alles so unkoordiniert läuft, wissen wir nicht, ob es vielleicht nur die Hälfte ist." Die Forscherin untersucht die Situation im Umfeld des Mbarara-Krankenhauses. Patienten meldeten sich gleich bei zwei verschiedenen Aids-Programmen an, und wenn jemand nicht mehr zur monatlichen Wiederauffüllung der Medikamente erscheine, könne niemand sagen, ob der Patient das Programm gewechselt habe, weggezogen oder gestorben sei.

Diese fehlende Kontrolle hat Folgen: Nehmen zum Beispiel Patienten Tabletten unregelmäßig ein, züchten sie in ihrem Blut geradezu medikamentenresistente HI-Viren. Die Aids-Therapie versagt, der immungeschwächte Kranke erleidet bakterielle Infektionen. Im vergangenen Jahr reichten im Mbarara-Krankenhaus noch 30 000 Dollar für Antibiotika; in diesem Jahr werden es mehr als 100 000 Dollar sein.

David Apuuli, Direktor der ugandischen Aids-Kommission, weiß, dass über kurz oder lang die Unterstützung aus den USA nicht ausreicht. Die Ausgabenvorhersage beläuft sich auf 321 Millionen Dollar für den Kampf gegen Aids im Jahr 2013. Aber Apuuli deutet auf eine zweite, steil ansteigende Linie, an deren Ende eine viel höhere Ziffer steht: 682 Millionen Dollar. Das wird der Finanzbedarf sein, wenn alles so weiterläuft wie bisher.

Nach Apuulis Ansicht sollte weniger Geld für Behandlung und Pflege ausgegeben werden und mehr für die Prävention, zum Beispiel für die Entwicklung eines Impfstoffs oder für gezieltere Aufklärungskampagnen. Schon eine minimale Senkung der Zahl der Sexualpartner pro Jahr ließe die Aids-Rate drastisch sinken. Aber niemand kann Apuuli im Moment verraten, wie man in der verfahrenen Situation ein zweites Uganda-Wunder auslöst.

Es ist Abend geworden im Gesundheitszentrum der Töchter der göttlichen Liebe in Rushooka. Die Gruppe vom Aids-Informationszentrum hat das Test-Equipment in ihrem Pick-up verstaut. 79 Freiwillige haben sich testen lassen, drei Männer und drei Frauen waren positiv. Annett gehört dazu. „Ich bin froh", sagt sie, „jetzt weiß ich wenigstens, wenn ich krank werde, woran es liegt und was ich dagegen tun kann." Sie hat noch etwas Zeit, ihren Mann auf das Ergebnis vorzubereiten. „Er arbeitet in Kampala", sagt Annett. „Wenn er zurückkommt, haben wir getrennte Betten."

Aus: DIE ZEIT Nr. 49, 29. November 2007

Für **Roy Porter** steckte die Geschichte der Medizin voller Paradoxien: „Obwohl die Ärzte immer mehr therapeutische Möglichkeiten hatten, bekamen die Patienten von ihnen immer weniger das, was sie sich wünschten. Angesichts ihrer effektiven Waffen gegen organische Krankheiten vergaßen die Ärzte oft die psychologische Bedeutung und den Nutzen der Arzt-Patient-Beziehung."

Roy Porter war Professor für Sozialgeschichte der Medizin am Wellcome Institute for the History of Medicine in London. Er zählt zu den einfluss- und erfolgreichsten Medizinhistorikern der Welt. Seine Forschungsschwerpunkte waren die Medizin des 18. Jahrhunderts, die Geschichte der Psychiatrie und die Geschichte der Quacksalberei. Der Sohn eines Goldschmieds aus Süd-London schrieb nahezu jedes Jahr ein neues Buch – insgesamt mehr als 30 – und gab zudem noch unzählige Sammelbände heraus. Hauptfigur seiner Arbeit blieb immer der gewöhnliche Patient; nicht die „Geschichte des weißen Kittels" wollte Porter fortschreiben, sondern eine Medizingeschichte von unten, aus der Patientenperspektive betrachtet. Am 3. März 2002 starb Porter im Alter von 55 Jahren. Er hatte kurz zuvor seine Professur aufgegeben und sich aufs Land zurückgezogen, um besser forschen zu können.

Porter beschäftigte vor allem jener Prozess, der aus der Medizin als Heilkunde eine Wissenschaft werden lässt, in der die Ärzte den von ihren Patienten geschilderten Symptomen nicht mehr trauen und stattdessen auf scheinbar objektive Indikatoren setzen: auf Herzfrequenz und Blutdruck, auf Messungen und Laborwerte. „Die Bestimmungen über den Körper und das Recht, Aussagen über Krankheit zu machen, sind zum Gegenstand heftiger Auseinandersetzungen geworden." Nicht mehr der Patient selbst definiert das Ausmaß seiner Erkrankungen, sondern der Arzt. Die Machtverhältnisse verändern sich. „Die wirkliche medizinische Macht liegt in den Händen von Nobelpreisträgern, Präsidenten großer medizinischer Fakultäten und Aufsichtsräten milliardenschwerer Krankenhauskonglomerate, Gesundheitsorganisationen und pharmazeutischer Unternehmen."

Und wo bleibt der Patient? Der ist je nach Situation „Kosten oder Nutzen, Aufwand oder Ertrag, Wähler, Klient oder Konsument, Leichnam, klinisches Material oder Punkt in einem Diagramm."

Roy Porter

Die Medizin und das Volk

Von Roy Porter

Die moderne Medizin steht heute für komplexe Infrastrukturen und einen gewaltigen Überbau: Universitäten und Berufsverbände, multinationale Pharmafirmen und Versicherungsgesellschaften, Krankenhäuser, die gleichzeitig medizinische Fakultäten sind, Forschungsstätten und Interessengruppen, Behörden, internationale Agenturen und Unternehmensfinanzen. Es war unvermeidlich, dass sich die Medizin in der Massengesellschaft untrennbar mit der Wirtschaft, zentralen wie lokalen Verwaltungsorganen, dem Rechtswesen, sozialen Einrichtungen und den Medien verband. An der vordersten Front – etwa in der Biotechnologie und Gentechnik – stellt die Medizin die Weichen nicht nur für die Naturwissenschaft und Heilkunst, sondern auch für die Zukunft der Menschheit. Seit die Transplantationsmedizin etabliert und das Klonen von Menschen möglich geworden ist, ändert die Biomedizin unsere Vorstellung vom Menschen und vom Menschsein und stellt sie ernsthaft infrage. Welchen Platz haben da Menschen, die krank werden?

In erster Linie sind die Patienten wohl zu den Millionen geworden, die in der sprichwörtlichen Altersgesellschaft finanziert werden müssen. Der „Kranke" ist angeblich mit Entstehung der Kliniken um 1800 dem „medizinischen Blick" entrückt und zum „Patienten", einem mit Läsionen übersäten, kranken Körper reduziert worden. Diese Entwicklung setzte sich in den folgenden zwei Jahrhunderten fort, und bald war der Patient bloß noch der Faktor X in Gleichungen, die von Ökonomie, Soziologie, diagnostischer Technologie, Systemanalyse und einer Vielzahl anderer Bezugsrahmen beherrscht wurden.

Doch ungeachtet von doppelter Buchführung und komplexen Flussdiagrammen wurden die Leute weiter krank, litten und suchten Ärzte auf. Der vorliegende Beitrag ist der Versuch, die moderne Medizin als Begegnung am Krankenbett und vom Blickwinkel der Öffentlichkeit her zu skizzieren – offensichtlich ein tollkühnes Unterfangen. Während der letzten beiden Jahrhunderte war die Medizin erstaunlich komplex und heterogen, ein Kaleidoskop der Kontraste. Wir sind zu nahe, um die Dinge sachlich zu sehen, wir sind parteiisch. Die aktuellen Meinungen sind extrem unterschiedlich. Einige Medizinsoziologen sehen im 20. Jahrhundert eine Ära des medizinischen Monopols und beruflicher Dominanz, andere heben seine Vielseitigkeit, Pluralität und Hinwendung zum Populismus hervor. Einige schelten Ärzte als arrogante Herren über Leben und Tod, andere sehen sie nicht als Halbgötter in Weiß, sondern als Schachfiguren in einem Geschäft, das von den Medien, dem Markt, den Massen und vor allem vom Geld beherrscht wird.

Patient, Arzt und Krankenbett

Die moderne Medizin machte erstmals die Primärmedizin, erste Anlaufstelle für die Kranken, jedermann zugänglich, problematisierte diese aber auch. Von 1800 an hatten zunächst viele, dann die Mehrheit und schließlich die Massen Zugang zu primärmedizinischer Versorgung. Um 1700 hätten wohlhabende Bauern in der Gascogne oder Kleinbürger in Gloucester wohl nur selten einen professionellen Mediziner zu Rate gezogen, um 1850 aber suchten sie regelmäßig ihren Arzt auf. Durch Wohltätigkeitsorganisationen, Versicherungsvereine und staatliche Versicherungen erhielten zur Zeit des Ersten Weltkrieges auch Arbeiter Zugang zur Primärmedizin. Die primärmedizinische Versorgung wurde zu einer grundlegenden Dienstleistung in der modernen Demokratie.

Ebenso wichtig wie ihre Verbreitung war die Macht ihrer Ideologie. Der Hausarzt spielt in der Vorstellung der Öffentlichkeit eine große Rolle und ist sogar von einem Mythos umgeben. Das Bild eines freundlichen Hausarztes, der „da ist", war jedenfalls prägend für tiefverwurzelte Idealvorstellungen von guter medizinischer Praxis – also einer Medizin, die sich weniger durch vollkommene Gesundheit als durch eine erstrebenswerte Arzt-Patienten-Beziehung auszeichnet.

Das Band zwischen Patient und Arzt wurde durch den Vormarsch der Wissenschaft infrage gestellt. Privatärzte mussten in gewissem Maße den Patienten geben, was sie verlangten. Je mehr ein Primärmediziner Wissenschaft „verschrieb", umso mehr lief er Gefahr, den Eindruck zu erwecken, andere Ärzte als er selbst seien die eigentlichen Fachleute. Denn wie konnte ein kleiner Doktor ebenso effizient auf die Wissenschaft zurückgreifen wie ein großes Krankenhaus? Das Befürworten der Wissenschaft und die Allianz mit ihr erwiesen sich also für den kleinen Arzt als zweischneidige Angelegenheit. Einerseits stärkte dies sein Selbstvertrauen, andererseits bestand die Gefahr, arbeitslos zu werden. Auch Patienten waren im Zwiespalt. Sie verlangten nach Wissenschaft, weil diese allgemein mit besseren Diagnosen und effektiver Behandlung gleichgesetzt wurde. Aber die Wissenschaft entmystifiziert, entmenschlicht, erzeugt Anonymität, klinische Distanz und Formen der Mechanisierung, die allesamt unnahbar und gleichgültig erscheinen. Als Konsequenz kritisieren Patienten die moderne Medizin vielleicht dafür, dass sie für diese nur mehr wandelnde Mägen, Blutzuckerspiegel oder Herzklappen sind oder was auch immer die Ursache ihrer Krankheit sein mag. Unter solchem Druck musste sich die primärmedizinische Versorgung alten

Stiles unaufhörlich neu erfinden, was auch hieß, sich mit alternativen Therapien und Psychotherapie zu arrangieren.

Der bürgerliche Patient des 19. Jahrhunderts rief den Arzt seiner Wahl herbei (im Allgemeinen durch Dienstboten, ab 1900 vielleicht telefonisch), und der Arzt kam zum Hausbesuch – zu Pferde, mit der Kutsche, später mit dem Auto. Die Beziehungen zwischen Patient und Hausarzt waren persönlich, und es kam vor allem auf das jeweilige Temperament und gute Umgangsformen an. Es ist schwer zu sagen, wie diese Besuche genau abliefen, denn unser Bild setzt sich hauptsächlich aus einzelnen Anekdoten über exzentrische Ärzte und unerträgliche Patienten zusammen.

Erste Frau: „Was für ein Arzt ist er?" Zweite Frau: „Nun ja, ich weiß nicht genau, was er kann, aber er benimmt sich sehr gut am Krankenbett." (Gespräch von zwei Frauen in dem Satireblatt *Punch* von 1884)

All dies verschleierte die Tatsache, dass die Krankheit das Sagen hatte. Im 19. und bis weit ins 20. Jahrhundert hinein wurden die Menschen von Infektionen bedroht, die für jung und alt gleichermaßen tödlich sein konnten: Diphtherie, Windpocken, Scharlach, Röteln

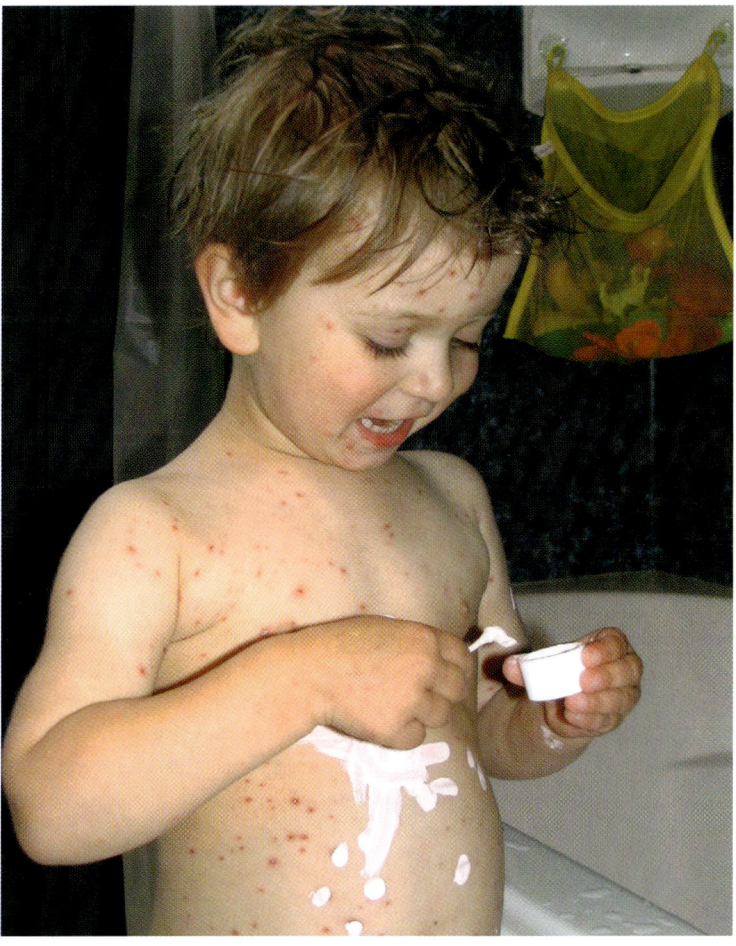

Windpocken mit juckendem Hautausschlag – heute eine meist gutartig verlaufende Krankheit, die Kinder gemeinhin besser überstehen als Erwachsene.

211

und einer Vielzahl von Gastrointestinal- sowie Durchfallerkrankungen, denen Millionen von Kleinkindern zum Opfer fielen. Ein Hausarzt wurde um 1830, ja sogar noch um 1930 regelmäßig spät nachts zu fiebernden Patienten gerufen, die stark schwitzten und hektisch atmeten, weil sie an irgendeiner fiebrigen Kinderkrankheit litten oder an Lungenentzündung. Masern und andere epidemische Kinderkrankheiten waren immer noch tödlich; Tuberkulose, Syphilis, Diphtherie, Meningitis und puerperale Sepsis waren weit verbreitet.

Inmitten dieser Flut von Infektionen und fieberhaften Krankheiten hatte der Arzt alten Stiles nur die Wahl zwischen herkömmlichen Verfahren (Bettruhe, Stärkungsmittel, Pflege und Hoffnung) und heroischen Versuchen, etwa mit starken Abführmitteln oder drastischen Aderlässen (physisch zweifelhaft, aber psychologisch wirksam). Oft wurde dem Arzt die Entscheidung abgenommen: Die Patienten hatten traditionell feste Vorstellungen über ihre Krankheit und die nötige Behandlung. Glücklicherweise stimmten diese Ansichten meist mit den jahrhundertealten medizinischen Verfahren überein. Aderlass, Schwitzen, Abführen, Erbrechen und andere Methoden, den Körper von schlechten Säften zu befreien, entsprachen den im Volk verbreiteten Vorstellungen und waren für die Mediziner Mittel der Wahl.

Die Beliebtheit des Aderlasses ließ nach, ohne dass jedoch irgendetwas Besseres an seine Stelle trat: Das Arzneibuch gab einfach nichts her. Am Ende des 19. Jahrhunderts existierten an wirksamen Arzneimitteln eigentlich nur Quecksilber gegen Syphilis und Kopfgrind (Favus), Digitalis zur Stärkung des Herzens, Amylnitrat zur Arterienerweiterung, Chinin gegen Malaria und Colchicum gegen Gicht. Aspirin® wurde erst 1899 eingeführt. Eisen war ein beliebtes Tonikum, und pflanzliche Abführmittel wie Sennesblätter waren immer noch verbreitet.

Nichts davon wirkte gegen Infektionen oder andere schwere Krankheiten wie Diabetes, Arthritis, Asthma oder Herzinfarkt. Was tat ein Arzt bei Lungenentzündung? Noch in den 1920er-Jahren empfahlen die Lehrbücher Kalomel zur Entleerung der Eingeweide und eine reizende, auswurffördernde Mixtur (wohl auf Ätherbasis) zum Schleimlösen, Digitalis zur Stärkung des Herzmuskels, Morphium, Chloralmischungen, Bromide und andere Hypnotika als Schlaf- und Beruhigungsmittel. Weinbrand und Sauerstoff dienten als Stimulanzien, in schweren Fällen auch Strychnin. Der Kampf gegen Lungenentzündung konnte Tage dauern, bis eine „Krisis" erreicht war, das Fieber fiel, die Symptome nachließen und die Rekonvaleszenz beginnen konnte – wenn der Patient noch lebte!

Die wachsende Zahl der von der jungen pharmazeutischen Industrie produzierten starken Sedativa, Analgetika und Narkotika waren für

■ Lungenentzündung – auch heute noch eine schwere Erkrankung ■

Lungenentzündung oder Pneumonie bezeichnet akut oder chronisch entzündliche Prozesse des Lungengewebes, die durch unterschiedliche Ursachen, meist durch Infektionen hervorgerufen werden. Die Manifestation einer Lungenentzündung ist abhängig von der Virulenz des Erregers und der Leistungsfähigkeit des individuellen unspezifischen Abwehrsystems. Besonders gefährdet sind schwerkranke Patienten mit Immunabwehrschwäche (z. B. AIDS), Diabetes mellitus und langjährige Raucher sowie Kranke mit mangelnder Durchblutung und Belüftung der Lunge (z. B. durch Bettlägrigkeit oder bei Lungentumoren). Begünstigend wirken sich u. a. eine Verminderung der Aktivität alveolärer Makrophagen (Alveole = Lungenbläschen), mucöse Hypersekretion sowie die Inhalation trockener Luft über längere Zeiträume hin aus. Leitsymptome der bakteriellen Lungenentzündung sind Fieber, Husten, Auswurf und Thoraxschmerzen. Beim unkomplizierten Verlauf kommt es gegen Ende der ersten Krankheitswoche zum Abfall des Fiebers. Die Diagnose erfolgt durch den röntgenologischen Nachweis eines pulmonalen Infiltrats. Im Blutbild lässt sich häufig eine Leukocytose (Leukocytenkurve) mit einer Linksverschiebung und eine stark beschleunigte Blutkörperchensenkungsgeschwindigkeit feststellen. Der Erregernachweis erfolgt mikrobiologisch. Bei nichtbakteriellen Lungenentzündungen sollte eine serologische Untersuchung durchgeführt werden. Die Therapie erfolgt symptomatisch mit allgemeinen Maßnahmen wie körperlicher Schonung, reichlicher Flüssigkeitszufuhr, frühzeitiger Beatmung bei einer Schocklunge und spezifischen Antibiotika. – Für alle Menschen ab dem 60. Lebensjahr sowie für besonders gefährdete Personen, z. B. chronisch Lungen-, Herz-Kreislauf- und Nierenkranke, wird eine Impfung gegen *Streptococcus pneumoniae* empfohlen, die nicht nur das Risiko einer Lungenentzündung senkt, sondern auch die Entstehung von Antibiotikaresistenzen eindämmen kann.

---

die Ärzte ein echter Segen. Manche Mixturen bestanden hauptsächlich aus Weinbrand, und Opium wurde reichlich verordnet. Dank der Morphinsynthese im Jahre 1806 und der Erfindung der Subcutanspritze 1853 konnte man rasch größere Mengen von Opiaten in stärkerer Konzentration verabreichen, um Leiden zu lindern.

Im Jahre 1869 kam Chloralhydrat als Schlafmittel in den medizinischen Gebrauch, und seitdem waren Chloralsüchtige häufig in privaten Nervenkliniken zu finden. 1888 kam Sulfonal, ein noch stärkeres Hypnotikum (Schlafmittel), auf den Markt. Bayer brachte 1903 Barbital heraus (und als Veronal in den Handel), Phenobarbital wurde 1912 als Luminal eingeführt, und weitere Barbiturate folgten. Sie alle waren bei Allgemeinmedizinern beliebt. Wie so viele Arzneimittel jener Zeit hatten auch Barbiturate den Nachteil, abhängig zu machen.

Obwohl sich die Fähigkeit des Allgemeinmediziners, die Kranken zu heilen, nur langsam verbesserte, konnte er seine Position festigen, indem er andere Fertigkeiten entwickelte. Die Diagnostik veränderte sich durch neue Techniken, den Patienten zu betrachten. Dieser Triumph des „medizinischen Blickes", wie ihn die Pariser pathologische Anatomie verfochten hatte, förderte das langsame, aber stetige Entstehen einer Routine der körperlichen Untersuchung. Das Stethoskop und technische Hilfen wie Ophthalmoskop und Laryngoskop (Kehlkopfspiegel) waren nun Teil des diagnostischen Rituals am Krankenbett. Welchen Unterschied dies wirklich machte, ist schwer zu sagen.

Was ist eigentlich ...

Morphin [benannt nach dem griech. Traumgott Morpheus], Morphium, wichtigster Vertreter der Opiumalkaloide; von dem Apotheker Friedrich W. A. Sertürner (1783–1841) 1806 als erstes Pflanzen-Alkaloid isoliert. Im Opium ist es zu 3–23 % enthalten, und auch in Kuhmilch, Salat und anderen Pflanzen konnten Spuren nachgewiesen werden. Unter Stressbedingungen bildet der Körper eigene, endogene „Morphine" mit ähnlicher Wirkung, die Endorphine. Morphin gehört zu den wirksamsten, zentral angreifenden Analgetika. Es wirkt dämpfend auf das Atemzentrum und den Hustenreiz und hemmend auf die Darmperistaltik. Je nach Dosis wirkt Morphin hypnotisch (20–30 mg), narkotisch (50–100 mg) und in hohen Dosen toxisch und letal (Tod durch Atemlähmung). Wegen der Gefahr physischer Abhängigkeit untersteht Morphin dem Betäubungsmittelgesetz und wird nur noch begrenzt als Analgetikum und Schlafmittel verwendet.

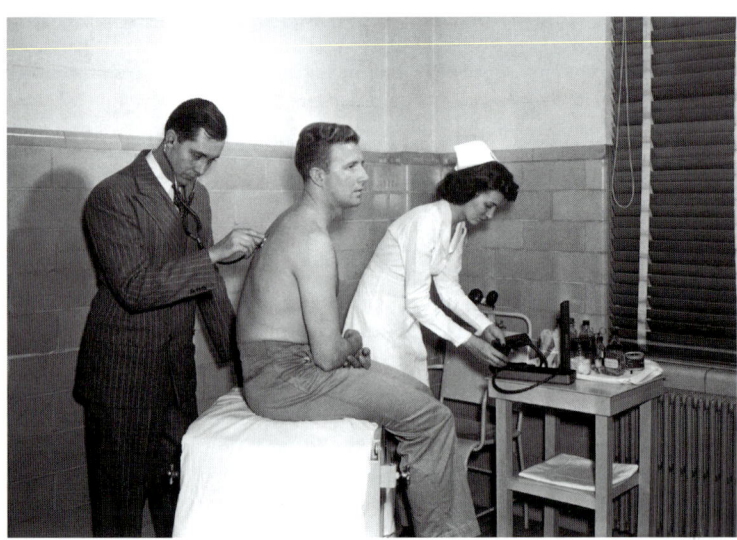

Untersuchung eines Patienten mit dem Stethoskop in den 1950er-Jahren.

Körperliche Untersuchungen wurden häufiger und gründlicher. Die Allgemeinpraxis veränderte sich allmählich durch einen Professionalismus, dem diagnostisches Können zugrunde lag. Dies war ein Produkt der neuen medizinischen Fakultäten, die (wie in Paris) eine genaue Diagnose und (wie in Deutschland) die Routine im Labor, am Mikroskop und in der Bakteriologie betonten. Oberstes Ziel war die Diagnose.

Der Arzt des 20. Jahrhunderts erhielt noch weitere Hilfsmittel, um eine Krankheit sichtbar zu machen und zu identifizieren. Thermometer maßen die Körpertemperatur, und die aus diesen Messungen bestehenden Fieberkurven zeigten für bestimmte Krankheiten typische Temperaturverläufe. Sphygmomanometer verbesserten die Pulsmessung, indem sie Abweichungen des Blutdruckes festhielten; so ließen sich Kreislaufprobleme erkennen. Verfügte der Arzt über ein diagnostisches Labor oder hatte Zugang dazu, konnte er Körperflüssigkeiten – Blut, Stuhl, Erbrochenes, Sputum und Vaginalsekrete – untersuchen, indem er Elektrolyte maß, Blutzellen zählte, nach Mikroorganismen suchte und abnorme Gewebe- und Zellformen beobachtete. Mikroskope und Färbemethoden machten Bakterien sichtbar und erlaubten das Zählen der roten und verschiedenen weißen Blutkörperchen, was für eine genaue Diagnose nützlich war.

Insgesamt nahmen die Patienten zu Beginn des 20. Jahrhunderts die Wissenschaft begierig auf – zum einen weil sie neu war, zum anderen weil sie das Gefühl hatten, über die Aufmerksamkeit des Arztes zu verfügen, wenn er sein Stethoskop oder Sphygmomanometer benutzte, pochte und klopfte und lauschte. Die Rituale der wissen-

Was ist eigentlich ...

Färbemethoden, verschiedene histochemische Verfahren, mit denen mikrobiologische und histologische Objekte z. B. im Rahmen mikroskopischer Präparationstechniken mit Farbstoffen durchtränkt werden, um bestimmte Zellorganellen oder Gewebestrukturen je nach deren chemischen Eigenschaften gezielt hervorzuheben. Dabei wird ausgenutzt, dass basische Farbstoffe (z. B. Hämatoxylin, Methylenblau) bevorzugt von sauren Zellstrukturen (z. B. DNA im Kern), saure Farbstoffe (Säurefarbstoffe, z. B. Eosin, Fuchsin) von basischen Plasmaproteinen, neutrale Farbstoffe von fetthaltigen Strukturen gebunden werden. Um lebende Organismen oder Zellen anzufärben, werden sog. Vitalfarbstoffe verwendet. Meist wird mit mehreren Farbstoffen, gleichzeitig oder nacheinander, gefärbt.

■ Geschichte des Mikroskops ■

Erste Versuche, durch hintereinandergeschaltete Linsen stark vergrößerte Bilder kleiner Objekte zu erzeugen, gehen in das 16. Jahrhundert auf den italienischen Arzt Girolamo Fracastoro (1538) und vor allem auf die beiden holländischen Brillenschleifer H. und Z. Janssen (1590) zurück. 1665 baute der englische Physiker Robert Hooke (1635–1703) in London das erste zusammengesetzte Mikroskop (Entdeckung der „Zellen" im Kork), das aber wegen der großen Linsenfehler noch keine starken Vergrößerungen erlaubte, während der niederländische Naturforscher Antony van Leeuwenhoek

(1632–1723) mit einfachen, sorgfältig geschliffenen Linsen bereits bis zu 300-fache Vergrößerungen erreichte (Entdeckung der Spermatozoen, Blutkörperchen, Infusorien). Die Entwicklung fester Stative und besserer Fokussiermöglichkeiten (E. Culpeper) um die Mitte des 18. Jahrhunderts, ebenso korrigierter Linsenkombinationen (J. und P. Dolland, 1775; J. Ramsden und J. von Fraunhofer, 1815), die Erfindung des Kondensors durch D. Brewster und W.H. Wollaston und die Berechnung stark vergrößernder Objektive, ebenso die Erfindung der Immersion durch G. B. Amici (1847) und schließlich die Aufklärung der optischen Gesetzmäßigkeiten bei der Entstehung des mikroskopischen Bildes vornehmlich durch E. Abbe und M. Berek sind die wesentlichen Stationen auf dem Weg zu den heute eingesetzten Hochleistungsmikroskopen. Die Entwicklung neuer optischer Gläser ermöglichte seit etwa 1900 die Fertigung farbkorrigierter Objektive.

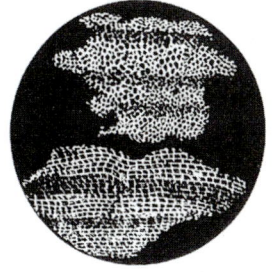

Mit diesem einfachen Mikroskop (s. rechts oben) entdeckte Robert Hooke 1667 die Zelle. Er untersuchte dabei dünne Schnitte von Kork und gab seine Beobachtungen in Form der Zeichnung (rechts unten) wieder. Die von ihm beobachteten, nur aus den verkorkten Zellwänden bestehenden „Kämmerchen" nannte er *cells*. Davon leitet sich das Wort Zelle ab.

schaftlichen Diagnostik vermittelten den Eindruck, dass Fürsorge gewährt wurde, und stärkten so die Beziehung zwischen Arzt und Patient. Hochgeachtet waren Allgemeinmediziner immer dann, wenn sie Patienten das Gefühl geben konnten, sie seien geschickt, ernsthaft, aufmerksam, aufrichtig: Sie wussten, was sie taten, ihnen konnte man vertrauen. In diesem Sinne war der hippokratische Arzt noch immer sehr lebendig.

Das Heilen selbst stand weiter im Hintergrund. Die Ärzte wussten, dass ihre Arzneien meist Augenwischerei waren; deshalb war der therapeutische Nihilismus von Paris nur redlich. Der therapeutische Nihilismus ließe sich etwas netter beschreiben als Anerkennen der „Heilkraft der Natur" und Ablehnung der klassischen heroischen Therapien Aderlass und Abführen sowie all der übrigen wertlosen Arzneien.

Ein Versuch, die missliche Situation in der Therapie zu ändern, war die „Patient-als-Person"-Bewegung, deren Lehren in den Jahrzehnten nach 1900 die primärmedizinische Versorgung beeinflussten. Medikamente halfen nicht – obwohl sie nach wie vor verabreicht wurden –, wohl aber die psychologische Unterstützung durch den Arzt. Der Arzt musste lernen, den Patienten als Person und nicht nur dessen Krankheit zu sehen. Schon sympathisches, fürsorgliches Verhalten war therapeutisch wirksam. „In der Medizin", darauf bestand Hermann Nothnagel 1882 in seiner Inauguralvorlesung, „geht es darum, kranke Menschen zu behandeln, nicht Krankheiten ... Vergessen Sie nie, dass nicht eine Pneumonie, sondern ein pneumoniekranker Mensch Ihr Patient ist." Aussagen wie diese wurden zur Parole.

Solche Ansichten vertrat auch die Bewegung für Sozialmedizin. In den 1930er-Jahren beklagte Milton Wintemitz (1885–1959), Leiter des Institute of Human Relations an der Yale University, dass die Medizin die Individuen nicht mehr als soziale Wesen, sondern fast nur noch als kranke Körper sehe. Die medizinische Ausbildung sollte eine soziologische, psychologische und klinische Schulung verbinden, um soziale Ärzte heranzubilden, die eine „klinische Soziologie" praktizierten. Allgemeinmediziner fanden die Patient-als-Person-Lehren für die Behandlung von funktionellen oder psychosomatischen Symptomen nützlich, denen also keine organische Läsion zugrunde lag, die der Patient aber für organisch hielt. Ein beträchtlicher Teil der primärmedizinischen Versorgung galt solchen Patienten.

Der Arzt am Krankenbett war immer noch in der Zwickmühle. Die versteckte Botschaft lautete, dass die so hochgeschätzten Werte der Primärmedizin nur vorgeschoben waren, um zu verbergen, dass sie Kranke nicht heilen konnte. Bedeutete dies nicht, dass mit wachsendem Fortschritt, mit zunehmender Effektivität der Medizin die primärmedizinische Versorgung an Wert verlieren würde? Dieses Dilemma formulierte in den frühen 1920er-Jahren der hochangesehene Bostoner Arzt und Professor für Innere Medizin an der Havard University, Francis Weld Peabody (1881–1927). Als besondere Ironie empfand er es, dass sich die Medizin verbesserte, das Arzt-Patient-Verhältnis sich aber verschlechterte. Ärzte, so Peabody, liefen Gefahr, den Patienten der Wissenschaft zu opfern. Praktiker konzentrierten sich womöglich so sehr auf die Krankheit, dass sie den Wunsch nach einer Beziehung zum Individuum verlören.

Damals war es aber schon zu spät, zumindest in den USA, wo der alte Hausarzt inzwischen eine „bedrohte Art" war, von der es nur noch „Restpopulationen" gab. Woran lag dies? Zuerst in den USA, später auch anderswo, wirkten sich zwei Haupttendenzen aus: Der Wechsel vom Allgemeinmediziner zum Spezialisten und in der medizinischen Topographie der Wechsel vom Zuhause des Patienten zur Arztpraxis und zum Krankenhaus.

Für ein Publikum, das auf die Wohltaten des Fortschritts vertraute, waren Spezialisten attraktiv. In den Siebzigerjahren des 19. Jahrhunderts gab es in New York bereits eine dermatologische, eine geburtshilfliche und eine gerichtsmedizinische Gesellschaft, und in der Londoner Harley Street drängten sich die Fachärzte. Dem Spezialisten ging es offensichtlich gut.

Bedeutsam war außerdem die Verlagerung der medizinischen Tätigkeit vom Zuhause des Patienten in die ärztliche Praxis. Hausbesuche galten bald als zu zeitaufwendig für den Arzt. Mit Aufkommen des Telefons und des Autos wurde der Aufwand zwar geringer, aber auf lange Sicht besuchte doch eher der Patient den Arzt als – wie früher – umgekehrt. Im Jahre 1990 fanden in den USA nur noch zwei Prozent aller Arztkontakte im Hause des Patienten statt, 60 Prozent in der Praxis und 14 Prozent in einer Krankenhausambulanz. In Großbritannien blieb der Hausbesuch länger üblich, denn der National Health Service (NHS) stützte die traditionelle Rolle der Allgemeinmediziner. Noch 1977 waren 19 Prozent aller Patientenkontakte ärztliche Hausbesuche.

Und was geschah mit den Kranken selbst? Noch nach dem Ersten Weltkrieg blieben die alten Krankheitsmuster wie Grippe, akute Bronchitis, Masern, Keuchhusten und andere Infektionskrankheiten weiter bestehen. Doch dieses Krankheitsbild verschob sich radikal. Die wichtigsten Infektionskrankheiten gingen zurück, teils weil sich verbesserte Lebensstandards, Ernährung und Umweltbedingungen langfristig auswirkten, teils aufgrund der verbesserten Therapie, vor allem seit Einführung der Sulfonamide Mitte der 1930er-Jahre. „Tuberkulose, Meningitis, Polio ... rheumatisches Fieber, Frostbeulen und Lobärpneumonie gehen kontinuierlich zurück", schrieb ein britischer Hausarzt im Jahre 1963, „und verschwinden in den westlichen Ländern aus der Arztpraxis." An die Stelle dieser akuten Infektionskrankheiten traten Leiden, die durch die Lebensführung bedingt waren: Lungenkrebs, koronare Herzkrankheiten, Diabetes, Schlaganfall und chronisch degenerative Krankheiten wie Altersdemenz. Das Zeitalter der akuten wich dem Zeitalter der chronischen Krankheiten.

Doch obwohl altbekannte und tödliche Krankheiten allmählich verschwanden, fühlten sich die Menschen offenbar schlechter. Nach einer Untersuchung stieg die Zahl der von Patienten gemeldeten Krankheiten von 1928 bis 1981 um das 1,5-fache. Gesündere Individuen achteten wohl verstärkt auf körperliche Symptome und nahmen schon bei Beschwerden Hilfe in Anspruch, die ihre Großeltern als unerheblich, unvermeidlich oder unheilbar abgetan hätten. Sie sahen sich auch ermutigt, mehr von ihren Ärzten zu erwarten und zu verlangen. Das „Besser-dran-sein-aber-sich-schlechter-fühlen"-Syndrom erschien auf der Bildfläche.

Die Sulfonamide markierten den Beginn moderner Behandlungsmethoden. Ab 1935 konnte die Medizin die Fieberkrankheiten und bak-

---

■ Zur Entdeckung der Penicilline ■

Die antibiotische Wirkung von Organismen auf andere Organismen war bereits im Mittelalter bekannt. Grünes, mit Schimmelpilzen infiziertes Brot diente als Wundheilmittel. 1877 beobachteten der französische Chemiker und Bakteriologe Louis Pasteur (1822–1895) und J. Joubert die hemmende Wirkung „gewöhnlicher" Bakterien auf den Erreger des Milzbrands. Die eigentliche Ära der Antibiotika begann jedoch mit der Beobachtung von A. Fleming (1929), dass *Staphylococcus aureus* in einem gewissen Abstand um Penicillium-Kolonien herum nicht wachsen kann. Die Bedeutung dieser Wachstumshemmung für die Humanmedizin wurde jedoch erst 1939/40 von H. W. Florey und E. B. Chain nach der Identifikation der antibiotisch wirksamen Substanz erkannt. Ihnen gelang 1940 die Isolierung des inzwischen als Penicillin G bezeichneten Antibiotikums und sie entwickelten es zur Therapiereife. 1941 erfolgten die ersten therapeutischen Versuche und bereits 1942 die erste klinische Erprobung in den USA. Durch den großen Erfolg der Penicilline wurde die Suche nach weiteren therapeutisch anwendbaren Antibiotika stark gefördert, und in rascher Folge wurden zahlreiche neue Antibiotika gefunden.

Der russisch-britische Biochemiker Ernst B. Chain (1906–1979) erhielt 1945 zusammen mit dem britischen Bakteriologen Alexander Fleming (1881–1955) und dem britischen Pathologen Howard W. Florey (1898–1968) den Nobelpreis für Physiologie oder Medizin für seine zusammen mit Florey durchgeführten Arbeiten, die zur Aufklärung der Struktur und der medizinischen Wirkung des Penicillins führten.

---

teriellen Infektionen der Vergangenheit bezwingen. Bald darauf verliehen Penicillin und andere Antibiotika der Therapie weitere große Kräfte. Nach dem Zweiten Weltkrieg boten Antibiotika Schutz vor schweren Infektionen, und man entdeckte Arzneien, die Arthritis linderten, Blutdruck senkten, Gerinnsel in verstopften Herzkranzgefäßen auflösten, Ängste bezwangen und Depressionen milderten.

Aber obwohl die Ärzte immer mehr therapeutische Möglichkeiten hatten, bekamen die Patienten von ihnen doch immer weniger das, was sie wünschten. Angesichts ihrer effektiven Waffen gegen organische Krankheiten vergaßen die Ärzte oft die psychologische Bedeutung und den Nutzen der Arzt-Patient-Beziehung. Die neue Ärztegeneration war voll therapeutischem Selbstvertrauen. Menschlichkeit zu zeigen, war für die Behandlung nicht mehr notwendig und daher in Gefahr, vergessen zu werden.

Die Arzt-Patient-Beziehung hat also wohl an beiden Seiten Risse. Dieser beunruhigende Zynismus war symptomatisch für einen größeren medizinischen Missstand, der in der zweiten Hälfte des 20. Jahrhunderts heranwuchs.

Medikalisierung und die Unzufriedenheit damit

Eine Protestwelle nach der anderen rollte in den letzten Jahrzehnten des 20. Jahrhunderts gegen das System und die Institution der Medizin; einige kamen von innen, viele von außen. Die Ablehnung der Schulmedizin ist nichts Neues, schließlich verbanden sich im

19. Jahrhundert religiöser Nonkonformismus und politische Radikalität oft mit alternativer Medizin. Solche Bewegungen spiegelte auch die Hippie-Subkultur der 1960er- und 1970er-Jahre wider.

Sie hielten die westliche Kultur für krank, weil Kapitalismus und Materialismus diese der Natur und der Seele entfremdet hätten. Die hochtechnisierte Medizin des Westens verstärke dieses Problem noch. Ein veränderter Lebensstil, spirituelle Heilung, östliche Philosophie, Mystizismus und eine Prise benutzerfreundliche Psychotherapie oder Drogen seien vonnöten, um die Ganzheitlichkeit und geistige wie körperliche Gesundheit wiederherzustellen. Die Menschen müssten sich selbst finden und ihren Körper neu entdecken. Der Feminismus und andere radikale Bewegungen unterstützten diese Ideen teilweise.

Aussteiger, Intellektuelle und Experten kritisierten die Medizin. Im Jahre 1974 ergab eine Untersuchung des Senats, dass in den USA jährlich 2,4 Millionen unnötige Operationen durchgeführt wurden, dass diese 11 900 Todesfälle verursachten und etwa 3,9 Milliarden Dollar kosteten. Jährlich kamen mehr Menschen bei Operationen ums Leben als in einem Jahr im Vietnamkrieg. Im Jahre 1954 führte das Yale Hospital 48 000 Laboruntersuchungen durch, 1964 waren es bereits 200 000.

Die Kritiker betrachteten die Medizin als außer Kontrolle geraten. Ihnen zufolge war ihre treibende Kraft nicht die Sorge um die gesundheitlichen Bedürfnisse des Patienten, sondern kollektiver Ehrgeiz, finanzielle Konkurrenz unter Kollegen und eingebildete Dringlichkeiten – nicht zuletzt die Lust, sich einzumischen. Der technologische Imperativ „was möglich ist, wird auch gemacht" geriet zunehmend in die Kritik. Man wies nach, dass viele Verfahren mehr den Ärzten und anderen medizinischen Berufsgruppen und Technokraten nützen als den Patienten, während andere geradezu schädlich sind. Obwohl neue Medikamente in westlichen Ländern die Hürde eines Doppelblindversuchs nehmen müssen, bevor sie auf den Markt gelangen können, führt man beispielsweise bei chirurgischen Eingriffen und diagnostischen Tests nur selten strenge Prüfungen durch. Aus Studien schien hervorzugehen, dass regelmäßige medizinische und Röntgenuntersuchungen bestenfalls geringfügigen Nutzen hatten. Die übermächtigen Anreize des Geld-für-Leistung-Systems und auch drohende Prozesse wegen Fahrlässigkeit ließen Ärzte aus finanziellen Gründen unnötige Eingriffe vornehmen. Und schließlich regte das Förderungssystem in der Forschung ein Streben nach Öffentlichkeitswirkung und eine übersteigerte Eigenreklame an. Alles in allem glaubten viele Kritiker, dass die moderne Medizin zum großen Teil bestenfalls dem Gesetz von der sinkenden Profitrate unterworfen, schlimmstenfalls aber völlig auf dem falschen Weg war.

Was ist eigentlich ...

alternative Medizin, Richtung in der Medizin, die naturgemäße, zum Teil auch historisch überlieferte Heilmethoden einzusetzen versucht; z. B. die ostasiatischen traditionellen Therapien, hauptsächlich die chinesische (Akupunktur), die indische (Ayurveda) und die islamische Heilkunst (Unani-Tibb), aber auch die vielfältigen Methoden der deutschen Volksmedizin. Die erste internationale Konferenz für traditionelle Heilmethoden fand 1978 in Canberra (Australien) statt. Die Erforschung der alternativen Medizin wird von der Weltgesundheitsorganisation gefördert.

Was ist eigentlich ...

Erschöpfungssyndrom, Burnout, Ausbrennen, ein Phänomen, das häufig bei Personen auftritt, die zu Berufsbeginn sehr engagiert sind, im Laufe ihrer Tätigkeit jedoch zunehmend unter Erschöpfungszuständen leiden und eine zunehmend distanzierte Einstellung zu ihrer Arbeit entwickeln. Einstellungs- und Verhaltenssymptome sind negative Einstellungen, Ermüdung, Frustration, Hilflosigkeit und Zurückgezogenheit. Burnout wird als Resultat eines Prozesses definiert, der sich aus Arbeitsbelastungen, Stress und psychologischer Anpassung zusammensetzt. Dieser Zustand entwickelt sich langsam, über einen Zeitraum von andauerndem Stress und Energieeinsatz. Burnout kann sich ausschließlich auf das Berufsleben beziehen, aber auch aus einer Überbelastung im Versuch des Bestrebens nach Vereinbarung von privaten und beruflichen Zielen resultieren.

Ganz unabhängig von nonkonformistischen oder radikalen Kritikern machten auch Patienten allgemein ihre Unzufriedenheit mit allen oder einigen Aspekten der modernen Medizin deutlich, indem sie abwanderten. Seit etwa 1970 erhielt die alternative Medizin auch massiven Zuspruch von vielen, die alles andere als Aussteiger waren. Inzwischen gibt es ein breites Angebot an alternativen Therapien: Osteopathie, Akupunktur, Aromatherapie, Alexander-Therapie, Homöopathie, Massage, Shiatsu, Irisdiagnostik, Chiropraktik, Kräuterkunde, Meditation, Transformations-Workshops, ganzheitliche Reflexzonenmassage, Kinesiologie und Hypnose – um nur die beliebtesten zu nennen. Noch bemerkenswerter ist, dass in Großbritannien jetzt zwei von drei Allgemeinmedizinern ihre Patienten an Alternativmediziner weiterverweisen und in den Niederlanden alljährlich sieben Prozent der Bevölkerung unorthodoxe Heiler aufsuchen. Im Jahre 1990 gingen die US-Amerikaner 425 Millionen Male zu solchen Heilern, dagegen nur 388 Millionen Male zu Allgemeinmedizinern.

Dieses erstaunliche Wiederaufleben der alternativen Medizin in der westlichen Welt, bei jung und alt, reich und arm, Leuten jeder ethnischen, religiösen und politischen Couleur, zeigt, dass die Schulmedizin die Menschen nicht mehr von ihrem eigenen Credo – ihre Methoden seien die einzigen oder besten, um Leiden zu heilen – überzeugen kann.

Dahinter steckt zweifellos einige Erfahrung. Die westliche Medizin hat nicht all ihre Versprechen gehalten. Jedem ist bewusst, dass die Schulmedizin gegen tödliche Krankheiten wie Krebs, chronische Krankheiten wie Arthritis und andere schwerwiegende Syndrome wie in jüngster Zeit dem chronischen Erschöpfungssyndrom (CFS für *chronic fatigue syndrome*) keine Erfolge vorzuweisen hat. Aber es steckt noch mehr dahinter: sich verändernde Haltungen und Sichtweisen in westlichen Gesellschaften, der wachsende Unwille der Öffentlichkeit, fraglos die (gehorsame und passive) Rolle des Patienten hinzunehmen, und der Wunsch, mehr zu sagen zu haben, größere Macht auszuüben und Rechte geltend zu machen in der Rolle des Bürgers, Klienten, Kunden und notfalls auch des Klägers.

Zumindest anfänglich reagierte die herkömmliche Medizin negativ und autoritär auf dieses Verlangen nach neuer medizinischer Freiheit und Pluralismus und warnte das Publikum vor den Übeln wuchernder Quacksalberei. Noch in den 1980er-Jahren drohte das Handbuch der British Medical Association (BMA) zur medizinischen Ethik Allgemeinmedizinern, die mit Osteopathen und anderen Heilern zusammenarbeiteten, mit Disziplinarverfahren.

Seit den 1990er-Jahren gab sich die BMA etwas weniger zugeknöpft – oder sie hatte beschlossen, dass Vorsicht die Mutter der Porzellankiste ist. Sie brachte versöhnlichere Broschüren heraus. Seitdem geben Allgemeinmediziner bereitwillig ihren Segen, wenn Patienten alternative Heiler aufsuchen wollen, solange sie selbst die klinische Oberaufsicht behalten. Zahlreiche Allgemeinmediziner nahmen sogar selbst Therapien wie Akupunktur und Aromatherapie vor. Im Jahre 1988 empfahl die Royal Society of Medicine einen „Brückenschlag" zwischen konventioneller und alternativer Medizin.

Angeregt durch allgemeine Bewegungen für Verbraucherschutz und -rechte lernten die Kranken, die Rolle des „Kindes" abzustreifen, das Medizin von einem väterlichen Doktor annimmt, und sich wie „Erwachsene" zu verhalten. Die Patientenrechte wurden betont und die Bedeutung von Einverständniserklärungen und anderen ethischen Desiderata unterstrichen. Damit war die für frühere Zeiten so typische stumme Ehrerbietung infrage gestellt.

Diese neuen Spannungen und Unsicherheiten in der Beziehung zwischen Patient und Arzt sind vielfach eine Reaktion auf die moderne „Medikalisierung" des Lebens – es gibt immer mehr medizinische Erklärungen, Meinungen, Dienste und Eingriffe. Die Medizin dringt in viele Lebensbereiche vor, von der normalen Schwangerschaft und Geburt bis zum alkohol- und drogenbedingten Verhalten – ganz nach ihrer Philosophie „je mehr Medizin, desto besser". Nachdem Kindheit und Alter von den Fachrichtungen Pädiatrie und Geriatrie übernommen waren, schwärmte die Medizin im 20. Jahrhundert auf andere Gebiete des Lebens aus und beanspruchte sowohl Sachkenntnis als auch die Befähigung zu helfendem Handeln für sich. Neue medizinische Fertigkeiten und Hilfsmittel wurden mobilisiert, die angeblich Kranke, Behinderte und Anfällige vor Gewalt, vor Vernachlässigung, Unfällen, Armut und vor negativen Autoritätspersonen wie missbrauchenden Eltern oder Ehemännern, der Polizei, Behörden, Richtern oder Gefängnisaufsehern schützten. Ob auf der Couch des Psychoanalytikers, in der Säuglingsklinik, dem Zentrum für Familienplanung, der Entziehungsklinik oder der Gruppentherapie, die Medizin (und ihre immer stärker werdende Schwester, die Psychothera-

Internet-Link

Liste alternativer Heil- und Diagnoseverfahren mit weiterführenden Informationen und Fachverbänden:
www.alternative-medizin.name/

■ Geschichtliches zur Psychotherapie ■

Psychotherapie (griech.: „Seelenheilkunst") im weitesten Sinne gehört zum Menschsein schlechthin; denn hilfreiche soziale Beziehungen und Handlungen der unterschiedlichsten Art, verbunden mit einer Fülle an Konzepten von menschlichem Leid, Krankheit und Heilung, deren Einbettung in Vorstellungen von Entwicklung (einschließlich vor der Geburt und nach dem Tod) und Sinnentwürfen, waren immer schon Bestandteil menschlicher Daseinsgeschichte. Im engeren Sinne hat sich Psychotherapie als eine professionalisierte, abgegrenzte Tätigkeit erst mit dem Beginn des 20. Jahrhunderts etabliert, wobei viele grundlegende Ideen und Sichtweisen bereits im 19. Jahrhundert entwickelt wurden. In Deutschland wurde aber erst 1999 (in Österreich 1991) mit einem Psychotherapie-Gesetz eine hinreichend klare Grundlage für die Psychotherapie-Profession geschaffen, in der die berufspolitisch motivierte, anachronistische Bindung der Psychotherapie an die Medizin überwunden wurde.

pie) konnte sich als wohltätige und mitfühlende Institution verkaufen, als Zweig der Gesellschaft, der sich nicht zuerst Reichtum und Macht, sondern dem Wohl anderer verpflichtet fühlt. Die heutigen komplexen und konfusen Haltungen gegenüber der Medizin sind die Summe der Reaktionen auf ein Jahrhundert, in dem ein therapeutischer Staat und eine medikalisierte Gesellschaft heranwuchsen.

Die Ansatzpunkte einer solchen Medikalisierung sind bekannt. Einer ist die Familie, mit Mutter und Kind im Visier. In früheren Jahrhunderten hatten Mütter ihre Säuglinge und Kleinkinder medizinisch selbst zu versorgen. Ärzte waren nicht erpicht auf die Behandlung von Kindern, weil diese schwierig war und nicht lohnte. Ehefrauen und Kinder waren von den ursprünglichen staatlichen Versicherungen ausgeschlossen. All dies änderte sich im 20. Jahrhundert. Karitative, private und städtische Einrichtungen für Mutter und Kind entstanden, Entbindungskliniken gaben Anweisungen zur Mutterschaft (Leistungen wie freies Essen und Orangensaft waren an deren Befolgen gebunden), und man ermunterte die Mütter, ja erwartete von ihnen, ihre Kinder in Krankenhäusern statt wie bisher zu Hause zur Welt zu bringen.

Besonders seit die Sulfonamide dem Kindbettfieber Einhalt geboten und die Entbindung für die Mutter sicherer machten, setzten die Krankenhäuser und ihr Fachpersonal ihre Macht und Kenntnisse daran, nun die Geburt auch für das Kind vollkommen sicher werden zu lassen – ein doppelt wünschenswertes Ziel, denn im Zuge der Geburtenkontrolle entschieden sich die Frauen für weniger Kinder, und so war das Überleben jedes einzelnen vielleicht von größerer Bedeutung. Viele Verfahren wurden eingeführt, darunter die Zangengeburt, die Verwendung von Medikamenten und Sauerstoff, Techniken zur Geburtseinleitung und schließlich Kaiserschnitte – alles, um sicherere, schnellere, leichtere Entbindungen zu ermöglichen und Frühgeborene zu retten, die sonst gestorben wären. Sprachen hier die Zahlen nicht für sich selbst?

Die nachgeburtliche Pflege ließ sich gut mit Belehrungen über „Mutterschaft" verbinden. Wie schon erwähnt, Kliniken verteilten gratis oder preiswert Milch, Orangensaft oder Medikamente, um regelmäßige Besuche und Fügsamkeit zu erreichen. Schulärztliche Dienste untersuchten Schüler, rieten zu zahnärztlicher Behandlung, Brillen, Hörhilfen und anderen Geräten, achteten auf erste Anzeichen von Rachitis, Tuberkulose und Wachstumsstörungen und nahmen Impfungen vor. Die Pädiatrie mit ihren Konzepten der normalen Entwicklung und des physisch oder psychisch abnormalen Kindes gewann an Einfluss. Auf verschiedenen Wegen wurden Eltern darüber belehrt, wie sie ihre Kinder aufziehen sollten: Man bot ihnen möglicherweise psychiatrische oder Familienhilfe an. Medizinische Einrichtungen arbeiteten im Verbund mit anderen gesellschaftlichen

Körperschaften, die mit Kindern zu tun hatten: Polizei, Jugendgericht, Familientherapeuten und Sonderschulen.

Die Medizin griff nun in fast alle Bereiche des Lebens ein. Ständig retteten Operationen und andere Maßnahmen in Krankenhäusern (darunter beispielsweise Bluttransfusionen) Menschenleben, die sonst verloren gewesen wären, nicht zuletzt die von Soldaten, Verkehrs- und Verbrechensopfern. Die Unfall- oder Notfallstationen der Krankenhäuser wurden zur normalen Anlaufstelle für Menschen in Notsituationen. Diese Entwicklungen hatten selbstverständlich große Auswirkungen auf den Umgang mit dem Tod, der traditionell mit dem Zuhause verbunden war. Die neue Überwachungsmaschinerie, quasichirurgische Eingriffe und die immer zahlreicheren Beatmungsmaschinen und anderen technischen Geräte der Intensivstation machten das Krankenhaus zu einem Ort, an den die Patienten nicht zum Sterben kamen, sondern wo der offenbar unheilbar Kranke fast wie durch ein Wunder vor dem Tod errettet werden konnte. Damit übernahmen die Ärzte die Kontrolle über das Ritual des Sterbens: Was vom „guten Sterben", von der religiösen *ars moriendi* übriggeblieben war, das fügte sich nun den Halbgöttern in Weiß. Im 19. Jahrhundert war es Aufgabe des Arztes gewesen, für einen friedlichen Tod zu sorgen oder diesen herbeizuführen. Dann wurde der Tod jedoch zum Zeichen ärztlichen Versagens und damit zum Tabu, das es beiseite zu schieben galt. Der Umgang mit dem Tod war nun medizinischen Protokollen unterworfen.

Auf diesem und unzähligen anderen Wegen versprach die Medizin des 20. Jahrhunderts Dienste, die das Leben der Menschen verlängerten und die Lebensqualität von der Wiege bis zur Bahre steiger-

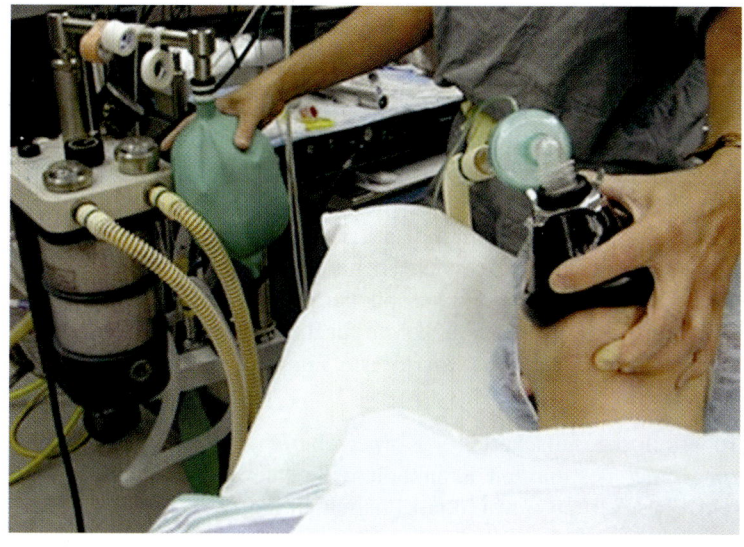

Beatmeter Patient bei der Einleitung der Narkose.

ten. Die kosmetische Chirurgie war zur Hand, um entstellten Menschen zu helfen (vor allem Kriegs-und Unfallopfern) oder Wohlhabende durch Nasenkorrekturen, Brustimplantate oder Bauchverkleinerungen zu verschönern. Die Medizin konnte die Unfruchtbaren fruchtbar machen und die Psychotherapie die Verzweifelten lehren, sich selbst zu kennen, zu mögen und zu behaupten.

Solche Verfahren und Überzeugungen – die man zusammen „Medikalisierung des Lebens" nennen könnte – hätten nie Fuß fassen können, wenn die Angebote enthusiastischer Allgemeinmediziner, Chirurgen und Psychiater nicht als wünschenswert und nutzbringend anerkannt worden wären. Seit der Zwischenkriegszeit und bis in die 1970er-Jahre hatten Patienten von in der Medizin Beschäftigten ein überwiegend gutes Bild: Die Krankenschwester war selbstlos, menschlich, großzügig, warm und mütterlich, der Chirurg ein furchtloser Krieger, der Arzt weise und zuverlässig. Entsprechend ihrer Darstellung in den Medien, etwa in Filmen, hatten sie ein positives Image. Medizin war eine Dienstleistung oder Ware, von der im 20. Jahrhundert lange Zeit jeder mehr wollte: ein größeres Angebot sowie gerechteren, schnelleren und freieren Zugang.

Medizin und Öffentlichkeit im Schulterschluss – Kampagnen gegen tödliche Krankheiten

In den ersten Jahrzehnten des 20. Jahrhunderts bildeten organisierte Medizin und Öffentlichkeit sensationelle Allianzen, vor allem bei Kampagnen gegen tödliche Krankheiten wie Tuberkulose oder Kinderlähmung. Als man in den Achtzigerjahren des 19. Jahrhunderts die bakterielle Ursache der Tuberkulose erkannte, verbreitete sich der Gedanke, dass die Krankheit durch große öffentliche Anstrengung bekämpft und vielleicht sogar ausgerottet werden könne.

Um 1900 gründeten Aktivisten in Europa und den USA regionale und nationale Verbände, um den Kampf auszutragen. Tuberkulosegesellschaften gewannen gesellschaftliches Ansehen; an ihrer Spitze standen oft Mitglieder der königlichen Familie oder einflussreiche Förderer. Durch Massenmobilisation wurde die Krankheit bekannt gemacht, man brachte den Menschen Vorsichtsmaßnahmen bei (etwa mit Kampagnen gegen das Ausspucken), zeigte mögliche Wege, das Infektionsrisiko zu mindern, sorgte für die Isolierung und Pflege der Tuberkulosekranken und finanzierte Forschungen zu Behandlung und Heilung.

Tuberkulosegesellschaften – Körperschaften, die sich der Ausmerzung einer bestimmten Krankheit widmeten und sich ihre Gelder selbst beschafften – waren ein Phänomen des 20. Jahrhunderts, besonders in den USA. Zur Finanzierung richteten die Gesellschaften Spendenaufrufe an die Allgemeinheit; entscheidend waren kleine, aber regelmäßige Beiträge von Millionen von Menschen.

Ein ähnliches Programm rief man gegen die Kinderlähmung (*Poliomyelitis epidemica*, kurz Polio) ins Leben. In vielen Ländern Europas nahm die Zahl der Ausbrüche dieser zu Lähmungen, oft auch zum Tode führenden Krankheit gegen Ende des 19. Jahrhunderts zu, aber in den USA wüteten diese sommerlichen Epidemien am schlimmsten: In einem schlechten Jahr konnte es bis zu 50 000 Opfer geben, zumeist Kinder. Über die Krankheitsursache war man sich nicht einig, und es gab kein bekanntes Mittel, um ihre Ausbreitung zu verhindern.

Das amerikanische Modell machte Schule, wenn auch in kleinerem Rahmen: Im Jahre 1948 wurde die European Association against Poliomyelitis and Allied Diseases gegründet. Und nach 1952 übernahm die World Health Organization (WHO) eine aktive Rolle.

Vor dem Hintergrund einer schweren neuen Polioepidemie mit jährlich etwa 50 000 Fällen in den USA und angesichts wachsender Beunruhigung der Öffentlichkeit beschloss die National Foundation im Jahre 1950, sich für einen Impfstoff einzusetzen. In Jonas Edward Salk von der University of Pittsburgh fand sich dafür ein Vorreiter. Er bevorzugte einen Impfstoff aus abgetöteten Viren und berichtete am 23. Januar 1953 über eine Reihe von erfolgreichen vorbereitenden Versuchen. Trotz einiger Unterstützung für die Polioschluckimpfung mit lebenden Viren, die Albert Bruce Sabin entwickelt hatte (ihr Vorzug war eine bleibende Immunisierung, und man konnte sie auf einem Zuckerstück einnehmen), entschied sich das Immunization Committee der National Foundation für Salks Impfstoff.

Man führte einen aufwendigen Doppelblindversuch mit fast zwei Millionen Kindern durch. Die Ergebnisse wurden am 12. April 1955 veröffentlicht und bestätigten ausnahmslos die Sicherheit des Impfstoffes. Die Zulassung folgte. Vom 22. April bis zum 7. Mai setzte man eine Million Injektionen. Der Impfstoff wirkte, und sein lang und breit öffentlich gemachter Erfolg trug einiges zum Optimismus bezüglich der Krankheitsbekämpfung bei.

Die Kampagnen gegen Tuberkulose und Polio waren erfolgreich und relativ unumstritten. Beide waren gefährliche Krankheiten, zu deren Bezwingung sich Mediziner und Öffentlichkeit gleichsam verbündeten. Ähnliche Kreuzzüge gab es tausendfach auch bei anderen Krankheiten – im Kampf gegen Krebs, Cystische Fibrose oder Herzkrankheiten – oder bei Kampagnen für die Anschaffung von Krankenhausausstattung, beispielsweise Scannern. Diese Bewegungen vermögen ein weiteres Phänomen des 20. Jahrhunderts zu erklären: den Erfolg medizinischer Experten, die sich in grundlegenden Ange-

Porträt

Salk, *Jonas Edward*, * 28.10.1914 New York City, † 23.6. 1995 La Jolla (Kalifornien), amerikanischer Arzt und Immunologe. Entwickelte die Impfung gegen Poliomyelitis (Kinderlähmung) mit abgetöteten Viren. Gründete 1967 das international renommierte biomedizinische Salk Institute in La Jolla.

Porträt

Sabin, *Albert Bruce*, * 26.8. 1906 Bialystok/Polen, † 3.3.1993 Washington; amerikanischer Virologe. 1939–1970 Professor für pädiatrische Forschung an der Universität Cincinnati, ab 1974 Professor für Biomedizin an der Medical University of Southern California in Los Angeles. Alternativ zu der Impfung von Jonas Edward Salk arbeitete Sabin seit Anfang der 1950er-Jahre an einem oralen Impfstoff auf der Basis von lebenden, aber in ihrer Virulenz abgeschwächten Viren. Nach Versuchen an Affen fanden 1955 die ersten „Schluckimpfungen" statt. In den 1960er-Jahren führten großangelegte Impfkampagnen zum Verschwinden der Poliomyelitis in den USA und vielen anderen Ländern.

legenheiten der Gesundheit direkt – und oft über die Köpfe ihrer Kollegen hinweg – an die Öffentlichkeit wenden und dabei gegen herkömmliche gesellschaftliche, moralische und sogar medizinische Überzeugungen verstoßen. Eine klassische Arena war hier die Entbindung. Obwohl die Geburt allmählich sicherer wurde, erhob eine Reihe Abtrünniger ihre Stimmen, um gegen die geltende medizinische Praxis zu protestieren.

Anfangs waren Aktivistinnen der Frauenbewegung recht angetan von den Kampagnen männlicher Ärzte, denen die Wünsche der Frau als Patientin offenbar wichtiger waren als medizinisches Protokoll und Zweckmäßigkeit. In den 1980er-Jahren wurden „Geburtsräume" eingerichtet, und Gebärstühle waren wieder „in". Man betonte die Mutter-Kind-Bindung beim Gebären, und Unterstützung bei der Geburt (meist durch den Vater) war normal. Doch konnte all dies auch den Verdacht hervorrufen, dass es sich nur um eine neue – wenn auch verschleierte – Form medizinischer Dominanz handele. Verhältnisse wie diese ließen Feministinnen vom „unfreien Bauch" sprechen, Ausdruck für die Macht – meist männlicher – Experten über Frauen.

Solche Konflikte und ihr Rangeln um Anhänger und Akzeptanz sind zu einem zentralen Charakteristikum der modernen Medikalisierung geworden. Ein weiteres Beispiel ist die Säuglingspflege. Mindestens seit dem 17. Jahrhundert erteilten Ärzte pädiatrischen Rat, doch was sie damals sagten, hatte wenig Einfluss darauf, wie die Säuglinge tatsächlich aufgezogen wurden: Kindererziehung war und blieb Angelegenheit der Mutter beziehungsweise der Amme. Im 20. Jahrhundert dagegen erschienen unzählige Ärzte, Psychologen und andere Experten auf der Bildfläche, die „sachkundige" Ratschläge zum Großziehen von Kindern erteilten.

Seit den 1960er-Jahren wuchs auch die öffentliche Beunruhigung über das anonyme Sterben im Krankenhaus. Für die Mediziner galt der Tod in der Klinik als Misserfolg. Das moderne Krankenhaus sollte Leben retten und sich nicht mit dem Tod auseinandersetzen. Die Medizin strebte danach, hochtechnisierte Apparaturen und ein entsprechendes Regelwerk zu entwickeln, um das Leben um jeden Preis zu verlängern.Um die Enttabuisierung des Sterbens machten sich zwei Personen besonders verdient. Die in der Schweiz geborene Ärztin und Psychiaterin Elisabeth Kübler-Ross beschritt theoretisch und praktisch neue Wege, um mit dem Sterben fertig zu werden. Als Befürworterin des *Death Awareness Movement* wollte Kübler-Ross mit ihrem Bestseller *On Death and Dying* (1969; Interviews mit Sterbenden) das tiefverwurzelte gesellschaftliche Tabu überwinden und zum offenen Gespräch über den Tod ermutigen. Währenddessen brachte Cicely Saunders in praktischer und direkter Weise in Großbritannien die Hospizbewegung auf den Weg. Hospize sind Einrichtungen, die sich für einen „guten" Tod einsetzen. Im Jahre 1967 gründete sie das

Was ist eigentlich ...

Hospizbewegung, zielt darauf ab, ein begleitendes Sterben zu Hause zu ermöglichen. Sie erhielt ihren Namen von „Hospiz", einer von Mönchen errichteten Unterkunft für Reisende, die potenziell jedem, auch Kranken und Sterbenden, offenstand. Notleidende sollten hier nach den Worten Jesu aufgenommen werden. In Großbritannien und den USA konnte schon in den 1970er-Jahren eine deutliche Trendwende im Umgang mit sterbenden Menschen erreicht werden. Der menschenwürdige Umgang mit Sterbenden wurde v. a. durch die aus der Schweiz stammende und in den USA wirkende Psychiaterin Elisabeth Kübler-Ross (1926– 2004) und die englische Sozialarbeiterin, Ärztin und Krankenschwester Cicely Saunders (1918–2005) eingeleitet. Cicely Saunders gründete 1967 ein Haus für sterbende Menschen, das sie als „Hospiz" (hospice) bezeichnete. Damit setzte sie einen Impuls, der eine weltweite Bewegung anstieß. – Die Hospizbewegung lehnt die aktive Sterbehilfe ab, tritt jedoch dafür ein, dass Patienten in ihrer letzten Lebensphase so bewusst und zufrieden wie möglich leben können. Oberste Ziele bilden Pflege und Schmerzlinderung, die Wahrung der freien Selbstbestimmung des Sterbenden und die mitmenschliche Begegnung, wobei die Angehörigen wesentlich einbezogen werden und die Betreuung im Haus des Patienten, stationär in einem Hospiz oder unterstützend in einer anderen Einrichtung erfolgen kann.

St. Christopher's Hospice in London, um eine neue *ars moriendi* zu schaffen: Reichliche Gaben von Morphinen beheben die Angst, sodass der Tod für den Sterbenden zur positiven Erfahrung werden kann.

In jüngster Zeit hat eine andere Philosophie des Sterbens von sich reden gemacht, bei der wieder lautstarke und radikale Ärzte auf der einen und besorgte Teile der Öffentlichkeit auf der anderen Seite stehen: das *voluntary euthanasia movement* („Bewegung für aktive Sterbehilfe"), das den würdelosen Zustand „lebendiger Toter" verhindern will. Durch die lebenserhaltenden Systeme ist es heutzutage relativ leicht, viele „tote" Menschen künstlich am Leben zu erhalten.

Sterbehilfe wirft schwierige ethische Fragen auf. Sie ließe sich mit der ärztlichen Berufsethik und der allgemeinen Moral vereinbaren, wenn man argumentiert, dass es zwar Pflicht des Arztes ist, Leben zu retten, diese Pflicht sich aber nicht auf Lebensverlängerung mit künstlichen Mitteln und unter allen Umständen erstreckt. Der Eid des Hippokrates verlangte nur, dass der Arzt niemanden schadet.

All diese Beispiele, die sich endlos fortsetzen ließen, zeigen, dass man die vor allem von Kritikern sogenannte „Medikalisierung des Lebens" nicht nur oder vorrangig als Aufstiegsweg für Mediziner sehen darf. Es hat keine Verschwörung einer medizinischen Elite gegeben, um traditionell außerhalb des medizinischen Einflussbereichs liegende Gebiete einzunehmen; vielmehr sind in einem Zeitalter der Demokratie, in dem Berufsmediziner oft den Drang verspüren, aus den eisernen Käfigen fachlicher Strategien auszubrechen, die Grenzen zwischen Laien- und Fachkompetenz aufgeweicht worden.

Internet-Link

Arbeitsgemeinschaft Elisabeth Kübler-Ross: www.hospiz.org

Zum Weiterlesen ...

Annedore Napiwotzky und Johann-Christoph Student (Hrsg.): *Was braucht der Mensch am Lebensende? – Ethisches Handeln und medizinische Machbarkeit* (Stuttgart 2007).

AIDS – ein Beispiel aus der heutigen Medizinpolitik

Es wäre falsch, die moderne Medizin als ein geschlossenes Ganzes darzustellen. Nichts illustriert dies besser als das Kräftemessen im Zusammenhang mit der öffentlichkeitswirksamsten Krankheit: AIDS.

In den frühen 1980er-Jahren gab es noch keinen wissenschaftlichen Konsens über die Ursache des neuen Syndroms (man hatte sich noch nicht einmal auf einen Namen geeinigt), und jeder Experte oder selbsternannte homophobe Fernsehprediger konnte sich über die „Schwulenseuche" oder den „Zorn Gottes" auslassen. Die Wissenschaftler stritten darum, wer für die neue Krankheit zuständig sein sollte: Epidemiologen, Sozialmediziner, Virologen oder Venerologen? Dieser Konflikt endete, nachdem sich AIDS 1983 offenkundig auf ein Virus zurückführen ließ. Doch bald rangelten die zerstrittenen Virologen Robert Gallo (geboren 1937) und Luc Montagnier (geboren 1932) um die wissenschaftliche Autorität. Diese Autorität bekam einen Riss, als der Immunologe Peter Duesberg aus Berkeley die ursächliche Rolle des HI-Virus bestritt und zum führenden Gegner dieser Theorie wurde.

In dieser Situation konnten Laien und AIDS-Aktivisten eine Rolle einnehmen, die den Menschen außerhalb des magischen Labors meist verwehrt blieb: nicht nur als Patienten, sondern als Beteiligte und zunehmend als Experten. Die AIDS-Kranken verfügten über einen aus Verzweiflung geborenen Wagemut. Außerdem gehörten sie, zumindest die der schwulen Gemeinden von New York und San Francisco, der Mittelschicht an, waren gebildet und dank der Schwulenbewegung und hier besonders der Act-Up-Gruppen politisch gewandt. AIDS-Kranke entwickelten, wie die Fachwelt erstaunt feststellte, eigene Sachkenntnis: „Es ist beängstigend, wie viel sie wissen", kommentierte Gallo – eine sehr aufschlussreiche Äußerung.

Dieses Vordringen von Laienfachwissen hatte erstaunliche Auswirkungen auf das Gebiet der Therapie. Anfangs waren die Klagen der Aktivisten einfach: Die Behandlungen erfolgten zu selten und zu spät – und die Parole lautete „Medizin in die Körper". Aber dann wollten es die Interessenvertreter der Anwender genauer wissen: War das bevorzugte Arzneimittel AZT (Azidothymidin) wirksam (zur Prophylaxe oder Behandlung)? Oder entsprach es, wie andere behaupteten, „AIDS auf Rezept"? Wer sollte das entscheiden? Wer sollte über seine Verteilung bestimmen? Und diente das System, in dem therapeutische Neuerungen den Launen pharmazeutischer Unternehmenspolitik, Marktkräften und der Einschätzung der FDA (Food and Drug Administration) überlassen waren, den Interessen der Patienten? War dies „gute" Medizin? Wer hatte das Recht, dies zu beurteilen?

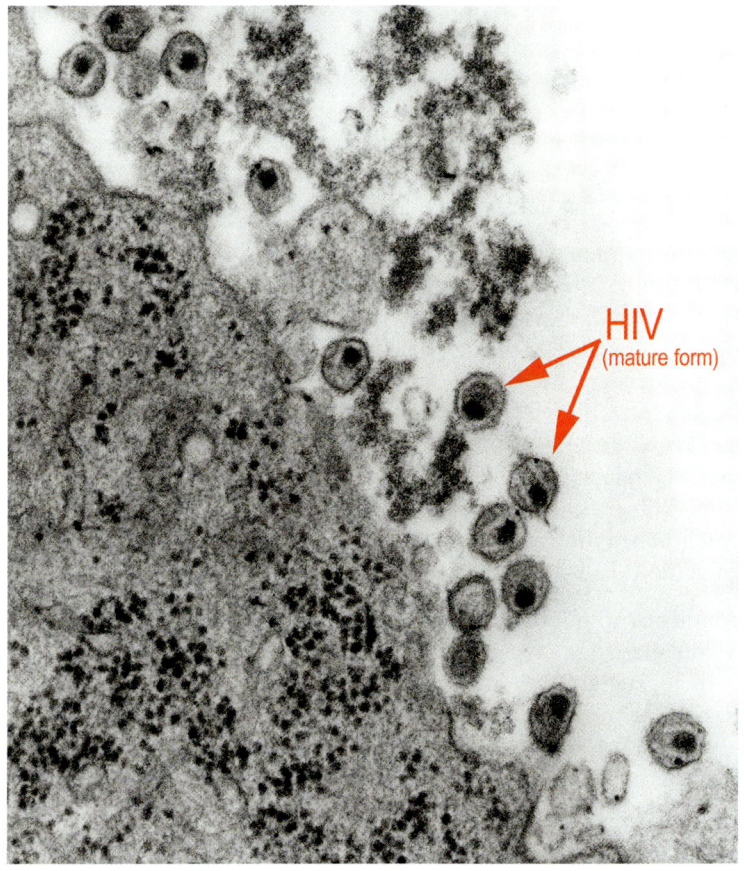

HIV
(mature form)

Die elektronenmikroskopische
Aufnahme zeigt HIV-Zellen in
einer Gewebeprobe.

Da die Zeit verrann, kehrten die AIDS-Kranken den Medizinern den
Rücken. Sie richteten „Kaufclubs" ein, stellten schwarz Medikamente her, schmuggelten ungeprüfte Arzneimittel über die Grenze oder
unterliefen klassische klinische Arzneimittelprüfungen, indem sie
die Medikamente miteinander teilten. Ihre Gründe waren so überzeugend und das moralische Argument so stark, dass sie eine bedeutende Minderheit von Ärzten, Wissenschaftlern und sogar Regierungs-
repräsentanten für sich gewinnen konnten – oder sich diese dem politischen Druck beugten. Man dachte nun darüber nach, wie die klinische Arzneimittelprüfung zu verändern sei, um dem Wohl der
Patienten genauso gerecht zu werden wie den wissenschaftlichen
Ansprüchen. Zahlreiche Wissenschaftler sehen die Kehrseite dieser
Entwicklung darin, dass über viele Jahre hinweg sorgfältig entwickelte Versuchsanordnungen klinischer Arzneimittelprüfungen zu-
nichte gemacht werden, was die AIDS-Forschung um ein Jahrzehnt
zurückwerfe und gerade jenen Schutz aufhebe, den die Patienten
einst verlangt hatten.

Im Falle von AIDS eröffnete der Expertenstreit Verbrauchern und Laien die Möglichkeit, als neue Hoffnungsträger aufzutreten. Als eine Folge davon stellte man die traditionelle Vorstellung von Sachkenntnis in Frage. Dies führte zu einer anhaltenden Debatte darüber, wer einen Platz im paternalistischen Gefüge der Medizin bekommen sollte, die nun demokratischer, zugänglicher und patientenfreundlicher werden musste.

Die Bestimmungen über den Körper und das Recht, Aussagen über Krankheit zu machen, sind also zum Gegenstand heftiger Auseinandersetzungen geworden. Vielfach wird die Forderung laut, den Körper wieder selbst in Besitz zu nehmen und sich von der „körpervereinnahmenden" Medizin abzuwenden – zum Beispiel durch Körperkultur, durch Fitnesstraining und Bodybuilding. Aber selbst hier können Probleme und Widersprüche lauern: In ihrer Extremform führen diese Trends zur Selbstmedikation, denn das Erschaffen eines „Designerkörpers" ist oft mit der Einnahme von Steroiden und anderen gefährlichen Stoffen verbunden. Das Fördern von Gesundheitskulten kann die Gesundheit gefährden.

Ähnliches gilt für die alternative Medizin: Sie kann genauso zu einer Medikalisierung (und zu Risiken) führen wie die von ihren Anhängern abgelehnte herkömmliche Medizin. Wie jeder andere auch unterliegt der gesundheitsbewusste Einzelne unklaren Einflüssen. Die heutige Sorge um die eigene Gesundheit ließ einen Gesundheitsmystizismus entstehen, gefördert von großen Unternehmen, die vom Vitaminverkauf und dem öffentlichen Gesundheitsbewusstsein profitieren. Und nicht zuletzt spiegelt der neue Psychospiritualismus („Krankheit ist allein eine Frage der Persönlichkeit") auf unheimliche Weise die dem Opfer die Schuld zuweisenden Doktrinen („Krankheit ist eine Strafe Gottes") der moralischen Mehrheit wider.

Grundtext aus: Roy Porter Die Kunst des Heilens. Eine medizinische Geschichte der Menschheit von der Antike bis heute; *Spektrum Akademischer Verlag (amerikanische Originalausgabe:* The Greatest Benefit to Mankind; *Harper Collins Publishers; übersetzt von Jorunn Wissmann).*

Beziehung auf Rezept

Wie wichtig das Verhältnis zwischen Arzt und Patient ist, entdeckt die Medizin gerade neu

Harro Albrecht

Peter Beatty war ein typischer Vertreter seiner Zunft. Der Krebsarzt von der University of Wisconsin in Madison dachte modern und aufgeklärt, orientierte sich am aktuellen naturwissenschaftlichen Kenntnisstand und suchte, wenn er seine Patienten behandelte, nach streng objektiven, mess- und quantifizierbaren Symptomen. Er selbst litt schon seit fast 20 Jahren an Multipler Sklerose (MS). Die Krankheit hatte ihn nie in seiner Arbeit behindert, aber am Jahrestag des Todes seiner Frau kam der Schock: Beatty wachte morgens auf und konnte nicht mehr sehen. Ein MS-Schub hatte ihm vorübergehend das Augenlicht geraubt. Als Patient machte der Arzt eine neue Erfahrung. Nicht Feinheiten der autoimmunen Entgleisungen in seinem Körper bewegten ihn, sondern eine zentrale Frage: „Wer bin ich, wenn ich nicht mehr arbeiten und sehen kann?" Beatty hatte erfahren, dass eine Krankheit dem Menschen die Identität rauben kann und dass Patienten deshalb mehr brauchen als objektive Diagnosen und statistisch abgesicherte Therapien. In diesem Moment half ihm vor allem eines: die menschliche Beziehung zu seinem Arzt.

Eine „Befreiung" sei es gewesen, seinem Neurologen vertrauen zu können, berichtet Beatty. Das Vertrauen nahm ihm den Stress, eine zweite Meinung bei Kollegen einholen zu müssen. „So konnte ich über Dinge nachdenken, die wirklich wichtig waren für mich." Zwar ist Beatty bewusst, dass sich diese Seite der Therapie naturwissenschaftlich kaum erfassen lässt. Dennoch ist der gewandelte Rationalist überzeugt, dass bereits das Vertrauen in die Behandlung „mei-

ne emotionale und körperliche Genesung sicher beschleunigen wird". Und weil Beatty das Gefühl hat, dass die meisten seiner Kollegen über solche Seiten ihres Berufes viel zu selten nachdenken, hat er seine Erfahrungen in den *Annals of Internal Medicine* minutiös dokumentiert. „Wir sollten die Patienten befähigen, zu erkennen, was in ihrem Leben wichtig ist", riet er.

Das klingt einerseits banal und andererseits revolutionär. Natürlich war empfindsamen Ärzten immer bewusst, dass ihre Zuwendung einen heilenden Effekt auf ihre Patienten haben kann. Auf der besonderen Kraft einer solchen oft ritualhaften Beziehung beruht schließlich ein Großteil der Erfolge vieler Therapien was auch Schamanen, Medizinmänner und Heilpraktiker nutzen. Doch im modernen Gesundheitssystem scheint das Wissen um die „Beziehungsmedizin" mehr und mehr verloren gegangen zu sein. Im Dickicht von Gerätemedizin, Bürokratie und Gesundheitspolitik bleibt kaum mehr Zeit und Raum für die Heilkraft der „Droge Arzt". Statt Vertrauen prägen Misstrauen und Sprachlosigkeit die Beziehung zwischen Therapeuten und Patienten insbesondere in Deutschland.

Deutsche Patienten fühlen sich schlecht aufgeklärt

So stellten Bremer Sozialforscher fest: Die Hälfte aller deutschen Patienten klagen, sie fühlten sich von ihren Ärzten nicht ernst genommen; in Holland und England sagten das nur 30 Prozent. Und eine Erhebung des

Instituts für Qualität und Wirtschaftlichkeit im Gesundheitswesen kam 2005 zu dem paradoxen Ergebnis, dass deutsche Patienten zwar besonders zügig eine Behandlung bekommen, dass sie weniger zuzahlen müssen als anderswo und im Krankenhaus seltener Infektionen erleiden und dennoch mit ihrer Behandlung unzufriedener sind als Patienten in England, Neuseeland oder Kanada. Die Deutschen fühlten sich körperlich schlechter und gaben nach einem Krankenhausaufenthalt besonders häufig an, sich unzureichend aufgeklärt zu fühlen, ihre Entlassung als unkoordiniert empfunden und nichts über Sinn und Zweck ihrer Behandlung erfahren zu haben.

Man mag dies einer depressiv gestimmten deutschen Mentalität zuschreiben. Etliches deutet jedoch darauf hin, dass Grundsätzliches schief läuft zwischen Ärzten und Patienten. So hat sich die Zahl der Schlichtungsverfahren, die Patienten gegen Ärzte anstrengen, in den vergangenen zehn Jahren verdoppelt. Und ein Drittel aller verordneten Medikamente landet im Müll. Das Vertrauen zu den Ärzten scheint zerrüttet. Auch die Stimmung der Mediziner ist nicht rosig. Unbezahlte Überstunden, überbordende Bürokratie und überkommene Hierarchien treiben deutsche Ärzte nach England, Norwegen oder in die Schweiz, in die innere Emigration und in verzweifelte Streiks.

So hatte sich Hippokrates vor fast dreitausend Jahren die heilende Begegnung nicht vorgestellt. Der Arzt solle „von gesundem Aussehen" und „wohlgenährt sein", forderte er. Unabdingbar sei auch ein angenehmer Untersuchungsort, an dem weder zu viel Wind bläst noch Sonne den Patienten blendet. Hippokrates wusste, wie wichtig es ist, im Patienten eine positive Erwartungshaltung zu erzeugen. Diese kann Selbstheilungskräfte in Gang setzen, die zur Gesundung führen. Solche psychosozialen Effekte einer Behandlung werden heute gern unter dem Begriff Placebo subsumiert. Doch das Wort ist missverständlich. Oft werden da-

runter nur bunte Zuckerpillen ohne Wirkstoff verstanden, die auf geheimnisvolle Weise die Befindlichkeit bessern. Das geht am Wesentlichen vorbei. Alles im Umfeld der Behandlung kann eine Wirkung auf die körperliche Verfassung des Patienten haben: die Größe und Farbe einer Tablette, die Kleidung des Arztes, seine Körpersprache, die Ausstattung des Behandlungsraumes und die Vorstellungen des Patienten (und des Arztes!) über die Wirksamkeit der verschriebenen Medikamente. Solche Bedingungen entscheiden zum einen darüber, ob ein Patient gewillt ist zu kooperieren, zum anderen wirkt der Kontext auch via Hirn direkt auf den Körper.

In den vergangenen Jahrzehnten haben Neurobiologen, Immunologen und Hormonspezialisten erforscht, auf welch vielfältige Weise bewusste und unbewusste Hirnaktivitäten das körperliche Geschehen beeinflussen. Zwei wichtige Mechanismen spielen dabei eine Rolle: zum einen die Erwartungshaltung des Patienten, zum anderen die klassische Konditionierung. Wer also positiv gestimmt zum Arzt geht und glaubt, dass ihm geholfen wird, fühlt sich bereits besser. „Die bewusst wahrgenommenen Signale scheinen eine Rolle zu spielen bei Schmerz, Schmerzwahrnehmung und Schmerzverarbeitung", sagt Manfred Schedlowski, Verhaltensimmunbiologe von der ETH Zürich. „Und Konditionierung kann die Hormonsekretion und die Immunfunktion beeinflussen." Hat also ein süßes Medikament mehrfach geholfen, wird das Immunsystem auch messbar reagieren, wenn eine süße Pille ohne Wirkstoff auf der Zunge liegt.

Seit zehn Jahren sucht Schedlowski nach der Verbindung von psychosozialen Umständen einer Therapie und ihren Auswirkungen auf den Körper. Was als hochtheoretische Grundlagenarbeit begann, hat nach Ansicht des Wissenschaftlers aufgrund vieler Studien inzwischen große klinische Bedeutung: „Ich lehne mich aus dem Fenster und sage, dass man durch gezielt eingesetzte Verhaltensinterventionen einen Großteil der spezifischen pharmakologischen Wirkung von Medikamenten ersetzen kann." Bei 50 bis 60 Prozent aller Patienten, die mit körperlichen Beschwerden zum Allgemeinarzt gingen, sei organisch alles in Ordnung. Besonders diesen Menschen, die unter so genannten funktionellen Störungen litten, könne ebenso wie Schmerzpatienten die „Beziehungsmedizin" helfen. „Das wäre für die nächsten Jahre mein Ziel", sagt Schedlowski, „den Medizinern beizubringen, dass sie mit mehr Zeit und Einfühlung den Patienten mehr helfen, als wenn sie ihnen irgendwelche Antidepressiva oder Bluthochdruckmittel auf den Tisch knallen."

Wie zeigt man jungen Ärzten, dass sie Teil der Therapie sind?

Viele Heilpraktiker und Alternativmediziner nutzen diese Effekte seit langem. Sie nehmen sich viel Zeit für ihre Patienten und laden ihre Handlung mit ritualhafter Bedeutung auf. Das Hirn ist für eine Kooperation gewonnen. Die Schulmedizin, so Schedlowski, könnte das noch besser. „Sie hat die Möglichkeit, die Wirkmechanismen zu identifizieren", sagt er. „Langfristig kann man solche Verfahren nur effektiv einsetzen, wenn man die Neurobiologie dahinter im weitesten Sinne versteht." Seine Vision ist es, die körpereigene Apotheke gezielt zu aktivieren. „Das können Heilpraktiker oder Homöopathen nicht leisten."

Erfahrene Hausärzte brauchen keine neurobiologische Motivation. Sie wissen schon lange, dass ein einfühlsames Gespräch und ein paar Rituale die Grundlage einer tragfähigen Beziehung sind. Doch erst allmählich setzt sich auch an den Hochschulen, in der Ausbildung der Mediziner, die Einsicht durch, dass dieses intuitive Wissen jungen Ärzten nicht in die Wiege gelegt ist, sondern oft erst mühsam erlernt werden muss. Seit 2002 sieht die Approbationsordnung für

Ärzte vor, dass Studenten mehr praktische Fertigkeiten lernen sollen. Viele Universitäten verstehen darunter inzwischen auch die Förderung kommunikativer Kompetenzen. Inzwischen schlüpfen Studenten in Rollenspielen in die Haut von Patienten. Sie müssen in praktischen Prüfungen vorführen, wie man am Modell einen Luftröhrenschnitt anlegt und sich vorher bei den Angehörigen vorstellt, und sie üben schwierige Situationen mit Patienten und Angehörigen mit Laiendarstellern. Der Aufwand lohnt sich. In Heidelberg, wo ärztliche Kommunikation schon seit fünf Jahren trainiert wird, versagt bei den Umgangsformen kaum mehr ein Student. Und inzwischen sind dort auch die Assistenzärzte neugierig geworden und fordern Schulungen für sich ein.

Doch die richtigen Kommunikationsformen sind erst der Anfang der Beziehungsmedizin. „Wir versuchen den Studierenden auch beizubringen, dass sie die Droge Arzt nutzen", sagt Jana Jünger. Die junge Ärztin hat sich in Heidelberg der Kommunikationsausbildung verschrieben und entwickelte das Lehrprogramm Medi-Kit. Sie will den Studenten klar machen, dass sie „sich selbst als diagnostisches Instrument und therapeutisches Mittel begreifen". Wer richtig zuhöre, könne häufig auch ohne technischen Aufwand die richtige Diagnose treffen vor allem bei Problemen mit psychologischem Hintergrund. So geraten Patienten mit psychosomatischen Störungen allzu leicht in einen Strudel von Facharztkonsultationen. Hier wird eine Computertomographie gemacht, da das große Blutbild erstellt, dort der Ultraschall angeworfen, oft ohne erhellendes Ergebnis. All das geschieht häufig, ohne dass ein Arzt die vielleicht entscheidende Frage stellt: „Wie steht es im Beruf und in der Partnerschaft?"

Stattdessen setzen die Ärzte, auch zur Ablenkung von eigenen Ohnmachts- oder Schuldgefühlen, gerne immer neue technische Hilfsmittel ein. Die Patienten sind fasziniert und beeindruckt. Dass damit der menschliche Abstand zum Patienten wächst, ist mittlerweile eine ungute Tradition in der abendländischen Medizin. Viele Ärzte fühlen sich selbst als Opfer dieser Entwicklung. Aus Zeitmangel kämen sie gar nicht zu einem gründlicheren Gespräch, lautet eine ihrer Standardklagen. Tatsächlich bleiben ihnen vor lauter Dokumentation, Kontrollanfragen der medizinischen Dienste und Befundüberprüfung nur wenige Minuten pro Patient. Die allerdings kann man unterschiedlich nutzen. „Wir haben verschiedene Assistenzärzte bei ihren Aufnahmegesprächen gefilmt", sagt die Heidelbergerin Jana Jünger. „Die einen gewinnen in fünf Minuten ein umfassendes Bild über den Patienten und sind dabei die Ruhe selbst. Die anderen erheben in derselben Zeit nur die wichtigsten Befunde." Für Letztere sei es verblüffend zu sehen, wie viel mehr ihre Kollegen herausbekommen haben. Diese lassen zum Beispiel, anstatt nur Symptome abzufragen, die Kranken oft erst einmal selbst erzählen und hören aufmerksam zu. Klingt einfach. Ist aber offenbar eine rare Kunst. „Im Allgemeinen fallen Ärzte ihren Patienten nach ungefähr 18 Sekunden ins Wort", sagt Jünger, „uns würde schon genügen, wenn das erst nach 90 Sekunden geschieht."

Ein solch respektvoller Umgang verbessert nicht nur das Klima in den Praxen, er beeinflusst indirekt auch den Heilerfolg. Studien belegen, dass Patienten ihre Tabletten konsequenter nehmen und nur halb so viele verschiedene Ärzte aufsuchen, wenn sie sich respektvoll behandelt fühlen. Überdies prozessieren sie seltener.

Diese „patientenzentrierte Kommunikation" hat noch eine weitere Wirkung: Sie senkt auch die Erkrankungsrate der Ärzte. „Für den Behandler selbst ist der Effekt ganz erheblich", sagt der Neurologe und Psychosomatiker Peter Henningsen von der Klinik für Psychosomatische Medizin an der TU München. „Es geht ihm in der Regel viel besser im Umgang mit schwierigen Pa-

tienten." Die Ärzte empfinden ihre anstrengende Arbeit als befriedigender und brennen beruflich nicht so schnell aus. All das ist ohne gewaltigen zeitlichen Mehraufwand möglich, wie ein Freiburger Modellversuch zeigt. Hausärzte wurden dort im besseren Umgang mit depressiven Patienten geschult. Bei gleichem Zeitaufwand der Ärzte waren die Patienten erheblich zufriedener.

Wie also sollte der perfekte Arzt sein? Patienten wissen meist sehr genau, was sie an Medizinern schätzen. In einer Umfrage der amerikanischen Mayo-Kliniken gaben die Patienten kürzlich an, sie wünschten sich ihre Ärzte selbstsicher, mitfühlend, persönlich, geradeheraus, respektvoll und gründlich. Der Autor der Studie, Leonard Berry, gibt seinen Kollegen gleich Dutzende guter Ratschläge: Augenkontakt halten, auch auf nonverbale Signale achten, sich auch mal nach persönlichen Interessen des Patienten erkundigen, Anweisungen aufschreiben, Medizinjargon meiden. Und das alles sollte nicht aufgesetzt daherkommen. „Das Wichtigste ist", sagt Hans Förstl, Direktor der Klinik für Psychiatrie an der TU München, „dass der Arzt authentisch ist." Schließlich kann nur ein Arzt, der selbst glaubt, was er sagt, dem Patienten gegenüber glaubwürdig erscheinen und damit die Positivspirale der Selbstheilung in Gang setzen.

Der Arzt muss seine eigene Wirkung kennen lernen

Bei jedem Ärztetraining geht es also weniger um Einüben starrer Verhaltensweisen, als um das Gewahrwerden der eigenen Wirkung. Obwohl zum Beispiel ein Krankenhausarzt in 40 Jahren rund 150 000 bis 200 000 Gespräche mit Patienten und Angehörigen führt, agieren viele wie auf einer Bühne, ohne dass ein Regisseur ihnen je gesagt hätte, wie überzeugend sie den Doktor verkörpern. Manch altgedienter Einzelkämpfer hat genug von diesem Blindflug und nimmt jetzt teil an der Kommunikationsausbildung der Heidelberger Universität. So ließ sich auch Richard Barabasch bei einem gestellten Arzt-Patient-Gespräch filmen. In der anschließenden Analyse fiel ihm auf, dass er sich gern jünger gibt, als er ist. Wenn sich der ältere Herr lässig auf die Schreibtischkante setzt und jovial mit seinen Patienten spricht, verwirrt das viele. „Es war gut, das einmal von meinen Kollegen zu hören", sagt Barabasch. Der Hausarzt steht inzwischen zu seinem Alter, „es macht mich sicherer und ruhiger". Er sei nun auch weniger anfällig für unangemessene Forderungen der Patienten. Und die akzeptierten seine Argumente eher.

Training mit Schauspielpatienten erweitert neuerdings den Horizont vieler Ärzte. Dabei ist das Lernen eines besseren Umgangs mit Patienten für Psychologen ein alter Hut. Schon vor fünfzig Jahren beschrieb der ungarische Psychoanalytiker Michael Balint in seinem Buch *Der Arzt, sein Patient und die Krankheit*, dass für den Therapieerfolg nicht nur Tabletten und Therapeutika, sondern auch „die ganze Atmosphäre, in welcher die Medizin verabreicht und genommen wird", verantwortlich sei. Obwohl seine ärztlichen Jünger in den berühmten Balint-Gruppen die Wichtigkeit der Arzt-Patient-Beziehung betonen, blieb ihr Engagement eine idealistische Randbewegung.

Besonders in Krankenhäusern geht es rau zu. Brustkrebspatientinnen erfahren ihre Diagnose nebenbei auf der Visite, Herzkranke müssen die Schwester nach dem Arztbesuch um Übersetzungshilfe bitten, und Neurochirurgen erklären Eltern eines zwölfjährigen Jungen die Hirntumor-Operation, während das Kind geschockt daneben sitzt.

Ausgerechnet die Nöte des deutschen Gesundheitssystems könnten zu einer Renaissance der vergessenen Beziehungsmedizin führen. Krankenhäuser müssen im verschärften Wettbewerb auf Dauer viele Doppelstrukturen und überbordende Versorgungen abbauen. Liebgewonnene und beruhigende Rituale für Ärzte und Patienten hier

noch eine Computertomografie, da noch ein Rezept könnten dabei wegfallen. Dafür müsste so mancher Mediziner wieder lernen, statt dem technisch Machbaren mehr seinem Kopf und seiner Intuition zu folgen. Das ist in Ländern wie Großbritannien mit weniger Geld für die Gesundheitsversorgung schon lange üblich. Die im internationalen Vergleich exorbitant hohe Ärztezahl in Deutschland und die ausufernde Technik haben hierzulande befördert, was Balint eine „Verzettelung der Verantwortung" nannte. Statt heikle Entscheidungen zu treffen, wird ein neuer Test angeordnet oder ein Kollege hinzugezogen. Diese verschwommenen Behandlungskonturen führen oft nicht zum Ziel und fördern auch nicht das Vertrauen der Patienten.

Aber das ändert sich. Schon jetzt müssen Hausärzte immer häufiger erklären, warum eine teure Untersuchung oder ein bestimmtes Medikament entbehrlich ist. Bald werden sie Patienten, auch gegen Widerstände, von aufwändiger Gerätemedizin und Gefälligkeitsrezepten entwöhnen müssen. Sie erleben bereits heute, dass Kranke protestieren, wenn sie nicht mehr das gewohnte teure Originalpräparat, sondern ein günstigeres Nachahmerpräparat erhalten. Krankenhäuser entdecken die neue Freundlichkeit. In den USA ist der „freundliche Doktor" als Werbefaktor bereits seit Jahren en vogue.

Einer Illusion sollte man allerdings nicht erliegen: dass eine optimierte Kommunikation nur Positives bewirkt. In einer kommerzialisierten Medizin liegt die Versuchung nah, mit den erlernten Techniken nur bessere Verkaufsgespräche zu führen – „darfs noch ein bisschen mehr sein?". Wer allerdings seine neuen, kostenpflichtigen individuellen Gesundheitsleistungen anpreist wie ein Gebrauchtwagenhändler, der hat das Wesen der Beziehungsmedizin nicht begriffen. Und bestätigt leider nur die alte Regel: Was wirkt, kann auch unangenehme Nebenwirkungen haben.

Aus: DIE ZEIT Nr. 32, 3. August 2006

Das Gefühl, unter Stress zu stehen, nimmt in den Industriegesellschaften einen immer größeren Anteil am Lebensgefühl „ein, weil die hohen Leistungsansprüche und die zahlreichen spezifischen Belastungen in der arbeitsteilig funktionierenden und informationsintensiven Arbeitswelt Konkurrenz, Neid und Versagensängste steigern." Diese düstere Diagnose stammt von **Ludger Rensing**, Professor emeritus für Zellbiologie an der Universität Bremen. Rensing hat in Göttingen promoviert und habilitiert. Nach mehreren Forschungsaufenthalten in den USA, unter anderem an der Princeton University und der Harvard University, kam Rensing nach Bremen – und zu seinem Thema.

Stress ist ein vielfältiges Phänomen. Stress kann ein Moment der Angst sein, aber auch eine anhaltende, mürbe machende Belastung. Kurzzeitiger Stress kann motivieren, Anstoß geben, Aufbruch erzeugen. Dauerstress hingegen macht viele Menschen krank.

Stress ist dabei ein Phänomen aller Lebensalter und -phasen. Er tritt beim Kind auf, das im Aufwachsen seine Grenzen erkennt (oder gezeigt bekommt), beim Jugendlichen, der seine Rolle im Spannungsfeld zwischen Elternhaus, Schule und Clique finden muss, beim Erwachsenen, der Familie und Beruf zu vereinen versucht, oder beim alten Menschen, den die zunehmende Furcht vor Krankheit und Tod umtreibt.

Stress ist ein Phänomen, das an jedem Ort, in jedem Lebensbereich auftreten kann: im Elternhaus wie in der Partnerschaft, im Berufsleben oder in der Einsamkeit. „Die Darstellung und Analyse der vielfältigen Formen von Stress und der dadurch bewirkten Reaktionen und Veränderungen in Psyche und Gehirn, im Körper wie auch auf der Ebene der Zellen und Moleküle" sind das Ziel von Ludger Rensing.

Die langfristigen Folgen von Stress – etwa Depression – müssen jedoch kein unausweichliches Schicksal sein. Das lernen Rensing und seine Bremer Kollegen **Michael Koch**, **Bernhard Rippe** und **Volkhard Rippe** von den Bremer Stadtmusikanten: „Esel, Hund, Katze und Hahn befanden sich durch Stress am Arbeitsplatz und altersbedingt in depressiver Verstimmung, sie entschieden sich jedoch, offensiv damit umzugehen und sich ein neues Ziel zu setzen („Komm mit nach Bremen, etwas Besseres als den Tod findest du überall"). Damit hatten sie, wie man weiß, großen Erfolg – auch wenn sie Bremen nicht erreicht haben."

Ludger Rensing

Was macht uns Stress?

Von Ludger Rensing, Michael Koch, Bernhard Rippe
und Volkhard Rippe

Psychosoziale Stressfaktoren, Stressempfindungen und Stressreaktionen verändern sich in den verschiedenen Lebensabschnitten des Menschen. Ein Säugling empfindet andere Situationen als bedrohlich und belastend als ein Erwachsener und reagiert darauf auch anders. Schreien oder Abwenden ist bei ihm eine der wenigen Möglichkeiten der Verhaltensreaktion auf Stress, während erwachsene Menschen über ein großes Spektrum von Stressreaktionen verfügen, wozu neben verschiedenen Verhaltensweisen zahlreiche mentale, verbale und somatische Verarbeitungsmöglichkeiten gehören.

Die sozialen Beziehungen verändern sich ebenfalls drastisch. Im Säuglingsalter und in der Kindheit sind es wesentlich die Eltern und Geschwister, im Jugendalter, der Pubertät und der Adoleszenz darüber hinaus Freunde, Spiel- und Klassenkameraden und die erweiterte Familie. Als psychosoziale Stressoren stehen in diesen Entwicklungsphasen Konflikte mit den Familienangehörigen, vor allem mit Mutter und Vater, im Vordergrund, später auch Konflikte in der Schule, Identifizierung mit der *peer group* und gegebenenfalls Konflikte mit der Akzeptanz in dieser Gruppe. Traumatische Erfahrungen sowie täglicher geringfügiger Stress in diesen Entwicklungsphasen sind in Kombination mit der genetischen Disposition und den sich entwickelnden Coping-Strategien (Rückzug oder aktive Auseinandersetzung) oft ausschlaggebend für psychosomatische Symptome im Erwachsenenalter.

Was ist eigentlich ...

Stressreaktion (Coping), die in der Person stattfindenden Prozesse bzw. Wirkungen von Belastungen (Stress). Stressreaktionen finden auf physiologischer (z. B. Puls, Blutdruck), kognitiver und emotionaler (z. B. Ermüdung, Ärger) und auf der Verhaltensebene statt (z. B. Aggression). Coping (Stressverarbeitung, „mit etwas fertig werden") bezeichnet dabei die aktiven Prozesse des Problemlösens oder der Bewältigung von Belastungssituationen.

■ Stress – ein schillernder Begriff ■

Stress gehört zu den populärsten und zugleich schillerndsten Begriffen sowohl in der Wissenschafts- als auch in der Alltagssprache. Weitgehende Übereinstimmung besteht jedoch in der negativen Konnotation des Begriffs: Stress ist etwas Belastendes, Unangenehmes, Bedrohliches. Beschrieben werden können die Ursachen (die Situation ist „stressig"), die Folgen (ich fühle mich „gestresst") und der Prozess selbst (das läuft bei mir ab, wenn ich unter „Stress" stehe). Damit sind auch die wesentlichsten theoretischen Konzepte benannt. Obwohl Belastungs- und Stressbegriffe in der Literatur nicht einheitlich verwendet werden, kann von einem Minimalkonsens zwischen der angelsächsischen „Stresstradition" und der deutschsprachigen „Belastungs- und Beanspruchungstradition" ausgegangen werden. Im Sinne eines allgemeinen Person-Umwelt-Modells können die verschiedenen Begriffe in eine einfache Ordnung gebracht werden: die auf die Person einwirkenden Bedingungen als Belastung, Belastungsfaktor, Stressor, Stressfaktor sowie die in der Person stattfindenden Prozesse bzw. deren Wirkungen als Beanspruchung, Beanspruchungsfolge, Fehlbeanspruchung, Stress, Stressreaktion.

Was ist eigentlich ...

Peer group, Gleichaltrigengruppe, Gruppe der Peers bzw. Alterskameraden, Freundesgruppe mit großem Einfluss. So wird z. B. der Zeitpunkt des ersten Gebrauchs von Drogen wie Zigaretten, Alkohol oder Haschisch von der Peer-Gruppe beeinflusst. Weitere (positive) Funktionen der *peer group*: Ersatz für die Familie, Stabilisierung der Persönlichkeit, Quelle der Selbstachtung und von Verhaltensstandards, Übung in sozialem Verhalten, Vorbildübernahme und Nachahmung. – Die Peer-Forschung untersucht die Beziehungen eines Kindes zu seinen Peers, die einzigartige Impulse für seine Entwicklung geben, die durch andere Beziehungen nicht zu ersetzen sind.

Im frühen Erwachsenenalter treten psychosoziale Konflikte in den Interaktionen mit Freunden und Sexualpartnern auf. Zudem können auch Berufsentscheidungen und erste Erfahrungen im Berufsleben psychische Belastungen mit sich bringen.

Im Leben des Erwachsenen stehen zum einen der Arbeitsplatzstress, zum anderen bei Ehegemeinschaften oder Lebenspartnerschaften die Konflikte mit Partner und Kindern im Vordergrund. Bei Frauen ist die Doppelbelastung von Beruf und Familie ein häufiger psychosozialer Stressor. Ferner gibt es geschlechtsspezifische Unterschiede in der Art der Stressoren, etwa in Form von Diskriminierung der Frauen im Beruf, in den subjektiven Empfindungen in der Stressverarbeitung sowie in unterschiedlichen Coping-Strategien. Für Frauen und Männer kommen vor allem in Krisensituationen existenzielle Ängste vor Krankheit oder Tod und Fragen nach dem Sinn des Lebens hinzu.

Diese Ängste verstärken sich im Alter. Darüber hinaus findet oft eine soziale Isolierung insbesondere nach dem Ausscheiden aus dem Arbeitsleben statt. Belastende Gefühle wie Trauer um den Verlust des Lebenspartners, Gefühle der Hilflosigkeit bei der Pflege von nahen Angehörigen während Krankheit oder Demenz sowie Gefühle von Wut und Neid bei eigener Krankheit und Behinderung führen zu Niedergeschlagenheit und Depressionszuständen.

Entwicklungsübergreifende psychosoziale Stressoren sind die vielfachen Formen von Gewalt, denen Menschen aller Altersstufen ausgesetzt sind: in der Familie, in der Schule, auf der Straße, durch staatliche Unterdrückung oder Verfolgung von Minderheiten sowie durch Krieg und Terrorismus.

In all diesen entwicklungsabhängigen oder -übergreifenden Belastungen spielen die subjektiv erlebten Gefühle von Angst, Ärger, Wut, Scham, Trauer, oder Einsamkeit eine wesentliche Rolle, die zwar der Psyche zugeordnet, aber untrennbar mit somatischen (neuronalen, humoralen und zellulär/molekularen) Prozessen gekoppelt sind und das Individuum psychisch und somatisch prägen. Diese Prägung beginnt schon in den ersten Lebensmonaten und -jahren und ist oft entscheidend für die sozialen Interaktionen und die Stressverarbeitung im Jugend- und Erwachsenenalter. Eine starke negative Rolle in dieser Entwicklungsphase spielen ein niedriger sozioökonomischer Status, emotionaler, körperlicher und sexueller Missbrauch und familiäre Konflikte.

Entwicklungsabhängig und oft mit psychosozialen Stressoren gekoppelt sind auch intrapsychische Konflikte zwischen:

• internalisierten Wertvorstellungen von Eltern und Gesellschaft und den eigenen Wünschen,

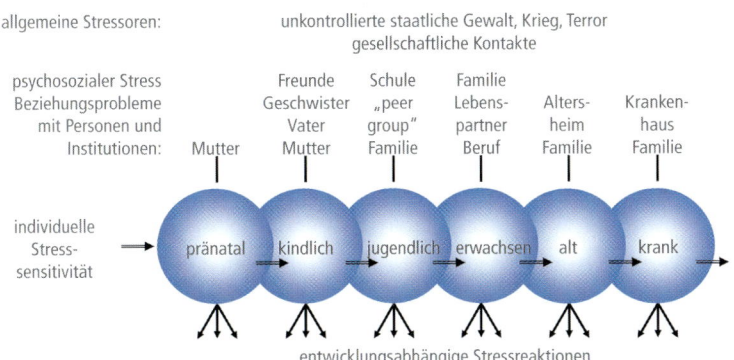

allgemeine Stressoren: unkontrollierte staatliche Gewalt, Krieg, Terror
gesellschaftliche Kontakte

psychosozialer Stress
Beziehungsprobleme
mit Personen und
Institutionen:

| | Freunde Geschwister Vater Mutter | Schule „peer group" Familie | Familie Lebens- partner Beruf | Alters- heim Familie | Kranken- haus Familie |

Mutter

individuelle Stress- sensitivität

pränatal · kindlich · jugendlich · erwachsen · alt · krank

entwicklungsabhängige Stressreaktionen

Entwicklungsabhängige psychosoziale Stressoren.

- Bindungsstrebungen und Autonomieansprüchen,
- Allmachtsfantasien des heranwachsenden Jugendlichen und den eigenen Möglichkeiten,
- regressiven Wünschen und der Übernahme von Verantwortung.

Ein Beispiel für die Komplexität von psychosozialen Stressoren, intrapsychischen Konflikten und somatischen Umbrüchen ist die Pubertät, in der auf allen Ebenen alte Strukturen aufgegeben und neue entwickelt werden müssen. Psychosoziale Konflikte entstehen vor allem bei der Ablösung von den Eltern, bei der sich auch intrapsychische Konflikte zwischen früheren Selbstvorstellungen und der noch zu findenden neuen (autonomeren) Rolle des Selbst ergeben. Hinzu kommen die hormonellen, neurophysiologischen und wachstumsabhängigen somatischen Veränderungen, die zahlreiche Körperfunktionen, neuronale Verknüpfungen und Gefühle betreffen und wesentlich an den intrapsychischen Konflikten der Selbstwahrnehmung beteiligt sind.

Psychosozialer Stress bei Erwachsenen — Stress am Arbeitsplatz

In den Industriestaaten ist vor allem der Stress am Arbeitsplatz (*workplace stress*) von großer ökonomischer Bedeutung, da er zu Krankheitsausfällen der Arbeitnehmer, aber auch leitender Angestellter und damit zu großen Produktionsausfällen führt. Neue Schätzungen der Ausfälle aus dem Jahr 2000 kommen in den USA auf 550 Millionen Arbeitstage, in England auf 40 Millionen Arbeitstage. Es ist daher im Interesse der Arbeitgeber und der Krankenkassen, aber auch der Gewerkschaften, den Arbeitsplatzstress durch bessere Organisationsformen und Führungsstrategien sowie durch Verminderung der Stresseinwirkungen am Arbeitsplatz (Lärm, Chemikalien,

Was ist eigentlich ...

Arbeitsplatzstress, die schädlichen körperlichen und seelischen Reaktionen, wenn die Anforderungen der Arbeit nicht mit den Fähigkeiten, Möglichkeiten oder Bedürfnissen des Mitarbeiters übereinstimmen und/oder aus dem Zusammenwirken von Arbeitnehmer und Arbeitsbedingungen resultieren. Arbeitsplatzstress kann zu schlechter Gesundheit oder sogar Krankheiten führen. Anhaltender arbeitsbezogener Stress ist eine wichtige Ursache von depressiven Störungen, der weltweit viertgrößten Ursache von Krankheitsbelastungen. Stress kann potenziell jeden Arbeitsplatz und Beschäftigten betreffen, unabhängig von der Firmengröße, dem Arbeitsbereich oder der Art des Beschäftigungsverhältnisses. Stressprobleme anzugehen, kann zu größerer Effizienz und verbesserter Arbeitssicherheit führen mit daraus resultierenden ökonomischen und sozialen Vorteilen für alle Interessengruppen.

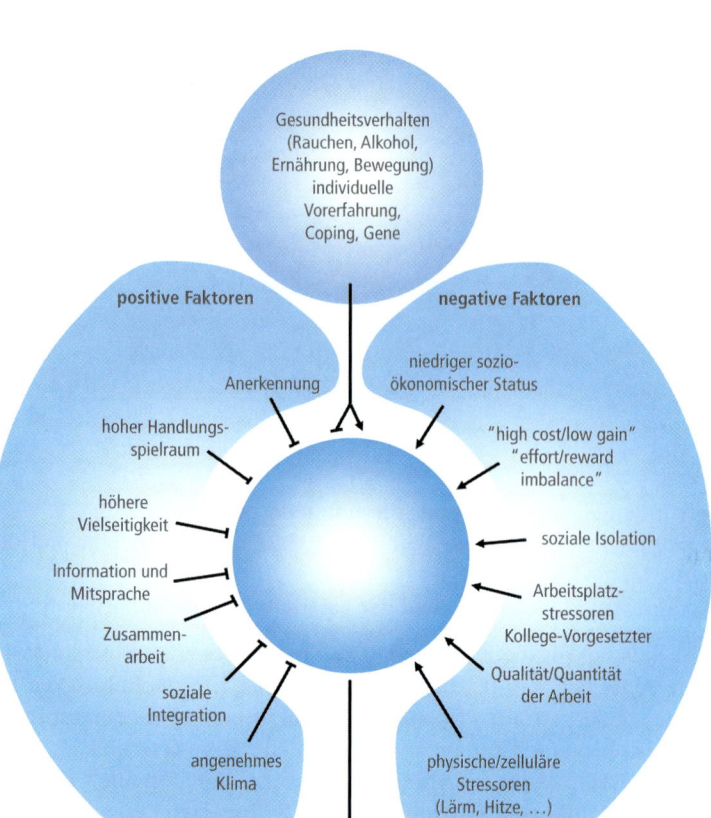

Gesundheitsverhalten
(Rauchen, Alkohol,
Ernährung, Bewegung)
individuelle
Vorerfahrung,
Coping, Gene

positive Faktoren

negative Faktoren

Anerkennung

niedriger sozio-
ökonomischer Status

hoher Handlungs-
spielraum

"high cost/low gain"
"effort/reward
imbalance"

höhere
Vielseitigkeit

soziale Isolation

Information und
Mitsprache

Arbeitsplatz-
stressoren
Kollege-Vorgesetzter

Zusammen-
arbeit

Qualität/Quantität
der Arbeit

soziale
Integration

angenehmes
Klima

physische/zelluläre
Stressoren
(Lärm, Hitze, …)

Gesundheitsrisiken

Stress am Arbeitsplatz. Wichtige Faktoren des Arbeitsplatzstresses und seiner Gesundheitsrisiken sind die individuellen Vorerfahrungen, genetische Konstitution und Gesundheitsverhalten, positive und negative psychosoziale Faktoren sowie positive und negative Umweltfaktoren.

Informationsfluss) zu reduzieren. Entsprechend zahlreich sind die Befragungen und Analysen zum Thema Arbeitsplatzstress. Wohlbefinden am Arbeitsplatz hat außer ökonomischen Gesichtspunkten natürlich auch noch humanitäre Aspekte, die berücksichtigt werden sollten. Wichtig ist festzuhalten, dass die individuelle Vorerfahrung mit Konflikten und Stress und genetische Dispositionen von großer Bedeutung für die Stressverarbeitung auch in dieser Phase sind.

Bei den Arbeitsplatzstressoren kann man die Umgebungsstressoren von Arbeitsstressoren und sozialen Stressoren unterscheiden. Zu den Umgebungsstressoren gehören Luft, Lärm, Kälte, toxische Substanzen, Strahlung oder Notfallsituationen, zu den Arbeitsstressoren zu hohe Anforderungen, mangelnde Berufserfahrung, fehlende Eignung, Informationsüberfluss, unklare Aufgabenstellung, fehlende Entspannung, Zeit- und Termindruck, zu hohes Arbeitstempo, fehlende Erholung sowie doppelte Belastung in Familie und Beruf. Soziale Stressoren sind das Konkurrenzverhalten unter Kollegen (Mobbing), fehlende Unterstützung, fehlende Anerkennung, Konflikte mit Vorgesetzten oder Angst vor Verlust des Arbeitsplatzes. Hinzu kommen bei alledem die individuell unterschiedliche Stressempfindlichkeit und unterschiedliche Formen des Umgangs mit Stress. Auf der anderen Seite gibt es mehrere wichtige positive Faktoren, wie Anerkennung, großer Handlungsspielraum, Vielseitigkeit der Arbeit, Mitsprache, Zusammenarbeit, soziale Integration und angenehmes Klima, die den Stress kompensieren oder bei Fehlen dieser Faktoren verstärken können.

Bei einer repräsentativen Befragung der Deutschen Angestellten Krankenkasse (DAK) von 1997, bei der über 1 000 Bundesbürger nach den Faktoren gefragt wurden, die bei ihnen Stress auslösen, wurden Zeit- und Termindruck am häufigsten genannt. Darauf folgen Angst vor Krankheit oder Tod, Doppelbelastung in Haushalt und Beruf, private Probleme, Angst vor Arbeitsplatzverlust und andere Stressoren.

Bei einer entsprechenden Umfrage im Jahre 2002 stand die Angst vor dem Verlust des Arbeitsplatzes ganz oben (43 %), an zweiter Stelle folgte, vor allem bei Frauen, die Angst vor eigenen Fehlern (33 %). 20 % – auch eher bei Frauen – haben besonders vor Mobbing Angst. Vor Konflikten mit dem Chef oder den Kollegen fürchteten sich besonders junge Erwerbstätige (14 %). Neue Techniken und Anforderungen beunruhigen besonders die Älteren (9 %). Konkurrenz mit Kollegen macht 8 % der Beschäftigten Angst. Im Vergleich zu Personen mit einem sicheren Arbeitsplatz litten Personen auf einem unsicheren Platz zweimal so häufig an körperlichen Krankheiten und dreimal so häufig an Depressionen.

Entscheidend für Arbeitsplatzstress – und Gesundheit – ist die Position einer Person in der Hierarchie der Arbeitsorganisation. Dabei ist nicht nur die absolute, sondern auch die relative Position von Bedeutung, d. h. die „Entscheidungsträger" mit den höchsten Kontrollfunktionen schneiden am besten ab, die mit relativ geringen Kontrollfunktionen schlechter.

Beim Säugling und Kind werden durch die Erfahrungen mit den Eltern und Geschwistern die späteren Reaktionen auf Stress stark beeinflusst. Inwieweit sie auch das spätere Rollenverhalten in der Gesellschaft, in der Familie und am Arbeitsplatz beeinflussen, ist zwar noch nicht geklärt, eine solche Kausalität anzunehmen, scheint aber plausibel.

Einer der oft genannten Gründe für Arbeitsplatzstress ist Zeit- und Termindruck. Er kommt durch zu viele Termine und entsprechenden Mangel an Vorbereitungszeit zustande, was charakteristisch für die auf maximale Effizienz ausgerichtete Arbeitsweise von vernetzten

Fußgänger mit hoher „Bewegungsgeschwindigkeit" in Tokyo – Indiz für schnelle Lebensabläufe in der japanischen Gesellschaft.

Produktions- und Organisationssystemen der Industrieländer ist. Vor allem das Informationsangebot durch die verschiedenen Medien nimmt enorm zu. Nach einer Studie der University of Berkeley werden weltweit täglich etwa 30 Milliarden E-mails versandt. Daraus relevante Daten herauszufiltern, wird zunehmend schwierig und zeitraubend. Der Versuch, durch Multitasking, d. h. gleichzeitige Verarbeitung mehrerer unzusammenhängender Informationsstränge, dieses Problem anzugehen, scheint offenbar wenig hilfreich. Ob hier computergestützte Strategien (*semantic web*) weiterhelfen, bleibt abzuwarten.

Ein soziologischer Aspekt des Zeit- und Termindrucks ist die Geschwindigkeit der Lebensabläufe in verschiedenen Gesellschaften. Untersuchungen in verschiedenen Industrie- und Entwicklungsländern zeigen am Beispiel der Bewegungsgeschwindigkeit von Fußgängern in der Stadt, der Geschwindigkeit des Geldwechsels an Postschaltern und der Genauigkeit der öffentlichen Uhren, dass die Abläufe in den Industrienationen erwartungsgemäß viel schneller vor sich gehen (am schnellsten in der Schweiz, dann in Irland und Deutschland) als in Entwicklungsländern.

„Müdigkeit und unzureichender Schlaf von Nachtarbeitern stellen sich immer wieder als mitverursachende Faktoren bei Unfällen heraus. Auch bei dem Reaktorunfall des Atomkraftwerkes ‚Three Mile Island' in Harrisburg, USA und der Schiffshavarie der „Exxon Valdez" vor der Küste Alaskas haben diese Faktoren eine Rolle gespielt. Bei etwa 24 % der Unfälle im Straßenverkehr sind Schläfrigkeit als Ursache angegeben. Die Kosten, die der Gesellschaft durch schlafbezogene Unfälle entstehen, sind enorm." (Deutsche Gesellschaft für Schlafforschung und Schlafmedizin)

Ein weiterer Aspekt von Zeitdruck und Stress ist Schichtarbeit und Jet-Lag. Schichtarbeiter leiden unter Arbeitsplatzstress und psychosomatischen Erkrankungen, weil ihre Arbeitszeit häufig von ihrer inneren Uhr, d. h. ihrem biologischen Tagesrhythmus, abweicht. Unsere psychische und physische Leistungsfähigkeit – wie auch die meisten psychischen und körperlichen Funktionen – werden von einer oder mehreren zentralen Uhren im suprachiasmatischen Nucleus (den Schlafrhythmus steuernde Hirnregion) tageszeitlich gesteuert. Man nennt die endogenen Tagesrhythmen auch circadiane Rhythmen, weil sie unter konstanten Bedingungen mit einer Periodenlänge von etwas mehr oder weniger als 24 Stunden weiterlaufen (bei Menschen meist etwa 24,5–25,5 Stunden), also mit ungefähr (*circa*) einer Tageslänge (*dies*).

Nach Umstellung der Arbeitsschichten oder nach Transmeridianflügen stellt sich die innere Uhr langsam (in etwa drei bis sieben Tagen) auf die neue Umweltperiodik ein. Diese Synchronisation der inneren Uhr mit der Umgebung erfolgt durch Licht-Dunkel und soziale Signale, sogenannte Zeitgeber. Bei Schichtwechsel ist das nur unvollkommen möglich, weil meist nur die Arbeitszeiten, nicht aber der tägliche Hell-Dunkel-Wechsel und die soziale Umgebung umgestellt werden. Aus dieser Diskrepanz resultieren einerseits zahlreiche Fehler im Arbeitsprozess in der Phase der geringsten Leistungsbereitschaft zwischen zwei und drei Uhr nachts sowie auf der anderen Seite Gesundheitsschäden der Schichtarbeiter. Um die Gesundheitsrisiken zu minimieren, sind empfohlene Standards für Schichtarbeit entwickelt worden, welche die Richtung der Schichtwechsel (Früh- → Spät- → Nachtschicht), Länge der Schicht sowie das Verhalten im sozialen Umfeld betreffen.

Psychosozialer Langzeitstress

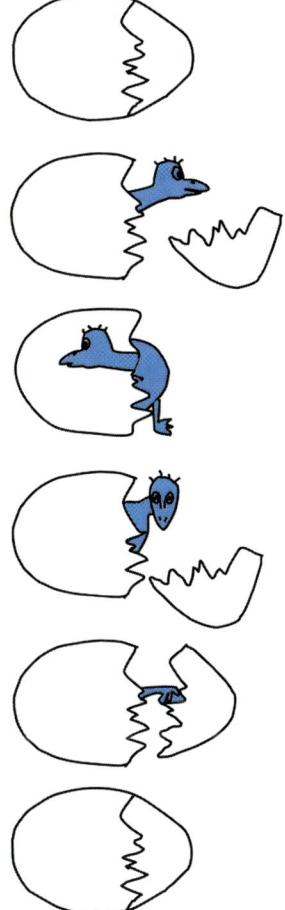

Psychosozialer Stress entwickelt sich natürlich nicht nur im beruflichen Umfeld, sondern ebenso im familiären und gesellschaftlichen Bereich. Menschen im frühen und mittleren Erwachsenenalter versuchen, in diesen drei sozialen Bezugssystemen Rollen zu spielen, die ihnen Anerkennung in Form von Zuwendung, Geld und Positionen einbringen. Im positiven Falle verstärken sich die Gefühle des Selbstvertrauens, der Selbstverwirklichung und der Zufriedenheit sowie ein entsprechend gutes psychosomatisches Wohlgefühl. Im negativen Fall, etwa bei niedrigem sozioökonomischem Berufsstatus, entstehen Gefühle der Frustration, Gefühle von Wut, Neid, ungerechter Behandlung und Depression, die sich bis in die Familie und den Freundeskreis erstrecken und zu einer sozialen Abwärtsspirale führen können. Oft ist das Entkommen aus dieser Spirale schwer. Bei niedrig qualifizierten Arbeitnehmern oder Langzeitarbeitslosen gibt es heute geringe Chancen der beruflichen Reintegration. Das führt zu deutlich erhöhten Gesundheitsrisiken. Nach einem zusammenfassenden Überblick kann als gesichert gelten, dass chronischer Stress, niedriger sozioökonomischer Status, Depression, mangelnde soziale Unterstützung (wie auch bei manchen „Singles") und individuelle Faktoren Ursachen für Herzkranzgefäßerkrankungen sind.

Der Wunsch nach einem Leben ohne Stress – zurück ins (stressfreie?) Ei.

Berufstätige Frauen und Mütter
befinden sich oft in einer
schwierigen Doppelrolle.

Das positive Sozialverhalten resultiert oft aus vorher in der Kindheit und Adoleszenz erprobtem positiven Rollenverhalten und Coping-Strategien, während negative Erfahrungen in diesen Entwicklungsphasen weitere negative Resultate im psychosozialen Stressverhalten programmieren. Es ist daher von zwei essenziellen Gründen für den psychosozialen Stress auszugehen: zum einen von einer hohen Belastung mit geringer Belohnung (*high efforts/low gain*), zum anderen von einer individuellen Coping-Strategie, die zu einem Überengagement führt. Beide Gründe sind offenbar auch für die gesundheitlichen Risiken verantwortlich. Dieses Ungleichgewicht von Anstrengung und Belohnung ist vermutlich auch häufig der Grund für Suchtverhalten (Nikotin, Alkohol, Kohlenhydrate, Kokain), welches die fehlende Stimulation dopaminerger Rezeptoren im Belohnungssystem des Gehirns ersetzen soll.

Bei Frauen ist die psychosoziale Belastung besonders hoch. Einerseits fällt berufstätigen Frauen meist die Doppelrolle in Familie und Beruf zu, andererseits ist die Anerkennung durch Position und Geld durchweg geringer als bei Männern. Ein großer Teil der Frauen arbeitet in weniger hohen Positionen als Männer, zudem ist meist die Unsicherheit des Arbeitsplatzes bei ihnen größer und der Anteil an

Hochstressberufen – Kindergärtnerinnen, Altenpflegerinnen u. a. – besonders hoch. Oft ist auch die Arbeitsbelastung größer als bei Männern, sodass insgesamt mehr Frauen an Burnout-Syndromen leiden. Die Rolle als Hausfrau und Mutter ist oft wenig anerkannt. Als Mutter beginnt der Stress schon mit der Schwangerschaft: in Form von ungewollter Schwangerschaft, Testkomplikationen und Angst vor der Geburt. Zu den belastendsten Erlebnissen in Verbindung mit Schwangerschaft und Geburt gehören Totgeburten, Frühgeburten und die Geburt kranker oder behinderter Kinder. Auch nach normalen Geburten kann es zu postnatalen Depressionen kommen, ebenso nach einem Schwangerschaftsabbruch. Die Säuglingsphase ist ebenfalls durch Belastungen gekennzeichnet: viele nächtliche Unterbrechungen des Schlafs (Schreien, Stillen) und Sorgen um die normale Entwicklung des Kindes – auch wenn diese durch positive Gefühle der Zuwendung kompensiert werden können. In diesen Situationen ist der sozioökonomische Status wiederum von großer Wichtigkeit, da er oft mehr Zeit für positive Zuwendung ermöglicht. Die Gesundheitsrisiken von stressbelasteten Frauen sind verschieden von denen der Männer: Insgesamt hat man bei Frauen eine höhere Häufigkeit an unipolaren Depressionen gefunden.

Der psychosoziale Stress innerhalb der Familie – zwischen Lebenspartnern, zwischen ihnen und ihren Eltern und Schwiegereltern, zwischen Eltern und Kindern, zwischen Geschwistern oder zwischen noch anderen Mitgliedern – ist oft ebenso stark wie der am Arbeitsplatz. Auf die zahlreichen Untersuchungen dazu können wir hier nicht eingehen. Hinweisen möchten wir auf Ergebnisse einer Befragung, die 2004 vom Bundesfamilienministerium durchgeführt wurde (*Lebenssituation, Sicherheit und Gesundheit von Frauen in Deutschland*), die überraschend und erschreckend sind. Danach sind 37 % der deutschen und 49 % der osteuropäischen und türkischen Frauen Opfer physischer Gewalt, ein Großteil davon durch Mitglieder der engeren oder weiteren Familie oder durch getrenntlebende Partner.

Außerordentlich wichtig sind hier Ansätze, präventiv die psychosozialen Stressoren zu reduzieren, sowohl durch Familienberatung, was die gegenseitigen Beziehungen der Ehepartner oder der Eltern zu ihren Kindern betrifft, als auch durch Verbesserungen der sozialen Verhältnisse in der Schule, am Arbeitsplatz, im Altersheim und im Krankenhaus – vor allem durch Förderung, Bestärkung, Anerkennung, Zuwendung, d. h. durch positives menschliches Sozialverhalten. Schon in vielen Fällen genutzt wird in Deutschland das Programm *Faustlos*, das in Kindergärten und Grundschulen zu mehr Empathie und Mentalisierungsprozessen, d. h. zu Vorstellungen, was psychisch in einem selbst und in einer anderen Person vorgeht, beitragen soll. Der gleiche Bedarf an Prävention trifft auf die Konflikte

Internet-Links

Informationen über das Lernprogramm von Prof. Dr. Manfred Cierpka, Universitätsklinikum Heidelberg, Abteilung für psychosomatische Kooperationsforschung und Familientherapie: www.familienhandbuch.de/cmain/f_Aktuelles/a_Schule/s_751.html

zwischen religiösen, ethnischen oder politischen Gruppen oder Staaten zu: in der gegenwärtigen Terrorismusdebatte wird mit Recht auch auf die Defizite in Fairnis, in Anerkennung und Respekt gegenüber den Menschen in Entwicklungsländern und den Ländern der sogenannten Dritten Welt hingewiesen.

Ebenso wichtig sind die therapeutischen Ansätze, wie man mit diesen Traumata – vor allem bei Kindern – umgeht, da diese oft lebenslang die Lebensqualität beeinflussen. Dazu gehören einerseits psychotherapeutische Behandlungen der Ursachen, wie andererseits medikamentöse Therapien, die Symptome der Stressfolgen lindern können.

Grundtext aus: Ludger Rensing, Michael Koch, Bernhard Rippe und Volkhard Rippe, *Mensch im Stress. Psyche, Körper, Moleküle*; Spektrum Akademischer Verlag.

Au weia, Tupaia

Spitzhörnchen leiden für die Forschung unter Stress; dabei zeigen sich verblüffende Parallelen zur Depression und Hirnregeneration beim Menschen

Hans Schuh

Eberhard Fuchs ist ein höflicher Mensch. Er klopft an die Tür und wartet einige Sekunden, bevor er sie öffnet und leise hineinbittet „zu unseren Tupaias nach Thailand". Draußen liegt Schnee, drinnen schlägt uns tropisch feuchtwarme Luft entgegen, hier im zweiten Stock des Deutschen Primatenzentrums zu Göttingen. Warnschreie ertönen aus den Metallgitterkäfigen, die links und rechts des Ganges an der Wand hängen. Da, ganz oben auf einem Ast, hockt, mit schräg gelegtem Kopf, ein Spitzhörnchen. Starr beäugt es die Besucher, die sich seinem Revier nähern. Auf den ersten Blick sehen die Spitzhörnchen der Art *Tupaia belangeri* mit ihrem langen, buschigen Schweif aus wie graubraune Eichhörnchen. Nur ihre Nasen sind auffällig lang. Zack – rasend schnell wirbelt das Tier über Äste, Boden, Wände und Decke des Käfigs und verschwindet dann blitzartig in einem Holzhäuschen.

Das Käfigrennen steckt an, links und rechts rattern die Gitter, macht es „plopp" oder „brrattatatat" auf zwei langen weißen Papierbahnen. Diese decken unter den Käfigen beidseits den Boden ab und fangen Kot und Urin der Tupaias auf. Die kleinen Tiere stinken kräftig – und genau das ist für sie wichtig. „Tupaias sind Einzelgänger. Sie grenzen durch Duftmarken ihr Revier ab", erklärt Fuchs. Dringt ein Fremder ein, kommt es zum Kampf, bis der Unterlegene flieht. Verbaut man ihm die Fluchtmöglichkeiten, gerät er unter massiven Dauerstress. Und genau dessen Folgen wollen die Göt-tinger Forscher an den Tupaias modellhaft studieren.

Stress macht die Tiere lustlos und apathisch

Provoziert das Verhindern der Flucht nicht einen Kampf auf Leben und Tod? „Das könnte passieren", sagt Fuchs. „Aber wir wollen auf keinen Fall, dass sich die Tiere verletzen. Deshalb greifen wir bei heftigen Balgereien ein." Verletzungen würden auch die neurologischen Messungen stören. Deshalb klopfen er und seine Mitarbeiter stets an die Tür, um den Besuch anzukündigen: „Manche Tiere dösen und lassen die Beine durch die Gitter hängen. Beim Aufschrecken könnten sie sich verletzen."

Zum Glück bedarf es keiner Dauerkämpfe, um sozialen Dauerstress bei Tupaias hervorzurufen. Es genügt, den Unterlegenen im Nachbarkäfig so unterzubringen, dass er den Stärkeren ständig riechen und sehen kann. Die Forscher ziehen schlicht eine dunkle Trennwand zwischen den Käfigen heraus. „Wir haben festgestellt, dass solch chronische psychische Belastungen zahlreiche Veränderungen bei den Tieren hervorrufen", erzählt Fuchs. „Das betrifft ihr Aussehen und Verhalten, aber auch ihren Hormonhaushalt und insbesondere die Strukturen im Gehirn."

Unter Dauerstress entwickeln die Tupaias Symptome, die an jene (endogen) depressiver Menschen erinnern: Sie wirken lustlos und apathisch, schlafen schlecht, bewegen und pflegen sich wenig, leiden an Appetitstörungen. Gabriele Flügge, eine langjährige Mitarbeiterin von Eberhard Fuchs, kam daher auf die Idee, die Wirkung antidepressiver Medikamente auf gestresste Spitzhörnchen auszuprobieren. Und siehe da: Nicht nur die äußerlich beobachtbaren Symptome besserten sich augenfällig, auch der Hormonhaushalt und sogar physiologische Störungen im Hirn der Tiere normalisierten sich wieder. Die Pharmafirma Merck, Sharp and Dohme kooperiert deshalb bereits bei der Entwicklung neuer Antidepressiva mit dem Göttinger Primatenzentrum. Der Stifterverband für die Deutsche Wissenschaft und die Wissenschaftsgemeinschaft Gottfried Wilhelm Leibniz honorierten kürzlich die Arbeiten von Fuchs und dessen Team mit dem erstmals verliehenen Preis „Gesellschaft braucht Wissenschaft". Begründung: Ihre Grundlagenforschung habe neue Erkenntnisse über die Wirkung von Antidepressiva gebracht und erleichtere die Entwicklung neuer Medikamente.

Das überrascht und wirft viele Fragen auf. Kann man ernsthaft eine komplexe seelische Erkrankung wie die menschliche Depression mit dem primitiven Territorialstress von Spitzhörnchen vergleichen? Haben die Tiere nicht schlicht und ergreifend Angst? „Natürlich ist eine Depression beim Menschen, die ja auch verschiedene Ursachen haben kann, etwas deutlich anderes", sagt Fuchs. Als Primatenforscher kennt er die großen Unterschiede in den Hirnstrukturen von Tier und Mensch. „Doch offenbar gibt es Grundmuster der Stressreaktion, die bei allen Säugern neurobiologisch sehr ähnlich verlaufen." Dies gelte für Mäuse oder Tupaias ebenso wie für Menschenaffen – und nicht zuletzt unsere Spezies. Dass die unterlegenen Tupaias psychosozialen Stress und nicht nur pure Angst durchleben, zeigten Experimente mit angstlösenden Medikamenten (Anxiolytika): Anders als die Antidepressiva halfen sie den gestressten Tieren nicht.

Die Schwanzhaare sind das Stimmungsbarometer

Die jeweilige Stimmung der Tupaias lässt sich relativ einfach an deren Schwanzhaaren ablesen: Diese sind in entspannten Phasen angelegt, bei Stress jedoch gesträubt. Der Zoologe Dietrich von Holst von der Universität München definierte vor mehr als 25 Jahren den „Schwanzsträubwert" (SST) als Erregungsmaß. Der SST gibt in Prozent an, wie lange während zwölf Stunden der Schwanz gesträubt war. Bei harmonierenden Paaren und in vertrauter Umgebung ist der SST kleiner als 5 Prozent. Bei höheren Werten ändern sich zunehmend das Verhalten und die Physiologie der Spitzhörnchen.

Die Göttinger Forscher verlassen sich allerdings nicht allein auf den Schwanzsträubwert, sondern messen regelmäßig den Hormonstatus ihrer Tupaias. Da eine tägliche Blutprobe die Tiere zu stark belasten würde, setzt Eberhard Fuchs dabei auf die gezielte Feinmassage zwecks Urinspende. „Morgens, bei voller Blase, klappt das immer." Fast stressfrei. Bei der Gelegenheit lässt sich der kleine Balg auch gezielt nachfüllen, etwa mit einem in Apfelsaft gelösten Medikament, das mit abgerundeter Kanüle ins Maul geträufelt wird. Zur Belohnung gibt es eine Rosine.

Die Göttinger Primatenzüchter wissen genau, was ihre Tupaias und Affen mögen. Schließlich stellen sie im staatlichen Auftrag nicht nur Tiere für die Forschung zur Verfügung. Sie sollen auch Zoos professionell beraten und die Erhaltungszucht vom Aussterben bedrohter Primatenarten fördern und koordinieren. Ob auch die Spitzhörnchen, die in den tropischen Regen- und Bergwäldern Süd- und Südostasiens leben, zu den (primitiven) Primaten gehören, war lange Zeit umstritten. Grund: Primaten investieren typischerweise viel Zeit und Energie in die Aufzucht ihrer Jungen – und da ist bei den Tupaias völlige Fehlanzeige. Die Mütter sind radikale Minimalistinnen der

Brutpflege. Sie bauen ihrem Nachwuchs zwar ein Nest, aber die blind, nackt und taub geborenen Jungen werden weder gesäubert noch gewärmt, geschweige denn verteidigt. Nur etwa alle zwei Tage schaut die Erzeugerin einmal nach ihrem Wurf. Dann tankt sie innerhalb weniger Minuten ihre zwei bis drei Jungen fast bis zum Platzen voll mit Milch.

Alle Geheimnisse kennen die Forscher aber auch heute noch nicht. Warum etwa garantiert sogar häufiger Sex keineswegs den erwünschten Nachwuchs? „Trotz langer Suche kennen wir immer noch nicht den Faktor, der bei den Weibchen die Fruchtbarkeit regelt", sagt Fuchs. Deshalb dürfen harmonierende Paare lange beieinander bleiben. Spezialisierte Pfleger sorgen für das Wohl der Tiere. Der Hit im Speiseplan ist Quark mit süßem Lebertran. „Das ist ein Fest. Dann sollten Sie die ganze Bande hier mal schmatzen hören", schwärmt Fuchs.

Die Machos stehen unter Dauerstress

In Göttingen wird nicht nur das Wohlbehagen von Spitzhörnchen gezielt gesteigert, sondern auch deren Stress: etwa, indem man die Versuche des unterlegenen Tieres durchkreuzt, sich mit dem dominanten Partner friedlich zu arrangieren. Hierzu wird einfach das dominante Männchen durch einen anderen Macho ersetzt. Stressverschärfend wirkt auch, wenn das Alphatier zu unregelmäßigen Zeiten Zugang zum Käfig des Unterlegenen erhält. Das Ohnmachtsgefühl, jederzeit in einen unkalkulierbaren Konflikt geraten zu können, raubt den unterlegenen Tupaias den Schlaf, den Appetit, Bewegungs- und Sexualtrieb. Der Dauerstress schlägt sich in drastischen Änderungen des Hormon- und Hirnstoffwechsels nieder, die sich nicht nur im Urin zeigen, sondern auch bei intensiven Untersuchungen im Kernspintomographen (unter Betäubung) oder im sezierten Hirngewebe (nach dem Tod).

Typisch ist eine massiv erhöhte Aktivität dreier Drüsen: des Hypothalamus (eines Teils des Zwischenhirns), der darunter liegenden Hirnanhangdrüse und der Nebennierenrinde. Dieses Drüsen-Trio regelt über das sympathische Nervensystem und über eine komplexe Kaskade von Hormonen wie Cortisol, Adrenalin oder Noradrenalin den Wasser-, Zucker- und Wärmehaushalt des Körpers, die Verdauung und Wachstumsprozesse. „Wir fanden im Urin gestresster Tupaias zwei- bis fünffach erhöhte Cortisolwerte, beim Noradrenalin lagen sie zwei- bis dreimal höher als normal", berichtet Fuchs. Diese Hormone regeln in Stresssituationen körperliche Funktionen herunter, die nicht akut benötigt werden wie Wachstum und Regeneration, Verdauung und Sexualität. Hingegen werden Zucker- und Energiehaushalt (Schwitzen, feuchte Hände), Nervensystem und Kreislauf (schnellerer Herzschlag) in Alarmbereitschaft versetzt, auf Kampf oder rasche Flucht eingestellt.

Der Dauerstress führt zu zahlreichen Änderungen im Hirn: Botenstoffe werden verstärkt oder vermindert ausgeschüttet, die Empfindlichkeit verschiedener Rezeptoren wird neu eingestellt. So beobachteten die Göttinger Forscher eine reduzierte Empfänglichkeit von Serotonin-Rezeptoren in verschiedenen Hirnregionen gestresster Tupaias. Serotonin gilt vereinfacht als stimmungsaufhellender Botenstoff, unter anderem weil Antidepressiva wie Prozac den Serotonin-Spiegel erhöhen. Wichtiger jedoch ist die Entdeckung, dass psychische Dauerbelastung drastische Veränderungen im Hirnaufbau verursachen kann: So schrumpft das Volumen des Hippocampus, der für Emotionen sowie Lernvorgänge bedeutsam ist, um etwa zehn Prozent. Bestimmte Nervenfasern (die pyramidalen Neuronen im Hippocampus) verlieren ihre üppigen Verästelungen und verkümmern zu dürren Zweigen. Vor allem aber findet eines kaum mehr statt: die Neubildung von Nervenzellen im so genannten Gyrus dentatus, einem Teil des Hippocampus.

Lange Zeit galt es als Dogma der Neurobiologie, dass sich im erwachsenen Hirn höherer Wirbeltiere und des Menschen keine neuen Nervenzellen bilden. Dieses Dogma geriet durch Untersuchungen an Singvögeln und dann an Ratten und Mäusen ins Wanken. Eberhard Fuchs und seine amerikanische Kollegin Elizabeth Gould von der Princeton University konnten 1996 an Tupaias und 1998 an Affen zeigen, dass sich auch im Hirn von Primaten und deren Verwandten ständig neue Zellen bilden. Sie verwendeten bei ihren Versuchen einen besonderen Markierungsstoff (BrdU, Bromdeoxyuridin), den heranwachsende Zellen aufnehmen und in ihre Erbsubstanz einbauen. Damit „verraten" diese quasi ihre Neubildung. Das Verfahren elektrisierte den schwedischen Hirnforscher Peter Erickson, als er erfuhr, dass BrdU auch Krebspatienten gespritzt wird, um wachsende Tumorzellen aufzuspüren. Er untersuchte die Hirne solcher Krebspatienten nach dem Tod und publizierte Ende 1998 das sensationelle Ergebnis: Auch das menschliche Hirn produziert täglich Hunderte neuer Nervenzellen, und zwar im Hippocampus. Das Dogma vom nicht regenerationsfähigen Hirn war widerlegt.

Unser Körper stammt noch aus der Steinzeit

„Im Nachhinein ist es eigentlich erstaunlich, dass sich dieser Irrglaube so lange hielt", sagt Eberhard Fuchs. „Denn man wusste bereits seit langem, dass sich zum Beispiel Riechzellen innerhalb weniger Wochen regenerieren können und einwandern in den Bulbus olfactorius, das Riechzentrum im Hirn." Unser Denkorgan ist sehr plastisch, es muss sich, um 90 oder gar 100 Jahre lang funktions- und lernfähig zu bleiben, immer wieder regenerieren. Und es fügt sich ins Bild, dass unter Stressbedingungen

auch dessen Regeneration unterdrückt wird, wie bei anderen Körper- und Blutzellen auch. Jedenfalls zeigen die Experimente an den Tupaias eindeutig, dass im Hippocampus gestresster Tiere die übliche Neurogenese aussetzt. Und das Erstaunliche ist, dass die Neubildung von Hirnzellen wieder einsetzt, sobald die gestressten Tiere Antidepressiva erhalten. Ähnliches ist mittlerweile auch für Ratten und Affen belegt.

„Wir gehen heute davon aus, dass Dauerstress nicht nur die Neurochemie verändert, sondern auch die neuronalen Strukturen im Hirn", sagt Fuchs. Die Tatsache, dass im Kopf Neuronen nachwachsen, könnte auch ein altes pharmakologisches Problem erklären: Die aufhellende Wirkung von Antidepressiva ist meist erst nach mehrwöchiger Behandlung spürbar. Viele Patienten lehnen daher die Medikamente anfangs ab, weil sie scheinbar nicht helfen und unangenehme Nebenwirkungen haben. Doch Regeneration braucht Geduld: Wahrscheinlich dauert es einige Wochen, bis neue Zellen herangewachsen sind und im komplexen Nervengeflecht den richtigen Platz gefunden haben.

Welche persönlichen Lehren hat der Neurobiologe aus seinen Forschungen gezogen? „Zunächst einmal skeptisch zu bleiben gegenüber hochfliegenden Versprechungen mancher Forscher, die verblüffende Regenerationsfähigkeit des Hirns lasse sich bald nutzen zum Heilen von Volkskrankheiten wie Alzheimer oder Parkinson", meint Fuchs. Er erinnert daran, dass Therapieversuche mit embryonalen Stammzellen bei Parkinson-Kranken vermehrt zu Tumoren geführt haben. „Tiermodelle sind zwar lehrreich, aber nur begrenzt auf Menschen übertragbar", warnt er. Während die Tupaias unter Stress abmagerten, könnten Menschen unter starker Dauerbelastung entweder abmagern oder aber stark zunehmen. Wie er selbst – er deutet lachend auf seinen Embonpoint.

„Wir wissen medizinisch ungeheuer viel, aber es gelingt uns nicht, dieses Wissen in unserem Verhalten adäquat umzusetzen." Der Widerspruch zwischen Kopf und Bauch habe sich verschärft durch radikale Veränderungen im Lebensstil. „Lebens- und Genussmittel, aber auch Drogen wie Alkohol und Zigaretten sind inzwischen fast beliebig verfügbar. Unser Körper hingegen steckt noch in der Steinzeit." Auf ihn sollten wir vermehrt hören.

Als Beispiel für modernen Dauerstress nennt Fuchs das Burnout-Syndrom etwa bei Krankenschwestern oder Pflegern in Altenheimen. „Die Sozialkontakte sind oft sehr intensiv, verlaufen aber zunehmend anonym. Es besteht fast keine Chance, sie zu vertiefen. Zeit zum Ausruhen fehlt." Vor allem das Gefühl, den Problemen hilflos ausgeliefert zu sein, sei dauerhaft schwer zu ertragen. Ihn wundere auch nicht, dass viele ältere Lehrer die sozialen Belastungen kaum mehr aushielten. „Ein Bekannter von mir wurde auf dem Pausenhof von einer 16-jährigen Schülerin ins Gesicht geschlagen, unter jubelndem Gejohle der Mitschüler." Sich wehren durfte er nicht. Wer so seine Autorität verliert und ständig befürchten muss, in unberechenbare soziale Konflikte zu geraten, der erleidet schweren Dauerstress. Wie ein unterlegener Tupaia.

Aus: DIE ZEIT Nr. 6, 30. Januar 2003

Religion, sagt **Eckart R. Straube**, bedeute „Streben nach heilbringender Verzauberung". Wie viele Gläubige mag er schon mit dieser Aussage provoziert haben? „Über Glauben zu schreiben, ist heikel. Jedoch, was heikel ist, interessiert uns umso mehr. Als Wissenschaftler über die Psychologie des Glaubens zu schreiben, ist extrem heikel. Mit ein Grund, warum in Deutschland bisher kein Lehrstuhl für Religionspsychologie existiert."

Straube ist Psychologe, Leiter des Centrums Kultur und Psychologie in München mit einem Lehrauftrag an der Ludwig-Maximilians-Universität. Die Schwerpunkte seiner klinischen Arbeit sind Psychosen, Depression, Angst- und Dissoziationsstörungen.

Warum wendet er sich im vollen Bewusstsein, vermintes Gelände zu betreten, dennoch als Psychologe der Religion zu? „Religion und speziell Heilen durch Religion und Glauben bergen für die Psychologie und Psychosomatikforschung neue Quellen der Einsicht", ist Straube überzeugt. „Bezeichnenderweise ist der *Homo religiosus* selbst in unserer technisierten Welt nur scheinbar in den Hintergrund getreten. Er ist ganz offensichtlich nicht untergegangen, er wandelt nur seine Gestalt." Immer mehr Menschen ziehe es zu Schamanen, Heilern oder in spirituelle Wochenendworkshops. Statt der traditionellen Kirchen erfülle heute immer häufiger der Okkultismus die Bedürfnisse nach Hilfe und Rat, sagt Straube.

Der Psychologe will nicht darüber richten, ob der Glaube an Gott und Geister tatsächlich heilt oder hilft (obwohl das Phänomen statistisch nachweisbar ist). Er will wissen, was im gläubigen Menschen vor sich geht, was der Glaube mit seiner Psyche macht.

Denn Glaube ist nach Ansicht von Straube mehr als ein Placebo. Es ist nicht nur die Überzeugung, die heilt oder das Leben verlängert. „Wenn jemand betet oder meditiert, kann man deutliche physiologische Veränderungen feststellen, Aktivitätsmuster im Gehirn verändern sich." Dieser Effekt, das zeigen Studien, ist stärker, nachhaltiger und über größere Bereiche des Gehirns verbreitet als etwa bei Scheinbehandlungen wie der Verabreichung von Placebos.

Glaube, sagt Straube, bediene offenbar ein fest eingebautes psycho-biologisches Selbsthilfesystem des Menschen, das schon in archaischen Vorzeiten die Überlebenschancen des *Homo sapiens* verbesserte.

Eckart R. Straube

Warum heilt Glauben? – Antworten der Therapieforschung

Von Eckart R. Straube

> Seeing, hearing, feeling are miracles,
> and each part and tag of me is a miracle.
>
> Walt Whitman, *Leaves of Grass* (1855)

Das Zusammentreffen eines Heilenden und eines Hilfesuchenden folgt einem bestimmten, immer wieder ähnlich ablaufenden Muster: bestimmte Handlungen und Gesten, bestimmte Worte, ein bestimmtes Ambiente, bestimmte Gegenstände und Heilmittel, die Struktur des Beginns und des Endes. All dies sendet für den Hilfesuchenden bestimmte Signale aus. Unsere Psyche und sogar unser Körper – wie wir sehen werden – stellen sich entsprechend darauf ein. Hierzu genügt schon die Andeutung irgendeines wichtigen Teilelements. Schon wenn nur das Etikett „Therapie" angeboten wird, springt die „Ich-bin-in-einer-Therapie"-Automatik im Patienten an.

Das therapeutische Ritual hilft – auch ohne Einsatz der Heilkunst

Das Image „Therapie" erweckt Erwartungen, und dies allein schon setzt den Heilprozess ein Stück weit in Bewegung. Goethe hat folglich nur bedingt Recht mit dem Ausspruch „Name ist Schall und Rauch".

Auch unabhängig vom Image eines bestimmten Verfahrens löst jedes Element des Behandlungsrituals beim Patienten tendenziell positive Erwartungen bzw. eine Bewegung der psychischen Prozesse in Richtung Heilung aus. Das zeigt sich z. B. schon während der Annäherung an die „rettende" Therapiestunde. Bereits nach der Anmeldung oder beim Warten auf die Behandlung bessert sich das psychische Befinden. Dies nicht nur in psychischer Hinsicht, auch der Körper reagiert. Möglicherweise lassen die Schmerzen schon etwas nach. Sicher hat der eine oder andere Leser schon etwas Ähnliches erlebt, nachdem er einen Termin beim Arzt vereinbart hat oder wenn er im Wartezimmer auf die Behandlung wartet.

Wie wir im Weiteren sehen werden, demonstrieren viele Untersuchungen, dass die „Beeindruckung" der Seele auch eine Besserung des körperlichen Befindens nach sich zieht bzw. beides sehr eng miteinander verquickt ist. Das zeigen z. B. Studien, welche eine zentrale und als besonders mächtig eingeschätzte Komponente der körperlichen Behandlung überprüfen: den operativen Eingriff. Es handelt sich um die wohl drastischsten im Dienste der Wissenschaften durchgeführten Studien, die ich kenne. Diese stammen allesamt aus den 1960er- bis frühen 1970er-Jahren. (Heute würden Ethikkommissionen sich sehr schwer tun, die Genehmigung zu erteilen.) Eine immer wieder zitierte Untersuchung stammt z. B. von der University of Kansas, wo sich Forscher in den 1960er-Jahren vor allem mit der Therapie der Angina pectoris, einer Erkrankung, welche sich in starken, periodisch auftretenden Brustschmerzen über der Herzregion aufgrund mangelnder Blutversorgung des Herzens äußert, beschäftigten. Die damalige Routinebehandlung bestand in der Abbindung einer bestimmten, zum Herzen führenden Arterie, um damit die Gesamtblutversorgung des Herzens zu verbessern. Um zu prüfen, ob diese Form der Therapie die richtige Behandlung sei, wurde bei einigen Patienten eine Scheinoperation durchgeführt, d. h., es wurde bei diesen Patienten kein innerer Eingriff vorgenommen, sondern lediglich ein paar äußerlich sichtbare Schnitte am Brustkorb. Die oberflächliche Wunde wurde danach wieder verbunden. Bei anderen Patienten wurde die damals übliche Routineoperation tatsächlich ausgeführt. Alle Patienten nahmen somit an, dass sie an der Arterie operiert worden waren. Auch die Ärzte, welche das Ergebnis der Operation zu beurteilen hatten, wussten nicht, ob der jeweilige Patient „richtig" operiert worden war oder nicht (d. h., die Studie wurde unter den Bedingungen einer sogenannten randomisierten Doppelblindprüfung durchgeführt). Das Ergebnis erregte einiges Aufsehen, denn bei sehr vielen Patienten, welche nur eine Scheinbehandlung erhalten hatten, besserte sich das Krankheitsbild ebenso wie nach den tatsächlich durchgeführten Operationen. Daraufhin wurde diese Form der operativen Behandlungen von Angina pectoris aufgegeben. Fazit aus der Sicht der Psychologie: Bei Angina pectoris würde sehr wahrscheinlich auch ein anderes „eindrucksvolles" medizinisches Ritual zu demselben Resultat führen wie die damals übliche Operationsmethode. Psychologische Faktoren spielen zwar eine Rolle, ersetzen aber natürlich nicht eine adäquate medizinische Versorgung. Ferner lassen sich die Ergebnisse auch nicht so ohne weiteres auf jede Form somatischer Erkrankungen übertragen.

Dennoch, Ergebnisse erfolgreicher „leerer" Operationsrituale liegen auch für andere Erkrankungsformen vor. So wird von erfolgreichen Scheinoperationen bei Bronchialasthma oder bei Verdacht von Bandscheibenproblemen berichtet. Auch hier waren die Ergebnisse der Scheinoperationen vergleichbar mit denen tatsächlich durchgeführter Operationen. Das heißt konkret: Bei weit mehr als der Hälfte der Patienten verbesserte sich der Gesundheitszustand nach Scheinoperationen. Ein solches Vorgehen mag unethisch anmuten. Jedoch ist zu bedenken, dass erst durch solche Scheinoperationen aufgedeckt wer-

Was ist eigentlich …

Angina pectoris [von griech. *agchein* = verengen, latein *pectus*, Genitiv *pectoris* = Brust], Stenokardie, Herzenge, anfallsweise auftretendes, schmerzhaftes Engegefühl hinter dem Brustbein als Folge einer Minderdurchblutung der Herzkranzgefäße, oft mit Ausstrahlungen in den linken Arm; häufig auch Vorbote eines Herzinfarktes. Zur Soforttherapie eines akuten Anfalls werden organische Nitrite und Nitrate (z. B. Amylnitrit, Nitroglycerin, Glycerintrinitrat, Isosorbitdinitrat) perlingual oder als Spray verabreicht, deren Wirkung auf der Relaxation der glatten Muskulatur beruht.

den konnte, dass die bisherigen Operationen nicht die Ursache der Erkrankung beseitigten bzw. dass psychologische Faktoren operative Erfolge vorgaukelten. Angesichts dieser Ergebnisse empfahl beispielsweise bereits 1968 die Thorax-Gesellschaft der Vereinigten Staaten, die bisherige Operationsmethode bei Bronchialasthma nicht mehr anzuwenden.

Eine Operation ist eine besonders dramatische medizinisch-rituelle Inszenierung. Dass Dramatik und Elaboriertheit hierbei eine gewisse Rolle bei der Suggestion der Wirksamkeit spielen, lässt sich auch durch den Wirkungsvergleich von Scheininjektion und Scheinpille demonstrieren, d. h. auch hier lässt sich das psychobiologische System beeindrucken: Das Ritual beginnt im ersteren Fall mit dem Abtupfen der Einstichstelle. Die Spritze wird aufgezogen. Die Spritze mit der in ihr sichtbaren Flüssigkeit nähert sich der Einstichstelle. Der Einstich schmerzt etwas. Die Einstichstelle wird mit einem Pflaster geschützt. Wie sich der Leser schon denken kann, benötigt man nicht unbedingt eine wirkungsvolle Substanz, um Wirkung zu erzielen. Das ergibt der Vergleich der Wirkung einer Spritze mit einer Medikamentenkapsel. Obwohl beide keine Wirksubstanz enthalten, stellt sich z. B. bei Arthritis- und Rheuma-Patienten in Bezug auf ihre Schmerzen nach der Spritze eine deutlichere Linderung ein als nach einer ebenfalls „leeren" Medikamentenkapsel. Natürlich wissen die Patienten auch hier nicht, dass weder Injektion noch Medikament eine Wirksubstanz enthalten.

Es ist immer wieder darauf hingewiesen worden, dass solche Reaktionen auch durch Lernprozesse bedingt sind. Patienten lernen u. U. schon sehr früh in ihrem Leben, dass ärztliche Behandlungen Heilprozesse implizieren bzw. dass bestimmte Elemente des Rituals mit Heilungen verbunden sind. Und in der Tat lässt sich auch dies wissenschaftlich nachweisen. So „imitiert" eine medikamentöse Scheinbehandlung bei Patienten mit Arthritis u. U. den vorangegangenen Behandlungsverlauf mit einem bewährten Präparat zur Arthritisbehandlung. War die vorige Behandlung bei einem bestimmten Patienten mit dem *spezifischen* Präparat erfolgreich, dann war auch die Behandlung mit dem Scheinpräparat eher erfolgreich. Jedoch erlernt das psychobiologische System nicht nur seine Erfolgsstorys, sondern auch die negativen Seiten von Behandlungen mit Medikamenten. Dies ist einer der Gründe, warum bei der Prüfung neuer Medikamente im Doppelblindversuch auch diejenigen Probanden, welche nur das biochemisch wirkungslose Präparat erhalten, deutliche negative Effekte an sich verspüren. Eine häufig zu machende Beobachtung. Trotzdem hat es mich immer wieder verblüfft, wie prompt solche Beschwerden auftreten. So beobachteten meine Mitarbeiter und ich bei Prüfung eines neuen Antidepressivums, dass unsere freiwilligen, gesunden Probanden auch beim harmlosen Vergleichspräparat teilwei-

Was ist eigentlich ...

Psychobiologie, eine interdisziplinäre Naturwissenschaft mit Verhaltensbiologie und Psychologie als wichtigsten Teildisziplinen, die darauf abzielt, Verhalten von Tier und Mensch exakt zu beschreiben, in seinen Zusammenhängen und Ursachen zu analysieren, in seiner Entwicklung zu erklären und dann auf der Grundlage gesicherter Erkenntnisse Verhaltenswirkungen voraussagen zu können. Der Verhaltensbegriff der Psychobiologie ist sehr weit. Zentral ist der Gesichtspunkt, welche Funktionen das Verhalten erfüllen kann, und wem diese Funktionen dienen – dem Individuum, der Gruppe oder der Art.

Was ist eigentlich ...

Doppelblindversuch, methodisches Vorgehen z. B. in einem psychologischen Experiment, bei dem weder Versuchsleiter bzw. Datenauswerter noch Versuchspersonen wissen, welches von verschiedenen verabreichten Substanzen den zu untersuchenden Wirkstoff enthält bzw. worum es im Einzelnen in der vorliegenden experimentellen Bedingung geht.

se starke „Nebenwirkungen" berichteten. Viele dieser Probanden klagten über Veränderungen des vegetativen Nervensystems oder Störungen im Magen-Darm-Trakt. Da die Probanden natürlich darüber aufgeklärt wurden, dass z. B. das zu prüfende Antidepressivum Nebenwirkungen haben kann, verspürten sie prompt einige der möglichen, aber eigentlich selten auftretenden Nebenwirkungen auch in der Scheinpräparatbehandlung.

Solche Prozesse folgen etablierten Automatismen. Dem Betroffenen ist der Zusammenhang in der Regel nicht bewusst. Mit anderen Worten: Die Reaktionen sind nicht durch bewusst durchgeführte Überlegungen erklärbar. Die Betroffenen fühlen sich tatsächlich schmerzfreier oder spüren tatsächlich die Nebenwirkungen, ohne dies in Zweifel zu ziehen. Das psychobiologische System reagiert und nicht der kritische Verstand.

Der mächtige Heilende hilft

Ein wesentlicher Teil der rituellen Handlung besteht natürlich aus der Figur des Heilenden selbst. An diese knüpfen sich große Hoffnungen, vor allem wenn der Ruf seiner Kunstfertigkeit mit dem Prestige mächtiger Wirksamkeit ausgestattet ist. Das ist besonders beim medizinischen Behandlungswesen der Fall. In den letzten hundert Jahren hat es große Erfolge, ja Triumphe, gefeiert. Die oben erwähnten radikalen Studien dienten ja gerade dazu, durch harte Fakten einen wissenschaftlich untadeligen Ruf zu schaffen. In demoskopischen Umfragen rangiert der Beruf des Arztes stets im obersten Bereich

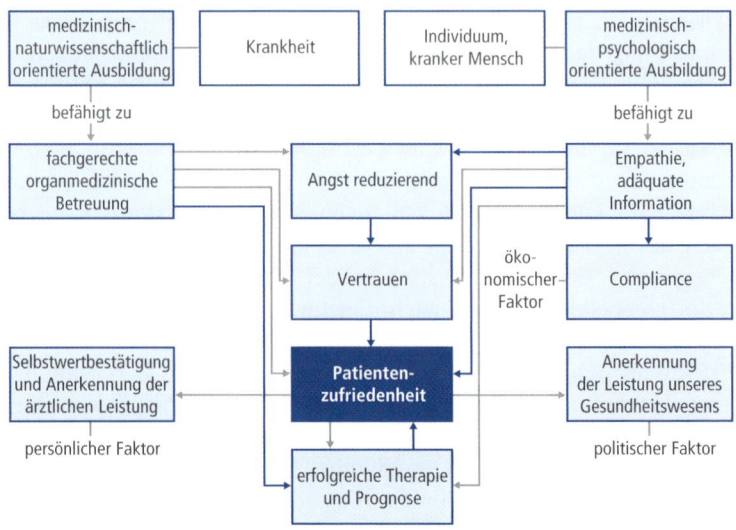

Faktoren, die die Patienten-zufriedenheit beeinflussen.

prestigeträchtiger Tätigkeiten. Ärzte stellen Autoritätspersonen dar. Lange Zeit genügte es, dass der Arzt dem Patienten mitteilte: „Jetzt nehmen Sie mal die XY-Pillen für zwei Wochen und dann wird es Ihnen besser gehen." Der Patient vertraut in der Regel dem Heilenden, ohne die Behandlungsvorschriften des Arztes weiter zu hinterfragen, auch heute noch im Zeitalter des sog. mündigen Patienten. Die Behandlungsanweisungen werden besonders dann nicht vom Patienten hinterfragt, wenn der Status des Behandlers hoch ist. Auch dann nicht, wenn diese von den Überzeugungen des Patienten stark abweichen, wie entsprechende Forschungsergebnisse zeigen. In der Behandlung zeigt sich die Wirkung des Prestiges, dann, wenn man die Effekte einer Medikation, welche vom Arzt gegeben wird, mit denen vergleicht, welche eine Krankenschwester erzielt.

Der mit akademischen Weihen versehene Behandler ist in den Augen der Hilfesuchenden jemand mit überlegenem Wissen. Er kann das Unerklärliche erklären, denn er weiß die Diagnose und in der Regel auch die Prognose. Das macht ein Stück weit seine „Macht" aus. Er gibt rätselhaften und oft als bedrohlich empfundenen Veränderungen einen Namen. Die Diagnose ordnet das diffus Ängstigende in den Kanon der behandelbaren Krankheiten. Jetzt weiß der Patient, dass der Wissende eine Lösung für das Problem hat. Ganz entsprechend ändert schon allein das Stellen einer Diagnose das Befinden. Für Patienten ist es wichtig, sich in den Händen eines Sicherheit ausstrah-

Was ist eigentlich ...

Diagnose, zielt auf die Beschreibung und/oder Analyse bestimmter Verhaltensweisen einschließlich des Erlebens, fokussiert im Gegensatz zu Prognosen auf aktuelle oder zurückliegende Ereignisse bzw. Verhaltensbedingungen.

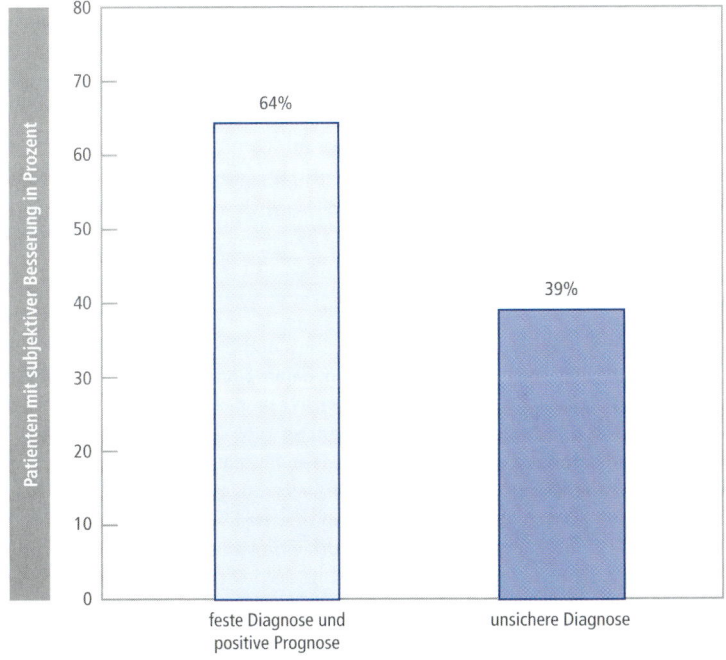

Auswirkungen verschiedener Diagnosen und Prognosen auf die Gesundheit der Patienten.

lenden Therapeuten zu befinden, der den Eindruck vermittelt, er wisse genau, was er tue und dass er selbst von der Wirksamkeit seiner Therapie überzeugt ist.

In der Therapieausbildung lernt man, dass ein empathisch warmes, verstehendes und akzeptierendes Auftreten die therapeutische Grundhaltung der Wahl sein müsse. Das ist sicher richtig. So gesehen überrascht es dann doch, dass systematische Untersuchungen ein scheinbar gegenteiliges Bild ergeben. Denn man fand heraus, dass besonders die Therapeuten, welche sich in der Interaktion mit den Patienten eher dominant verhalten, erfolgreicher sind. Allerdings müssen noch andere Eigenschaften hinzukommen, um die Ergebnisse zu erklären. Denn es ist hier z. B. keineswegs ein kalter Autoritätstypus gemeint. Auf die Rolle von positiver Zuwendung, Wärme und vor allem Enthusiasmus, mit dem ein Behandlungsverfahren angeboten wird, soll dabei verwiesen werden. Zumindest bei psychischen Erkrankungen konnte man nachweisen, dass Enthusiasmus eine Rolle spielt. Enthusiastische Psychiater erzielten z. B. bei 77 % der Patienten eine deutliche Besserung des Befindens nach Verabreichung eines Psychopharmakons. Im Vergleich dazu erreichten Psychiater, welche die Behandlung ohne Enthusiasmus durchführten, bei nur 10 % der Patienten eine Besserung des Befindens.

Meiner eigenen Beobachtung nach spielen sich ähnliche Effekte bei Einführung neuer Therapien ab. Anfänglich sind die Erfolge groß. Bei Überprüfung durch eher skeptische Kollegen sind dann die Effekte noch vorhanden, aber oft längst nicht mehr so großartig. Wie wir im Folgenden immer wieder sehen werden, ist es sehr entscheidend, welche Erwartung der Therapeut beim Patienten auslöst – nicht nur bei psychischen Problemen, sondern auch bei körperlichen Erkrankungen. Der Therapeut muss dem Patienten glaubwürdig erscheinen, um Erfolg zu haben. Spontan kommen da Erinnerungen an Begründer neuartiger Therapierichtungen auf, wie z. B. die Figur eines Fritz Perls, des Begründers der Gestalttherapie. Der sehr domi-

Porträt

Perls, *Friedrich Salomon* (auch *Fritz*), Psychiater und Psychotherapeut deutschjüdischer Herkunft, *8.7. 1893 Berlin, † 14.5.1970 Chicago; Begründer der Gestalttherapie; ließ sich zum Psychoanalytiker ausbilden. 1933 emigrierte er nach Südafrika. Zweifel an den Grundlagen der Psychoanalyse zeigten sich in seinem Buch *Das Ich, der Hunger und die Aggression. Die Anfänge der Gestalttherapie* (1945), deren erste britische Ausgabe noch den Untertitel *A revision of Freud's theory and method* (1947) trägt. Während des Zweiten Weltkrieges arbeitete er als Militärpsychiater. 1946 ging er in die USA. Er entwickelte mit seiner Frau Lore, auch Laura, Perls (1905–1990) eine eigene Therapieform, die sie Gestalt Therapy nannten.

■ Was ist eigentlich … ■

Erwartung, eines der wichtigsten kognitiven Konzepte. Es spielt in Motivations- und Entscheidungstheorien eine zentrale Rolle, wenn vorhergesagt werden soll, ob eine Handlung unternommen wird oder nicht bzw. welche Alternative in einer Entscheidungssituation gewählt wird. Im Wesentlichen lassen sich drei Arten von Erwartungen unterscheiden. Die sog. Situations-Ergebnis-Erwartung gibt darüber Auskunft, inwieweit die Situation von sich aus, also ohne eigenes Zutun der Person, zum erwünschten Zielzustand führt. Ist eigenes Handeln vonnöten, wird die Handlungs-Ergebnis-Erwartung bestimmt. Sie gibt an, inwieweit die Person glaubt, durch eigenes Handeln ein erwünschtes Handlungsergebnis herbeiführen zu können. Entscheidend ist letztlich jedoch, ob ein erzieltes Handlungsergebnis auch positiv bewertete Folgen nach sich zieht, und wie eng die Kontingenz zwischen Ergebnis und Folge ist (Ergebnis-Folge-Erwartung bzw. Instrumentalität).

■ Was ist eigentlich ... ■

Psychotherapieforschung, thematisiert hauptsächlich folgende Fragen: 1) Ist Psychotherapie wirksam? 2) Welche Therapie ist am wirksamsten (z. B. Verhaltenstherapie versus Gesprächspsychotherapie)? 3) Welche Therapieform wirkt bei welchen Personen bzw. Klienten- und Problemklassen am besten? Welche therapiebezogenen Charakteristika lassen sich bei therapeutischen Misserfolgen und Dropouts (Therapieabbrechern) finden? 4) Welche Prozesse werden in der Therapie wirksam? Wie lässt sich therapeutische Wirksamkeit erklären?

Balint-Gruppen, benannt nach dem Arzt und Analytiker Michael Balint (1896–1970). Ursprünglich waren diese Gruppen für Ärzte gedacht, um die affektiven Komponenten der Arzt-Patient-Beziehung zu reflektieren. Balint-Gruppen werden inzwischen auch als „Königsweg" für die Vertiefung und Verbesserung der Kommunikation und der Information innerhalb von Betrieben oder zusätzlich mit dem Effekt erheblich verbesserter Selbsterkenntnis und Eigenreflexion eingeschätzt. Gezielte themen- und problemspezifische Arbeitsbesprechungen können unter Einbezug beteiligter Gruppen (im Krankenhaus z. B. Pflegedienst, Ärzte, Funktionsabteilungen und Verwaltung) zur Entstehung wichtiger Kommunikationsstrukturen und zu entsprechendem Informationsfluss beitragen.

---

nante und autoritäre Führungsstil bei der Leitung von Therapiegruppen, welcher zu emotional äußerst aufwühlenden Erfahrungen bei den Gruppenteilnehmern führte, war sehr mit seiner Person und wahrscheinlich auch seinen Erfolgen verbunden.

Vieles, was zur Rolle des Therapeuten erforscht worden ist, stammt naturgemäß aus der Psychotherapieforschung. Denn hier ist das Verhalten des Therapeuten entscheidend für den Erfolg. Wir sahen jedoch schon, dass auch bei körperlichen Erkrankungen der Figur des Behandlers eine besondere Rolle zukommt. Auch hier haben rein psychologische Momente große Bedeutung bzw. eine Vermittlerrolle zwischen Arzt und Körper. Das Verhalten des Arztes, seine Äußerungen und sein Auftreten enthalten für den Patienten wichtige Signale. Patienten sind durch ihr Leiden in der Regel demoralisiert. Auf umso fruchtbareren Boden fällt jede positive Voraussage des Arztes. Der Psychoanalytiker Michael Balint (1896–1970), welcher als Erster begann, den in der medizinischen Behandlung Tätigen in sogenannten Balint-Gruppen die psychologischen Momente jeder somatischen Behandlung nahe zu bringen, sprach sogar von der „Droge Arzt".

Der Glaube an die akademische Heilslehre und ihre Zaubermittel

Claudius Galenus (129–199), der berühmte Leibarzt des römischen Kaisers Marc Aurel, meinte, dass ein Arzt dann am erfolgreichsten heile, wenn er das verabreiche, zu dem das Volk das meiste Vertrauen habe. Galenus spielt hier auch auf das sog. Anciennitätsprin-

Porträt

Ehrlich, *Paul*, deutscher Chemiker, Mediziner und Serologe, *14.3. 1854 Strehlen (Schlesien), † 20.8.1915 Bad Homburg v. d. Höhe; ab 1878 als Arzt an der Berliner Charité tätig, Mitarbeiter von Robert Koch, ab 1891 Professor in Berlin, 1904 in Göttingen, ab 1914 in Frankfurt a. M., dort seit 1899 Direktor des von ihm gegründeten Instituts für experimentelle Therapie, dem 1906 das Georg-Speyer-Haus für Chemotherapie angegliedert wurde (heute Paul-Ehrlich-Institut, Bundesamt für Sera und Impfstoffe); entwickelte zahlreiche diagnostische Verfahren für die Färbung von Blut sowie lebender Zellen, Gewebe und Nerven; erfand das Ehrlich-Reagens für die klinische Analyse; erarbeitete die Seitenkettentheorie (um 1899) zur Erklärung der Immunisierungsvorgänge; wurde zum Begründer der wissenschaftlichen Chemotherapie zur Behandlung von Infektionskrankheiten; erhielt 1908 mit Ilja I. Metschnikow (1845–1916) den Nobelpreis für Physiologie oder Medizin.

Internet-Link

Paul-Ehrlich-Institut: www.pei.de

zip an. Das, was von alters her bewährt zu sein scheint, hat einen gewissen Nimbus (u. a. deswegen waren die Lehren des Galenus selbst lange tonangebend – in einigen Regionen Europas sogar bis ins 19. Jahrhundert). Galenus bezog sich in seinen Heilslehren u. a. auf griechische und ägyptische Rezepturen. Das Ancienitätsprinzip spielt noch heute in den alternativen spirituellen Heilslehren eine große Rolle. Hier findet man oft den Hinweis, dass die Heilmaßnahme Z seit Tausenden von Jahren bei den XY-Völkern ein bewährter Heilritus sei. Spätestens seit Beginn des letzten Jahrhunderts hat sich jedoch die Begründung für die Wirksamkeit einer Behandlungsmaßnahme partiell umgekehrt. Partiell deswegen, weil nun zwei Systeme konkurrieren: der Glaube an den medizinischen Fortschritt, begründet durch den Nimbus der modernen Wissenschaft, und daneben der Glaube an Heilverfahren mit dem Nimbus übernatürlicher Kräfte bzw. der Tradition einer langen und geheimnisvollen Heilsgeschichte. Die Zwitternatur medizinischer Behandlung demonstriert sehr treffend der Nobelpreisträger Paul Ehrlich anlässlich seiner Entdeckung eines neuartigen Mittels zur Behandlung der Syphilis: Er bezeichnete dieses als „meine Zauberkugel".

Viele Menschen nutzen heute verschiedene Systeme parallel und wandeln so zwischen verschiedenen Anschauungswelten – ohne dass der Widerspruch für sie ein Problem zu sein scheint. Alle Systeme helfen ein Stück weit ja auch. Wenn man es unideologisch betrachtet, dann hat der, der heilt, Recht. Damit könnten wir es bewenden lassen. Sind wir jedoch neugieriger, dann wollen wir doch wenigstens die Gründe dafür soweit wie möglich aufklären. Eine mögliche Hypothese ist, dass ganz offensichtlich neben nicht weiter aufklärbaren „höheren" Kräften und spezifischen medizinischen Heileffekten in beiden Heilsystemen zusätzlich sehr ähnliche Wirkkräfte vorhanden sein müssen. In dem hier zu erörternden Kontext wäre demgemäß der Glaube an die Macht moderner Wissenschaften bzw. der daraus abgeleitete Nimbus der ärztlichen Behandlungskunst ein Kandidat für die Erklärung von erfolgreichen Therapien, welche nicht durch die spezifische medizinische Maßnahme zu erklären sind, aber dennoch eine bestimmte Krankheit heilen. Hierfür hat die moderne medizinische Therapieforschung selbst – oft ohne es zu wollen – die besten Beweise geliefert.

Ich habe bisher den Ausdruck „Scheinbehandlung" anstatt „Placebo" verwendet. Mancher Leser wird sich schon gewundert haben. Meine Absicht war, den zwar gebräuchlichen, aber oft sehr irreführend verwendeten Ausdruck „Placebo" zunächst zu vermeiden, um den Leser nicht auf eine falsche Fährte zu führen. Manche Autoren klassifizieren eine Placebo-Gruppe schlichtweg als Gruppe ohne Behandlung. Andere tun Placebo-Wirkung oft als Effekt bloßer „Einbildung" plus Spontanschwankungen ab. Auch die etymologische Bedeutung des

Begriffs „Placebo" – das, was gefällt – deutet noch nicht auf eine Zuschreibung tatsächlicher, ernstzunehmender Wirkung hin. Doch solche „Einbildung" entwickelt manchmal gewaltige Effekte, wie wir gesehen haben, sodass man nur feststellen kann, dass auch ein „leeres" Präparat zwar chemisch leer ist, aber nicht in psychologischer Hinsicht leer ist. Der Ausdruck Scheinbehandlung macht hingegen die eigentliche Ursache des paradoxen Effekts viel deutlicher: Es handelt sich um eine Illusion mit nachweisbarer Wirkung.

Die Wirkung hängt neben seelischen Wirkkräften natürlich auch von körperlichen Dispositionen des Patienten ab, daneben auch von den Bedingungen, unter denen die Scheinbehandlung durchgeführt wird. Deswegen reicht die Bandbreite der Placebo-Reaktion von 0 % bis zu 90 % Heilungen. Es handelt sich hierbei nicht nur um ein diffuses Besserfühlen. Körperliche Erkrankungen verschwinden u. U. tatsächlich. So lässt sich etwa bei einer Scheinbehandlung mit einer Placebo-Pille bei Patienten mit Ulcus ventriculi oder Ulcus duodeni auch der anatomische Nachweis des Verschwindens des Geschwürs durch Röntgenbilder und Endoskopie erbringen.

Da psychologischen Vorgängen bei Scheinbehandlungen eine wesentliche Rolle bei der Übersetzung der „rituellen" Bedeutung der Heilmittel in somatische Prozesse zukommt, ist es von erheblichem Interesse zu erfahren, was sich im Organ der Psyche, dem Gehirn, während der Fantasie „Ich werde adäquat behandelt" ereignet. Neue Untersuchungsverfahren erlauben es, solche Vorgänge im Inneren des Gehirns, mittels der PET- oder fMRT-Technik, sichtbar zu machen. Gemeint ist hier eine sogenannte PET-Untersuchung (Posi-

Was ist eigentlich …

Placebo, bezeichnet eine Aktivität oder Substanz, die eine Wirkung auf eine Erkrankung oder ein Symptom ausübt, obwohl kein nachweislich spezifischer Einfluss vorliegt. Unterschieden werden wahre (echt, rein) und falsche Placebopräparate. Das wahre Placebopräparat enthält lediglich Milchzucker, Stärke oder andere unwirksame Substanzen, Geschmack- und Farbstoffe. Das falsche Placebo hingegen besteht aus pharmakologisch aktiven Substanzen und kann bei ausreichender Dosierung als Pharmakon eingesetzt werden. Diese falschen Placebos entfalten jedoch keine Wirkung, da sie entweder zu niedrig dosiert sind oder keine Indikation für die zu behandelnde Erkrankung vorliegt.

■ Placebo – Etymologie und Geschichte ■

Der heute so populär gewordene Begriff „Placebo" ist dem liturgischen Gebrauch entlehnt. Ab dem 12. Jahrhundert wurde im Ritus der römisch-katholischen Kirche in Anlehnung an einen Psalm zu Beginn der Totenmesse bzw. als Refrain *Placebo domino in regione vivorum"* („Ich werde dem Herrn im Bereich der Lebenden gefallen") gesungen. Bald wurde der Begriff „Placebo" zum Synonym für Totenandacht. Im englischen Sprachraum wurde ab dem 14. Jahrhundert der liturgische Begriff dann auch in säkularer Bedeutung benutzt: *to sing a placebo"* bedeutete dann, sich bei Höhergestellten einzuschmeicheln, zu heucheln. Aber auch in der Totenmesse wurde der Begriff dafür verwendet, um die Gesänge der oft bezahlten Trauernden zu bezeichnen, welche anstelle der wirklichen Hinterbliebenen am Grab des Verstorbenen „Placebos" sangen. Hier taucht der Begriff „Placebo" erstmalig auch im Sinne von „Substitut" auf. Weitere Bedeutungswandlungen setzten ein; so wurden Schmeichler, Heuchler oder Intriganten als „Placebo" bezeichnet.

Im 18. Jahrhundert begann man dann, gezielte Scheinmedikamente, welche man als Placebos bezeichnete, als medizinische Heilmethode einzusetzen, wenn der Patient sehr auf Behandlung drängte oder eine spezifische Behandlung für sein Leiden nicht existierte.

Erst seit etwa 1940 wurden Placebos als Vergleichsmedikation bzw. Pseudo- oder Leermedikament in der klinischen Arzneimittelprüfung eingesetzt. Vor Einführung dieser Kontrollmöglichkeit – um spezifische Behandlungseffekte zu erkennen – wurden bis zu fünfmal mehr Medikamente als wirksam ausgewiesen, als es heute der Fall ist. Heute kann ohne die vorherige Placebo-Kontrolle kein Medikament zugelassen werden.

tronen-Emissions-Tomographie). Wie auch die funktionelle MRT (Magnet-Resonanz-Tomographie) erlaubt sie, Aktivitätsänderungen in den verschiedenen Regionen des Gehirns direkt am Bildschirm zu erkennen. Durch die PET-Untersuchung ist es zusätzlich möglich, Veränderungen der Ausschüttung bestimmter biochemischer Überträgerstoffe im Gehirn, welche der Signalweiterleitung zwischen Nervenzellen dienen, sichtbar zu machen.

Leider existieren bisher nur wenige solcher Untersuchungen der Placebo-Behandlung. Als geradezu sensationell ist deswegen die Untersuchung kanadischer Neurologen aus Vancouver zu bezeichnen. Die Arbeitsgruppe wies nach, dass ein Scheinpräparat bei Parkinson-Patienten zu der gleichen biochemischen Veränderung im Gehirn führen kann wie ein spezifisches Anti-Parkinson-Medikament. Die Parkinsonsche Erkrankung ist eine neurodegenerative Erkrankung. Es sind besonders Hirnzentren betroffen, welche für die Weiterleitung der neuronalen Erregung mittels des biochemischen Botenstoffs Dopamin verantwortlich sind. Deswegen leiden Parkinson-Patienten vor allem unter einem Mangel an Dopamin im Gehirn. Da Dopamin an der Steuerung von Bewegungen beteiligt ist, haben Parkinson-Patienten besonders Probleme im Bewegungsapparat, was sich u. a. durch Zittern bemerkbar macht. Dieser Mangel wird nun durch die medikamentöse Scheinbehandlung zum Teil durch vermehrte Ausschüttungen aufgehoben. Entscheidend scheint zu sein, dass alle Patienten schon vorher Erfahrungen mit Anti-Parkinson-Medikamenten gemacht hatten und deswegen die infrage kommenden Hirnareale sozusagen auf die entsprechende Reaktion vorbereitet waren. Zur Erklärung dieses Effekts weisen die Autoren darauf hin, dass Dopamin auch an der Modifikation kognitiver Funktionen beteiligt und u. a. Teil des sogenannten Belohnungssystems des Gehirns sei. Auch hier sehen wir wieder, dass die gezielte Erwartung an die Potenz eines Mittels nicht nur auf der Ebene der vorgeblichen Illusion stehen bleibt, sondern u. U. in massive neurobiologische Veränderung konvertieren kann!

Noch ist unklar, was diese unterschiedlichen Reaktionen des Gehirns bedeuten. Im einen Fall produziert das psychobiologische System Mensch *selbst* die Änderung und im anderen Fall das Medikament. Überhaupt sind wir noch weit davon entfernt zu verstehen oder auch nur gezielte Vermutungen darüber anzustellen, was da warum geschieht, wenn das System Mensch sich selbst heilt. Jedoch erlaubt das Ergebnis die wichtige Aussage, dass die Implikation von Hoffnung und Glauben als Teil des Behandlungsplanes (durch ein Leerpräparat) tiefgreifende Änderungen im psychobiologischen System Mensch provozieren kann. Es wird damit auch verständlich, warum sich Menschen von alters her auf die Suche nach einem von der Gemeinschaft akzeptierten, als mächtig angesehenen Zaubermittel gemacht haben. Und wie wir sehen, kann man in jedem der sehr unterschiedlichen Glaubenssysteme – bis hin zum akademisch verankerten – damit tatsächlich „zaubern".

Das medizinische Orakel

Heiler aus archaischen Zeiten und heutige indigene Schamanen befragen ein Orakel, bevor sie die Heilprozedur beginnen. Das Orakel zeigt Ursache und Behandlungswege auf. Das macht Sinn – auch im heutigen klinischen Alltag, und das nicht nur im medizinischen Sinne, sondern auch wegen der starken psychosomatischen Wirkung. Auch dies ist mittlerweile systematisch untersucht worden. So z. B. erzielte ein US-amerikanischer Psychotherapieforscher gleich gute Ergebnisse wie mit einer Standardpsychotherapie, wenn er den Patienten nur eine „plausible Erklärung" für ihr Leiden gab. Ansonsten

Was ist eigentlich ...

Schamanismus, Schamanentum, kulturübergreifende Form religiöser Wahrnehmung und Praxis, allerdings ohne eine schamanische Weltkirche oder „heiliges Buch", das vorschreibt, was richtig oder falsch ist. Dennoch gibt es erstaunliche Ähnlichkeiten schamanischer Vorstellungen und Praktiken über viele Kulturen hinweg, z. B. die heilende Seite des Schamanismus; die Religion der Jäger mit der Notwendigkeit, Leben zu nehmen, um selbst zu überleben und die schamanische Haltung zum kosmischen Gleichgewicht. Von den 1970er-Jahren an entstanden in den USA und in Europa neue schamanische Bewegungen, die das Erbe der Drogenkultur mit dem seit langer Zeit bestehenden Interesse an nichtwestlichen Religionen, New-Age-Bewegungen und verschiedensten Formen der Selbstverwirklichungsgruppen verbanden, wobei v. a. die populäre Anthropologie mit zu diesem Aufschwung beitrug.

Ein Schamane in Simbabwe.

beschäftigte er diese Gruppe im gleichen Zeitraum wie die „richtig" behandelte Therapiegruppe lediglich mit einfachen Aufgaben. Folglich wurde hier keine Therapie durchgeführt, und doch besserte sich das Befinden!

Ich selbst erlebe immer wieder, dass nach der Diagnosestellung die Patienten geradezu erleichtert die erste Psychotherapiesitzung verlassen, obwohl ich im Wesentlichen nur den weiteren Ablauf der kommenden Behandlung besprochen und ein paar Hinweise auf die mögliche Diagnose gegeben habe. Während meiner Ausbildung in Verhaltenstherapie betonten meine Ausbilder immer wieder, dass es zu Beginn der Therapie wichtig sei, dem Patienten klar zu machen, dass Verhaltenstherapie ein wirksames und wissenschaftlich gut abgesichertes Verfahren ist. Auch dies stimuliert zusätzlich die hoffnungsvolle Erwartung beim Patienten.

Mit anderen Worten, auch das akademische Orakel sollte so ausfallen, dass es die günstigste Wirkung nach sich ziehen kann. In der psychologischen Forschung ist dieser Mechanismus schon seit längerem, ganz unabhängig von den Ergebnissen der Therapieforschung, bekannt. Dort wird dies als *self-fulfilling prophecy* (Sich-selbst-erfüllende-Prophezeiung) bezeichnet. Voraussagen lassen die Wirkung manchmal fast zwangsläufig eintreten – zumindest in psychologischer Hinsicht. Bei keinem anderen Gegenstand der Psychotherapieforschung herrscht so große Einigkeit unter den Wissenschaftlern wie darüber, dass die Erzeugung von positiver Erwartung – neben der spezifischen Behandlungsmethode – sehr entscheidend für den Erfolg ist. Auch in systematischen Untersuchungen der Wirkung spirituellen Heilens lassen sich ähnliche Effekte nachweisen. Deswegen sind die in vielen Therapiestudien eingesetzten Wartegruppen keine Gruppen, welche man als Leer-Therapiegruppen bezeichnen könnte. Denn ganz offensichtlich entfalten manchmal die Fantasien über das

Was ist eigentlich ...

Sich-selbst-erfüllende-Prophezeiung, *self-fulfilling prophecy*, ein psychischer Mechanismus, dem eine spezifische Erwartungshaltung bzw. Attribution und vorteilvolles, diskriminierendes Verhalten gegenüber einer anderen Person oder sozialen Gruppe zugrunde liegt. Mit der Zuschreibung von Verhaltensweisen wird ein Prozess in Gang gesetzt, der bei diesen Personen oder Gruppen einen Zwang zur Identifizierung mit der zugeschriebenen Rolle bewirkt (Konformitätsdruck) und schließlich das vermutete Verhalten (z. B. Stehlen) nach sich zieht, das die Erwartungshaltung bestätigt. Entsprechend passt sich auch deren Selbstbild mit der Zeit den Zuschreibungen sowie den Bedingungen ihrer sozialen Situation an. Diese Mechanismen werden sowohl negativ (Stigmatisierung) als auch positiv (z. B. bei Schönheit) wirksam.

■ Was ist eigentlich ... ■

Verhaltenstherapie, kann als eine auf der empirischen Psychologie basierende psychotherapeutische Grundorientierung verstanden werden. Sie umfasst störungsspezifische und phänomenspezifische Psychotherapieverfahren, die aufgrund von möglichst hinreichend überprüftem Störungswissen und psychologischem Änderungswissen eine systematische Besserung der zu behandelnden aktuellen Problematik, Störung und/oder Behinderung anstreben. Die Maßnahmen verfolgen konkrete und operationalisierte Ziele auf den verschiedenen Ebenen des Verhaltens und Erlebens, leiten sich aus einer Störungsdiagnostik und individuellen Problemanalyse ab und setzen an prädisponierenden, auslösenden und/oder aufrechterhaltenden Problembedingungen an. In einem speziellen Schwerpunkt, der kognitiven Verhaltenstherapie, liegt der Fokus der therapeutischen Intervention sowohl auf der Verhaltensebene als auch auf der Ebene der Denk- und Wahrnehmungsmuster. Über den Praxisbereich der psychotherapeutischen Behandlung von psychischen Störungen im engeren Sinn hinaus leistet die Verhaltenstherapie wesentliche Beiträge zur Prävention und Rehabilitation sowohl körperlicher als auch psychischer Erkrankungen.

kommende positive Ereignis u. U. stärkere Wirkkraft als das Erleben des Ereignisses selbst. Die Lehre daraus ist, dass Therapeuten sich hüten sollten, überzogene Hoffnungen zu erzeugen. Denn bei zu hohen Erwartungen reduziert sich der positive therapeutische Effekt oder wendet sich sogar in sein Gegenteil. Eine zu krasse Konfrontation mit der Realität tötet dann die schönste Fantasie.

Die Macht der Psyche – Psychosomatik

Wie Alltagserfahrungen zeigen und Beispiele aus der Forschung belegen, ist der Einfluss der Seele auf den Körper evident. Wie stark dieser Einfluss werden kann, zeigt nachfolgendes Beispiel. Ein Patient, dessen Tumor sich im fortgeschrittenen Stadium befand, verlangte vom Arzt, ihm ein neuartiges Medikament zu geben, da dieses doch sehr wirksam sei. Zumindest hatte er das in einer Zeitschrift gelesen. Der Arzt folgte seiner Aufforderung, da er offensichtlich keine andere Möglichkeit mehr sah, dem Patienten zu helfen. Der Tumor verschwand. Als der Patient jedoch etwas später in derselben Zeitschrift las, dass sich das Medikament doch als unwirksam herausgestellt habe, erkrankte er von neuem. Der Tumor wuchs wieder. Der Arzt entschloss sich, einen Trick anzuwenden – genau genommen zu einer Lüge. Er spritzte dem Patienten eine Kochsalzlösung, teilte ihm aber mit, dass es sich um eine sehr wirksame Neuentwicklung des Medikamentes handle. Wieder genas der Patient. Radikale Aufklärung hat auch ihre Schattenseiten. Eine starke Imaginationsfähigkeit hilft hingegen manchmal – je nachdem.

Da unsere Imaginationsfähigkeit offensichtlich so mächtig ist, uns retten zu können, hat sie eben auch das Potenzial zu zerstören, wie wir sehen. Letzteres ist die Schattenseite unserer Fähigkeit, weit über das konkret Vorliegende hinausgreifen zu können, einer entscheidenden Etappe in der menschlichen Evolution. Diese Begabung zur Imagination des Positiven bzw. ebenso des Negativen drückt sich u. a. in zahlreichen psychischen Erkrankungen aus – eine Entdeckung, welche die moderne kognitive Verhaltenstherapie zum Gegenstand ihrer Behandlungsstrategie machte. Einen der wichtigen theoretischen Grundsteine hierzu legte der amerikanische Psychologe Martin Seligman (geboren 1942) von der University of Philadelphia im Jahr 1975 mit seinem nun schon klassischen Werk *Helplessness. On depression, development and death.* In diesem relativ schmalen Werk versucht Seligman nachzuweisen, dass das Gefühl bzw. die Illusion der Hilflosigkeit eine der Ursachen der Depression sei. Mit dem Beispiel der tödlichen Folgen einer Verfluchung am Freitag, den 13., wollte er zeigen, dass das Gefühl der Unentrinnbarkeit nicht nur hohe Verzweiflung, sondern manchmal sogar den Tod zur Folge haben kann.

Was ist eigentlich …

Psychosomatik, Psychosomatische Medizin, die Lehre von den körperlich-seelisch-sozialen Wechselwirkungen in Entstehung, Verlauf und Behandlung von menschlichen Krankheiten. Der Begriff umfasst drei Bereiche: 1) Eine ärztliche Grundeinstellung, die von einem ganzheitlichen Menschenbild ausgehend bei der Diagnostik und Therapie von Krankheiten seelische und soziale Faktoren mitberücksichtigt. 2) Eine Forschungsrichtung, die mit biologischen, psychologischen und sozialen Methoden die Bedeutung seelischer und sozialer Vorgänge für die Entstehung, Erhaltung und Therapie von körperlichen Krankheiten untersucht. 3) Ein Gebiet psychotherapeutischer Versorgung von Patienten, deren Beschwerden von rein psychogenen Störungen über psychosomatische Krankheitsbilder i. e. S. bis zu den Folgezuständen schwerer und chronischer körperlicher Krankheiten reichen.

Plötzlicher psychosomatischer Tod

1967 kam eine Frau kurz vor ihrem 23. Geburtstag völlig aufgelöst ins Städtische Krankenhaus von Baltimore gelaufen und bat um Hilfe. Sie und zwei andere Mädchen hatten verschiedene Mütter, waren aber von derselben Hebamme an einem Freitag, dem 13., im Okefenokee-Sumpfgebiet zur Welt gekommen. Die Hebamme hatte alle drei Babys verflucht und prophezeit, dass die eine vor ihrem 16. Geburtstag, die zweite vor ihrem 21. Geburtstag und die dritte vor ihrem 23. Geburtstag sterben würde. Die erste war mit 15 Jahren bei einem Verkehrsunfall ums Leben gekommen; die zweite war am Abend vor ihrem Geburtstag bei einer Schlägerei in einem Nachtclub versehentlich erschossen worden. Nun wartete sie als dritte voller Entsetzen auf ihren eigenen Tod.

Die Klinik nahm sie etwas skeptisch zur Beobachtung auf. Am nächsten Morgen, zwei Tage vor ihrem 23. Geburtstag, wurde sie tot in ihrem Klinikbett aufgefunden – ohne erkennbare organische Todesursache.

Letztlich geht es Seligman jedoch in erster Linie nicht um seelische Probleme mit Todesfolge, sondern um eine neue Theorie der Depression. Depression entsteht nach Seligman durch wiederholte Erfahrung der Hilflosigkeit. Als Beleg führt er zahlreiche in seinem Experimentallabor durchgeführte Tierversuche an. Verschiedene Tiere, Ratten, Hunde etc. wurden in Situationen gebracht, in denen sie unangenehmen Erlebnissen, wie z. B. Schmerz oder sehr lautem, unangenehmen Krach, nicht entrinnen konnten. Den Tieren sollte so die Erfahrung der Hilflosigkeit vermittelt werden. Im entscheidenden zweiten Teil des Experiments hatten die Tiere nun die Möglichkeit, der unangenehmen Situation auszuweichen. Dies taten sie aber nicht. Für Seligman hatten die Tiere eine so stark negative („depressive") Erwartung entwickelt, dass sie jetzt nicht mehr in der Lage waren, nach Möglichkeiten der Verbesserung ihrer Lage zu suchen. Um zu prüfen, ob dies auch für Menschen Gültigkeit hat, führte Seligman daraufhin Experimente mit Studenten durch. Es handelte sich um Personen, welche zu leichteren Formen der Depression neigten. Er kam zu ähnlichen Ergebnissen. Hier ging es z. B. darum, unangenehmen Geräuschen auszuweichen. Seine Experimente und seine Theorie fanden weltweite Beachtung, lösten aber auch heftige und kontroverse Diskussionen aus.

Was ist eigentlich ...

Kontrollverlust, Fehlen von subjektiver Kontrolle; begünstigt Erfahrungen der Enttäuschung und Hilflosigkeit, die nach experimentell gesicherten Beobachtungen und Beobachtungen in Realsituatioen (an Insassen von Gefängnissen, psychiatrischen Anstalten) regelhaft mit emotionalen, kognitiven und motivationalen Defiziten einhergehen (depressive Verstimmung, verringerte Selbstachtung, herabgesetzte Reagibilität, Passivität).

Eigentlich erzeugte Seligmann einen Zustand, den man heute als Kontrollverlust bezeichnet. Dieser Zustand ist nun nicht nur auf die Depression beschränkt, sondern das Gefühl, keine Kontrolle mehr über wichtige Lebenssituationen zu haben, beschreibt ein allgemeines seelisches Risiko. Mich selbst hat es immer wieder gewundert, dass Seligman einen anderen Teil der Ergebnisse in seiner Theoriebildung kaum berücksichtigt. Die Tiere, welche längere Zeit der Situation scheinbarer Unentrinnbarkeit ausgesetzt wurden, entwickelten Bluthochdruck, Magengeschwüre und auch biochemische Veränderungen im Gehirn. Eigentlich hatte Seligman damit einen Beitrag zur Psychosomatikforschung geleistet. Er hätte sich hierbei auf zahlreiche ähnliche Forschungsergebnisse stützen können.

Es ist jedoch problematisch, aus Tierversuchen auf das Denken und Fühlen von Menschen zu schließen. Schließlich musste Seligman seine Theorie revidieren, denn die Merkmale der Depression lassen sich nicht auf das Gefühl, hilflos zu sein, reduzieren. Neben der stark verminderten Fähigkeit, Freude und Enthusiasmus zu empfinden, bestimmen negative Wahrnehmungen, Einstellungen und Erinnerungen, sogenannte negative Kognitionen, die Depression. Stark depressive Menschen kennzeichnet typischerweise eine sogenannte depressive Trias. Damit sind im Wesentlichen negative Einstellungen in drei wichtigen Lebensbereichen und Erwartungen gemeint: 1. negative Einschätzung der eigenen Person, 2. keine positive Erwartung an Menschen, welchen man begegnet und mit welchen man befreundet oder verwandt ist, 3. keine positive Erwartung bezüglich der Zukunft.

Mittlerweile kennt man recht genau das körperliche Risiko solcher und verwandter negativer Kognitionen. Zahlreiche wissenschaftliche Studien belegen das Schädigungspotenzial für den Körper. Selbst das Risiko eines frühen Todes kann die Folge sein, wenn gleichzeitig eine körperliche Grunderkrankung mit entsprechendem Risiko vorliegt. Andererseits kann natürlich Depression auch Folge z. B. einer chronischen Körpererkrankung sein. Ferner können negative Kognitionen, wie tiefe Trauer oder überstarke Angst, eine „ungesunde" Lebensweise oder gar den Suizid nach sich ziehen. Angesichts drastischer Botschaften von der Forschungsfront wird in einem Kommentar im *Archive of Internal Medicine* aus dem Jahr 2000 gefragt: „Does depression kill?" Die Antwort lautet natürlich: Depression tötet in der Regel nicht, sondern verschlechtert die Überlebensbedingungen z. B. auch in Abhängigkeit von der Art der somatischen Grunderkrankung. Das Schicksal eines bestimmten Betroffenen ist damit natürlich noch längst nicht besiegelt.

Auch andere Formen negativer Emotionen und Kognitionen, wie z. B. pathologische Ängste, verschlechtern die Prognose bei körperlichem Leiden. Es handelt sich um Kognitionen, welche z. B. Situationen, Personen oder Objekte so bedrohlich einschätzen lassen, dass diese vermieden werden. Worauf es hier nur ankommt, ist zu zeigen, dass eine enge Verflechtung zwischen beiden Ebenen besteht. Da dies so ist, kann man z. B. durch Behandlung der Depression chronische Schmerzsyndrome lindern.

Aber warum spreche ich auch hier von Illusionen, bei einer so schweren Erkrankung wie pathologischer Depression oder pathologischer Angst, wird sich mancher Leser fragen. Ist so etwas etwa nur eine Illusion? Die Antwort ist: Natürlich ist für den Betroffenen das seelische Leiden schmerzliche Realität und wird deshalb von Therapeuten sehr ernst genommen. Mit dem Ausdruck „Illusion" ist nicht gemeint, dass das Leiden nur etwa eine Farce sei. Aber, wie leicht zu zeigen ist, ist kein Mensch nur minderwertig und die Zukunft immer in allen Aspekten düster, auch werden wir selten mit Mitmenschen nur negative Erlebnisse haben können, wie schwer depressive Menschen in ihrer Trias-Einschätzung der Welt annehmen. So sind auch nicht die eigenen Kinder oder der eigene Mann ständig in Gefahr, wie Menschen, welche an einer bestimmten Form pathologischer Angst leiden, meinen. Seelische Störungen sind zwar oft Konsequenzen früher traumatischer Erfahrungen, aber deshalb fast alles als negativ oder bedrohlich einzuschätzen, entspricht keineswegs der Realität. Deswegen der Ausdruck Illusion. Die Aufgabe der Therapie ist es deshalb, diese Illusionsbereitschaft zu verändern, d. h. die Einschätzung der Welt und der Dinge und Personen in ihr näher an realistischere Einschätzungen heranzuführen.

Was noch zu klären bleibt, ist, wieso es zu einer Änderung auf der zweiten Ebene (Körper) kommt, wenn die erste Ebene (Psyche) geheilt wird. Der Grund ist die sehr enge neuronale Verschaltung zwischen Gehirn und Körper. Beispielsweise besitzt das Gehirn Zentren, welche den Schmerz modulieren, z. B. im Mittelhirn bzw. im Thalamus – einer zentralen Relaisstation des Gehirns. Aber auch in der Hirnrinde, dem obersten Verarbeitungszentrum für psychische Prozesse, befinden sich Schmerzzentren. Das hat zur Folge, dass sich die Schmerzempfindung z. B. durch Ablenkung beeinflussen lässt. Schmerz ist somit nicht nur ein somatisches, nur an einem bestimmten Körperorgan stattfindendes Ereignis. Auch die Psyche moduliert den Körperschmerz. Kürzlich berichtete die Wissenschaftszeitschrift *Science* ganz entsprechend, dass psychischer Schmerz und körperlicher Schmerz teilweise von denselben cortikalen Arealen des Gehirns moduliert werden. Offensichtlich ein zusätzlicher Grund, warum wir von seelischem Schmerz sprechen können, und letztlich auch, warum beides so stark psychophysiologisch miteinander verquickt ist.

Noch zentraler für „Heilen oder Schaden durch die Psyche" ist jedoch das Immunsystem. Hier hat ein neuerer Forschungszweig, die

■ Schmerz – Vorgänge im Zentralnervensystem ■

Die über die Nerven hereinkommenden elektrischen Impulse werden im Rückenmark und Gehirn auf komplexe Weise verarbeitet. Das trifft für die Meldungen aus allen Sinnessystemen zu, auch für die nervösen Schmerzinformationen. Es gibt in unserem Gehirn jedoch kein eigentliches Schmerzzentrum, deshalb ist es nicht möglich, durch einen hirnchirurgischen Eingriff die Schmerzempfindlichkeit zu beseitigen. Nervöse Schmerznachrichten lösen Vorgänge in mehreren Hirnbereichen aus, die zu den vielfältigen und individuell unterschiedlichen Wahrnehmungen, Gefühlen und Reaktionen führen, deren Gesamtheit wir als Schmerzen erleben. Es kommt 1) zu weitgehend automatischen körperlichen Reaktionen, also motorischen Reflexen, Blutdruckanstieg, Ausschüttung von Stresshormonen; 2) zu bewussten Wahrnehmungen, die stark unseren Gefühlshaushalt verändern; 3) zu verstandesmäßigen Bewertungen und Reaktionen (wir nehmen z. B. ein Schmerzmittel ein oder gehen zum Arzt). Unter diesen Dimensionen des Schmerzes kann man bei Mensch und Tier arttypische motorische, vegetative, affektive und kognitive Elemente unterscheiden.

Psycho-Neuro-Immunologie, in den letzten 20 bis 30 Jahren rasante Fortschritte gemacht. Der Name ist hier Programm und Resultat zugleich. Die Wechselwirkungen von Psyche, Nervensystem und Immunsystem bzw. somatischen Funktionen sind danach wesentlich enger, als man früher angenommen hatte. Eine der Verbindungsachsen, welche hier infrage kommen, ist die Achse Großhirn-Hypothalamus-Hypophyse-Nebenniere. Letztere sorgt für die Ausschüttung von Hormonen. Erinnert sei in diesem Zusammenhang daran, dass bei hoher seelischer Belastung sogenannte Stresshormone von der Nebenniere ausgeschüttet werden. Über diese Hormone besteht dann wiederum eine Modulationsmöglichkeit des Immunsystems. Der Vollständigkeit halber ist auch das vegetative Nervensystem mit seinen Steuerungszentren im Gehirn (z. B. Anstieg der Herzfrequenz bei Aufregung) zu nennen, welches ebenfalls Verbindung zum Immunsystem hat, aber auch bei andauernder Überbeanspruchung direkt am Entstehen von Krankheiten beteiligt sein kann.

Der kerngesunde vergiftete Gärtner – oder: Krankheiten, die keine sind

„Nachdem ein Hobbygärtner in F. beim Umgraben in seinem neuerworbenen Schrebergarten auf mehrere große Ampullen mit gelblicher Flüssigkeit gestoßen war, begab er sich sofort zu seinem Hausarzt und klagte u. a. über starke Übelkeit. Der Arzt konnte jedoch keine Anhaltspunkte für eine Erkrankung feststellen. Die inzwischen eingeschaltete Feuerwehr brachte die Ampullen in ein Speziallabor. Es stellte sich heraus, dass die Ampullen Urin enthielten." (Meldung des Hessischen Rundfunks vom 10.9.2002).

Dasselbe lässt sich experimentell erzeugen, wie ein in einschlägigen Lehrbüchern immer wieder zitiertes Beispiel einer japanischen Forschergruppe zeigt: Bei 13 Versuchsteilnehmern, welche leicht zu Hautirritationen neigten, berührte der Versuchsleiter die Armhaut der Probanden mit Blättern einer den Versuchsteilnehmern unbekannten harmlosen Pflanze. Es wurde den Versuchsteilnehmern jedoch mitgeteilt, dass es sich um eine giftige Pflanze handle. Bei allen 13 Versuchspersonen führte daraufhin der Kontakt mit der Pflanze zu Hautirritationen. Dann wurde bei denselben Personen eine nun tatsächlich leicht giftige Pflanze am anderen Arm appliziert. Hier wurde den Versuchsteilnehmern gesagt, dass es sich um eine harmlose Pflanze handle. Trotzdem oder gerade deswegen – je nachdem, was man erwartet – entwickelten sich nur bei zwei der 13 Versuchsteilnehmer Hautirritationen.

Solche „Einbildungen" können sich zu andauerndem psychischem Leiden verfestigen, obwohl Ärzte keine organische Ursache entde-

Was ist eigentlich ...

Psycho-Neuro-Immunologie, interdisziplinärer Forschungsansatz zur Untersuchung der Frage, ob sich das Immunsystem weitgehend autonom reguliert oder ob seine Funktionen – vermittelt durch Nerven- und Hormonsystem – auch durch Erleben und Verhalten beeinflusst werden. In den letzten Jahren vermehrten sich die Hinweise dafür, dass das Immunsystem einen wesentlichen Beitrag zur Aufrechterhaltung der physiologischen Homöostase leistet. Botenstoffe des Immunsystems informieren das zentrale Nervensystem über immunologische Aktivitäten und deren Veränderungen, und das Nervensystem kontrolliert immunologische Funktionen über Nervenendigungen in den lymphatischen Organen und rezeptorvermittelt über Botenstoffe der Hypothalamus-Hypophysen-Nebennierenachse und des sympathischen Nervensystems.

269

cken, geschweige denn die vom Patienten empfundene Dramatik des Krankheitsgeschehens nachvollziehen können. Wenn es noch eines Beweises der Macht der Imagination bedurft hätte, dann ist er spätestens hier erbracht. Zwar verschwand nach Aufklärung über die Ursache beim „vergifteten" Gärtner die Symptomatik. Bei einer sich verfestigten Imagination einer körperlichen Erkrankung bringt jedoch selbst modernste Diagnosetechnik für den Betroffenen keinen überzeugenden Gegenbeweis. Hier nützt Aufklärung wenig. Im Gegenteil, die Arztbesuche verlaufen äußerst frustrierend. Der behandelnde Arzt sagt, dass dem Patienten nichts fehlt. Der Patient glaubt dem Arzt nicht und beschließt weitere und „bessere" Spezialisten aufzusuchen. Selbst das oben beschriebene Prestige moderner akademischer Heiler versagt gegenüber der Eigendynamik dieses seelischen Geschehens. Die Psyche signalisiert körperliche Not, und der Betroffene ist felsenfest überzeugt. Er spürt ja das Leiden am eigenen Leibe oder befürchtet zumindest, dass der Ausbruch einer schweren bedrohlichen Erkrankung kurz bevorstehe. Eine solche Patientenkarriere zieht sich in der Regel über Jahre hin, ohne dass ein „handfestes" somatisches Leiden entdeckt, geschweige denn eine Ursache dingfest gemacht werden kann. Als *doctor shopping* bezeichnen amerikanische Forscher sehr drastisch dieses Verhalten. Und viele sind betroffen.

Es ist jedoch ausdrücklich zu betonen, dass es sich hier in der Regel nicht um Simulanten handelt. Es sind psychische Probleme, welche sich im Hintergrund der somatischen Beschwerden abspielen. Die körperlichen Leiden sind hier lediglich die Signalflagge der Psyche. Dennoch ist dies dem Betroffenen zunächst keineswegs klar. Das verursachende psychische Problem verbirgt sich hinter den körperlichen Beschwerden. Deswegen die Sammelbezeichnung „somatoforme Störungen" für diese Erkrankungen – eben nur der Form nach somatisch. Beispielsweise haben beim Somatisierungssyndrom Schmerzen Signalfunktion, welches für den erfahrenen Behandler einen Ansatzpunkt für die psychologische Behandlung darstellt. Für den Betroffenen hat hingegen nur das körperliche Symptom Realitätscharakter.

■ Was ist eigentlich ... ■

somatoforme Störungen, körperliche Störungen, die nicht oder nicht ausreichend durch organische Ursachen erklärbar sind; 1980 eingeführter Begriff, inzwischen Krankheitsbild. Charakteristisch sind körperliche Symptome in Verbindung mit Forderungen nach medizinischen Untersuchungen trotz wiederholter negativer Ergebnisse und Versicherung der Ärzte, dass die Symptome nicht bzw. nicht ausreichend körperlich begründbar sind. Die körperlichen Beschwerden sind sehr unterschiedlich lokalisiert und werden von Patienten auf alle Organsysteme bezogen. Am häufigsten werden Schmerzen und Allgemeinsymptome, wie Müdigkeit und Erschöpfung, berichtet. Mindestens 20 % der Patienten, die einen Hausarzt aufsuchen, leiden an einer somatoformen Störung; auch aus stationären Abteilungen werden somatoforme Störungen in einer Häufigkeit von 10 bis zu 40 % der Patienten berichtet.

■ Sigmund Freud und die Psychoanalyse ■

Sigmund Freud – *6.5.1856 Freiberg (Mähren), † 23.9.1939 London – war österreichischer Neuropathologe und Psychotherapeut und Begründer der Psychoanalyse. Freud war ab 1885 Privatdozent für Neuropathologie. Sein Arbeitsgebiet war die Erforschung von Gehirn- und Rückenmarkserkrankungen. Nach einem Studienaufenthalt in Paris eröffnete Freud 1886 eine Privatpraxis für Psychiatrie in Wien. Hier beschäftigte er sich zunehmend mit Fragen der Hysterie und der Wirkung von Hypnose und Suggestion bei psychischen Störungen. Er räumte den psychischen Prozessen des neurotischen Erlebens einen immer größeren Raum ein und entwickelte darüber seine Theorie der Psychoanalyse, deren theoretische Basis um 1905 weitgehend ausgearbeitet war. Dabei sprach er dem Unbewussten und insbesondere den verdrängten sexuellen Erlebnissen eine besondere Bedeutung zu, was immer wieder kontrovers diskutiert wurde. Der konkrete Inhalt seiner Lehre war sehr von den kulturellen Lebensbedingungen seiner Zeit abhängig und hatte zugleich auf diese einen prägenden Einfluss. Nach dem Einrücken der Nationalsozialisten in Wien 1938 emigrierte Freud nach England.

Noch wesentlich dramatischer sind neurologische Scheinerkrankungen, die sogenannten Konversionsstörungen. Hier imitiert die Psyche neurologische Störungen. Der Ausdruck „Konversion" besagt, dass seelisches Geschehen in körperliches Leiden „konvertiert". Betroffene Menschen erblinden u. U. oder erleben plötzliche Lähmungen. Wiederholte neurologische Untersuchungen ergeben auch hier keine entsprechenden somatischen Ursachen. Die Konfrontation mit einer Konversionsstörung war für den österreichischen Neurologen Sigmund Freud einer der Gründe, eine neue Theorie der Entstehung seelischer Krankheiten zu entwickeln und darauf die sogenannte psychoanalytische Behandlung zu gründen. Gerade weil diese Erkrankung sich so dramatisch nach außen hin darstellt, kann ein geschickter Heiler oder Arzt hier geradezu wahre Wunderheilungen der staunenden Öffentlichkeit vorführen. So wurde der Wunderdoktor Dr. Anton Mesmer im 18. Jahrhundert u. a. durch die Heilung einer blinden Pianistin oder eines ge-

■ Tiefenpsychologische Ansätze ■

Die klassische Psychoanalyse nach Freud, mit hochfrequenter und langdauernder Behandlung, bei welcher der Patient auf der Couch liegt, alle Einfälle äußert („freie Assoziation") und diese vom hinter ihm sitzenden Therapeuten gedeutet werden, wird heute zunehmend seltener. Hingegen gewinnen tiefenpsychologische Ansätze zunehmende Bedeutung, die kürzere Dauer und stärkere Fokussierung auf störungsspezifische und akute Aspekte aufweisen, auch wenn sie auf Theorie und Techniken aus der Psychoanalyse basieren. Neurotische Entwicklungen werden dabei als Konflikte zwischen Instanzen des Strukturmodells der Persönlichkeit (Freud ab 1920) gesehen – zwischen dem triebhaften Es, dem Gewissen und kulturelle Normen repräsentierenden Über-Ich und dem Ich, das zwischen beiden realitätsangepasst vermitteln muss. Schwere Verletzungen der psychischen Integrität werden ins Unbewusste verdrängt und setzen der Aufdeckung durch den Analytiker Widerstand entgegen. Da sich der Therapeut mit dem Ich verbünden muss, war nach Freud zunächst Therapie mit psychotischen (Ich-schwachen) Patienten kontraindiziert; in den letzten Jahrzehnten wurden aber auch für diese Patienten Behandlungskonzepte auf der Basis tiefenpsychologischer Ansätze entwickelt.

lähmten bayrischen Akademierates berühmt. Er nannte seine Heilkraft „animalischen Magnetismus". Es ist möglich, dass es sich um Konversionsstörungen handelte. Stefan Zweig, der Biograf Mesmers, dazu: „Nach Mesmers völlig richtiger Auffassung … kann der seelische Heilungswille, der Gesundheitswille, tatsächlich Wunder an Genesung tun: Pflicht des Arztes ist deshalb, dies Wunder herauszufordern."

Grundtext aus: Eckart R. Straube *Heilsamer Zauber. Psychologie eines neuen Trends.* Spektrum Akademischer Verlag.

Die Kraft der Überzeugung

Die Kraft der Vorstellung kann Schmerzen lindern und Krankheiten kurieren. Auch die Religion kann zum Placebo werden. Die Neurobiologie erklärt, warum Jesus der perfekte Heiler war

Ulrich Schnabel

Kann dies das erhoffte Wunder sein? Ist die Heilung von Marie-Simon Pierre jene übernatürliche Begebenheit, die zur Heiligsprechung von Papst Johannes Paul II. notwendig ist? Vier Jahre lang hatte die französische Nonne von der Kongregation der Kleinen Schwestern bei Aix-en-Provence an ihrer Parkinsonkrankheit gelitten – bis plötzlich, am 2. Juni 2005, die Symptome auf wundersame Weise verschwanden. Marie-Simon Pierre ist überzeugt: Geholfen haben die Gebete ihrer Mitschwestern und ihr unerschütterlicher Glaube an Papst Johannes Paul II.

Als dieser am 2. April 2005 starb, sei es ihr zunächst von Tag zu Tag schlechter gegangen, erzählt die Nonne. Doch viele Gebete und exakt zwei Monate später, so berichtete die Katholikin auf einer Pressekonferenz, seien alle Schmerzen verschwunden gewesen. Sie habe ihre Medikamente abgesetzt und einige Tage später ihren Neurologen aufgesucht, der „mit Erstaunen das Verschwinden aller Anzeichen" der Parkinsonkrankheit diagnostizierte.

Nun wird Marie-Simon Pierres Genesungsbericht im Vatikan geprüft als ernsthaftester Kandidat für jenes Wunder, das zur Heiligsprechung notwendig ist. Dazu muss es laut Definition des zweiten Konzils die „Bestätigung der Gegenwart von Gottes Reich auf der Erde" sein, auf den Einfluss des Verstorbenen hindeuten und im Rahmen der derzeitigen wissenschaftlichen Erkenntnis nicht erklärt werden können. Doch vielleicht sollten sich die Wunderprüfer mit ihrer Arbeit beeilen; denn der Rahmen der derzeitigen wissenschaftlichen Erkenntnis ändert sich gerade auf diesem ureigensten Gebiet der Kirche rasant.

Zunehmend weisen Neurologen, Mediziner und Psychologen nach, wie stark Glaubensvorstellungen den Heilungsprozess von Krankheiten beeinflussen. Pure Überzeugung kann Schmerzen lindern, Asthma bessern oder Allergien mindern. Und gerade Parkinson ist eines der Leiden, das besonders stark auf Placebobehandlungen anspricht: Mit Scheintherapien lassen sich erstaunliche Erfolge erzielen. Was dabei wirkt, ist allein die Erwartungshaltung der Patienten.

Auch die Scheinoperierten verspürten Linderung

Diese Macht der Erwartung wiesen amerikanische Forscher nach, die vor einigen Jahren Parkinson-Patienten zum Schein operierten. Ihre 30 Probanden teilten sie in zwei Gruppen und klärten sie darüber auf, nur ein Teil von ihnen bekäme neue fötale Zellen ins Gehirn gespritzt. Alle Patienten wurden in den Operationssaal geschoben, betäubt und bekamen ihre Schädeldecke (zumindest ein wenig) angebohrt. Als die Psychologin Cynthia McRae die Behandelten ein Jahr später nach dem Erfolg befragte, stellte sie erstaunt fest: Für das Wohlergehen der Patienten war es unerheblich, ob sie tatsächlich operiert worden waren oder nicht. Wichtig war einzig und allein, zu welcher Gruppe die Kranken zu gehören glaubten.

Für Forscher, die solche Phänomene studieren, ist der biblische Hinweis auf die Berge versetzende Kraft des Glaubens kein frommer Wunsch, sondern ein medizinischer Effekt, der eine rationale Grundlage hat. „Wunderheilungen sind kein Voodoo, das können wir erklären", ist Manfred Schedlowski überzeugt. „Eine starke Erwartungshaltung verändert die Gehirnchemie, Botenstoffe werden ausgeschüttet, und diese Veränderungen werden über das Nervensystem an den Körper weitergeleitet, wo sie häufig genau die gewünschten Wirkungen in Gang setzen", sagt der Direktor des Instituts für Medizinische Psychologie und Verhaltensimmunbiologie am Universitätsklinikum Essen.

Um solche Mechanismen genauer aufzuklären, hat Schedlowski Forscher aus aller Welt zum bisher größten Treffen der Placebo-Zunft zusammengeführt. Gefördert von der VW-Stiftung, diskutierten sie in der Evangelischen Akademie Tutzing bei München drei Tage lang die wundersamen Effekte der Placebomedizin. Das bekannteste, immer wieder zitierte Beispiel ist die Beobachtung des amerikanischen Anästhesisten Henry Beecher, der im Zweiten Weltkrieg in einem Lazarett an der Front arbeitete. Als ihm das schmerzlindernde Morphin ausging, spritzte er in seiner Not simple Kochsalzlösung – worauf viele Kranke erleichtert von Besserung berichteten. Unter dem Titel *The Powerful Placebo* veröffentlichte Beecher 1955 die erste wissenschaftliche Arbeit über das Phänomen. Doch lange galt diese Art der „Glaubensmedizin" unter Medizinern als wenig seriös. Der Begriff Placebo (lateinisch: Ich werde gefallen) wurde meist abwertend gebraucht, weil er eine unspezifische Wirkung bezeichnete, die im Klinikalltag schwer zu packen war und den Pharmafirmen ihre Medikamentenstudien verfälschte. Seit einigen Jahren ändert sich diese Wahrnehmung. Neurowissenschaftler können mit bildgebenden Verfahren die Placebo-Wirkung immer besser verfolgen. Und in ausgeklügelten Studien zeigen sich ständig neue Anwendungsfelder für eine gezielte Nutzung des Glaubens.

Mit purem Nichts lässt sich die Leistung steigern

Einige der frappierendsten Beispiele stellte der italienische Neurologe Fabrizio Benedetti vor. Er zeigte, wie sich mit purem Nichts die Leistungsfähigkeit von Sportlern verbessern lässt. Um die oft schmerzhafte Wettkampfsituation zu simulieren, ließ er seine Probanden einen Handexpander drücken – und schnürte ihnen zugleich die Blutzufuhr zur Hand ab. Nach 15 Minuten wurde bei den meisten Versuchspersonen der Schmerz so unerträglich, dass sie aufgaben. In der zweiten Phase gab Benedetti ihnen ein starkes Schmerzmittel, worauf sie 23 Minuten lang durchhielten. Eine Woche später wurde der Versuch wiederholt – diesmal mit wirkungslosem Kochsalz. Doch die Überzeugung, es sei ein Schmerzmittel, beflügelte die Sportler derart, dass sie rund 20 Minuten überstanden. „Es ist also möglich, dopingähnliche Effekte ohne Doping zu erzielen", schließt Benedetti. Radsportler, aufgepasst!

„Und es geht sogar ohne Medikamente", weiß Benedetti. Zum Beispiel, indem man Sportlern im Fitnessstudio einen angeblich leistungssteigernden Drink reicht, während ein Assistent heimlich die Gewichtslast verringert. Den scheinbaren Kraftzuwachs schreiben die Trainierenden logischerweise dem Getränk zu. Wiederholt man dies einige Male, sind die Sportler irgendwann von dem „Kraftdrink" so überzeugt, dass sie ihre Leistung tatsächlich erhöhen.

In all diesen Fällen wirken stets mehrere Mechanismen zusammen. Zum einen hilft es, die Probanden auf den Erfolg einer Behandlung zu konditionieren. Hat jemand mehrfach die heilsame Wirkung einer Substanz oder Therapie erlebt, reicht allein die Aussicht darauf, um die entsprechenden körperlichen Funktionen in Gang zu setzen. Am dramatischsten hat dies Manfred Schedlowski demonstriert. Er verabreichte Ratten zunächst eine Zuckerlösung, gekoppelt mit einem starken Medikament zur Unterdrückung des körpereigenen Abwehrsystems. Nach einigen Wiederholungen reichte schon die Zuckerlösung, um die immunsuppressive Wirkung zu erzielen. Der Schlüsselreiz setzte die Hormonkaskade derart in Gang, dass das eingepflanzte Herz einer fremden Ratte nicht mehr abgestoßen wurde, sondern bis zu 100 Tage überlebte. Vielleicht, so hofft Schedlowski, ließe sich auf diese Weise auch beim Menschen die Gabe immunsuppressiver Medikamente verringern.

Ebenso wichtig für die „Glaubensmedizin" scheint die Erwartungshaltung eines Patienten zu sein. Wer felsenfest an den Erfolg einer Behandlung glaubt, setzt damit schon jene Selbstheilungskräfte in Gang, die ihm letztlich Linderung verschaffen. Diese neurochemische Wirkung lässt sich bei Parkinsonkranken sogar in bildgebenden Verfahren nachweisen.

Ausgelöst wird Parkinson durch das Absterben von Zellen in der Substantia nigra, die den Botenstoff Dopamin herstellt. Der daraus resultierende Mangel an Dopamin führt zu den bekannten Parkinson-Symptomen – Muskelzittern, Starre bis hin zur Lähmung. Zur Behandlung des neurologischen Leidens wird häufig der dopaminähnliche Wirkstoff L-Dopa verordnet. Allerdings kann man die körpereigene Dopaminproduktion auch anders ankurbeln: und zwar, indem man direkt das sogenannte Belohnungszentrum im Hirn anregt. Denn in diesem Bereich um den Nucleus accumbens finden sich besonders viele Dopaminrezeptoren.

Die Parkinsonforscher A. Jon Stoessl und Raúl de la Fuente-Fernández machten ihre Patienten glauben, ein wirksames Arzneimittel zu erhalten, und spritzten in Wahrheit Kochsalzlösung. Nach der Nichttherapie fühlten sich einige Patienten prompt erheblich besser. Zugleich zeigte sich, dass in ihrem Gehirn vermehrt Dopamin ausgeschüttet wurde, und zwar gerade im Belohnungszentrum. Allein die Aussicht auf eine Belohnung hatte die entsprechenden Hirnzentren derart angeregt, dass sie jene Botenstoffe freisetzten, die schließlich den gewünschten Effekt bewirkten.

„Dein Glaube hat dir geholfen"

Offenbar kannte auch der größte Heiler der Christenheit diesen Mechanismus. Denn wann immer Jesus in der Bibel einen Kranken heilte, etwa die „blutflüssige Frau" (Luk. 8.48) oder den Blinden (Luk. 18.42), spricht er die magische Formel: „Dein Glaube hat dir geholfen" (und nicht etwa: „Gott hat geholfen").

Wirkt bei einer religiös Gläubigen – wie der Nonne Marie-Simon Pierre – also dieselbe Biologie wie bei einem erwartungsfrohen Patienten, der an einer Zuckerpille gesundet? Wer solche Fragen auf der Tagung in Tutzing stellte, blickte meist in leicht gequälte Gesichter. Natürlich gebe es einen Zusammenhang, sagt Raúl de la Fuente-Fernández. Aber es sei heikel, über solche Verbindungen zu spekulieren. Zu groß die Gefahr, dass sich Gläubige in ihren tiefsten Empfindungen verletzt fühlen. Der Parkinsonforscher hat zwar eine ganze Menge Material über Religion und Placeboforschung gesammelt. Zum Beispiel darüber, dass Alzheimer-Patienten meist sowohl das Interesse an Religion verlieren, als auch auf die Placebowirkung nicht mehr ansprechen (denn mit der Degeneration der neurochemischen Regelkreise um das Belohnungszentrum kommt ihnen jegliche Erwartungshaltung abhanden). Aber über solche Zusammenhänge will Fuente-Fernández „nur im kleinen Kreis" reden.

So kommt es, dass die Religion in Tutzing allenfalls in den abendlichen Gesprächen an der Bar eine Rolle spielt. Dort lässt sich Fabrizio Benedetti immerhin zu der Bemerkung hinreißen, dass beim Placeboeffekt ja die Erwartungshaltung eine entscheidende Rolle spiele – „und welche Erwartung könnte größer sein, als der Glaube an die Erlösung im Himmel?".

Ähnlich wie die Religion kann die Placebogabe aber auch erhebliche Nebenwirkungen haben. Als „Noceboeffekt" bezeichnen die Forscher die schädlichen Effekte eines negativen Glaubens. Wer etwa überzeugt ist, Handystrahlen verursachten Kopfweh, kann davon tatsächlich Schmerzen bekommen – auch wenn das Mobiltelefon gar nicht strahlt. Das konnten norwegische Forscher kürzlich in einer Studie belegen, in der die Probanden verschiedenen Testsituationen ausgesetzt wurden. In 68 Prozent aller Fälle klagten sie über Beschwerden – allerdings erwies es sich als unerheblich, ob die Telefone ein- oder ausgeschaltet waren. Die Symptome, schlussfolgerte die Physikerin Gunnhild Oftedal, würden wohl nur „von negativen Erwartungen hervorgerufen". Aus solchen Gründen werden auch Medikamenttests von Teilnehmern abgebrochen, die ein wirkungsloses Placebo erhalten haben – und dennoch über unerträgliche Nebenwirkungen klagen.

So gewaltig die Macht des Glaubens aber scheint – unbeschränkt ist sie nicht. Denn das Prinzip Hoffnung funktioniert nicht bei jedem in gleichem Maße. Im Mittel beträgt die Placebowirkung 20 bis 50 Prozent – bei Einzelnen kann sie allerdings auch sehr viel höher oder niedriger liegen. Was die „Placebo-Sensitiven" von den „Nicht-sensitiven" unterscheidet, ist weitgehend ungeklärt. Frauen reagieren im Allgemeinen nicht stärker als Männer, Ingenieure nicht anders als Hausfrauen, selbst der religiöse Glaube scheint keine entscheidende Rolle zu spielen. Klar ist nur: Die individuellen Differenzen sind enorm.

Außerdem scheinen manche Leiden für die Heilkraft des Glaubens geradezu prädestiniert; dazu gehören Parkinson, das Reizdarm-Syndrom, Allergien, Rückenbeschwerden und andere Schmerzerkrankungen – alles Leiden, bei denen die Psyche eine große Rolle spielt. Bei Krankheiten wie etwa Krebs dagegen hilft eine positive Erwartungshaltung vorwiegend bei der Bewältigung; das Tumorwachstum selbst lässt sich mit Placeboeffekten kaum beeinflussen.

Alternativmediziner wecken rettenden Heilungsglauben

Und nicht zuletzt scheint die Persönlichkeit des behandelnden Arztes einen enormen Einfluss zu haben. Manche vermögen schon allein durch ihre Ausstrahlung beim Patienten heilende Kräfte in Gang zu setzen. Im gegenwärtigen Gesundheitssystem wird dieses Arzt-Patienten-Verhältnis, wozu auch genügend Zeit für ein hilfreiches Gespräch gehört, allerdings kaum honoriert. Außerdem verbietet den Ärzten ihre Aufklärungspflicht, den Glauben der Patienten auszunutzen. Zwar verschreiben sie in harmlosen Fällen gern mal ein „leichtes pflanzliches Mittel", doch bei ernsteren Fällen versagt dieses Placebo-Prinzip. Zum Schein therapieren dürfen Mediziner eben nur, wenn die Teilnehmer zumindest prinzipiell zugestimmt haben. Solche Einschränkungen machen es den Ärzten schwer, im Alltag öfter mal Placebo-Prozeduren auszuprobieren – auch wenn deren Wirkungen mitunter über der einer biomedizinisch anerkannten Therapie liegen können.

In diese Lücke stoßen Homöopathen, Akupunkteure und all die anderen Vertreter der Alternativmedizin, deren (oft unbestreitbare) Behandlungserfolge zum großen Teil darauf beruhen, dass sie in ihren Patienten den rettenden Heilungsglauben wecken. Dass die Heilpraktiker allerdings entschieden darauf beharren müssen, es seien ihre Globuli (oder Nadeln oder Auratherapien), die da wirkten, wird im Lichte der Placeboforschung auch verständlich: Nur wer wirklich daran glaubt, kann schließlich die notwendige positive Erwartungshaltung aufbauen.

Ähnliches gilt übrigens auch für die Religion: Hätte etwa Marie-Simon Pierre nicht so ein festes Papst- und Gottvertrauen gehabt, wäre ihre Parkinsonkrankheit wohl nie geheilt worden. Und vielleicht ist es ein Glück, dass sie die neurobiologischen Mechanismen der Placebowirkung nicht kannte; sonst hätten sie womöglich nicht gewirkt. So gesehen, darf man die Genesung in Aix-en-Provence getrost als Wunder bezeichnen.

Aus: DIE ZEIT, Nr. 52, 19. Dezember 2007

Nachwort: Der Mensch und die moderne Medizin – eine zwiespältige Beziehung

Von Jens Reich

Die moderne Medizin hat bekanntlich nicht den besten Ruf. Und die Ärzteschaft leider auch nicht. Dem „Medizinsystem" als Ganzem wird vorgeworfen, es mache mit seiner ausgetüftelten Diagnostik die Gesunden zu Halbkranken und die Halbkranken zu vollends Kranken und unterwerfe sie dann Therapien, die oft nicht helfen, sondern nur unangenehme Nachwirkungen produzieren würden. Im Verein mit der Pharmaindustrie dränge der Arzt dem Patienten Massenmedikamente wie Lipobay oder Vioxx auf, die später, wenn mangelnde Wirksamkeit und das Risiko von Nebenwirkungen sich nicht mehr wegreden ließen, wieder aus dem Verkehr gezogen würden. Und bezahlen lasse sich das Ganze bald auch nicht mehr.

An den Vorwürfen ist vieles richtig. Und doch ist mein Gesamteindruck ein anderer. Es liegt sicher an meinem beruflichen Lebensweg, dass mir besonders auffällt, welche enormen Fortschritte die Medizin in den vergangenen fünfzig Jahren gemacht hat und wie sehr diese bei fast jedem von uns angekommen sind. Mit meinem persönlichen Lebensweg hat es insofern zu tun, als ich vor langer Zeit, in den Fünfzigerjahren, Medizin studiert habe und in den Sechzigerjahren als Arzt klinisch tätig war. Seitdem habe ich theoretisch gearbeitet, in der Biochemie und der Biomathematik. Meine praktische Erfahrung ist mithin „von damals".

Die Fortschritte der Medizin lassen sich nicht nur statistisch nachweisen, sondern auch im Alltag beobachten: Sie haben uns ein längeres und gesünderes Leben beschert

Meine Ehefrau, praktizierende Ärztin, lacht mich regelmäßig aus, wenn ich im Gespräch über medizinische Themen dramatische Diagnosen stelle und verzweifelte Therapien vorschlage. In der Tat: Was hat sich nicht alles einschneidend geändert! Als ich 1969 sechs Wochen wegen einer Herzmuskelentzündung in der Charité verbrachte, war ich der Einzige im Krankensaal, der wieder gesund herauskam. Links und rechts von mir lagen junge Menschen, die entweder während meines Aufenthaltes oder bald danach starben. Der eine hatte einen schweren Nierenschaden und war davon erblindet. Er stöhnte jede Nacht, weil er quälenden, unstillbaren Juckreiz hatte. Der zweite litt an einer akuten Leukämie und verblutete nach innen. Der dritte hatte einen schweren Herzklappenfehler. Seine Lunge war mit Wasser gefüllt. Er kämpfte mit jedem Atemzug gegen die drohende Erstickung. Am Fenster daneben lag ein Säufer mit Leberzirrhose in seinem erbärmlichen Delirium und litt an unstillbarem Erbrechen.

All diese Menschen, vielleicht mit Ausnahme des Trinkers, würden sich heute weit weniger quälen und nicht sterben müssen. Bei Leukämie kann man heute Remissionen, wenn nicht gar Heilungen erzielen; für die schwere Niereninsuffizienz gibt es die Dialyse und oftmals die Nierentransplantation; und zum terminalen Herzversagen muss es heute in vielen Fällen nicht mehr kommen. Ein Chirurg kann die Klappe rechzeitig ersetzen und im Notfall sogar das Herz eines Verstorbenen einpflanzen. Zehntausende tragen heute einen Herzschrittmacher unter der Haut und können damit noch viele Jahre voll leistungsfähig leben. Wenn heute ein alter Mensch stürzt und sich den Oberschenkelhals bricht, dann ist das noch lange nicht das Ende, wie es bei meiner Großmutter im Jahre 1953 war, deren Oberschenkelknochen nicht mehr zusammenheilen wollte. Der Bruch fesselte sie ans Bett und nahm ihr jeden Lebensmut, sodass das baldige Ende eine gnädige Erlösung war.

Dies alles sind unsystematische Beobachtungen und Erlebnisse, aber ihre Häufung zeigt bereits, was man ohne Weiteres mit Statistiken über Krankheitsinzidenz, Krankheitsverlauf und Lebenserwartung belegen könnte: Die Medizin hat uns ein längeres und dabei im Durchschnitt gesünderes Leben gebracht.

Es geht mir nicht darum, meine Profession in ein goldenes Licht zu stellen. Ich meine lediglich, dass man diese Erfolge zur Kenntnis nehmen sollte, wenn man die Klage anstimmt über die Bürokratisierung der Medizin, über die seelenlose Pillenverschreibung anstelle eines einfühlenden Gesprächs, über die Apparatemedizin, die den Menschen, der ihr zum Opfer fällt, nicht mehr in Frieden sterben lässt, über die Gendiagnostik, die die schwangere Frau mit Prognosen ängstigt, ohne ihr einen anderen Ausweg als die Abtreibung anbieten zu können, über die schlechten Zustände in den Pflegeheimen. All dies – die Missstände wie die unbezweifelbaren Fortschritte – gehört ins Bild, wenn man darüber nachsinnt, was die Medizin (genauer: die naturwissenschaftlich begründete Schulmedizin) dem Menschen gebracht und was sie ihm vorenthalten hat. Genau hier liegt mein Motiv für die impressionistische Einleitung dieses Nachworts.

Es ist offensichtlich, dass sich die Medizin in einem epochalen Umbruch befindet. Sie entwickelt sich immer weiter fort von den Methoden und Konzepten ihrer Ursprungszeit. Die moderne Medizin bewegt sich hin zum genomisch-zellbiologischen Paradigma und zur elektronischen Steuerungstechnik. Feinziselierte Mikro- und Nanoverfahren mit maßgeschneiderten Wirkstoffen ersetzen die grobschlächtigen Methoden der älteren Therapie. Es ist bereits vorstellbar, dass wir Nanokügelchen als Sonden schlucken werden, die in die Zelle eindringen und dort den biochemischen Zustand vermessen und nach draußen funken. Es ist keine abwegige Fantasie, sich vorzustellen, dass in Zukunft Sinneseindrücke in Gestalt elektronischer

Die therapeutischen Eingriffe werden wie die diagnostischen Methoden in Zukunft noch stärker verfeinert und individualisiert

Impulse direkt auf den Sehnerven oder den Hörnerven gegeben werden, damit der Patient wieder sehen oder hören kann, wenn seine natürlichen Messfühler für diesen Zweck (im Auge oder Mittelohr) ausgefallen oder zerstört sind. Noch schneller könnte Technikforschern die Überbrückung der unterbrochenen Nervenleitung nach einer Querschnittsdurchtrennung des Rückenmarks gelingen. Und schließlich sei auch die verfeinerte, individualisierte Diagnostik erwähnt: Was früher ein einfaches „Durchleuchten" mit dem Röntgengerät war, wird im 21. Jahrhundert durch ein umfassendes System von biochemischen Statusvermessungen, auf dem Chip gespeicherten Erbgutsequenzen und tomographischen Tiefeninspektionen ersetzt werden.

Der Fantasie die Sporen zu geben, sie frei in die Zukunft schweifen zu lassen und sich auszumalen, was alles technisch möglich sein wird, ist kostenfrei. Schwieriger ist die Frage zu beantworten, ob alle diese Fortschritte in Zukunft jedem zur Verfügung stehen werden oder ob die Menschheit in zwei Klassen zerfallen wird: in die Minderheit derjenigen, die es bezahlen können, und die Mehrheit, der es vorenthalten bleibt. Die Antwort ist nicht eindeutig. Ein künstliches Hüftgelenk oder eine der anderen oben erwähnten Therapien kann in Deutschland jeder Versicherte bekommen, wenn er es dringend braucht. In Mali oder Burkina Faso kann nur eine verschwindende Minderheit die Segnung des Fortschritts genießen. Dieser Teil der Antwort hängt also von ökonomischen und sozialen Entwicklungen ab, die nicht Thema meines Nachworts sind. Ich bin in dieser Frage allerdings nicht optimistisch, wenn ich sehe, wie wenig sich im vergangenen Jahrhundert an dem Elend in vielen Entwicklungsländern geändert hat und wie instabil die politischen Systeme dort oft sind.

Der andere Teil der Antwort ist hoffnungsvoller: Ich glaube nämlich, dass kostspielige medizinische Erfindungen letzten Endes auf massenhafte Verwendung zielen müssen, einfach weil sich die Investitionskosten für Luxusgüter bei den kleinen Verkaufszahlen nicht rentieren können. Mobiltelefon und PC sind gute Beispiele dafür, dass technische Entwicklungen aus diesem Grund nicht auf Eliten beschränkt blieben, wie es bei den luxurierenden Erfindungen früherer Zeitalter der Fall war, sondern auf Millionen- oder gar Milliardenproduktion hinausliefen. Der Tendenz nach, und zweifellos auch mit beklagenswerter Verzögerung, werden die Fortschritte der Zukunft auch den Armen zugute kommen, so wie heute bereits der Herzschrittmacher.

Jenseits dieser Entwicklungstendenzen stellt sich allerdings die Frage, ob die moderne Biomedizin grundsätzliche Fehlstellen aufweist. Welche Räume sind leer geblieben, welche Dimensionen wurden nicht erfasst? Drei Stichworte umreißen die Antwort: Der unvollkommene Körper. Das Alter. Der Tod.

Der *unvollkommene Körper* ist die „Krankheit" des gesunden jungen Menschen. Im Alltag, im Beruf und auf der Straße begegne ich ständig Menschen, die mit ihrem gesunden und leistungsfähigen Körper und ihrem klaren Kopf nicht zufrieden sind und sich beharrlich um Perfektion bemühen. Manche Menschen wollen schöner aussehen, manche kräftiger sein, andere sich geschmeidiger bewegen, andere potenter sein, wieder andere ausdauernder und so fort. Die gedankenverloren „arbeitenden" Körper, die ich durch die Glasscheiben des Fitnesszentrums beobachte, sind ein Sinnbild dieses Strebens. Junge Mädchen strapazieren sich, um Gesicht und Figur dem Vorbild des weiblichen Stars anzunähern, dem sie sich vom Entwurf her am ähnlichsten wähnen. Die Suche nach dem perfekten Körper ist eine fatale Sucht. Gesundheitsschäden durch Doping und der zur Krankheit gewordene Wahn, den eigenen Körper mit Medikamenten zur Leistung zu zwingen, stehen am Ende der Kette von Bemühungen, die eigene Konstitution zu verbessern.

Dabei ist die Konstruktion des menschlichen Körpers, biologisch-evolutionär interpretiert, eigentlich eine phänomenale Spitzenleistung. Jeden Tag treffen auf diesem Planeten annähernd 25 Millionen menschliche Eizellen auf eine milliardenfach größere Anzahl von menschlichen Samenzellen. Wird eine Eizelle von einer Samenzelle befruchtet, kommt nach neun Monaten ein neuer Mensch in die Welt. Ich will von den Fehlschlägen und Fehlbildungen bei diesem wunderbaren Phänomen zunächst absehen – sie sind in der Minderheit. Ich möchte behaupten, dass kein Mensch je wieder an das Werk heranreichen wird, das er an sich selbst in den ersten Monaten seiner Existenz im Mutterleib vollbracht hat. Was immer ich mir an einem neuen Menschen ansehe, die Glieder, die Haut, die Augen, die Ohren, die inneren Organe, das Design eines Körperteils oder seine Funktionalität – es ist wunderbar. Wenn ich grüble, kommen mir Zweifel an meiner Überzeugung, dass all dies das Ergebnis einer blinden, nicht auf ein Ziel gerichteten Evolution sein soll, und ich beginne intuitiv, über einen superintelligenten Schöpfungsentwurf nachzudenken.

Die Idee eines intelligenten Designers muss ich allerdings umgehend verwerfen, wenn ich mir die eingebaute Unvollkommenheit dieses Entwurfs vor Augen führe, die unmöglich Absicht, gewolltes Design sein kann. Der Designer hat nicht einfach nur gepatzt, er hat ganz offensichtlich grundsätzliche Fehler begangen. Die kleinen Mängel will ich gar nicht rechnen, den unnützen Wurmfortsatz des Blinddarms zum Beispiel, der sich gleichwohl entzünden und sogar den frühen Tod bringen kann, wenn der Chirurg nicht rechtzeitig eingreift. Ich meine die einschneidenden Fehler. Die Bandscheiben zwischen den Wirbelkörpern sind ohne Blutversorgung, und die schlecht und recht nährende Gewebsflüssigkeit wird ständig herausgepresst, wenn wir aufrecht sitzen, stehen oder gehen. Hexenschuss, Krampf-

Es wächst die Zahl der Menschen, die mit ihrem gesunden jungen Körper nicht zufrieden sind. Die Suche nach Perfektion wird zur fatalen Sucht

adern und Hämorrhoiden sind der Preis für den aufrechten Gang in der Savanne, den sich unsere Vorfahren angewöhnten.

Oder nehmen wir die Konstruktion des Auges: Dessen lichtempfindliche Zellen liegen am Grund des Augapfels und die Ausläufer der Nervenzellen davor, sodass diese sich aus ihren Verzweigungen vor den Stäbchen und Zapfen zum blinden Fleck des Sehnervenendes versammeln müssen, dadurch das klare Bild von der umgebenden Welt stören und das Gehirn zu allerlei aufwendigen Kompensationsleistungen zwingen. Das kleine, zu enge und zudem oben durch Bänder und Knorpel fest verbundene weibliche Becken beim Menschen, durch das der in Jahrmillionen immer größer gewordene Kindskopf kaum hindurchpasst, hat einer Unzahl von Frauen und Kindern den Tod bei der Geburt gebracht – ein schreckliches Ende nach der Vollendung des neunmonatigen Wunderwerks des kindlichen Körpers. Es war dies ein hoher Preis für die Vermehrung des Hirnvolumens, den man erst heute, und nur in reichen Ländern, durch den Kaiserschnitt vermeiden kann. Beim Sprunggelenk, dem am stärksten belasteten Gelenk des menschlichen Körpers, sitzt das Schienbein so wackelig auf dem Sprungbein, dass es nur mühsam durch Bänder in Stellung gehalten wird und bei Fehltritten leicht herausspringt. Auf unserem Ober- und Unterkiefer haben die je 16 Zähne so wenig Platz, dass sie von allein nur selten parallel zu stehen kommen und die Weisheitszähne bei vielen gezogen werden müssen.

Alle Imperfektion ist eine unausweichliche Folge all jener Kompromisse, die wir als Primaten im Laufe der Evolution eingehen mussten

Es herrscht kein Mangel an weiteren Beispielen dieser Art. Ich kann mir keinen Gott vorstellen, der dies alles absichtlich mit so vielen Fehlern geschaffen haben soll. Ich kann mir Gott nur als Schöpfer vorstellen, der die Naturgesetze erschaffen hat und anschließend interessiert zusieht, was die Evolution zustande bringt. Da ist dann klar, dass alle Imperfektion eine unausweichliche Folge dieser Evolution ist, eine Folge der Kompromisse beispielsweise, die ein Primat eingehen muss, wenn er sich aufrichtet und in die Savanne übersiedelt, weil er sich dort leichter schützen und ernähren kann. So verstehe ich auch, dass das Becken einerseits möglichst eng sein muss, damit nicht die Bauchorgane durch den Geburtskanal absacken, wozu sie gleichwohl tendieren. Die natürliche Auslese muss dann andererseits dafür sorgen, dass das weibliche Becken immerhin so weit ist, damit ein normaler Kinderkopf hindurchpasst. Der Tod im Kindbett ist die blinde Kraft der Evolution, die den Kompromiss zwischen weit und eng über viele Generationen hinweg austariert.

Die Unvollkommenheit des Körpers zu verbessern, ist ein uralter Traum des Menschen. Die technische Optimierung des eigenen Körpers ist jedoch bisher nicht gelungen, wenn man von Brillen, Haftschalen, Hörgeräten und allerlei Prothesen absieht, die eher der Reparatur als einer Verbesserung dienen. Dies könnte demnächst anders werden. Genomik und Epigenomik schaffen die informatischen Voraussetzungen, Genkonstruktion und Stammzellzüchtung die Werkzeuge, um unsere eigene Konstitution zu verändern. Bislang kann man solche Ziele nur durch die höchst zweifelhafte Methode der negativen Auslese erreichen, etwa aufgrund einer nachteiligen Diagnose zwischen künstlich befruchteten Eizellen oder am Fötus nach dem dritten Schwangerschaftsmonat. Die Anzeichen mehren sich jedoch, gestützt durch tierexperimentelle Erfahrung, dass in Zukunft auch positive Auslese vor der Geburt ebenso wie *genetic enhancement*, also nicht „Reparatur", sondern wirkliche „Verbesserung" möglich werden wird.

Es erheben sich Stimmen, die den instinktiven Widerstand vieler Menschen gegen solche Baumaßnahmen am eigenen menschlichen Körper aufheben möchten. Auch ich habe diesen Widerwillen gegen das Künstliche, aber wenn ich sehe, was viele Menschen bereits heute anstellen, um ihren Körper topfit zu machen, kommen mir Zweifel, ob man, technische Machbarkeit in einigen Jahrzehnten als gegeben voraussetzend, ein „vernünftiges" Enhancement des menschlichen Körpers überzeugend begründet ablehnen kann, wenn gesellschaftlicher Druck und individueller Wunsch sich vereinigen.

Dem *Altern* als biologischem Prozess sind Biologie und Medizin bisher kaum beigekommen. Allenfalls ist es gelungen, Störungen hintanzuhalten, die den Ablauf des Altwerdens beschleunigen. Bei den vor dem Alter ablaufenden „Epochen" des menschlichen Lebens, bei der embryonalen Phase, beim Fötalstadium, bei der kindlichen Lebensphase, bei der Pubertät schließlich, der letzten großen Umkonstruktion des Körpers (und des Geistes) auf dem Weg zur generativen Phase, dort überall sind die Myriaden von Aufbau-, Abbau- und Steuerungsvorgängen noch nicht völlig aufgeklärt – es gibt jedoch ein klares Bild von der hierarchischen Regulation des jeweils ablaufenden Prozesses: Er hat klaren Programmcharakter, hat eine Steuerungsebene, die über Hormonregulation die Teilprozesse regiert, und vor allem ein klar definiertes Ziel, nach dessen Erreichung der Vorgang zu Ende geht und eine neue Lebensphase einsetzt.

In der Theorie des Alterns gibt es gegenwärtig zwei konkurrierende Grundkonzepte: Altern als gezielter Abbau – oder als Verschleiß

Bei den heute gängigen biologisch-medizinischen Theorien des menschlichen Alterns ist das Steuerungsgeschehen nicht so eindeutig. Man hat vielmehr zwei Grundkonzepte unterschieden: Altern als gezielter Abbau oder als Verschleiß. Die Theorien der ersten Gruppe konzipieren das Altern als einen Involutionsprozess, ein programmiertes Umschalten, ähnlich reguliert und zielgerichtet wie die vorherigen Stadien des menschlichen Lebens. Hierfür spricht unter anderem, dass Seneszenz (das Altern) genau wie die anderen Phasen einen zwar nicht genau, aber doch ungefähr eingehaltenen Zeitablauf hat und dass dies beim nicht Erkrankten in einem gewissen Lebensalter, den „Wechseljahren", einsetzt, freilich ebenso wie bei den anderen Lebensphasen mit einer statistischen Schwankungsbreite. Die alternative Abnutzungstheorie hingegen verweist auf die Verschleißprozesse, die sich von den dazu gehörigen Ablagerungen in Zellen nicht mehr befreien können und folglich ihre Funktion schrittweise einbüßen. Amyloidplaques in den Nervenzellen des alternden Gehirns, bei der Alzheimer-Krankheit allerdings noch pathologisch verstärkt, sind das augenfällige Beispiel hierfür. Einige Befunde verweisen darüber hinaus auf die Akkumulation äußerer Schadenseinflüsse, zum Beispiel die lebenslange Belastung unbekleideter Hautpartien durch Lichteinwirkung (UV-Strahlung). Zudem ist der Organismus insgesamt ständig chemischen und Strahlenbelastungen ausgesetzt. Leben mit Sauerstoff bedeutet, dass zwangsläufig Sauerstoffradikale entstehen, die wichtige Zellbestandteile (vor allem DNA) „zerschießen".

Es sind noch viele Fragen offen: Warum altern Organe, obwohl sich ihre Zellen beständig erneuern? Was genau nutzt sich am Körper eigentlich ab?

Beide Theorien haben Argumente für sich und Anhänger auf ihrer Seite. Es bleiben jedoch nicht nur Wissenslücken, sondern auch tiefliegende Rätsel. So altern zum Beispiel auch solche Organe als Ganzes, deren einzelne Zellen sich ständig erneuern. Die gesamte Population von Epithelzellen des Magen-Darm-Traktes wird Woche für Woche komplett erneuert, ebenso wie etwas langsamer alle weißen Blutzellen und, noch langsamer, (alle drei Monate) sämtliche sauerstofftransportierenden roten Blutzellen. Aber auch Zellen, die als solche nicht erneuert werden, verändern ihre chemische Zusammensetzung ständig, sodass nach einigen Monaten nahezu alle Moleküle des Körpers durch neugebildete ersetzt sind. Was soll bei so viel Erneuerung das Konzept der Abnutzung leisten? Die lebende Zelle und das Organ sind doch keine Autoreifen, die keiner Erneuerung fähig sind und deshalb abgerieben werden. Warum altert ein Körper, der sich in Wahrheit ständig neu synthetisiert?

Die modernen Theorien, die einander nicht streng ausschließen, sondern ergänzen könnten, erklären vieles, verfehlen jedoch nach meiner Ansicht bei allen molekularen und zellulären Details ein tieferliegendes Geschehen, wodurch Altern sich von den anderen Lebensphasen prinzipiell unterscheidet. Ich meine, dass die rätselhafte Sonderstellung des Alterns nicht rein zell- oder organbiologisch erklärbar ist. Das Gleichgewicht, in dem sich der gesunde Organismus befindet, besteht aus zahllosen Teilsystemen, die durch biochemische, hormonale und neurale Regulation zusammengehalten werden. Trotz der Aufklärung ungezählter Steuersignale und Regulationsnetzwerke ist es jedoch auch für die moderne Biologie ein Rätsel, wie sich die Einheit des gesamten Organismus herstellt, also wo sich der Taktgeber für jedes der selbstreguliert, aber nicht autonom arbeitenden Einzelsysteme befindet. Denn auch die übergeordneten Signale aus Stammhirn, Mittelhirn und Hypophyse agieren bereits als Teilsysteme unter Regelungseinfluss. Im Bereich des Mentalen und des Psychischen sind wir uns einer integrierenden Instanz bewusst: Es ist das „Ich", dessen wir uns biografisch sicher sind, obwohl die

Neurobiologie des Phänomens noch voller Rätsel ist. Der Einheit des physischen Organismus hingegen können wir uns nicht unmittelbar bewusst werden, aber auch die moderne Systembiologie kann sie nicht naturwissenschaftlich erklären. Henri Bergson hat den idealistisch klingenden Begriff des *élan vital*, des Lebenswillens, erfunden und hat ihn phänomenologisch studiert. Solche Beschreibung gibt aber auch keine Gründe dafür, warum dieser Elan im Alter schwächer wird und schließlich verloren geht, was dann letzten Endes zum Versagen irgendeines oder mehrerer der nicht mehr im übergeordneten Funktionsgleichgewicht zusammengehaltenen Teilsysteme führt. Hier liegt die große Aufgabe für das neue Jahrhundert; aber mir ist nicht einmal im Ansatz klar, woher die Lösung kommen könnte. Sie ist jedenfalls die Voraussetzung für ein tieferes Verständnis des biologischen Alterns.

Zum Phänomen des *Todes* hat sich in der modernen Biomedizin ein bemerkenswerter Perspektivwechsel durchgesetzt. Sie hat dazu nicht so sehr den Tod des Organismus, sondern den der Zelle in den Mittelpunkt gerückt. In meiner Studienzeit zeugte das Schicksal der absterbenden Zelle, ihre „Nekrose", vor allem von katastrophischem Zusammenbruch und enthemmter Selbstverdauung nach Vergiftung, Bakterienwirkung, Strahlenschaden und Degeneration. Die genannten Phänomene gibt es selbstverständlich weiterhin, aber hinzugekommen ist die „Apoptose". Dies ist ein griechisches Fremdwort, dessen ursprüngliche Bedeutung an den Fall des Laubs im Herbst anspielt und gewöhnlich mit „programmierter Zelltod" übersetzt wird. Bildhaft kann man von Selbsttötung einer Zelle reden und, da sie auch Nachbarzellen „ansteckt", von Schwestermord. Neu daran ist die begriffliche und empirische Fassung des Zelltods als eines selbstregulierten, geordnet verlaufenden Vorgangs zum Besten des Organismus, etwa wenn Zellen, die während der Embryonalphase zeitweilig notwendig waren, sich danach zurückbilden und anderen Gewebeelementen Platz machen.

Beim Thema Tod wandelt sich die Perspektive der Forschung: Nicht der Tod des Organismus steht im Mittelpunkt, sondern das Sterben der Zelle

Das moderne Konzept des Zelltods und seiner krankheitserzeugenden Störungen ist damit keine Verfallsgeschichte mehr, sondern ein programmiertes, zielgerichtetes Ereignis. Wird hier in Zukunft die analoge Synthese von der Zelle auf Organe und den Organismus gelingen, die die Molekular- und Zellbiologie für alle Lebensvorgänge anstrebt? Ist der Tod auch für den biologisch Analysierenden ein Programm und kein Zerfall, so wie es zahlreiche religiöse Denker und Philosophen von alters her gelehrt haben? Oder verhält es sich so, dass der Tod nicht vorgesehen ist, sondern sich ereignet, wenn das alternde Tier den Kampf ums Dasein nicht mehr bewältigt und von den Lebensressourcen verdrängt oder getötet und gefressen wird? Es sind gewichtige Fragen, auf die die moderne Medizin noch keine Antwort gefunden hat.

Jens Reich ist ein angesehener Mediziner und Molekularbiologe und zugleich einer der prominentesten Bürgerrechtler der ehemaligen DDR. Von 1998 bis 2004 hatte Reich eine Professur an der Charité in Berlin. Seit 2001 ist er Mitglied im Nationalen Ethikrat.

Die Entwicklung von Humanbiologie, Hygiene und Schulmedizin hat in den vergangenen 150 Jahren zu einer Verlängerung des menschlichen Lebens im Durchschnitt um das Doppelte geführt. Nachweisbar geht die verlängerte Lebensphase auch mit Bewahrung von Leistungsfähigkeit und Lebenswillen einher. Die Menschen sind nicht nur älter geworden, sondern dabei auch gesünder geblieben als ihre Vorfahren. Alle vorhandenen Zeichen deuten darauf hin, dass es, die Mitarbeit der Menschen vorausgesetzt, auch in Zukunft so weitergehen wird. Mitarbeit meint hier vor allem gesellschaftlich wirksame Maßnahmen, die Krieg, Seuchen und Hunger verhindern und auch vernünftigen Lebensstil und Ernährungsverhalten beinhalten. Schwer vorherzusehen ist, wie sich eine Gesellschaft in Zukunft organisieren muss, wenn der neugeborene Mensch nicht mehr 70 oder 80, sondern vielleicht 200 Jahre Lebenszeit vor sich hätte. Das aber ist nicht länger Gegenstand der Medizin als Disziplin im engeren Sinne.

Bild- und Textnachweise

Index

Kursive Seitenzahlen verweisen auf Zusatzelemente (Randspaltentexte, Exkurse, Bilder), steile Seitenzahlen auf den Grundtext.